教育部高等学校轻工类专业教学指导委员会“十四五”
规划教材

箱包设计与制作工艺

（第三版）

王立新　主　编
孙友昌　副主编

中国轻工业出版社

图书在版编目（CIP）数据

箱包设计与制作工艺 / 王立新主编. —3 版. —北京：中国轻工业出版社，2024.10

ISBN 978-7-5184-4302-4

Ⅰ.①箱…　Ⅱ.①王…　Ⅲ.①箱包—设计—高等学校—教材 ②箱包—生产工艺—高等学校—教材　Ⅳ.①TS563.4

中国国家版本馆CIP数据核字（2023）第174344号

责任编辑：陈　萍　　责任终审：李建华　　设计制作：锋尚设计
策划编辑：陈　萍　　责任校对：朱燕春　　责任监印：张　可

出版发行：中国轻工业出版社（北京鲁谷东街5号，邮编：100040）
印　　刷：天津裕同印刷有限公司
经　　销：各地新华书店
版　　次：2024年10月第3版第1次印刷
开　　本：787×1092　1/16　印张：21.75
字　　数：550千字
书　　号：ISBN 978-7-5184-4302-4　定价：88.00元
邮购电话：010-85119873
发行电话：010-85119832　010-85119912
网　　址：http://www.chlip.com.cn
Email：club@chlip.com.cn

211561J1X301ZBW

前 言

Preface

箱包早已成为人们生活中必备的时尚品。随着经济发展和服饰文化水平的提高，人们对箱包产品的要求越来越高，需要更多的专业人才为企业服务。为了更好地发展箱包专业教育事业，提高我国箱包行业的设计制作水平，我们对2014年《箱包设计与制作工艺》（第二版）教材进行了全面修订。在第二版的基础上，新版教材全面述及箱包的最新艺术设计理论、结构制图技术以及工艺技术知识，进一步完善了专业知识理论体系，更加注重专业实践技能的提高，所选产品图片兼具代表性和时尚性。同时，增加了手绘彩色效果图的绘制视频和应用AutoCAD软件绘制部件结构图的视频，并对包袋制作工艺中的基础缝制工艺、零部件制作及包袋制作工艺等内容应用动画和视频进行了较为详尽的演示，从而使本教材的专业知识理论紧密联系实践，讲解更加生动形象。

《箱包设计与制作工艺》（第三版）教材由三篇内容构成，第一篇为箱包艺术设计，第二篇为包袋结构制图与制板，第三篇为包袋制作工艺。本书由齐鲁工业大学王立新教授担任主编，并编写第一至第六章内容以及第九、十、十一、十四章部分内容；齐鲁工业大学孙友昌副教授担任副主编，并编写第十二、十三章内容和第十四章部分内容；扬州大学广陵学院储丽阳老师编写第七章内容和第八、十四章部分内容；温州大学刘霞教授编写第九、十和十一章部分内容；李淏嘉编写第八至第十一章部分内容；李明辉编写第八章部分内容；另外，感谢周萍、李钰斌、詹子盈、张宇、汤姝杰、方俊洁、雷昕怡、张诗怡、罗竹妍等在本书编写过程中给予的帮助。同时，本书的出版获得了齐鲁工业大学教材建设基金的资助，也得到了中国轻工业出版社的大力支持和帮助，在此一并表示深深的感谢。

本书是教育部高等学校轻工类专业教学指导委员会“十四五”规划教材，是轻化工程及相关专业高等教育专业教材。在编写过程中，力求理论体系科学完善，实践技术先进翔实。本教材适合轻化工程和服饰设计与工程类专业使用，也可以作为职业教育参考教材。同时，对于箱包企业的设计、技术人员以及服饰设计爱好者而言，本书也是一本具有参考价值的书籍。

由于编写人员所学有限，本教材不妥之处在所难免，恳请广大读者批评指正。

王立新

2024年5月

目 录

Contents

01 第一篇 箱包艺术设计

01

第一篇 箱包艺术设计

第一章

绪论

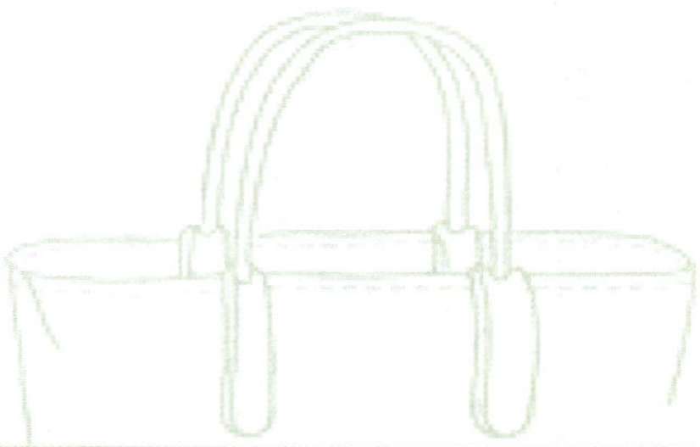

在现代生活中，随着经济建设的发展，我国的箱包产品设计水平越来越高，产品质量越来越好，同时，随着物质文化水平的提高，人们拥有高端科技含量产品的需求也越来越高。因此，箱包设计的重要性已被越来越多的企业所重视，而且在当前社会中，新思潮层出不穷，箱包紧随服饰时尚潮流的变化而变化，更新换代周期更加缩短，箱包已成为服饰整体中不可分割的一部分。

第一节　箱包设计的内容及其重要性

箱包的种类繁多，用途广泛，创意构思也多种多样，从而使箱包设计变得错综复杂。一般来讲，箱包由“箱”和“包袋”两大类别组成。在现代社会中，社会产品极大丰富，箱包产品的类别与设计风格多样，紧随时尚变化而变化。通常，箱包产品的设计风格与使用功能和使用环境关系密切，比如商务用箱包，风格端庄，大方雅致；生活休闲箱包自然随意；时尚箱包紧随时尚趋势，时尚元素丰富多变。在设计时，箱包主要按照其用途和功能进行分类。一般来说，箱的分类有家用衣箱、旅行衣箱、公文箱、化妆箱、专业用箱等；有时也按主体面料进行分类，如皮箱、塑纺箱、帆布箱、塑料箱等。包袋的分类有时装包、职业包、街市包、运动包、旅行包、双肩背包、公事包、银包、化妆包、首饰包、晚礼包等。

在实际设计中，首先要完成产品的款式造型设计，绘制产品设计效果图，当款式造型确定之后，才能进行下一步的结构分析以及部件结构制图和制板工作。有时也会根据箱包实物进行再创造，这时，拿到手里的箱包实物与设计效果图具有同样的作用，甚至更为直接和形象。当然，在实际设计中更加鼓励原创设计。

所谓造型设计是指将自然形态经过一定的设计构想后进行的形象刻画过程。造型一般分为两步进行：第一步，先通过自然形象，观察、分析、研究可以成为设计素材的要素。第二步，将所得设计素材经过合理变化和吸收，使其进一步满足设计需要，即既要增强产品的装饰美，又要适应于技术工艺的需要。对于产品造型设计来讲，设计师必须熟悉结构工艺技术，设计时才会得心应手，设计的产品才会具有较好的合理性，合理的结构是时尚款式得以实现的根本。

如何将设计者的创作构思变成实际生活中的实用产品，部件的结构制图是关键一环。因此，艺术设计是产品结构设计的前提和基础，结构设计是艺术设计得以实现的关键。

箱包设计属于艺术设计范畴，涉及平面构成、立体构成、色彩构成这三大构成的基础理论，“三大构成”是艺术设计的必修课程，也是箱包设计的基础理论之一。款式效果图和工程款式图属箱包艺术设计的范畴，箱包艺术设计以素描、速写、色彩、图案等美术基础为基本素质要求，绘制时要充分表现面料的光泽和质地，可以使用艺术夸张和艺术变形。而箱包三维方向的施工投影图是结构制图的基础，必须精确且全面表现箱包设计的各个侧面。结构制图以工程制图技术为基础，在绘制时应选用粗细不同的笔来表现各个不同线条，在投影图绘制的基础上，标出各部件的尺寸，从而绘出部件结构图，这些属于工程制图范畴。

除此之外，如何将各个零部件制成成品的制作工艺设计，同样是非常重要的，不懂工艺制作技术的设计师，其设计作品往往存在不同程度的缺陷。因此，对于箱包设计和技术人员来讲，绘制彩色效果图、施工投影图、部件结构图、制作产品部件样板、绘制工艺流程图、设计工艺程序等都是必须掌握的技能。

第二节　我国箱包设计发展演变

一、箱包发展简史

在我国历代服饰史中，有关箱包的记录非常少。就历史而言，我国的箱包发展是十分漫长的，发展的速度也十分缓慢，从史前一直至清朝变化都不是很大，只是到了民国以后，随社会经济的进步及西方文化的渗入，才有了突飞猛进的发展。箱包的发展历史具有十分明显的历史特征，而且与我国的纺织发展和制革发展演变的关系十分密切。

我国制革业作为一门工业，在距今三四千年前的殷商、春秋战国时代就已经开始了。人类的先祖从披挂兽皮到有目的地将兽皮熟化，再到制成各种各样有待缝制加工的原料，这一过程具有历史性意义，标志着皮革服饰向更高的文化阶段发展。

夏商周时期的皮革是社会集权的皮革，是军旅戎马的盛装。由于皮革耐磨挺括，具有极佳的防风御寒性能，在古代人们生活中常用于缝制帐篷、毯子和床褥，而很少用于日常的穿着服饰；皮革主要用在军事上，制作铠甲、战靴、盾牌、弓箭、剑鞘、马具、战鼓等，甚至地图、货币都由皮革制成。“甲”最初以厚犀牛皮和野牛皮制得。后来“甲”普遍采用水牛皮做里层，外层挂满用皮条穿连在一起的铁甲片，由于其交错的鱼鳞状排列，箭弩无法透过，所以十分牢固。在湖北江陵发现春秋战国时代的皮甲是由两层皮革合成的，上面有孔和残留的小皮条。在长沙出土的春秋晚期的皮甲，由两层皮革用皮条缀缝而成，结实厚硬难以刺破。此时的皮甲是当时皮革性能最优化的体现，同时也是统治者集权的象征。由此，可以追溯皮革服饰象征权威、地位的发端。

战国时期的包袋又称为“荷囊”，也称“持囊”，用来装零星的细碎物品，提于手上或者肩背。新疆曾经出土一件用羊皮做的“荷囊”，外观为长方形，长6.7cm，宽3.7cm，上口部用一条绳系紧。令人叹为观止的是当时出现了以牛皮做内胎的漆盾，具有很好的实用性，而且大大促进了皮革表面涂饰技术的发展。战国中期以后，流行在漆器口沿、底部、腹部等部位镶套铜箍、铜扣，加固器身的同时具有一定的装饰美化作用，这种装饰手法一直到现今依然应用在箱包设计上。春秋战国时期染织业发达兴旺，为皮革染色提供了丰富的经验，皮革从此告别了单调的棕黄、棕黑的色泽，开创了多彩的纪元，能够为后世的皮革服装、包袋、鞋靴等服饰品的设计和制作提供丰富多彩的皮革面料。

东汉光武帝时，可在白鹿皮上饰以彩画，作为货币在市面流通。当时已经具有相当高超的染色技巧，不但在皮革上染色，也可以将裘毛染成各种亮丽的色彩，用以制作彩色裘革衣饰，供皇室冬季保暖所用。皮草质轻手感柔软，保暖性极佳，而且外观奢华富丽，深受皇族所喜爱。汉代官吏有佩印的习惯，将小小方寸印章放在丝绸制作的印囊中，佩挂在腰带上，实用又美观。而当时的人们觉得“荷囊”总是提在手上不方便，于是，将包囊挂在腰间，称为“旁囊”，从此，民间有了在腰间配包的习惯。

魏晋南北朝时期，在服饰的装饰方面，当时有在皮革腰带上佩挂各种饰物和小囊（图1-1）的习惯。在《三国志·魏志》中记载，曹操的腰带上就佩挂丝质小囊，用以盛装手中的细软之物。此时的包袋以小型为主，而且多由纺织物制成；贵族用丝绸为面料，其上装饰绣花或钻石等物；而民间多采用棉或麻为主要面料，装饰少量绣花或没有装饰。

唐代的服饰配挂也非常讲究，唐代壁画中的包袋与现代包袋已经非常相近了，如图1-2所示。武则天掌管朝政以后，规定有配龟的服制。唐书《舆服志》记：“中宗初罢龟袋，复给以鱼，君王嗣王亦佩金鱼袋。景龙中，令特进佩鱼，散官佩鱼自此始也。”鱼袋、龟袋是指鱼形和龟形的袋子，意在长命百岁，吉祥之符。唐代男人还有身佩香囊的习惯，随走动而香气四溢。可见，在腰带上佩挂饰物也是时尚之举。

图1-1　腰带配挂的小囊

图1-2　唐代壁画中的包袋

宋代开始出现了“荷包”，也就是现今的钱包，多以丝绸为材料制作而成。宋朝官服有佩戴鱼袋的规定，只有服用紫色和绯色官衣者，才能佩挂金银装饰的鱼袋，以区别职位的高低。我国的千年古文明一直推崇儒家文化，遵循君臣父子尊卑、长幼有序的教化道德观。这种上下有序的文化观体现在服饰上，即自古以来崇尚服装制度，并借服装的形制、色彩、服章等以区别等级，维系伦常。

宋、元时期，原来生活在北方以游牧为主的少数民族把北方的家畜带到南方各地，促进了中原以南广大地区饲养业的发展，从此我国的皮革制造业发展更为迅速。著名的珍贵湖羊羔皮就是在宋朝以后培育出来的。宋朝设有皮角场，专门负责管理皮革，隶属于军器监。到元朝时开始利用植物鞣料鞣制皮革，北京设有供给军用的毛皮、皮革加工厂，设有甸皮局，熟造红甸羊皮。至此，我国的皮革制造业规模较大，产品品种多样，色彩丰富。

明朝时我国制革业在前朝的基础上已经发展得相当成熟，品种多样，材质手感更佳，适合制作各式各样的服饰品。明末科学家宋应星在《天工开物》中写道：“麂皮去毛，硝熟为袄裤，御风便体，袜靴更佳。”从此以后，皮革才真正走入民间日常服饰。明代女装修长窈窕，款式变化多样。明代女子手中出现了刺绣装饰的小手袋，盛装一些常用的物品，这种小手袋由“荷包”演变而来。手袋采用粗布或丝绸面料，采用绳带系紧袋口，袋上的装饰和刺绣具有非常强烈的民族特色。在明代，箱的设计富于民族特色，造型稳重大方，结构设计合理而巧妙，制作精美，多采用紫檀、红木、花梨等优质硬木，充分利用材料本身的天然色泽和优美的生长纹理，线条流畅，注重装饰美，舍弃繁缛雕琢，是形式与功能的完美结合，是我国箱设计史上的杰作。

清朝服饰变革是中国2000余年君主集权制中一次大的服饰变革，也是最激烈的服饰变革，清代虽然基本延续明代的服饰种类，但在服装形制上尊崇满制。清朝服装形制的变化，是清朝政府强制推行完成的，数千年宽袍大袖、拖裙盛冠，一朝变成了衣袖短窄、衣身修长的旗装，使我国服饰向现代服饰迈进了一大步。河北辛集皮革业在明清时代就中外闻名，有“辛集毛皮甲天下”之美称。而据乾隆二十五年的《银川小志》中记载：“宁夏各州，俱产羊皮，灵州出长毛麦穗，狐皮亦随处多产。”说明当时我国毛皮制造业跨域辽阔、产量丰富。清朝后期，我国的皮革工业开始进入兴盛时期，质量精良，远近驰名。皮革也开始有了出口，在清光绪年间，我国海关已开始转由香港开展皮革口岸贸易，远销日本、欧美等国，开创我国皮革进出口贸易之先河。

光绪末年，女性流行在衣襟上佩挂用丝绸制成的小镜袋，内装香脂和镜片等化妆用品。因为当时水银镜面刚刚发明出来，小化妆镜是当时最为时尚的女性用品，大家闺秀和贵妇都争相佩戴此物；当时的女性也流行在衣襟上佩挂装香料的小香囊，随走动衣裙飘香；这种佩戴香囊的时尚在现代仍然留有痕迹；人们用布制作各种形状的小香囊，并在其内部覆以硬衬其上缝缀金银饰物，戴在孩子的颈上或悬挂在室内，以表达对吉祥美好生活的追求。

在漫长的历史发展中，包袋和服装是紧密联系密不可分的。我国包袋设计造型变化不大，以中小型软体结构为主，材料和装饰图案具有明显的时代痕迹。由于服装的宽大造型，使得盛装随身细物的口袋能够藏在服装的内部，小型包袋多用于女性装饰自身或装饰闺房的饰品，出门或需装较多物品时，可使用包袱或褡裢。清朝后期，我国服装造型变得贴身可体之后，包袋就有了单独设计的必要，同期，由于中西口岸贸易的加强，西方生产的箱包产品逐渐流入我国民间，成为追逐新潮服饰的贵族女性的宠儿。随着经济的发展，异地差旅的频繁，女性走入社会并担当重要角色，也为我国箱包设计制作发展提供了大好机会。

二、20世纪我国箱包发展演变

（一）民国时期（1911—1949）

20世纪初，中国与西方在经济贸易上的交流合作十分频繁，西方的艺术设计和审美文化对中国民众的影响巨大。因此，20世纪初中国服饰变化是在中西方交流基础上的变化，是中西文化融汇带来的巨变和发展。西方同期的服饰文化和艺术设计特征是中国服饰艺术变革追踪的热点，发展的轨迹和模式是当时中国学习的榜样。对于西方而言，20世纪也是西方工业社会艺术设计逐渐走向成熟的时期，是西方服饰设计风云变幻的时期。这一时期的艺术设计因两次世界大战而划分为两个截然不同的阶段。

20世纪初的中国，社会的动荡与连年的战争，并没有毁灭人们对服饰美的追求。由于西方政治文化的大肆入侵，中国社会服饰发生了巨变。与西方社会一样，20世纪初期中国的服饰变化是在战争与和平中演绎发展的，更是与政治结下了不解之缘。伴随资本主义工商业发展和外来文化的影响，现代文化和外来文化在缓慢融合。首先接触和接受外来文化的中国民众，在一定程度上产生了反“传统”的消费倾向。一部分有一定经济能力又追求新观念的人开始通过一种与传统中国消费模式完全不同的方式来展现自己的生活品位，一些与中国传统消费方式和文化有很大差异的资本主义生活方式开始在中上收入阶层流行。他们通过中西合璧的着装风格和采纳西方消费方式以促进和发展自我概念，显示“新潮”，迎合中国当时的变革背景。中西融合的消费价值观开始对社会主流文化形成影响，中西服饰逐渐融合形成新的主流服饰文化。

中西混合式穿戴在20世纪30年代大受欢迎，都市女性喜穿西式服装成风。不论女子穿戴何种新装，搭配手中拎提或肩背的挎包都是最为时尚的装束，包袋的面料为天然皮革或纺织织物，造型上以简洁的几何形状为主，基本没有花边蕾丝等装饰。30年代的男士十分讲究绅士风度，典型的绅士形象是：西装革履，头戴礼帽，手拿手杖，眼戴金丝眼镜，蓄西式胡子，口叼雪茄烟，手臂里夹一个皮革公事包。至于女子配饰品更是琳琅满目，头饰、化妆品、首饰、帽子、围巾、手套，还有各式手袋，皮革手袋也是当时最为流行的饰品。

此时，西方的生活方式也渗透我国，大都市女子频繁出入交际场合，合体着装更为流行。同时，也使晚礼包得以流行。晚礼包大多采用皮革和丝绸为面料，其上缀饰金光闪闪的饰物，外表十分华丽。同期，随服装的变化而变化，与其配饰的包袋纷纷面世，包袋种类繁多，造型各异，材料的变化、几何造型的变化以及金属配件的风格构成了这一时期包袋设计的特色，而我国传统的装饰手法却逐渐退化，民族特色逐渐被西式风格所取代。

众所周知，服饰的发展流行是以“模仿”为契机而发生的，既有空间性的地域传播又有时间性的传承变化，各民族的服饰都在民族的信念和凝聚力中巩固繁衍，也在对外吸收融合中发展演变。服饰也是一种非语言传播，一个民族的服饰对于其他民族来说，会产生一种信息的刺激和传播，式样独特、色彩鲜明、新奇触目就是非语言的刺激，这种非语言所具有的“潜在的信息价值”，经过跨文化传播的帮助后，会充分地显现出来，人们会自觉去模仿，使信息接收者愉快地把它们移用到自己的身上。

（二）新中国成立以后至70年代末期

1949年10月1日，中华人民共和国成立了。由于经济刚刚起步，党中央号召全国人民勤俭节约，建设社会主义事业。受社会经济条件制约，民众服装整体上表现出朴素、整洁、统一和保守的特点。人们的穿衣打扮与革命紧紧地联系在一起，列宁装、人民装、中山装成为当时时髦的3种服装。这既体现出人们着装上的实用性、审美性、追赶时髦的特点，又反映了中国当时的国情。艰苦奋斗和集体主义作为时代精神渗透于服饰观念之中，简朴、实用成为服饰的主流。

50年代，我国使用的包袋通常以布包为主，基本都是一种款式。长方形造型，中间设计3～5cm的厚度，包袋上部缝制两个提手。一般用单色素面棉布制作较多，男女通用，是最简单不过的了。有特色一些的是用不同色布拼接而成的包袋，剪成的三角形、长方形是几何装饰图案设计手法的先驱，由于不同颜色的拼配还会形成许多配色效果和花型图案，可以说是那个时代别具一格的服饰品。皮包在当时基本是属于国家公务人员的，由于制革产量和成本限制，多以人造革面料为主。经典的款式为：长方形造型，色彩基本是黑色，扇面上口处缝两个提手，拉链式开关方式，多半是银白色金属拉链。无论出差还是上班，无论男女都拎提这种包。后来，流行在包的两侧装配上背带，变成了背提两用包袋，应用更为广泛。当时还有一种流行的箱包就是赤脚医生的医药箱，由红棕色皮革制作，方方正正的外观，里面装盛医药器具和常用药品，是那个时代革命形象的一部分，也是许多人向往的时尚品。

50年代后期，上海服装公司推出《服庄》专集。该书设计了180多款服装，其中多款设计涉及女包。如图1-3所示女性手拎红色小型皮包，前后扇面加包盖设计，简洁大方，与身上的波点旗袍、红色外套搭配和谐；另一款是黑色职业女服套装，图中女性手臂挽着一个黑色手提包，硬结构包体，双提手设计，风格干练，如图1-4所示。这两款设计都与第二次世界大战期间欧洲女包的流行款式十分接近，表达了一种实用、简便、大方的时尚理念。

如图1-5所示系列服装款式中，中式立领、滚边、收腰、镶边盘扣、褶皱大摆裙、对襟等时尚元素，多款都有拎提皮包，说明了人们对皮革包袋的重视。

对于包袋而言，当时最流行绿色军挎包，是流行的标志，如图1-6所示。挎包的两边缝制编织带作为背带，安装可以调节长短的方扣，材料为军用帆布。到了70年代后期，也有用人造革面料制作军挎包，公务人员中依然流行较早的黑色皮包。

衣箱品种较多，按使用材料分，有皮箱、人造革箱、帆布箱和塑料箱四种；按用途分，有旅行箱、家用箱和公文箱三大类；在结构上又有硬衣箱和软衣箱之分，生产工艺已经有了模压一次成型技术。硬衣箱采用ABS塑料（丙烯腈、丁二烯、苯乙烯共聚物）或其他耐热耐压机械性能好的塑料制造，坚固耐用、硬度大、弹性强、美观大方。软衣箱面料主要是聚氯乙烯人造革和聚氨酯的泡沫人造革及合成皮革，手提为主，轻便美观。

同期的箱设计也少有变化，40～50年代的硬皮革衣箱主要是国家公务人员出差时使用；普通社会群众主要拎提一个较大的黑色或灰色旅行袋，面料为条纹或光面素色人造革，一般是银色金属拉链，包外附设1～2个拉链袋，唯一的装饰就是在提包的前扇面上印刷“北京”“上海”等中文和拼音字样以及地球、卫星等简单图案，如图1-7所示。家用衣箱多用木材或皮革制作，体积比较大，长方形造型，有时在四角略带一点圆势。多采用对口式开关方式，弹子式

图1-3 旗袍外套配女包

图1-4 职业类女手提包

图1-5 50年代上海《服庄》杂志中的女包时尚

图1-6 军挎包

图1-7 圆角旅行包

合页锁，为了巩固使用强度，有时还会在箱体的两侧安装箍紧皮带，带头固定金属卡扣。内部衬有棉质平纹布衬里，箱盖衬里中间设计一个松紧带口袋，箱体腔设计有箍紧带扣。家用衣箱整体设计以实用功能为主，美观装饰设计基本被忽视。20世纪60年代，由于猪、羊服装革迅速减少，几乎没有供应，衣箱原料以人造革作为代替品。

改革开放以后，中国经济建设高速发展，人民生活水平不断提高，中国与西方的经济文化交流频繁且深入，西方文化全方位呈现在国人面前，丰富多彩的服饰时尚进入中国后，迅速被国人接受。由于之前追求一致为美的美学思想还在一定程度上影响着人们的思维方式，你追我赶的热潮迅速在服饰美上体现出来。服饰方面每一个新潮的变化，都会引发热烈共鸣。在服饰上被禁限已久的国人，一旦得到解放，就以极大的热情投入到服饰美的大潮中，对服饰美的热爱犹如新的运动般在中国大地上热烈展开。

至此，西方20世纪60～70年代服饰时尚和审美文化在20世纪70年代末期直接空降到中国大地，中国服饰设计迅速融入西方新时尚中。艺术设计更是变得日新月异，艺术设计成为人人都能亲身体验到的生活现实，作为人类一项创造性的事业走向更加自觉和理性的道路，一个更加民主化、大众化、多样化、国际化的服饰时代到来了。

（三）20世纪80年代初—90年代末期（1980—1999）

1. 20世纪80年代

80年代初，一切都在迅速变化中，美学研究恢复了生机。当时每个人都想要丰富、充实精神生活，提高审美趣味和文化修养。社会公众被压抑多年的对美的欲求呈火山喷发之势一发而不可止。改革开放的春风吹遍了我国的各个角落，极大地促进了社会各行各业的发展。服装业是反映改革开放一马当先的窗口，服装改革的呼声迅速响遍全国。1983年年底，延续了几十年的布票被取消了，国人重新获得了服饰穿戴自由。经济的空前繁荣和观念的多元化，使服饰设计和生产发生了巨大变化。在思想解放与国民经济发展的前提下，人们追求新异的审美心理发展迅速。风格多样、色彩斑斓、求新求变，成为新时期服装流行的特点。对我国服装美学的演变和审美文化的构建起到了巨大的推动作用。

在建设经济的同时，中国对外的大门敞开，西方思潮迅速涌入中国，西方服饰设计以及服饰文化也迅速进入中国市场，对中国的服饰发展影响堪称巨大。因此，80年代西方服饰时尚几乎没受到任何阻力就在中国如火如荼地上演，一浪高过一浪的服饰潮席卷中国的大街小巷。80年代的中国越过了西方50～60年代，直接承接了西方70～80年代的时尚特点，箱包设计变化与国际接轨，箱的设计完全可以纳入工业产品设计行列。呈现大规模生产，产品系列化的生产模式。而包袋设计也紧随服装时尚而变化，具备典型的多样化、时尚化特点。在箱包设计上，现代艺术设计的各种流派如立体主义、未来主义、表现主义等都有所体现。抽象艺术的几何形式手法，特别是象征现代性的机器美学的应运而生，对现代箱包设计的发展起到了重大推动作用。

机器美学是以简单立方体及其变化为基础的视觉模式，强调直线、空间、比例、体积等要素，抛弃一切附加的装饰，提倡以科学性取代艺术性，而形的简化则逐渐成为设计最为普通的手法，它们使设计完全摆脱古典艺术的禁锢，使箱的设计生产飞跃发展成为现代大工业的一员。20世纪80年代，直接影响到箱包设计领域的艺术思潮有流行于50～60年代的“太空技术”“硬边艺术”和“极限艺术”。

（1）箱的设计

因为箱包产品属于服装配饰，通常首先发展服装主体，因此，箱包设计总的设计发展变化略落后于服装时尚。80年代的箱包设计仍然以实用性为主，最主要的设计变化体现在产品品种的丰富多样上，而对某种产品的细节设计和装饰美化还有些滞后。

公文箱在80年代末开始流行，主要应用在商务上，是一种正装箱。其设计稳重大方，内部有分装公务资料的隔层和笔插、眼镜袋等设计。其内部隔层有一定的变化，非常方便分类存放物品。当时，身穿西装、手提一个密码箱是商务人士出差的标准装束，是成功人士和商务的典型形象。当我国经济迅速发展时，需要人员和物资的大量流动，以前的灰色旅行袋已无法满足差旅需要。1986年左右，手提旅行软箱问世，旅行箱前后面一般是软体材料，箱子的侧部部件（即箱墙由于有金属框架在内部衬托而成）是箱子成型的部位。这类箱子的体积适中，可以采用人造革、塑料、纺织面料制作，成本比较低。箱上设有提手和拉手，箱底有时会装设橡胶轮子。使用时既可以提拿，也可以拉动拉手使箱子向前滚动。其内部结构中比较重要的是拉链袋和固紧带设计。颜色多为黑色、蓝色，若为人造革箱，还有棕色和棕黄色的颜色变化。

由于差旅便携的需要，1988年前后，旅行拉杆箱成为箱消费的新星。一般拉杆箱的组成结构分为两大部分，一部分是拉杆、底座、走轮体系，另一部分就是箱体部分。拉杆走轮部分是拉杆箱实现行走的主体部分，拉杆抽提自如，有2～3挡长度调节控制，且连接点连接牢固，调节拉杆长度方便自如。箱体上面的设计必须包含上部和侧部的提手各一个，主箱体一个，箱体内部设计一个拉链袋或松紧带袋，一对固定物品的固紧带。至于其他的变化就根据设计风格和使用目的来进行，尤其是箱体外侧的设计，其根据设计要求不同，变化非常多。箱体材料以塑料、纺织材料和皮革、合成革类材料为多，由于内部填充板材、硬纸板等硬性材料而呈现硬挺的外表，称为硬箱。颜色主要是棕色、棕黄色和黑色。

ABS彩色塑料拉杆箱是80年代末期开始流行的品种，由于其色彩鲜艳，箱体一次成型，ABS塑料具有耐高温、防水、耐磨的使用特性，使这种箱子非常受欢迎。80年代的ABS箱以长方形造型为主，四角圆角比较小，一般圆弧半径在6cm之内，主要颜色有蓝色、黑色、灰色、红色，而黄色、橙色等较少售出。ABS塑料箱的设计变化非常多，尤其是箱面凹凸条纹和装饰图案的设计更是使ABS箱深受青年人的喜爱。

（2）包袋设计

80年代初，包袋的品种较少，设计变化还不太丰富。当时，我国的经济发展还不能满足包袋与服饰的成套配穿，往往是一个包袋配穿一年四季的服装，因此，对于包袋的耐用性、实用性和颜色的可搭配性要求十分突出。流行时尚往往是从女性用品开始发展起来的，女式包袋也充当了时尚先锋的角色。80年代初，人造革女包大热，当时流行的女包分为单背带和双背带，造型多为长方形，女包四角带圆角设计，线条比较流畅。体积大小适中；颜色由原来的黑色、军绿色开始变得多彩起来，咖啡色、黄色、绿色、红色、米色系列都开始流行，尤其是拼色设计非常受女性的欢迎。配色时主要采用对称手法，色块较大，通常主体色为深色，应用浅色拼配以形成跳色效果。

改革开放后，爱美的女性对时尚的追逐非常迫切，由于此时包袋设计还不够丰富多彩，而少数民族包袋的色彩丰富艳丽，民族装饰的魅力和多变成为女性包袋时尚的选择。石林彝族撒尼人包就是当时十分流行的设计，该包以细棉麻做底衬，辅以刺绣装饰，图案鲜活灵动，总体风格细密规矩。撒尼包背带很有特点，一边固定，另一边是活扣，可根据身高需要打节系紧。陕北的蓝花包更具有传统的意味，深受广大女性的喜爱而风靡大江南北。1984年左右，由于迪斯科舞蹈在全国掀起热潮，年轻人去舞厅喜欢个性出新，或双肩或单肩背提一个水桶包，包体为圆筒形，包口用抽绳抽紧，通常用皮革、人造革、发光人造革、细帆布、牛仔布、牛津布等材料制作，常在表面用铆钉、金属片装饰。背提效果十分青春帅气。

80年代，男士包袋品种非常少，公事包是80年代男士最为时尚的用品。材料选用人造革或真皮，色彩为黑色、棕色、棕黄色，少量是灰色等。公事包造型主要是长方形，如图1-8所示。包体造型简洁大方，表面无多余装饰，内层较多，一般分类存放文件。有手提式、挎肩式和夹带式三种，手提式有把手，造型较多，夹带式无把手。正装公事包更多地适合在正式场合使用，一般用天然皮革或合成革制作，多为黑色、棕色或其他深色系列。

图1-8　男用公事包

2. 20世纪90年代

90年代，世界进入知识经济和信息技术大发展的全新时期，服装界呈现出多民族、多文化、多风格、多品牌化局面，所以服装审美也出现多风格化态势。而流行代表整个社会审美取向，流行趋势的发展是一个从无序到有序、从个性到共性的过程。由于服装流行的方向变得无拘无束，将包袋设计引入多样化格局，公事包、休闲包、街市购物包、宴会包、化妆包、晚礼包等时尚设计，令人眼花缭乱、心情激荡，强烈吸引着大众的前卫消费，包袋设计由此进入功能化时代，开拓了现代包袋设计装饰与功能并重的新多元化时代。在这眼花缭乱的服饰变化大潮中，包袋发展为服饰整体设计的一部分，包袋的设计变化完全融入服饰设计的整体规划中，每一次服装的变化，必将带来包袋设计的变化，何种风格的服装配衬何种风格的包袋才是和谐之美、艺术之美，同一种服装风格中甚至包容着多种微小的包袋风格系列。

（1）箱

公文箱的尺寸一般是可以容纳14in或15in手提电脑，尺寸依据是横放1张标准A4纸，竖放两张标准A4纸。如图1-9所示公文箱，有4个横向夹层，由扣钮皮带固定，并可根据所放物品厚度调节夹层厚度，2个带盖夹带，1个拉链袋，1个小插袋。

旅行拉杆箱是旅行时常用的产品，既时尚，又变化繁多，是个人展现个性和时尚品位的机会。因此，深受各界人士的重视。硬箱多采用硬质材料制成，如：木材、竹子、ABS工程塑料等，或箱体中间用硬质内衬使箱体变得硬挺，箱子的硬衬材料有金属、木板、纤维板、硬纸板等。拉杆走轮部分是拉杆箱实现行走的主体部分，设计趋势是质量超轻，底部360°万向轮设计，而且可以上下楼梯。拉杆结实、轻便、耐用，而且抽提自如。

图1-9 公文箱

图1-10 旅行拉杆箱

如图1-10所示旅行拉杆箱是典型款式，是一种非常实用的设计。在箱体外上部有一个拉链外袋，下部还有一个拉链外袋，下部的外袋容积比较大，可以分开放置一些物品，而上部的拉链外袋一般装随身的小物件。彩色塑料拉杆箱自80年代后期进入市场以来，造型以方正为主。90年代中期以后，拉杆箱体四周的圆角设计多了起来，而且还出现了圆角半径大于10cm的尺寸设计，箱体外形十分流畅圆润，符合国际上流线型设计的流行理念。

由于女性化妆时尚的深入人心，化妆箱逐渐成为社会热点，品种和款式也多了起来，如上下双层、多隔层设计、折叠设计等。

（2）包袋

90年代的包袋设计变化更为复杂，作为一种时尚配饰与服装时尚迅速靠拢。走在时尚前沿的人们对包袋的要求越来越高。时尚女包与女性的生活息息相关，女性在上班、购物时都要背提包袋。90年代初期，女性的包袋以中小型为主，包体多为半硬或硬结构，以方形造型为主。风格端庄大方，四周圆角设计，使阳刚中透出女性的温柔味道。1993年左右，市场上流行半圆形造型女包，女性感更强。

到了1994年以后，开始流行较大的包袋，而且包体是软结构的，较大的包体容纳空间大，可以装下许多随身的物品，甚至逛街购物都可以适用，受到女性的热烈欢迎。90年代中后期，女包的时尚变化非常快速，各式各样的女包成为女性服饰配饰的佼佼者，女包的种类款式丰富多彩，风格多样，如图1-11所示的系列女包设计可以说是90年代女包变化的缩版。

90年代，男包的变化比女包要少得多。归纳起来主要有3个代表性设计，分别为：大哥大包、公事包和单肩背包。大哥大包是当时最具特色的男包，开始时是为装盛大哥大手机而设计，后来成为男士手包的前身。包体为长方形造型，拉链开关方式，包袋侧部装有提手供提拿使用。早期主要是拥有大哥大手机的老板使用，1995年以后，男士基本人手一个，成为街包。90年代后期，逐渐淡出人们的视线。公事包是90年代十分流行的男士用包，由于当时许多男性供职写字楼，出入写字楼的标准服饰是身穿西装革履，手提公事包，是白领阶层的象征。公事包的品种和款式开始有了些许变化，出现了正装公事包、休闲公事包、简易公事包的品类，如图1-12所示。

第三种就是男式单肩背包，有皮革和塑纺面料两种。造型以方正为主，有包盖和拉链两种开关方式，风格较公事包休闲，一般受到经常出差的男士喜爱，如图1-13所示。

图1-11　系列女包设计

图1-12　公事包系列

图1-13　男式单肩背包

第三节　21世纪初箱包设计发展梳理

2000年以后，我国各方面的发展更为快速。在此期间，我国箱包行业的发展同样十分迅速，随着国际奢侈品牌的纷纷进入，国内箱包市场呈现了多元分化的状况。箱包的设计也更具多样化、时尚化特点。主题设计与功能化设计成为箱包设计的两大热点。

一、主题设计

时尚产品的主题设计是21世纪以来非常主流的设计理念，通过不同主题的充分演绎，可以塑造出风格各异的时尚产品。皮革产品可以运用的设计主题非常广泛多样。比如：民族国潮、环保绿色、自由呼吸、热情奔放、美好家园、畅游世界等，同时也可以某种社会现实或重大历史事件为主题。最重要的是设计主题要与现今社会文化意识和当季流行时尚保持一致性，使设计主题符合社会大众的审美感受，才能被市场和消费者认可。设计源于生活而高于生活，所以，一个主题的设计元素要经过很好的艺术加工和提炼，才能运用到产品的设计实践上。

1. 民族国潮主题设计

民族的就是世界的，中华民族元素随着中国走向世界，成为风靡全球的时尚。中国元素中脸谱颇具代表性，从古至今，一直深受国内外人士的青睐。一看到涂红画绿的脸谱，一定会想到戏曲；或者一提到戏曲，一定会想象到舞台上勾画五彩脸谱、身着各色戏衣的人物形象。脸谱是中国戏曲艺术的重要组成部分，也是戏曲艺术的重要特征之一。前辈戏剧家张庚先生说过，脸谱是一种戏曲内独有的，在舞台演出中使用的化妆造型艺术。从戏剧的角度讲，它是性格化的；从美术角度来看，它是图案式的。在漫长的岁月里，戏曲脸谱随着戏曲的孕育成熟逐渐形成，并以潜式的方法相对固定下来。脸谱是中国戏曲独有的，不同于其他任何戏曲的化妆。无论是在国内还是国际上，戏曲脸谱永远有着独特的迷人魅力。

本节以京剧脸谱为例来介绍中国元素在箱包中的应用，如图1-14所示。

首先，在色彩上，脸谱的色块鲜明、对比强烈，运用到箱包设计中会带来很强的视觉冲击力。因为脸谱与箱包有许多相通之处，如在图形上，它们都垂直于中心对称，线条简明，对比强烈，容易给人留下深刻的印象。对于脸谱的运用，不能仅是简单地将其刺绣或丝印上去，而是把箱包的造型，用不同颜色的色块脸谱化，用色块来表现脸谱的特征。京剧脸谱色彩是十分讲究的，看来五颜六色的脸谱品来却巨细有因，绝非仅仅为了好看。不同含义的色彩绘制在不同图案轮廓里，人物就被性格化了。红色是脸谱中最常见的颜色，红色脸象征忠义、耿直、有血性，如“三国戏”里的关羽、《斩经堂》里的吴汉。因此，设计采用红色作为主色调，主要表现正义的人物形象；黑色作为眼睛以及周围的纹路，将眼部、嘴部与其他部位做出分界线；而中间横过的灰色曲线块则代表脸谱的眼睛。这样，只需用几片简单的色块就能把脸谱的特征表现出来。

其次，款式的选择是箱包设计中最关键的一个步骤，只有选择合适的款式才会受到广大消费者的喜爱。运动包是一种体现青春、健康向上风貌的产品，若想把脸谱运用到箱包中去，双肩包无疑是最合适的选择。因为双肩包无论是从形体上，还是从分割上都与脸谱极为相似。整个包体前面设计半圆小口袋，既有实用功能，存放小物品，又有装饰作用，而且酷似京剧脸谱的嘴部效果，更能突显脸谱的主体形态。肩带部位加入红色块与黑色块的分割，与前部搭配更加和谐统一。背部则上面选用红色面料，下部选用黑色三明治网布，里面配有海绵，背起来更为舒适，符合人机工程学。黑色部分左右两端及下部分别缝有弧线装饰，既美观又与脸谱的特征相呼应。肩带右侧加有可拆卸的手机袋装置，方便放置手机。不用时可拆卸，丝毫不影响外表的美观，如图1-14（a）所示。

现如今，圆筒运动包越来越受运动爱好者的青睐。圆筒包更能彰显自我，而将脸谱运用于圆筒包，突破了京剧脸谱的曲面形式，使其拥有另一番韵味。圆筒的容量较大，相同容积的箱包里面，圆筒要显得精致很多。包体的前后侧均有脸谱拼片，消费者使用时不必考虑前后面的问题，随心所欲地背用，斜挎与手拎均可。两侧分别配有一个口袋，方便存放小物件，更贴近生活场景，如图1-14（b）所示。

还有一些中国主题元素设计也颇为流行，如图1-15和图1-16所示。

（a）脸谱双肩包

（b）脸谱旅行桶包

图1-14 脸谱主题包袋设计

图1-15 中国风女包

图1-16 中国服饰元素女包

2. 热爱自然主题

对于自然主题设计，可以自然界景观和动植物美好为主题，也可以绿色环保为主题，抒发对大自然的热爱和对可持续发展的渴望，警醒人们要保护自然，与自然共生共存。这里以梅花、桃花、牡丹花、荷花为例。

梅花小巧而美艳，在白雪之中绽放一片火红，坚强而高雅，因此，包袋色彩可以红色与白色为主。包体以月牙为形，造型张扬，有着月亮的皎洁与美丽，在底部加以流苏来平衡，形成动态美感。梅花排列顺序的变化给人不一样的感觉。如图1–17（a）所示女包的灵感来源于古代服装中的云肩，白色的包体象征着白茫茫的世界，在这一片白之中，点缀着朵朵红色的梅花，而随风飘摆的流苏表现了梅花在风雪中的傲骨、永不低头的美好品质。

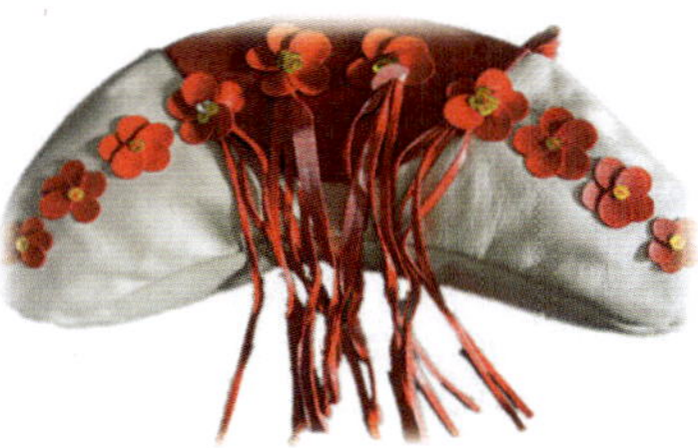

（a）“梅花傲雪”女包

（b）“富贵牡丹”女包效果图

图1–17　花卉主题包袋设计

桃花的花语为爱情的俘虏。对于爱情，我们往往深陷其中不能自拔，不论距离有多远，都不得逃脱，而爱情又给人一种朦胧感，永远不知道爱为何物，但却让人感到甜蜜、幸福，蕾丝和纱边往往给人这种感觉，所以在设计中，可以选择纱和流苏作为装饰，突出了爱情的朦胧，以及深陷爱情之中的不知所措。而包袋前面的立体桃花装饰，突出表现女性的柔美。

牡丹花的花大色艳、雍容华贵、富丽端庄、芳香浓郁，素有“国色天香”“花中之王”的美称，长期以来被人们当作富贵吉祥、繁荣兴旺的象征。因此，包体要圆润、大气，但不失华贵，色彩以红色为主。红色是喜庆、艳丽的代表，其间夹杂一些金色，更能体现雍容华贵的特点。如图1–17（b）所示包袋的名称为“富贵牡丹”，花大而艳。色彩则以红色为主，代表着美艳、富贵。包袋以暖色系为主色调，配以沉稳纯洁的白色的纱，就像美艳的少女羞涩地站在那里，不知所措。包袋的外形灵感来源于古代的服装，形态较小，红色的牡丹大而华贵，流苏随风摆动，给人一种灵动的感觉。包袋款式虽然简单大方，但不失雍容华贵，线条简洁、优美。

图1–18　小象造型包袋

荷花象征着纯洁、无邪、天真、坚贞；出淤泥而不染，濯清涟而不妖；清高、洁身自好、挺拔；高尚不随波逐流。花朵艳丽，清香远溢，碧叶翠盖，十分高雅。生长于水中的荷花，水的蓝、叶的绿、花的红相映成趣，而花的形态同样需要运用到设计当中去，但是不能一味地采用立体花装饰，改用平面或拼接的装饰手法，可以让人眼前一亮。纱的装饰同样必不可少，纱的走向和制作工艺也需要创新突破。

至于其他主题设计在这里就不再举例了。当然，也有许多流行款式深受时尚人士所喜爱，如图1–18和图1–19所示。

图1–19　植物图案包袋

二、功能化设计

功能化设计是21世纪初开始流行的，是款式时尚发展到一定时期的重要产物，当款式变化已经满足人们对时尚的追逐后，对产品功能的要求就变得越来越高，比如：防雨旅行箱、可折叠购物袋、可换箱盖旅行箱等，如图1-20和图1-21所示。

图1-20 带水杯架的拉杆箱

图1-21 可折叠女包

三、新材料设计

21世纪初，许多智能材料问世，成为箱包设计的新宠。比如，随温度变化变色的材料，使得包袋可以随温度的变化而变色，形成令人期待的时尚效果；透气不透水皮革的诞生，使得皮革具备很好的透气性且又可以防水，尤其是对于双肩背包而言，具有很好的使用特性；新型再生材料的运用，使箱包设计具有了可持续发展的生命；而由植物纤维经过一系列化学和物理作用形成的新型环保材料——素革，既具备天然皮革的使用特性，又有很好的环保型和对动物的保护性，也深受动物保护人士的喜爱。因此，各种新型材料的问世，使箱包面料的设计选用范围大大拓展，同时，丰富和提高了箱包的使用功能。

21世纪的艺术设计更注重在深层次上探索设计与人类可持续发展的关系，随着世界经济文化和科学技术的一体化格局的出现，设计不再是某一个具体的地域性行为，而是被赋予了更为宽泛的世界和全球化的意义。

四、时尚要素设计

对于时尚设计而言，色彩要素、造型要素、图案要素是重要的设计要素，设计师根据当季流行要素进行设计，可以获得独具特色的时尚产品。这里不再赘述。

在箱包设计中，必须注重创新，充分发扬我国的传统文化精华，促进中西文化的完美结合，极大地丰富社会产品设计。

第二章

箱包分类及其设计特征

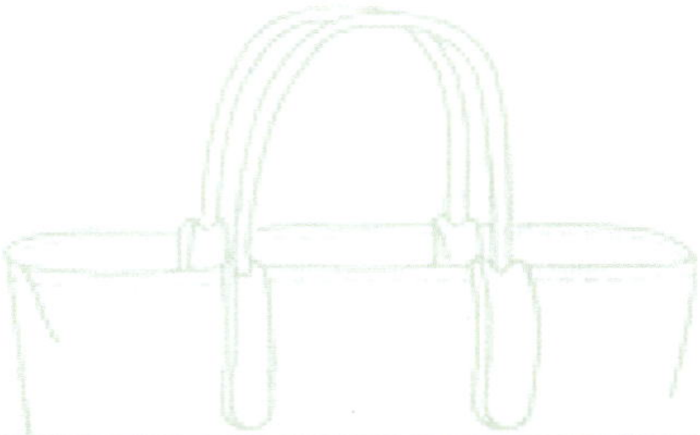

通常，作为设计师必须要了解箱包的产品设计特征以及部件结构、部件的专业名称等，以保证产品结构与款式之间和谐统一。一般而言，箱包最为重要的结构特点包括以下几个方面，即产品整体造型以及形状、尺寸，开关方式，部件情况（包括外部部件、内部部件以及中间部件），所有原辅材料的颜色品种，制作方法及工艺等。通过对上述内容的逐一分解和剖析，将箱包的整体情况予以全面分析论述，进而得到制图基础资料。在对箱包进行结构特点分析时，一定要反映箱包的全貌。不但要描绘出前后扇面的形状，同时也要对包体的侧部和底部形状进行描述。

第一节　箱的分类与设计特征

箱在现代社会中的应用非常广泛，风格设计更是时尚多样，由于实际使用的需要，箱的品种类别也非常多，箱已经走入了人们生活、工作的方方面面。随着设计艺术的发展提高，不同品种箱的设计风格特征也有很大的不同。而且，随着现代工业机械化程度的提高，机械生产代替了许多手工操作，使箱的质量、产量都有了飞速发展。与包袋相比，箱更多用于盛放数量较多、尺寸较大的物品。

一、箱的造型与特征

在进行箱的结构分析时，首先进入眼帘的是产品整体造型情况，箱多以几何形状为造型设计基础，例如，长方形、正方形、三角形、圆形、椭圆形和梯形等。箱类造型在习惯上分为规则造型和不规则造型两类。同时，又划分为有拉杆型和无拉杆型两类。

长方形或长方形四周带圆角的造型是常见的箱类造型，设计变化主要体现在长宽高尺寸比例和四周圆角半径的大小上。一般来讲，四周圆角半径越小，箱整体规则性越强，风格稳重大方，四周圆角半径越大，箱整体时尚性和活泼性越好，但圆角大会造成内容物容积下降。箱体可以采用半硬或硬结构，也可以选用有拉杆或无拉杆设计。拉杆式箱设计是近年来设计的主体。当产品外轮廓造型确定后，箱前部是设计变化的主要位置。如前箱面的拉链设计，拉杆的造型和装设位置。其款式的前面、后面、侧面和箱内部的设计，如图2-1至图2-4所示。如属

图2-1 箱正面款式

图2-2 箱后面款式

图2-3 箱侧部款式

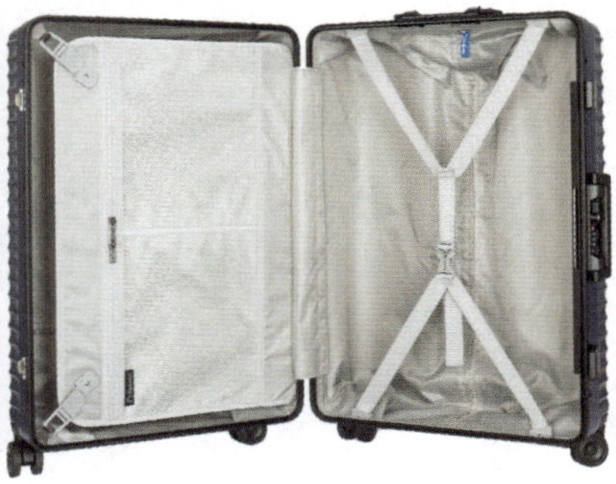
图2-4 箱内部款式

无拉杆型设计则去掉拉杆和走轮部分。

不规则造型是指箱体采用不规则几何形体进行的设计。不对称的几何外形，形成视觉上的异型变化，产生设计的新意；这种不规则造型设计较少用于一般生活产品，多见于概念性设计或创意性设计产品，其外形具有一定的视觉冲击效果。有时，由于箱的某一面或多面有立体面而形成箱体几何外形上的不规则造型。

二、箱的分类及其设计特征

箱类产品可以应用于居家产品、旅游活动、数码活动等，根据不同的使用目的和环境，箱类的设计也各具特点。一般来讲，箱由箱体和箱盖两部分组成，有些旅行箱还设有拉杆与走轮。箱类产品可以采用多种材料制成，一般分主料、配件、辅料三大部分。箱的面料品种很多，有纺织面料、塑料、皮革和人造革等，辅料一般是纺（针）织材料，如各种丝绸、仿丝绸材料等。在实际设计和生产中，不同的面料赋予箱迥异的风格特色。

总的来讲，箱子分为软箱和硬箱两大类别。在硬结构箱中，可以采用硬质衬来成型，如钢板、纸板、胶合板、塑料等，也可以选用硬性面料，使箱具备硬挺的外形，可以有效地保护箱内物品不受外力伤害。软箱款式多样，变化复杂，而且制作成本比较低。箱体的盖和底以软体结构为主，箱墙衬有硬性材料，可加固箱子的外形，但由于箱盖和底的软性构造，使得箱体会随装盛内容物的变化而产生一定的变化。

本章以箱的品种分类为基础来探讨箱的结构变化。

（一）旅行拉杆箱

根据拉杆的数量，可将旅行拉杆箱分为单拉杆式和双拉杆式两大类；根据其制造材料和内衬材料的不同，分为硬箱和软箱；根据使用者年龄的不同，分为儿童旅行箱和成人旅行箱；根据使用者性别的不同，又分为男用旅行箱和女用旅行箱；根据设计风格分，还可以分为商务旅行箱、休闲旅行箱、时装箱等。因此，旅行箱的设计多样。本章以使用者的年龄为分类基础。

1. 成人旅行拉杆箱

成人旅行拉杆箱是出门旅行时常用的产品，设计时尚，变化繁多，可展现个性和时尚品位。因此，深受消费者的重视和喜爱。成人旅行箱可以细分为时尚箱、休闲箱和商务箱三类。休闲箱追求自然和随性，时尚旅行箱通常色彩艳丽、造型活泼，装饰图案突出浪漫、活泼的风格；商务旅行箱则风格沉稳、造型大方、装饰较少，颜色多以深色为主，如深蓝色、黑色、灰色，女式商务旅行箱设计风格要轻松一些，色彩变化较多。白色、红色、黑色、蓝色、咖啡色或几何格条设计都深受职业女性的青睐。

成人旅行箱的面料选择多样，如天然皮革、人造革、塑纺面料、ABS工程塑料等。软箱和硬箱都深受消费者喜爱。成人旅行拉杆硬箱多采用硬质材料制成，其中以ABS工程塑料为主；或箱体表面采用软性面料，但箱体中间用硬质内衬使箱体变得硬挺而成为硬箱。箱子的硬衬材料有金属、木板、纤维板、硬纸板等。

（1）旅行拉杆软箱

如图2-5所示就是典型的旅行拉杆软箱设计，一般拉杆软箱的组成结构分为两大部分，一部分是拉杆、底座、走轮体系，另一部分是主箱体部分。拉杆走轮部分是拉杆箱实现行走的主体部分，设计趋势是质量超轻，底部360°万向轮设计，可以实现自动上下楼梯。拉杆结实、轻便耐用、抽提自如，有2～5挡长度，利于调节控制，且连接点连接牢固，调节拉杆长度方便自如。

主箱体包括箱体和箱盖，主箱体由箱底、箱墙、箱盖组成，箱底和箱墙构成盛装物品的主体部分，在一起合称箱体；箱体上必须在上部和侧部各设计一个提手。以箱墙的部件组成为结构上的主要设计变化形式，其中，有箱墙为环绕一圈连体式结构，也有侧墙单独式，或上墙、下墙单独式的变化，如图2-5所示。箱盖与箱体在箱的后部连接在一起，箱体内部设计一个拉链袋或松紧带袋，一对固定物品的固紧带。至于其他的变化就根据风格和使用目的进行设计，尤其是箱体外侧的设计根据要求不同和时尚特征而呈现多种多样的变化。箱体材料以塑料、纺织材料和皮革、合成革类材料为多。

图2-5　旅行拉杆软箱

如图2-5所示旅行拉杆软箱是非常实用的设计，在箱体的上部和下部各设有一个拉链外袋。下部的外袋容积比较大，可以分开放置一些小型物品，而上部的拉链外袋一般装随身的小物件。这种设计将常用的物品放在随手可得的外袋中，非常便于出门旅行。如图2-6所示是旅行拉杆箱常见的内部结构，一般有西装袋、密码袋、透气袋、固定带、内置暗袋等结构。

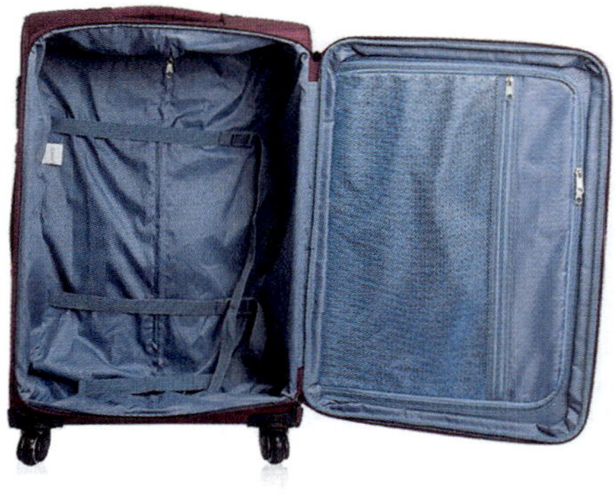

图2-6　旅行拉杆软箱的常见内部结构

（2）ABS彩色塑料箱

ABS彩色塑料箱是近年的流行品种，ABS塑料具有色彩鲜艳，耐高温、防水、耐磨的使用特性；在制作中箱体一次成型，造型设计可以随心所欲，ABS塑料箱时尚感强，在市场上非常受欢迎。在现代设计中，ABS塑料箱的设计变化非常多，尤其是箱面的凹凸条纹和装饰图案的设计更是使ABS箱深受青年人的喜爱。如图2-7所示的ABS塑料箱，箱体为长方形设计，均匀横条纹设计，整箱设计风格时尚商务；如图2-8所示的ABS塑料箱色彩亮丽，以几何纹样为装饰主体，设计风格活泼有活力，是旅游携带的热品。

图2-7 彩色ABS塑料箱

图2-8 花色ABS塑料箱

旅行拉杆箱也有单拉杆和双拉杆的不同，单拉杆旅行箱如图2-9所示，由于单拉杆负重不如双拉杆大，而且在拖拉过程中容易造成重量失衡，因此，箱子个体相对双拉杆箱要小。有时出于旅行的需要，也会设计旅行拉杆套箱，也称子母箱，如图2-10所示。套箱包括一个拉杆箱和一个随身箱或包，随身箱包的后部装有卡套，套在拉杆上一起拖拉，两侧装配有背带，可以背在身上携带，背提方式变换自如。

图2-9 单拉杆旅行箱

图2-10 旅行套箱

拉杆箱的尺寸设计一般呈系列变化，从小到大多个尺寸，如：$18^{\#}$、$20^{\#}$、$22^{\#}$、$24^{\#}$、$26^{\#}$、$28^{\#}$、$30^{\#}$、$30^{\#}$、$32^{\#}$等，系列号越大箱子的容积越大，实际设计中根据需要也可以只设计尺寸系列中的一部分。如女箱以$18^{\#}$ ~ $26^{\#}$为主，男箱以$20^{\#}$ ~ $28^{\#}$为主，$30^{\#}$以上的多为大型旅行箱。

2. 儿童旅行拉杆箱

儿童旅行箱的设计要符合儿童审美趣味，并具备良好的使用合理性。如图2-11所示的小黄鸭儿童旅行箱，外形独特可爱，既适合出门旅游，也可以在平时上学时作为书包使用。箱体外观采用依据动物外形而变形的圆弧流线型设计，箱体采用ABS塑料吸塑而成，ABS材质具有优良的弹性、强度及耐热和耐腐蚀性，因此，箱体具有防水、耐寒、耐高温、耐摩擦、耐久的特点。脚轮为八字形万向轮设计，即使是低龄儿童也可轻松操作；拉杆采用流线型，更符合人体工程学，拉起来更省力，可调节高度的拉杆设计方便孩子随心所欲拖拉箱子行进。

如图2-12所示儿童旅行拉杆箱，外形采用方形加圆角设计，高强度、轻量、隐蔽式铝合金拉手，单拉杆设计，单手操作调节拉杆高度，走轮采用高速360°万向轮，瞬间转换方向，透明设计，材质坚固耐用，可胜任各种路况。箱子内部设有内袋分层设计，如图2-13所示，收纳空间大且便于整理，可以分装水壶、玩具等随身物品。儿童旅行箱只有箱盖和箱体两个整体成型部件，外形结构较为简单，采用拉链式开关方式，实用便捷。

图2-11　儿童旅行箱

图2-12　儿童单拉杆旅行箱

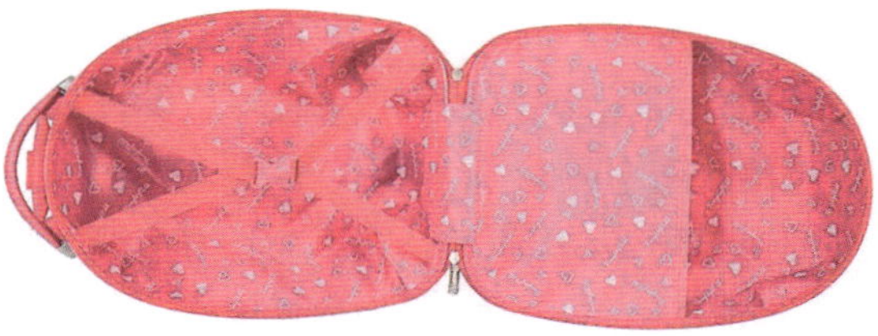

图2-13　儿童旅行箱内部设计

（二）手提箱类

手提箱一般也可以分为软箱和硬箱两大类。手提软箱的前后面一般是软体材料，箱的侧部部件，即箱墙，由于有金属框架在内部衬托而成，是箱成型的部位。这类箱子的个体适中，多采用塑纺面料或仿皮革类面料制作，成本比较低，如图2-14所示。箱的上部设有提手，侧部装设拉手，箱底部装有泡钉、立柱或滚轮，既可以提拿，也可以拉动拉手使箱向前滚动。其箱体结构与拉杆箱类似，内部结构中比较重要的是拉链袋和固紧带设计。箱体总质量比较轻，使用时灵活轻便。

图2-14　手提软箱

如图2-15所示为一款复古手提硬箱，传统的长方形设计，箱体上装有箍筋皮带，既是装饰也起到加固的作用。箱体四周带皮革包角，同样具有固紧并装饰箱体表面的作用；箱体两侧带有固定背带的金属半圆环，可实现背提两用，底部有金属泡钉，避免地面污物、雨水等对箱底部的污染。

图2-15　复古手提硬箱

（三）家用衣箱

1. 家用木质衣箱

随着现代家居风格的改变，大型的综合性衣柜已经逐渐取代了传统意义上的家用衣箱。因此，除了如图2-16所示的具有怀旧意义的木质衣箱外，皮革类家用衣箱已经较少见到身影，取而代之的是设计美观、制作精美、设计变化多样的简易家用衣箱大量上市，既方便了生活，又节约成本，减少消耗。

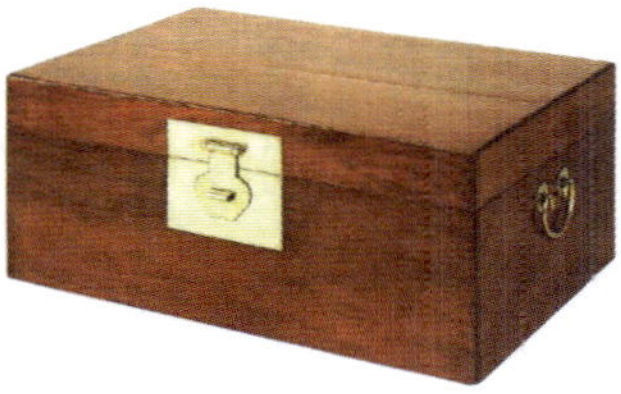

图2-16　家用木质衣箱

2. 简易家用收纳衣箱

在现代生活中，有时也需要一些简易的小型用品来收藏或分放衣物等生活用品，尤其对于青年学生或单身居住者来讲，简易的收纳箱盒是非常实用而经济的，通常由塑料或布艺类材料制作。新款布艺储物箱轻便简洁，手提可以帮助搬放，内格可拆可用，可以根据喜好摆放任意大小的物件，不用时折叠收起又方便携带。此类简易收纳箱内衬硬板组成箱的四壁，外面精致地包覆无纺布。无纺布又称非织造布或不织布，是一种具有柔软和透气功能的纤维制品。能有效长久地防止各类蛀虫侵入，不易受潮，防蛀又防霉，适合家居休闲生活使用。

（1）多格小件收纳盒

在日常生活中，总有些常用的小件物品找起来让人头痛不已。例如：首饰、内衣、袜子等。小件收纳盒采用无纺布或塑料材料制作而成，有单层、双层和多层的分别，每层又有多个分隔，利于分开存放，可放入内衣裤、袜子、手套、手帕、口罩、毛巾等小件物品，如图2-17所示。还有其他类型的收纳盒，如折叠式收纳盒不用时折叠起来不占空间，如将隔板拿掉，可当作一般储物盒使用，根据喜好放置任意大小物品，非常方便，而且造价低廉，是居家整理的好帮手。如图2-18所示为三层多格收纳盒，方便区分不同类别季节的首饰、小内衣，票据等物品，可以增加收纳的数量和使用空间。便携式设计、拆卸折叠非常方便，收起时只有薄薄的一层，不占空间。

（2）简易收纳箱

有关收纳箱的设计还有很多实用的创意，如图2-19所示，此款储物箱，是可折叠的便携式设计。由于内衬为厚纸板，所以要尽量避免放于潮湿的地方和刻意搓揉，也不可水洗。如图2-20所示是一款带透视窗的收纳箱，可以看到收纳箱里的物品情况，非常实用。塑料整理箱可大可小，可高可低。大的可以装盛被子、羽绒服、换季衣物，中型的装盛小型衣物，小型的可以分装杂物；还有床底整理箱和鞋类整理箱的分类，产品尺寸可以选择的余地非常大。

图2-17 多格单层收纳盒

图2-18 三层多格收纳盒

图2-19 大号多用收纳箱

图2-20 带透视窗的收纳箱

（四）公文箱

公文箱主要应用在商务上，是一种职业商务类箱。其设计稳重大方，内部有分装公务资料的隔层和笔插、眼镜袋等设计。公文箱可以采用金属或ABS塑料制作。尺寸一般为长：45cm，宽：33cm，高：11cm，可容纳14in或15in手提电脑，横放1张标准A4纸，竖放2张标准A4纸，如图2-21所示。

图2-21　公文箱及其内部结构

如图2-22所示是一种个人用公文箱，主要用于商务办公。公文箱箱盖上有多个横向夹层，由扣钮皮带固定，并可根据所放物品厚度调节夹层厚度，2个带盖夹带，1个拉链袋，1个小插袋，非常方便分类存放物品。而主箱体空间较大，可以装盛少量个人物品和公文资料，多在平时上班或出差时使用。类似设计还有很多，公文箱的设计重点是箱体内部结构，要根据使用需要设计内部分割和夹层，外部尺寸要满足公务资料的放置要求。

图2-22　个人用公文箱内部

（五）医疗卫生箱

在现代社会中，每个家庭一般都会自备一定的药品，以备不时之需，如图2-23所示就是一个家庭药箱。通体材料采用塑料，安全无毒，没有异味；医药箱设计有小抽屉，有利于分开存放不同类别的药品。每个抽屉可以单独拉出，方便收放药物。箱盖上设计有提手，方便提拿。医药箱的尺寸大小随家庭需要而变化，但多数以中小型为主。

医药箱的内部结构也存在一些变化，如图2-24所示是一款家庭多层多功能保健药箱的外部造型图，其内部结构如图2-25所示。从图中可以看出，此箱内没有小抽屉，而是设计有折叠盒来分装药品。如图2-26所示也是一款家庭用药箱，金属制成，分上下两层，而且每层也有隔板相隔，便于管理药品。

图2-23　家庭药箱

图2-24　家庭多功能保健药箱

另外，在医院、诊所中使用的是专业医疗卫生箱，一般多采用皮革或合成革制作，里面也是根据需要分成多个隔层，以便分装不同的药品和医疗器械。

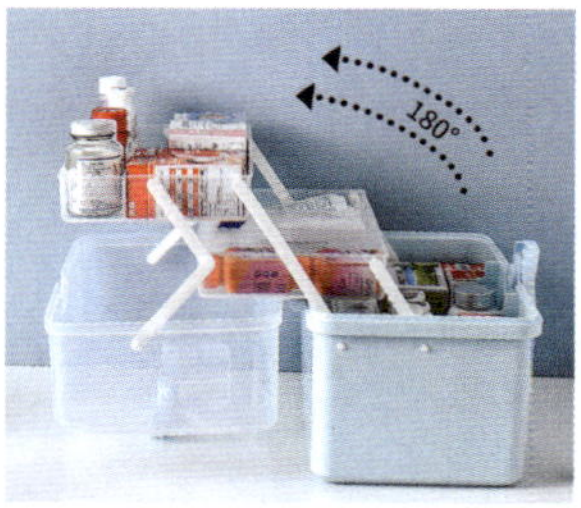

图2-25　家庭多功能保健药箱内部结构

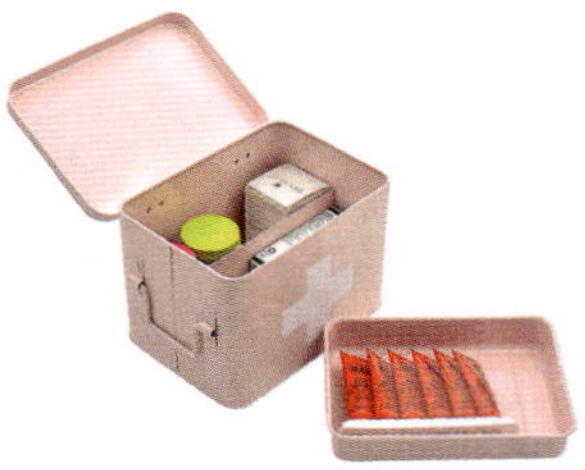

图2-26　金属家庭药箱

（六）专业摄影箱

摄影师在摄影时需要携带的专业物品比较多，需要一个大容量、多功能的专业摄影箱。因此，专业摄影箱就是根据使用者的需求来设计的。如图2-27所示是一款多功能摄影箱，外观与普通拉杆箱类似。摄影箱内部存放摄影器材的情况如图2-28所示。主箱内空间由海绵隔板进行分隔，使用时可以根据需要来调整海绵隔板的位置，使容纳空间更符合个人需求。至于主箱体的深度，必须能够容纳佳能系列和尼康系列这样的全尺寸专业数码单反相机。

对于摄影箱而言，功能化设计是其设计的重点和特征。当然，每种功能化设计都要有特定的结构与其配合才能实现。首先，拉杆箱上部的弧形提手非常坚挺，正上方有一层柔软的皮革，整个把手被厚厚的海绵层包裹，手感舒适。拉杆采用内藏式设计，拉开拉链才能看到收纳在里面的拉杆把手。这样的设计不仅让整个拉杆箱整体感更强，而且也能避免拉杆把手污损。拉杆把手用橡胶层包裹，无论是左手还是右手、正手或者反手操作，手感都不错。值得一提的是，在拉杆把手的中央，有一个带有凹槽的盖子，凹槽的空隙便于打开。掰开小盖露出里面的金属螺纹孔，金属螺纹孔用来安装相机的“脚架孔”。在随包的附件中，还有一个用来连接相机和“脚架孔”的小装置，通过这个小装置，相机可以便捷地固定在拉杆把手上，如图2-29所示相机与拉杆结合部位。同时，由于铝合金拉杆有两档长度调节，可以实现拍摄高度上的变化。

另外，将固定好相机的三脚架安装在箱体的前部，拉开箱体后部支架后，可以倾斜45°拍摄，如图2-30所示。这个功能对于户外拍摄尤其重要。

摄影箱的内部构造也具有功能化，如图2-28所示。打开主箱体盖，箱盖上部设置三个装存储卡的小袋子，两个半透明大袋子和一个带粘扣的小盖。存储卡存放位置的下面拉链闭合端有专门设计的绳牵引和三角形布遮挡，避免硬质拉链头损伤器材。半透明袋空间有限，可以装白色镜头清洁布等物品。存储卡袋侧是一个带粘扣的盖子，打开后可以看到两个笔插和名片位等设计。取出主箱体后，可以看到内胆为银灰色的外壳箱体，箱体四周并没有任何内衬材料。需要说明的是，银灰色内衬是可以取下的。在箱体的底部一侧，还设计有手抠，方便用户双手搬运旅行箱。旅行箱都采用大尺寸滚轮，如果不慎损坏，可以方便地通过常见的内六角扳手取下后清洁或修理。因此，旅行摄影箱不仅是一个做工精致的旅行箱，更是拥有众多针对摄影人士专业需要的独特设计。

图2-27　多功能摄影箱外形

图2-28　摄影箱内部构造

图2-29　手把上安装相机

图2-30　箱体可倾斜45°

当然，专业摄影箱还有其他设计和款式，外形如图2–31所示。内部构造如图2–32所示。此款摄影箱可以同时装2～3台专业135相机，5～8个镜头，闪光灯、配件，同时可放15in笔记本电脑或专业摄录机或6mm×7mm片幅机等物品。摄影箱采用双袋设计，可抽出式内胆，内胆可局部打开取放器材，也可全部打开，前部拉链袋可放15in笔记本电脑，如图2–33所示。左右边袋可放水瓶、雨伞、毛巾或者器材配件，如电线、遥控器、电池等；前部小方袋内有数码卡专用位，如图2–34所示。打开前袋上方拉链，取出小袋，可放置三脚架。按照人体工程学原理设计的双肩背带可拆开，直接与内胆配合使用。

摄影箱的外观多样，内部结构也有相应的变化。但是，万变不离其宗，最为重要的是使用的功能性。

图2–31　帆布拉杆摄影箱外观

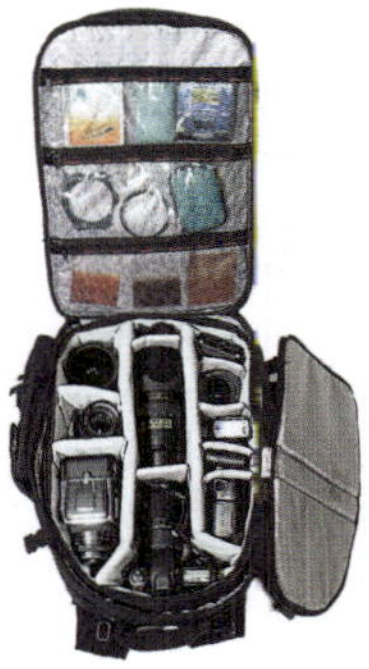
图2–32　可抽出式内胆设计

（七）工具箱

工具箱内部结构设有多个隔层或凹槽，以利于盛装各式工具和物品。应用金属或ABS塑料制作的工具箱有多种外观，如图2–35所示只是一种通用款。如图2–36所示为一款盛装工具的专用工具箱。

图2–33　前部拉链大袋设计

图2–34　前下袋内的数码卡专用位

（八）化妆箱

化妆箱用于装盛化妆用品，有男用和女用之分。根据用途不同，个体差异较大，女用化妆箱外形方正，常带有圆弧设计，箱上有提手或背带，通常采用拉链或箱锁式开合方式。材料多样，有金属、皮革、纺织材料可以选用，金属和皮革类化妆箱的装饰较少，以材料本身花纹图案为主，如图2–37所示；而纺织品化妆箱设计变化非常多，但风格基本以淑女和可爱为主，有时选用蕾丝花边、蝴蝶结、褶皱或者各种图案等作为装饰。化妆箱内部一般设计有一定数量的分隔或分层，箱壁上设计有条带式插口，供细长型化妆品插入固定。通常在箱盖上配有小镜子供化妆时使用。其他设计依风格或需要而设定，如图2–38所示为折叠化妆箱。

图2–35　ABS工具箱

图2–36　专用工具箱内部结构

图2–37　女式化妆箱外观

图2–38　折叠化妆箱

男用化妆箱一般外形设计较为方正，风格稳重大方，较少装饰，内部视使用需要设置少量分隔，以软体结构或半硬结构为主。

第二节　包袋的分类与设计特征

在日常生活中，我们使用的各类包袋与生活息息相关。比如：日常工作、学习、购物、郊游等，需要背提各式各样的包袋，不同的生活活动有不同的使用目的和使用环境，需要不同的包袋。包袋的设计风格或时尚多变，或自然随意，随潮流变化而变化。例如：休闲类包袋与休闲装相搭配，设计上追求自然洒脱的风格。其色彩变化丰富，材料的应用范围也非常广，既可应用天然皮革，也可应用人造革、合成革及纺织织物等材料。结构上多选用半硬或软体造型，以充分体现随意自然的风格。

通常，根据产品的设计风格与用途，可以将包袋类产品分成以下类别。

（一）背包

背包是日常生活中使用最多的包袋类产品，根据背包装配的背带数量可以分为单背带背包和双背带背包两种。其设计时尚特征明显，最大限度地体现潮流的变化趋势。

对于单背带背包而言，除了包体的变化以外，背带的宽窄长短也是设计的主要方面。如图2-39所示为一个典型的单背带背包，其设计风格简洁大方，背带长度适中，金属饰链时尚灵动。如果设计成可调式背带，则可将背带进行长短调节，调成长带时也可以斜肩背着。双背带背包如图2-40所示，背带适中，一般只是单肩背用或手提。背包的风格多变，随意性强，在日常生活中使用非常广泛。

背包的个体设计随时尚变化可大可小，比较大的背包风格大方雅致，容量大，适合装盛比较多的物品。一般采用软结构设计，包袋外形随内容物的多少而呈现一定的变化。比较小的背包风格秀丽，方便随身携带，背带可长可短，既可以单肩背也可以斜肩背。由于包体比较小，可以设计较多的附属功能，比如：拉链袋、带盖袋、挖袋、贴袋等，既丰富了包袋的款式变化，又增加了产品的使用空间，如图2-41所示。

男用中小型背包多采用单肩背带式，背带可调节长短，一年四季均可使用，如图2-42所示，只是秋冬季节包袋大一些。背包可以分为

图2-39　单背带背包

图2-40　双背带背包

图2-41　带外袋的背包

图2-42　男用单肩背包

横式和竖式两种，横式包袋的长度大于高度尺寸，是传统的尺寸配比，外观沉稳大方；竖式包袋的长度小于高度尺寸，包袋外观挺拔秀丽，兼具时尚与休闲风格，是近年流行起来的款式。总的来讲，男士背包较女士背包不论是结构还是时尚要素方面变化都要少一些。

（二）手提包

图2-43　漆皮鳄鱼纹手提包

图2-44　可爱图案手提包

手提包没有背带，只是提拿使用，由于负重的限制，一般较小或适中，在适当的范围内，包袋提手的长度有长有短，随风格而变，提手长一些的手提包既可以提拿在手中，也可以挎在手腕上。手提包的风格设计时尚性非常强，可以采用多种设计手法，选用各式时尚元素来丰富产品的变化。比如：运用编织手把，或在扇面上绗缝做皱形成新的时尚效果，扇面彩色印花或刺绣等装饰变化。如图2-43所示手提包采用漆皮与鳄鱼皮的拼配使用，外观大方时尚，适合通勤使用。如图2-44所示的包袋，扇面装饰卡通风格图案，整包风格活泼可爱，适合年轻女性使用。

（三）手包、手袋

图2-45　带拉手的手包

图2-46　信封手拿包

图2-47　男士拉链手包

图2-48　男方格手包

手袋造型多变，有长方形、扇形、圆形、三角形、梯形等形状上的变化，线条柔和流畅。可以在包袋上装设扁平拉手，一般在其袋口部位加设手提部件，多为比较细长的条形拉手。使用时可以拎提，也可以挎在手腕上，如图2-45所示。也可以不装设拉手，使用时捏在手中或夹在腋下，既可以营造时尚的效果，也可以追求自然随意的休闲品位。如图2-46所示是一款信封手拿包，包袋小巧俏丽，时尚动人。

在现代社会中，男用手袋也常见，设计时尚且功能多样。常见的男用手包如图2-47和图2-48所示。一般采用长方形造型，而且四边多为直角形或带有较小半径的圆弧形构成，选用黑色、咖啡色、棕黄色等颜色作为主色，具有独特的阳刚气质。手包的包口采用拉链或包盖的开关方式设计，其中拉链式手包轻便、实用、美观，包盖式手包稳重大方，既可以单独提拿，也可以放在大包中使用。

（四）化妆包、饰品袋

化妆包可以分为男用化妆包和女用化妆包两大类。一般女用化妆包常用花边、缎带、珠子等材料来装饰包体，而且颜色鲜艳明亮，配色鲜明，在包袋包盖里装一面镜子，以便化妆使用，有时会在包体中加设一些可拆装隔层，方便装盛不同的化妆品，如图2-49所示。男用化妆包主要功能是装盛护肤美容类产品和差旅用品，外形以方正为主，材质可以选择天然皮革、合成革、尼龙布等，产品成型性较强，总体颜色比较深暗，可以选用格面料或单色面料辅以较小面积的明亮色来调节总体风格。风格要比一般种类的男士包轻松随意一些。

图2-49 桃心化妆包

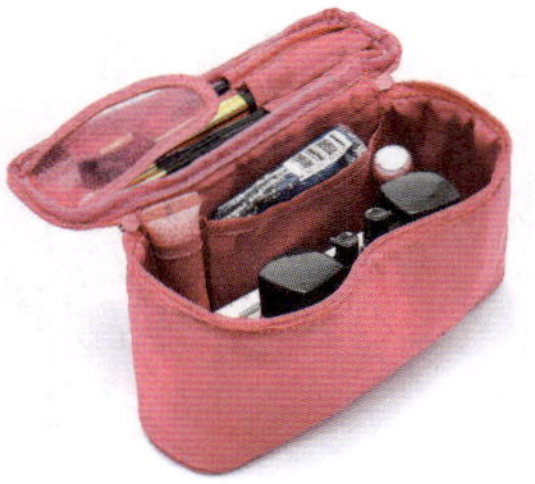

图2-50 常用化妆包内部结构

此外，女用化妆包还可分为简易化妆品袋、口红袋、眉钳袋、粉盒袋、施妆袋等小型化妆包袋。这类小包袋造型比较简单，多以单空腔为主，在包袋外部常附加花边、压条等装饰，或用通体彩色印花设计，外观秀丽可爱。常用化妆包内部结构如图2-50所示。

（五）桶包

桶包通常用天然皮革、人造革、帆布、牛仔布、牛津布等材料制作，也可以选用各式花型面料。外形多似桶形，既可以设计成时尚类包袋，也可以设计成休闲类包袋，风格时尚而休闲，深受年轻人喜爱。可在包体上设计各式外袋，有拉链袋、带厚度的立体贴袋等，增加了桶包的外部使用功能，或在表面用铆钉、金属片等装饰，形成青春、热烈的风格，从而产生风格各异的效果。桶包也可以设计成一包多用的款式，可以是单肩斜挎，也可以是双肩背提。在包的上部应用包体抽带（绳）封口，形成半敞口开关方式，如图2-51所示。设计时，可在包袋前面、包袋侧部分别设计盖袋或拉链袋，形成新的外观效果。

桶包也可以设计成运动休闲类包袋，适合运动、旅游时使用。包体侧部的堵头部件采用圆形或椭圆形外形，如图2-52所示，包袋风格青春活泼而且方便实用。

图2-51 时尚桶包

图2-52 运动桶包

（六）休闲郊游包

由于旅游业的兴起，近郊游成了方兴未艾的休闲活动方式，针对近郊游而设计的郊游包由此而诞生。内部设计有可以装盛饭菜和饮品的隔层，一般来讲，郊游包必须要具有一定的防水、保温特性。在产品设计上，休闲郊游包是一种休闲味很浓的包型，多用各种色布、花布、细帆布、斜纹布、合成皮革等轻型面料制作。包外部设计多个明贴袋，而且袋体相对比较大，方便在旅游时装盛不同种类的物品或随时可能应用的东西，以方便取拿；包袋内部有时会设计一些分隔，以便分别存放或固定食物。如图2-53所示中保温郊游包

图2-53 保温郊游包套装

套装，按照常用餐盒尺寸设计，具有保温层和防水层。

（七）母婴包

母婴包是根据婴儿用品的种类和使用特点来设计的。一般有成人独自背提和与婴儿车配合两种使用方式。如图2-54所示是一款背提和婴儿车两用的母婴包。包体采用环保防水材质，前面有两个大贴袋，袋口用隐藏磁扣扣紧，背面也有一个大袋。包体内部还有一个拉链袋和两个小口袋，包体的两侧设计有可放奶瓶或保温瓶的口袋，肩带可根据使用者身高进行调整，在包的两侧上部装有两个推车口，可以将母婴包固定在婴儿车上。有时，在包的内部还配有可拆洗的柔软尿布垫。

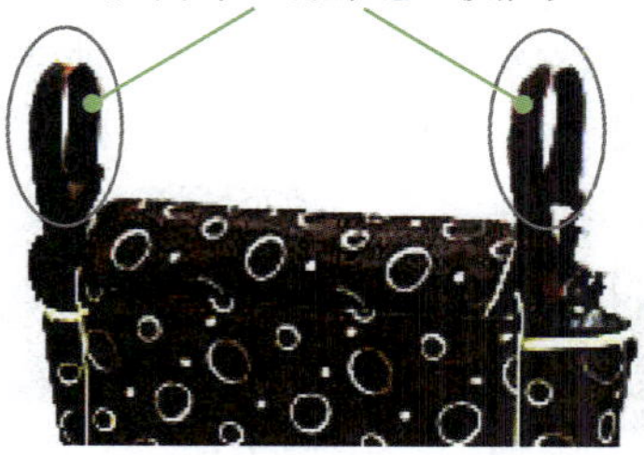

图2-54 母婴包背面

母婴包实用性非常强，基本设计是：包袋内部两边装有固定奶瓶的松紧带，包前扇面设置两个口袋，包后扇面设置一个大隔层袋，左右两侧有两个口袋可以放奶瓶。包袋主体是一个大的拉链袋，打开拉链袋，可以看到里面有两个网袋，一个拉链袋可以放小钱包之类，还有一个附配的可拆式隔层，以方便更好地对物品进行分区，完全可以合理分类放置婴儿物品。如图2-55所示包袋内部具有超大的实用空间，设置了钥匙扣、多个内袋等，利于分装不同的小物件。

图2-55 母婴包内部结构

（八）腰包

腰包一般指固定在腰间使用的包袋。通常来讲，腰包的体积不会太大，常用天然皮革、合成革、尼龙布、牛仔面料等材料制作，在外出旅游和日常生活中均可使用。如图2-56所示即为时尚的腰包设计。在腰包的设计上，由于要将腰包固定在腰部，需要在腰包的两端设计可调节松紧的带子，并在带子两端装有固定的卡扣。腰包的前面可设计多道拉链，以方便分装物品，在主拉链内部空间的侧内壁上设计有拉链袋，有时，会在紧贴人体腰部的位置设计拉链袋结构，用以装放比较贵重的物品。

图2-56 时尚腰包

（九）时装包

时装包是专为配穿时装而设计的，其流行性和时效性极强，在造型和材料的应用上，强调新潮和时尚，有时可能就因为新材料的缘故而流行，通常时装包的造型及材料选用和时装风格一致。与其他生活用包袋比较，时装包的显著特点是：造型十分新潮、设计时尚元素较多、变化周期短。当季的流行元素是时装包的首选设计点。

（十）晚礼包、宴会包

晚礼包、宴会包是新兴的包袋产品，其造型多变，有扇形、圆形、三角形、梯形等，线条非常柔和流畅，与时装包有些类似，但是时装包相对更显靓丽，一般多与晚礼装搭配。通常，宴会包、晚装包设计的装饰性大于实用型，多为女士出席正式社交场合时携带，如晚宴、酒会等。这种类型的包，薄而小巧，内装容积较小，表面用人造珠、金属片、刺绣图案、花边、金属丝等元素装饰。如图2-57所示红色大花晚礼包，时尚华贵，金属架子口熠熠闪光，包袋前部大大的玫瑰花演绎女性魅力。

图2-57 红色大花晚礼包

（十一）银包

银包也称钱夹、票夹、钱包等，是用来装零钱、名片、信用卡等物品的小包，内有夹层。商务用银包通常用天然皮革制成，休闲和时尚类银包设计多样，材料也多变，可握拿在手中、放在衣裤袋内或装入随身携带的包内。

银包可以分为男用和女用两大类。

1. 男式银包（票夹）

男式票夹风格稳重大方，但不失时尚性，一般分为横式、竖式和长式三种。不管是哪一种票夹，外形设计以长方形为主，商标标识要处在外部显眼位置，其他设计随时尚而变化，商务类银包变化不如休闲类多。除了外部设计变化以外，票夹的内部设计比较复杂，有多个卡位和钞票位，而且位置和形状会有变化。经典的男长式票夹及其内部结构如图2-58所示。横式票夹如图2-59和图2-60所示。竖式票夹只是在高度上尺寸大于长度尺寸，其内部结构与横式票夹基本一致。当然，随着时尚设计的发展，男式票夹也有许多新的款式设计和更多的款式变化，材料、金属配件、拉链、造型等都是时尚变化元素。

（a）外形

（b）内部结构

图2-58 长款男票夹

图2-59 横式男票夹

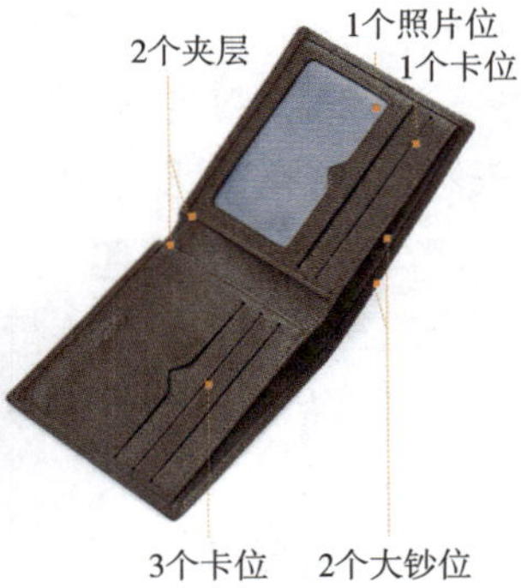

图2-60 横式男票夹内部结构

2. 女式钱包

女式钱包比男式票夹款式变化要多，不但可以根据各种变化要素进行新款设计，而且，使用时没有男式票夹那么多的规矩限制，既可以拎提在手上，也可以放在大包内使用，如图2-61和图2-62所示。当

图2-61 女钱包

图2-62 口架钱包

然，在时尚潮流中，女式钱包拥有非常多的设计变化，可以不断推陈出新。

（十二）公事包、职业用包

职业类包袋通常指通勤使用的包袋，一般与职业装配合穿用。此类包袋造型简洁、风格干练，端庄而稳重，表面装饰设计较少。根据具体职业特征变化，包体功能设置有一定区别。

1. 女式职业（商务）用包

女式职业用包整体造型端庄典雅，简练利落；外观风格秀丽、柔美。它的外形多为长方形和梯形，以及据此的变化形体，包袋的提带可长可短，长带背提两用，短带提拿便利，姿态优雅，通常根据当季流行趋势来设计。职场女士包主要通过包体自身材料和设计风格来体现时尚性和品位，包袋上的装饰元素一般应用得比较少。职业包袋不宜过多使用人造花、花结、珠子等装饰，如图2-63所示。

2. 男士商务包

男士商务包略显严肃方正，造型设计应注意运用简约、明快的线条来衬托商务端正的时尚感，使大方实用的商务包款式可以自由搭配正装和休闲装。经典的男式商务包款式如图2-64所示。现代男式商务包设计还有许多变化，带有休闲性质的软面皮革、拉链和贴袋的设计，使男式商务包具有商务包的正规和休闲包的随意。

图2-63 女式商务手提包

图2-64 男式商务背提两用包

3. 公事包

公事包也称公文包，包体造型简洁大方，表面无多余装饰，内层结构设计较多，用于分类存放各类文件。通常有手提式、夹带式和挎肩式三种。手提式公事包上部安装有把手，造型较多；夹带式公事包无把手，通常拿在手里或夹在腋下。公事包适合在正式的场合使用，一般用天然皮革制作，多为黑色、咖色、蓝色等深色系列，如图2-65所示。

4. 旅行公事包

旅行公事包综合旅行包和公事包的特点，一般应用于短期、短途的公务使用，其个体比一般公事包大，包体较厚，内部会分若干空腔，以便将公文资料和生活物品分开存放，如图2-66所示。

5. 电脑包

在公事包袋中还有一种比较特殊的品种，那就是电脑包。在现代设计中，电脑包既可以设计成休闲风格，也可以设计成纯粹商务风格。商务风格的电脑包如图2-67所示。具有办公和学习功能的电脑包，内部有笔记本袋和书本袋两个隔层，一般没有装盛其他私人物品的功能。当然，此包内也可以装少量的小件物品，比如文具、手机等。商务风格的电脑包可以与公事包或商务包合二为一，通过在公事包内部设计电脑专用夹层来实现，形成带电脑隔层的商务电脑包，如图2-68所示。

图2-65 正装公事包

图2-66 旅行公事包

图2-67 商务电脑包

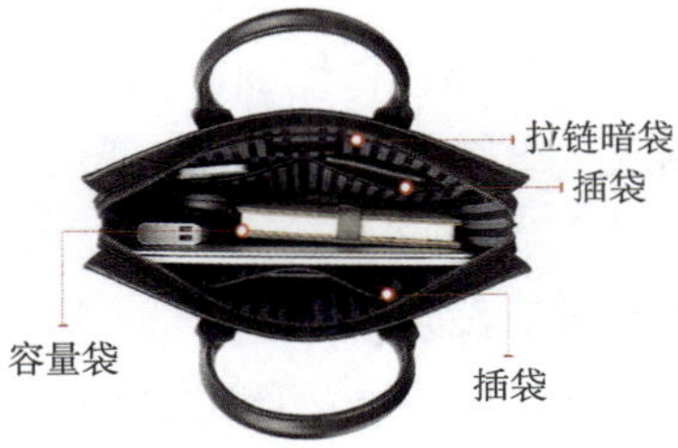

图2-68 商务电脑包细节结构

（十三）旅行包

旅行包是为满足人们外出旅游需要而设计的包袋，在设计风格上体现青春、健康向上的风貌。旅行包体积较大，要求结实耐磨。

1. 旅行背包

旅行背包主要依据旅行特点而设计，通常容量较大，色彩饱和度较高，或色彩搭配跳跃明亮，或采用一些色彩强烈对比的色块和印花图案作为装饰，也可以应用背带、提带或拉锁进行装饰或配色。配色效果青春跳跃，令人心情愉快，如图2-69所示。

图2-69 旅行背包

图2-70 运动式拉杆旅行包

2. 拉杆旅行包

拉杆旅行包是近年流行的产品，旅行包制作材料比较轻，在旅途中比旅行箱轻便，而且由于有拉杆和走轮，又可以减轻背提的重量，是一种非常实用的产品。拉杆旅行包的分类方法比较多，通常，根据拉杆的装配位置，将拉杆旅行包分为立式和侧式两类；根据使用者年龄可分为成人和儿童两大类；根据性别又分为男用和女用的不同；根据设计风格，成人拉杆旅行包可以分为商务类、休闲类和运动类产品。运动式拉杆旅行包如图2-70所示，商务拉杆旅行包如图2-71所示，立式拉杆旅行包如图2-72所示。

图2-71 商务拉杆旅行包

图2-72 立式拉杆旅行包

（十四）运动包

运动包分为专业运动包和大众运动包两大类。专业运动包具有强烈的个性和针对性，对于不同的运动项目而言，有不同设计的品种与之相对应，如网球袋、橄榄球袋、专业比赛用袋。同时，由于大众运动的兴起，在生活中大众运动包更为多见。

1. 专业用运动器具包

专业用运动器具包如图2-73所示，根据运动种类和运动器具的情况来进行设计，一般在包袋的外侧设有器具袋，而内部主要是装盛运动衣物等。

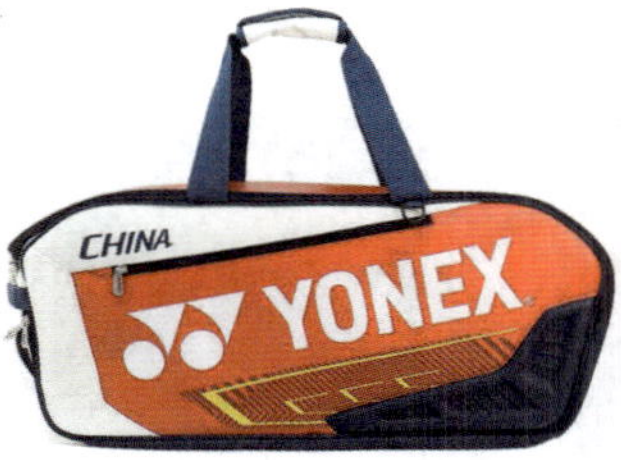

图2-73 运动器具包

2. 单肩休闲运动背包

单肩休闲运动背包如图2-74和图2-75所示。有背提两用式和单背式，同时，在风格上，如图2-74所示设计更具有时尚和休闲感，通常与运动装或休闲装配合穿用，如图2-75所示包袋运动感更强一些。

图2-74 单肩休闲运动背包

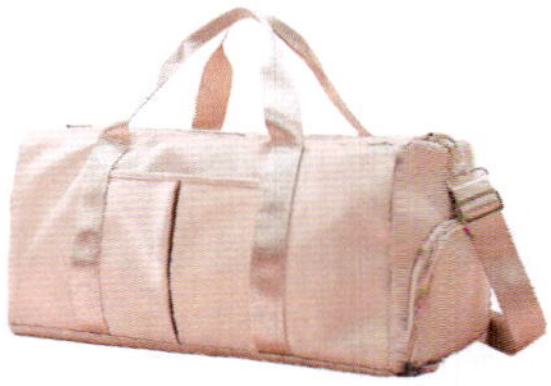

图2-75 休闲运动背提两用包

3. 双肩运动背包

双肩运动背包的应用十分广泛，由于双肩背带可以分解重力，所以在背提过程中省力，而且包袋背在身后，可以腾出手来做其他的事情。另外，在双肩背包的设计上，也有许多独到的优势，比如在包袋前部设计有多个拉链外袋可以分装不同的物品，背包两侧的松紧网布外袋适合装水瓶和水杯，包的顶端设计一个提手，包体的拉链两侧一般装有可以调节松紧的卡扣，对拉链起到加固的作用；而且有的双肩背包在腰部还装有横向腰带，可以将包袋固定在人体的腰部，进一步分散包袋中物品的重量，并使包袋不易来回滑动。因此，双肩背包是一种非常实用且功能多样的包袋产品，如图2-76所示。

图2-76 双肩背包

图2-77 登山包

4. 登山包

登山包属于专业运动型包袋，设计时与人体的运动参数和运动状态关系非常密切，尤其是登山运动的环境特殊，运动形式也非常特殊，在登山过程中登山者背负的物品较多，背负重量比较大。因此，登山包的个体要比一般的双肩运动包大许多，而且，由于登山运动时，人体许多时候都是在弯腰攀爬，因此，对于负重力的合理分解是登山包结构尺寸确定的关键。另外，登山包的外设装置也比较多，主要是为了在登山时，随手拿取或装挂经常使用的物品，如图2-77所示。

（十五）儿童包、学生书包

儿童包是专为儿童使用而设计，多为儿童在生活和旅游时使用，一般是指上幼儿园的3～6岁儿童所用的背包。学生书包是指专门为学生盛装书本资料与文具使用的包袋。在造型上，由单肩挎包式样变成双肩、单肩背包并存的状态，廓型更加人性化和时尚化，功能也更为全面和宜人化。

1. 儿童包

儿童包面料选用相对比较柔软但具有一定成型性的纺织物，包面上通过印染或缝缀的方式装饰一些童趣图案，尤其是装饰图案与鲜艳的颜色搭配，使包袋更显活泼可爱。通常，儿童包袋外形时尚新颖，面料选用优质涤纶或其他纺织物，既耐磨又方便清洗。所以，包袋上装饰动画、卡通的形象和鲜艳的色彩搭配，是儿童包设计的最大特点。如图2-78所示设计则是儿童包的典型例子，包袋属于一种双肩背包类。与中小学生书包相比而言，主要是个体比较小，结构要简单一些，外部设1～2个拉链袋，两侧有装水瓶的网袋，中间主袋还有1个拉链小袋，以大空腔为主，方便装拿物品。

图2-78　迪士尼儿童包

2. 学生包

学生包的特点是色彩鲜艳醒目或时尚前卫，很多学生包上都印有卡通人物、动物或动漫形象等装饰图案，适合少年儿童的审美心理。学生包常用防水牛津布制作。

（1）小学生包

小学生用包多为长方形、方形或方形四角带弧形造型，主要以拉链为开关方式。在正面和侧面加设圆形或方形的立体小贴袋，使各类用具能分开放置，这种造型不仅能增加包体层次感，更为儿童的自我管理提供方便，如图2-79和图2-80所示。一般，到小学四年级以后，小学生的书包会变得大一些，装饰图案略微成熟一些。

图2-79　女小学生包

图2-80　男小学生包

（2）中学生包

由于年龄的增长，孩子的审美会发生较大的变化，中学生书包的设计也会产生较大的变化。这种变化主要体现在产品的个体增大，外袋的数量增多，而更多的是设计风格和装饰图案的变化。通常，包袋的颜色要逐渐变得深暗一些，男生书包用黑色、咖啡色、蓝色、灰色、绿色居多，女生书包用粉色、红色、紫色、黄色居多，而且不论是男生书包还是女生书包，都选用纯度较低的色系作为主色，配色逐渐减少，多数在四色以内，而且多为中小面积色，与主色之间形成较为和谐的配色效果。在装饰图案中，卡通和动物图案大大减少，取而代之的是文字符号、抽象图像，尤其是具有运动风格的学生包很受欢迎；同时，初中学生书包的装饰图案还具有一定的文化和符号意义，如图2-81所示。随着动漫的兴起，动漫形象成为初中学生书包的新装饰热点。

在高中阶段，学生包与双肩背包的差别已经很小，配色更加温柔而协调，图案也变得成人化，花草树木、自然景观等形象都出现在包袋的设计中，成熟的青年形象成为设计的主题风格，如图2-82所示。

（3）拉杆书包

近年来，一些拉杆式学生书包也成为校园新景。这种拉杆书包通常可两用，可以将书包从拉杆上卸下来，成为双肩背包。拉杆书包的款式设计与相应年龄阶段的学生包设计一致，在底部装上走轮和拉杆，提高了学生包的方便性和功能性，如图2-83所示。

（4）文具袋

文具袋的功能就是装盛文具，应该说是文具盒的换代产品。文具袋的设计种类和款式非常多，设计以不同年龄段青少年的审美特点和文具使用特点为主要依据。设计时，还有男式和女式的区分。如图2-84所示为简约大方型学生文具袋。

图2-81　初中学生书包

图2-82　高中学生包

图2-83　拉杆学生包

图2-84　文具袋

第三章

箱包关键结构特征与分析

箱的关键结构特征指的是箱在其结构上的重要特征，包括：开关方式、部件情况、尺寸、制作工艺、装饰手法等。箱的关键结构特征分析即是对上述重要特征的分析和论证，从而准确找出某款箱在结构上独有的关键特征，为部件的结构制图和制板打好基础。

第一节　箱的关键结构特征与分析

一、开关方式

箱的开关方式是指箱打开和关上的方式，即箱体和箱盖的配合方式。一般来讲有两大类型，分别为：拉链方式和接口方式，接口方式又分为对口接方式和套口接方式两种。通常，拉链方式在软箱和硬箱上都可以使用，而接口方式主要应用在硬箱上。

图3-1　箱的拉链式开关方式

（一）拉链式开关方式

拉链式开关方式使用方便，造价低廉，是箱子最为常用的开关方式。箱上多选用大齿牙尼龙拉链，颜色为黑色、与箱体同色或根据设计确定的配色；如果是硬箱，需要用软性材料将拉链缝合后再装配到箱体的边缘。其外观效果如图3-1所示。箱盖和箱体在箱的后部或中间固定，箱体内部装有固紧带、网眼布袋等设计，其内部结构如图3-2所示。箱体内部设计一个长拉链，有利于更换拉杆装置。通常箱子的滚轮会嵌入箱体内部，通过里布遮盖使箱的内部显得整洁清爽。拉

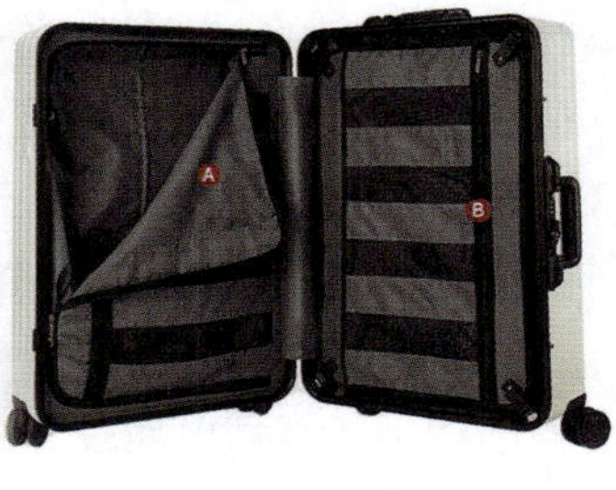

图3-2　箱的内部结构

链开关方式使用便捷，是最为常用的开关方式。

（二）接口式开关方式

1. 对口接开关方式

采用对口接开关方式的箱子，箱盖利用凸缘、金属护口或塑料护口来固定，凸缘沿箱体帮周边设置，形成10～15mm高的护口。护口沿箱体帮和箱盖帮进行固定，外观效果如图3-3所示，这种结构应用非常广泛。这种开关方式的结构示意如图3-4（a）所示。金属护口对口接是采用两边都有凹口的金属护口进行对接，其中，护口的一端固定在下部箱体上，另一端凹口向上，当箱盖进入护口时，与箱体完成对接固定，如图3-4（b）所示。

2. 套口接开关方式

采用套口接开关方式的箱子，沿箱盖帮和箱体帮的周边固定有木框架。箱子闭合后，箱盖盖住箱体上部，其结构示意如图3-5所示。采用这种结构的箱子相对比较少。

图3-3　箱的对口接开关方式

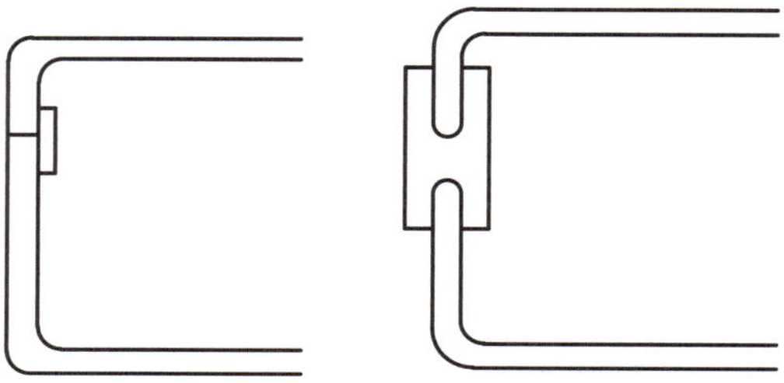

（a）凸缘对口接　（b）金属护口对口接

图3-4　箱的对口接开关方式结构示意图

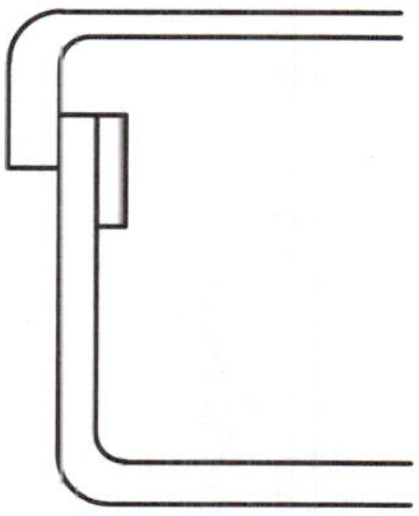

图3-5　套口接方式结构示意图

二、部件的形状、数量和尺寸

箱子的部件包括外部部件、中间部件和内部部件三大类。

1. 外部部件

外部部件又包括外部主要部件和外部次要部件，外部主要部件是指构成箱体和箱盖的部件，包括箱墙、箱盖、箱底、拉杆、走轮等。

在这些部件之中，箱体的尺寸基本代表了整个箱子的形状和主体尺寸，同时也限定了箱子的规格。箱子的主要规格尺寸有长度、宽度和高度，其最常用的尺寸为长度：400～800mm，宽度：110～350mm，高度：300～800mm。另外，箱底的弧度和箱角的弧度值也非常重要，由于所用材料的厚薄软硬以及结构和制作方法的不同，箱底弧度尺寸一般是30～100mm。除此之外，箱子护口凸缘部分的高度为10～15mm，把托间距为125～250mm。对于家用衣箱而言，一般衣箱的总宽度是长度的60%左右，高度是长度的28%～35%。一般旅行衣箱宽度是长度的70%左右。可以根据设计风格和需要来确定。

拉杆和走轮的外形设计多样，多要求360°静音轮，拉杆设计多节长度可以调节，拉杆的设计繁多，比较常见的拉杆外形如图3-6所示。底部是箱体托架，负责整个箱子的承重。走轮的设计变化如图3-7所示，当然，还有许多大同小异的设计没有列出，根据时尚和功能化的变化，设计层出不穷。滚轮材料通常要求具有较好的耐磨性、抗摔性和耐久性。

箱子的外部次要部件有：用于开关箱子的部件（如皮带、小盖等），用于提拿箱子和固定把手的部件（如提把和把托，提把又称把手），如图3-8所示，图中列出了较多的把手款式变化。在箱上用于装饰和加固接缝的部件，如压条皮、沿条等；用于加强箱子的结构装饰外观的部件，如连接板和包角等。

图3-6 拉杆外形

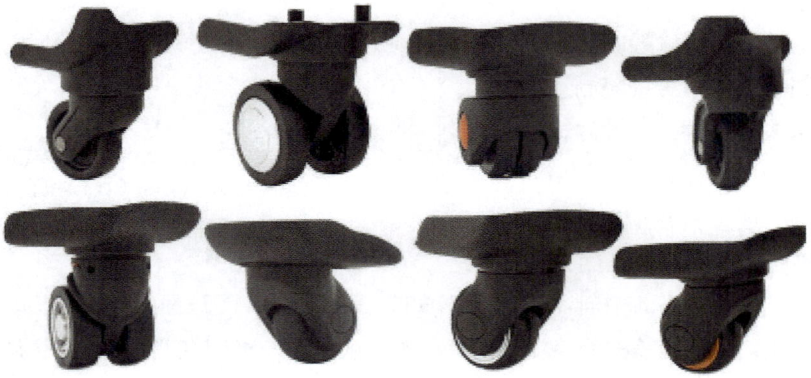

图3-7 滚轮的设计变化

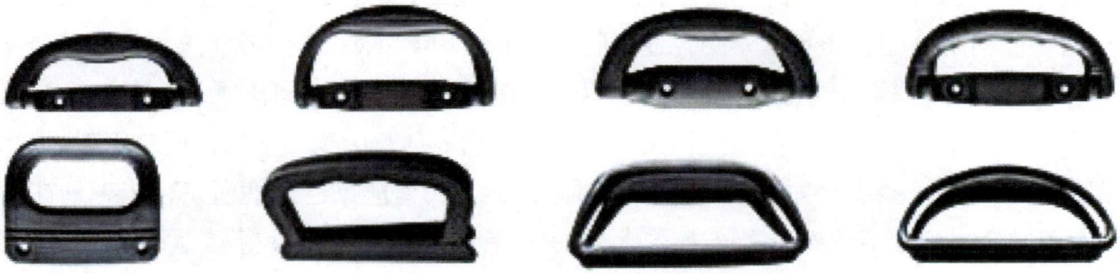

图3-8 把手的设计变化

2. 内部部件

内部部件有里子、内袋、护口、箱内拢带、箱盖支托、合页等。这些部件对箱包的规格尺寸没有太多的影响，只是影响箱包内部的外观效果和使用功能，但是它们的形状和尺寸一定要与箱体的尺寸相匹配。箱里多选用羽纱、美丽绸、真丝绸来制作，里料所选用的材料一般随面料的档次变化，原则上一定要里料和面料匹配为好。内部部件情况可以参照图3-2所示。

3. 中间部件

中间部件是指填充在外部部件和内部部件中间的部件，它的基本作用是作为衬垫使箱子成型，而且也可使箱帮对口连接，同时还有加固配件的作用。中间部件有硬性和软性之分，应用于衬垫的主要材料有纸板、钢板、法兰绒、海绵等。

三、制作方法

箱的制作方法主要包含三个方面，其一是箱体部件之间的连接方法，其二是箱体部件的形成方式，其三是拉杆、走轮等部件与箱体的固定方法。

（一）箱部件的连接方法

箱部件的连接方法主要有线缝法、胶粘法、高频焊接法、铆合法等。其中线缝法应用最多，不论是硬箱还是软箱都可以采用；胶粘法主要用于有硬质箱胎的面料复合和材料的热熔黏合；铆合法主要用于不易缝合的硬质箱体的连接，如木质、竹子、金属等材料箱体的制作。

1. 线缝法

在箱体工艺中，箱体最主要的连接方式是线缝法，采用传统缝制工艺时，部件连接法有两种，一种为箱面和侧帮（墙）的连接，另一种是箱面和整帮（墙）的连接。缝制方法既可采用反面缝制法也可采用正面缝制法，反面缝制方法多用于制作半硬结构箱，如软箱的制作，而正面缝制方法的应用有两种方式，一种是用在箱体或箱盖的面夹在箱帮中间的时候，另一种用在箱面围绕在箱帮外面的情况下，如图3-9所示。

（a）箱面在内，箱帮在外

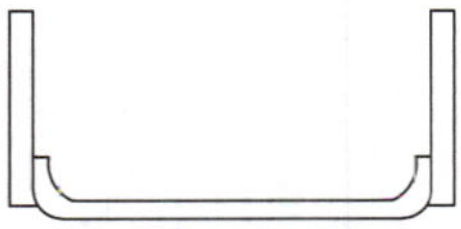

（b）箱面在外，箱帮在内

图3-9 箱面与箱帮的缝制方法

2. 胶黏法

胶黏法既有部件直接胶合在一起的，多使用热熔胶或直接将面料通过热和压力熔融在一起；也有将面料附合在硬质箱胎外面，通过胶黏而形成箱的外观。这种部件之间黏合的方法有对接缝和搭接缝等的不同。另外，胶黏法也可以用在黏合箱壳里布操作中，黏合箱壳里布是用毛刷或专用喷胶工具，刷或喷在箱壳里面，待能黏合后粘贴对应的箱里布，用专用工具清剪掉多余布边。用毛刷把胶刷在压条反面的箱壳对应位置上，待能黏合后把压条和箱壳黏在一起。胶黏法也用在黏合箱的后背上，用专用热熔枪在后背两长边上按要求打胶，并将后背黏合在箱体对应位置上。

3. 铆合法

（1）箱部件的铆合

在大多数情况下，铆接硬箱采用整体大面结构，各个部件可以采用对接法连接或以搭接法套接的方式进行组合，部件对接以后，用包角、连接板、沿条等连接部件加固，如图3-10所示。部件采用一端叠放在另一部件的一端上的搭接法组合时，如图3-11所示。

为了避免在箱体或箱盖的拐角处产生褶皱，常在该处留一圆形切口，然后用包角将其遮盖住，如图3-12所示。

铆接箱各个部件结构如图3-13至图3-15所示。一般而言，箱体的高度为箱子总高度的60%～80%，箱子底部和侧部的圆弧半径依材料的厚度和硬度的不同在10～60mm变动。部件重叠搭接余量为10～20mm。

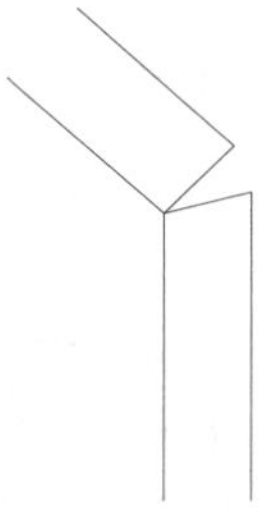

图3-10　铆接硬箱部件对接图

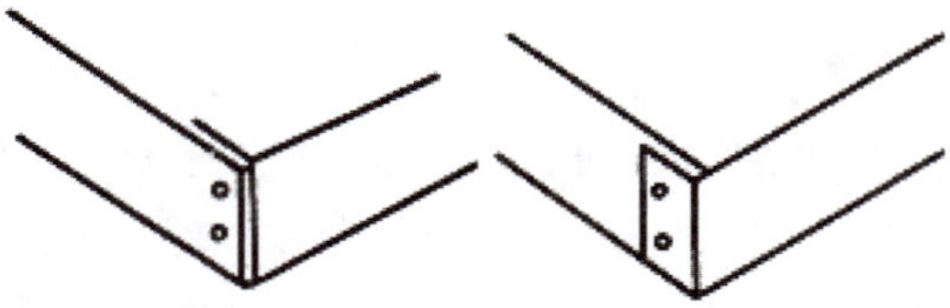

图3-11　铆接硬箱部件搭接图

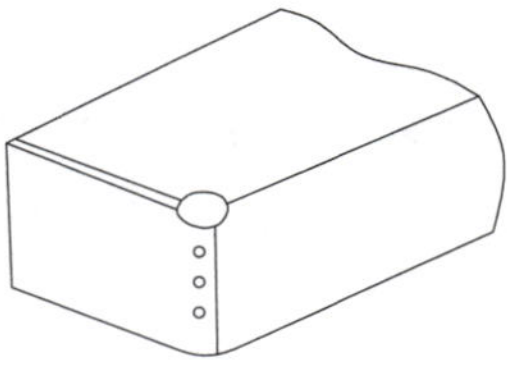

图3-12　铆接硬箱拐角切口图

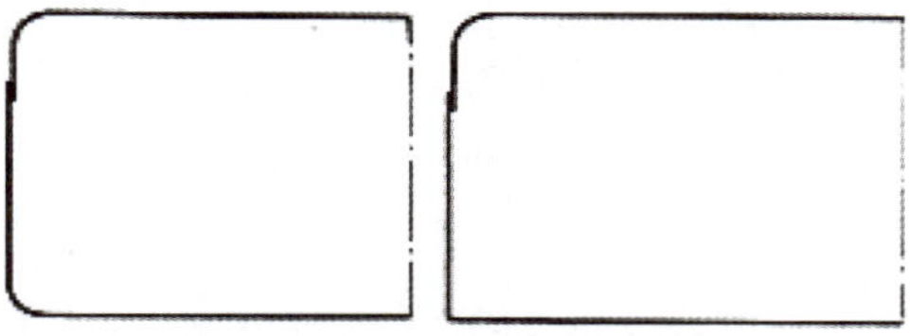

图3-13　部件结构剖视图

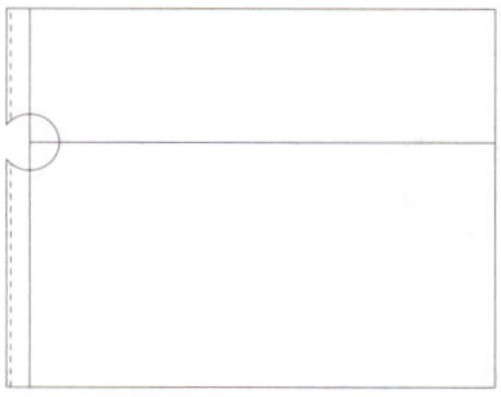

图3-14　箱体结构图

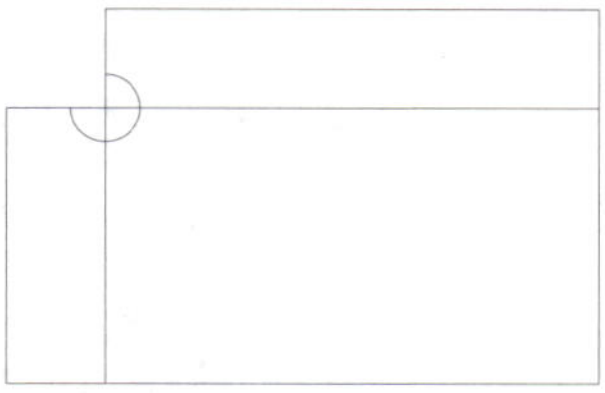

图3-15　箱盖结构图

（2）箱零部件的铆合

铆合法还可以用在箱的其他制作工艺中，用冲床在规定位置上冲孔，用拉铆枪和规定的铆钉将带夹片固定。

①安铆泡钉：用铆钉机和规定的铆钉及垫圈，在箱壳对应的位置上安铆。

②安铆标牌：先用专用烙铁和专用铆钉机在箱面对应位置上烫孔或冲孔，然后把标牌固定在箱壳上。

③安铆箱框：按要求将箱框固定在对应的位置，用液压压口机或订书机固定箱框。

④安铆拢带：用冲床在规定位置上冲孔，用拉铆枪和规定的铆钉将带夹片固定。

⑤安铆锁件：用铆钉机和专用风动螺丝刀及规定的铆钉、螺丝和垫圈，安铆在箱框对应锁孔位置上。

⑥安装提把：用专用风动螺丝刀，把规定的螺丝、垫圈固定在箱框对应的位置。

⑦安铆边扣：用风钻在箱框的规定位置钻孔，用拉铆枪把规定的抽芯钉固定在箱框上。

⑧安铆锁钩及衣架座：根据锁孔位置调整冲孔模具尺寸，用冲孔机冲孔，用铆钉机和规定的铆钉把锁钩固定在上框上。安铆中锁钩同时安铆衣架座，用拉铆枪和规定的抽芯钉固定。安铆连体锁的锁钩时，要在箱框上框锁孔对应位置用专用风钻钻孔，用专用风动螺丝刀和规定的螺丝、螺母固定。

⑨安铆合页：用冲床在箱框下框规定位置冲孔，用铆钉机和规定的铆钉、垫圈固定。箱体扣合以后用风钻在箱框上框对应位置钻孔，用拉铆枪和规定的抽芯钉固定。

（二）箱体部件的形成方式

根据现有箱的工艺制作方案，可以将箱体部件的形成方法分为箱胎成型法、胚片模压成型法和固体材料裁剪法三类。

1. 箱胎成型法

当采用注塑法工艺时，箱体和箱盖连在一起下料。采用注塑法制作塑料箱胎的工艺比较先进，生产出的产品质量比较高。

2. 胚片模压成型法

用模压成型法制作箱胎的方法是将片状的平面部件坯料放在模具中，在压力作用下进行模压而成。一般，在模压成型过程中，利用长方形平面部件制作具有曲面的箱体时，其成型过程较复杂，因为长方形部件的变形在整个周长上是不均匀的，通过研究表明，在距离部件边缘20mm处所产生的变形最大，材料的纵向挤压力大于横向挤压力，因此，在箱体的四角处形成材料的多余堆积，使得该处面料在成型后大部分以褶皱形式存在，所以料坯的形状应与压模几何展平图相吻合。

在实际操作中更为重要的是确定变形的特性和大小，以便在计算部件尺寸时加以考虑。在实际操作中应先将料坯进行预成型，以保证成型后各尺寸不再产生变形。

3. 冲压成型法

在成型模具的作用下，利用材料自身的延伸塑变能力，也可以完成平面与曲面的转换，这种工艺称为冲压成型工艺。箱子也可以利用这一原理进行平面与曲面之间的转换，箱子的成型必须依靠其棱边折痕或通过模具延展压制而成，而所使用的材料，如皮革、人造革、纺织物、塑料等，都具有良好的弹性和塑变性。箱包成型多是一个单向弯曲的曲面，因此，箱包的展平是完全可能的。

在制箱业中，由于产品造型和材料的复杂多变性，箱的平面设计方法有许多不同，目前普遍采用的是在箱体表面拉绷测量的手法，即将测量得到的胖面的长、宽数值变换成平面数值而得，如图3-16所示。

ABS塑料衣箱表面的展平主要是利用材料本身的塑变能力，可以做连续的延伸和塑变。成型方法有阳模成型法和阴模成型法两种。在阳模成型法中，其材料的展平有效面积小于模具的长、宽、高之和，如图3-17所示。

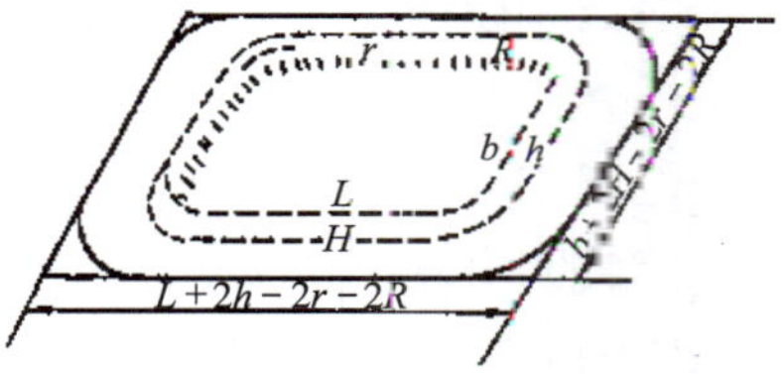

图3-16　胖面面料展平法

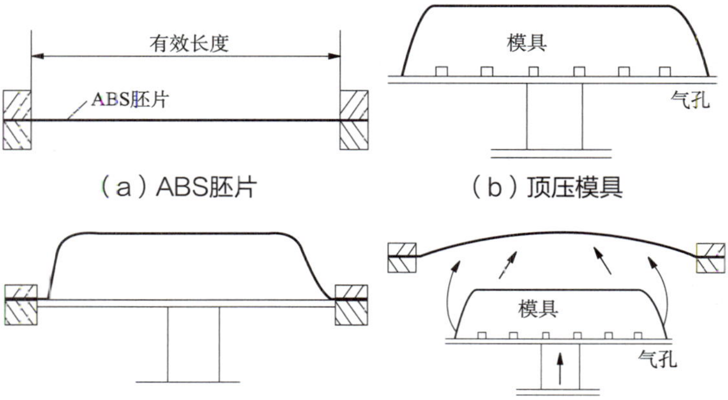

（c）ABS变形过程

图3-17　ABS塑料箱坯料变形图

4. 固体材料裁剪法

固体材料裁剪法是根据样板在面料上划样，然后进行裁剪的方法。这是软箱常用的方法。下料前，要认真检查材料是否符合质量要求。严格按样品、样板、模具、尺寸下料，且按照使用规程正确使用不同的工具和设备下料。

（三）拉杆、走轮等部件与箱体的固定方法

拉杆可以安铆在箱体内侧，也可以安铆在箱体的外侧，效果如图3-18和图3-19所示。当然，有时拉杆也可以安铆在箱墙上，从斜向拉提箱体。操作时，用风钻在对应的箱壳、拉杆位置钻孔，用拉铆枪或风动螺丝刀和规定的铆钉、螺丝垫圈将拉杆固定在箱壳上。根据箱走轮、包角的不同，分别用气动拉铆枪或铆钉机和规定的铆钉操作安铆。

图3-18 安铆在箱体内侧的拉杆

图3-19 安铆在箱体外侧的拉杆

四、配件与装饰方法

装在箱体表面的各种部件，不仅在结构上起到一定的作用，而且对产品也进行了美化和装饰。例如，提手既是功能部件也是装饰部件，提手位置必须设置在衣箱前墙的中间部位，如果其偏向箱墙的底部，那么在行走时就会由于失去平衡而出现箱子擦腿的现象。必须依据箱型结构和规格尺寸来选择箱锁，滑轮或泡钉应该安置在后墙较宽的位置，装订时务必牢固，并且保持对称、垂直。

箱子也可以采用缉明线、异色沿条或压条等装饰手法，使箱子的风格各异。

第二节 包袋的重要结构特征与分析

一、产品整体造型特征

（一）几何外形

包体一般多以几何形状为造型设计基础，例如长方形、正方形、三角形、圆形、椭圆形和梯形等，如图3-20所示。不同几何造型具有不同的风格特征，不同几何造型塑造的包袋同样具有不同的风格特征。比如：长方形造型凸显稳重大方；三角形造型个性突出，具有一定的刚度；圆形和椭圆形造型柔润丰满；梯形造型休闲随意，动感较强等。

如图3-21所示包袋风格与几何造型密切相关。其中，由于长方形造型稳重大方，所以较多用于商务及职业包的设计；梯形造型休闲随意，因此多用于休闲和时装包袋的设计；圆形和椭圆形线条流畅，造型圆润饱满，应用此造型的包袋则女性味十足。因此，在造型设计中，包袋几何形状的变化会带来外观风格的变化。

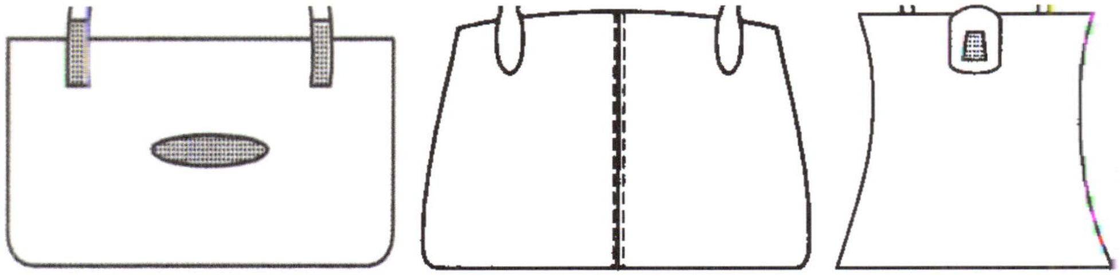

（a）带下部圆角的长方形　（b）鼓形　（c）腰形

（d）带圆角的长方形　（e）梯形　（f）不对称梯形

图3-20　包袋的几何造型

（a）长方形包袋　（b）倒梯形包袋　（c）圆形或D形包袋

（d）腰形包袋　（e）六边形包袋

图3-21　各种造型的包袋

从图3-22可以看出，长方形造型由于包袋边端有4个直角，具有一定的刚度特性，有钻镶嵌，增加了女性味道，最终体现的是刚柔相济；左下的黄黑条相间的包袋，是长方形带圆角造型，将4个直角切去，形成曲线圆角，刚度降低而圆润感增加，凸显女性的柔美感；右下的椭圆形包袋，曲线长度更大、更为圆润，女性味道十足，是最适合女包的造型；而正圆形包袋圆润饱满，流畅感更强。由此可见，造型中加入曲线，使包袋的设计风格更柔美。

当然，在对包袋产品进行整体造型特征分析时，不但要确定前后扇面的形状，也要对包体

图3-22 包袋形状变化

图3-23 包袋的斜侧面

的侧部和底部形状进行分析描述，如图3-23所示。包袋的侧面是长方形、梯形、三角形，还是圆形、椭圆形，以及有无褶皱等，包袋的底部是长方形、长方形带圆角形，还是椭圆形或圆形等，这些确定下来才是对包袋的整体造型进行了较为详细的分析和描述，有利于后面的结构特征分析。

（二）包体的基本结构分类与特征

根据包体内衬材料的不同，可以将包袋分为软结构包袋、硬结构包袋和半硬结构包袋三类。分别介绍如下。

1. 软结构包袋

软结构包袋是指包体内部没有加设硬衬部件，其外形随内部盛装物品的变化而变化的包袋。休闲包、旅行包、购物包或小手包都属于这种包袋类型。软结构包如图3-24所示，这种包袋整体较柔软。内容物少时，包体外部会出现软塌的褶皱；内容物较多时，由于内容物的撑起，包袋会呈现饱满的外观。因此，外观具有一定的变化性。中小型软包拿取物品方便快捷；包袋过大时，注意在包袋的内部设计分隔和钥匙环、小附属袋等，有利于分装物品，而且拿取方便。

2. 硬结构包袋

硬结构包袋指包体所有内部均有硬衬部件（堵头条、墙条或拉链条除外），造型固定而少有变化的包袋，如图3-25所示。这种包袋由于硬性内衬的作用，包袋外观不随包体内容物多少而变化；而且外观硬挺，时尚性强，深受女性喜爱。

图3-24 软结构包袋

图3-25 硬结构包袋

图3-26　半硬结构包袋

3. 半硬结构包袋

半硬结构包袋是包体的主要部件如包盖、前后扇面等内衬有硬衬，其他部件（堵头、包底等）内无硬衬材料的包袋，如图3-26所示。这种包袋从正面和背面看与硬结构包袋类似，从侧面和包底看，与软结构包袋类似。当内容物较少时，包袋侧面较扁平；当内容物较多时，包袋侧面较厚，由于侧部可以调整整个包袋的内容积，具有一定的变化性，比硬结构包袋变化性强，比软结构包袋造型性好。

二、包袋的开关方式分析

通常，包袋常用的开关方式有四种，即：架子口式、包盖式、拉链式、敞口半敞口式。分别对应架子口包、带盖包、拉链包、半敞口包与敞口包，下面分别加以介绍。

（一）架子口式

架子口式是女包常用的开关方式，外观造型美观大方。

架子口外观造型变化很多，如直线、工字方形、弧形、异形造型等。随着架子口的造型变化，包袋的风格发生变化。如图3-27所示为直线型，造型稳重大方，适合大多数的包袋设计，尤其适合中大型女包设计；如图3-28所示为工字方形，直角弯折，线条刚硬，与柔软的包体材料配合，柔中带刚，在市售产品中使用比例较高；还有曲线型架子口设计，线条优美，能够更好地体现女性的温柔。

图3-27　直线型架子口

图3-28　工字方形架子口

架子口的材料有金属、木材、塑料、聚酯等，其中以金属材料最为多见，有时也会在架子口材料的外部包裹与包体材料一致的天然皮革或其他纺织材料，使包袋外观呈现统一性。

另外，架子口与包体的配合方式以及架子口固定材料及固定方式等，也是设计选择的重要内容，都会对包体的外观产生一定的影响。

（二）包盖式

包盖式是常见的开关方式，不论男包还是女包应用都十分广泛。总的来说，带包盖包袋风格大方，是商务包的首选，在时尚包类也受到推崇。对于带盖包而言，需要了解以下几个方面内容。

1. 包盖与包体的固定方式

包盖与包体的固定连接方式有三种，分别为：①从后扇面直接引出；②单独设计下料缝合在后扇面上部；③从后扇面直接引出，但是与后扇面之间有拼接缝存在。其中，单独下料的包盖最为常见。

（1）包盖从后扇面直接引出

从后扇面直接引出的包盖如图3-29所示。其中结构示意图如图3-29（a）所示，图中*DD′A′A*是覆盖包体上口的包盖部分，*DD′*以上长方形为后扇面，*AA′*以下为包盖覆盖前扇面部分，与后扇面为一体。这种包盖风格秀丽，只是包盖需要的面料比较大，对于天然皮革来说，成本较高。

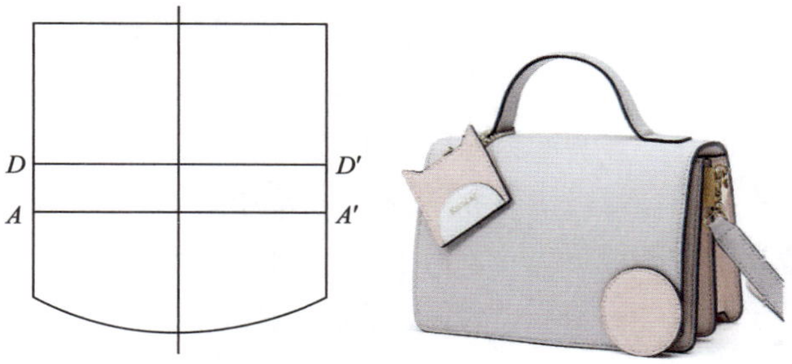

（a）包盖结构示意图　（b）从后扇面直接引出包盖的包

图3-29　从后扇面直接引出的包盖

（2）包盖单独设计下料缝合在后扇面上部

单独设计下料的包盖如图3-30所示。图3-30（a）为包盖结构示意图，图中1为包盖盖住前扇面部分；2为盖住包上口部分，3为包盖与后扇面相合的部分；图3-30（b）中可以清楚地呈现这种配合状态。单独下料的包盖设计灵活，可以与包体在材料、色彩上相同或不同，设计效果十分明显。

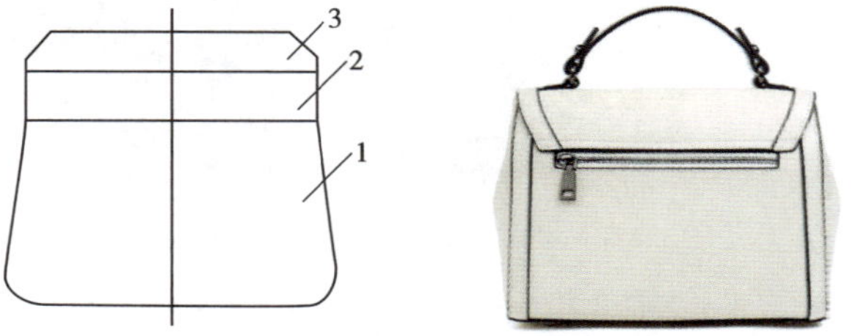

（a）包盖结构示意图　（b）单独下料包盖的包

图3-30　单独设计下料的包盖

（3）包盖从后扇面直接引出并与后扇面拼接

如图3-31所示，图中包袋后扇面上口处与包盖之间有一个拼合缝，由此形成一个新的设计变化位置，使包盖与后扇面可以在配色、面料差异等方面形成新的变化；也可以在此拼接缝处设计褶皱，使包袋的风格更为多变。

图3-31　与后扇面拼接的包盖

2. 包盖的分类

根据包盖长度盖住前扇面高度的位置，可以将包盖分为长盖、中盖和短盖。首先，将包盖分为三等份，其中，长度达到扇面下1/3以下的包盖即为长盖，如图3-32所示；处于包扇面高度的上1/3～2/3位置的包盖为中盖或称为普通盖，如图3-33所示；只盖住包袋高度上1/3以内的包盖为短盖，如图3-34所示。

对于长盖包而言，由于包盖遮住了大部分前扇面，所以包袋前面的主要设计在包盖上，可以在包盖上设计图案、配色等变化；而中盖只是遮住一半左右的前扇面，包袋前面部分剩余空

图3-32　长盖包

图3-33　中盖

图3-34　短盖

间较大，因此，设计位置可选择包盖全部及前扇面的中下部；短盖遮住前扇面较少部分，前扇面依然为主要设计位置，但包盖的设计变化有一定的局限。总体而言，在实际设计时，可以根据包盖与扇面的关系综合设计。

当然，包盖也有非常多的花式设计变化，如图3-35所示。比如：装饰流苏的包盖、装饰金属饰件的包盖、不对称包盖、装饰图案包盖、与包体不同色彩和面料的包盖等。由于包盖处于包袋非常显眼的位置，因此，包盖的设计就显得十分重要，其影响整个包袋的外观效果和风格。

（a）带流苏包盖

（b）装饰红樱桃包盖

（c）金属饰件包盖

（d）装饰小舌盖包盖

（e）装饰铆钉包盖

（f）不对称包盖

图3-35　各式包盖

（三）拉链式

拉链作为封口装置时，既可以作为实用部件，也可以作为装饰部件。拉链开关方式拉合方便，制作成本低，是最常用的一种开关方式。

1. 拉链两端的固定方式

拉链两端的固定方式通常影响包袋的外观和开合的容量。开合容量大，则包袋取放物品便捷容易；开合容量小，则不容易取放物品。一般拉链两端的固定方式有三种分类，分别为两端自由式、两端全封闭式和两端半封闭式，如图3-36至图3-38所示。

2. 拉链与包体的固定方式

根据拉链与包体缝合固定位置的不同，固定方式可以分为四种类型，详见第十章。

图3-36　两端自由式拉链

图3-37　两端全封闭式拉链

图3-38　两端半封闭式拉链

（四）敞口或半敞口式

1. 敞口式开关方式

敞口式开关方式是指包袋上口没有任何封口固定装置的开关方式。应用敞口式开关方式的包袋即为敞口包，主要应用在简易和休闲包袋的设计上，包体造型朴素大方；由于包袋上口为敞口，包内物品装卸方便，但安全性较低。

2. 半敞口式开关方式

半敞口式开关方式是指包袋上口应用某种封口装置，使其具备半封闭性的开关方式。应用半敞口式开关方式的包袋即为半敞口包。半敞口包有舌式或绳式封口方式两大类，有时也有两种封口方式同时应用的。非常实用，但缺少一定的封闭性，使用安全性略低。

抽绳式半敞口包也可以再分成两类，一类是抽绳式封口包，如图3-39（a）所示。这类包袋变化较多，抽绳可以有细带式和粗带式的变化，可以是与包体同样的面料，也可以是不同的面料，抽绳的位置可以靠近包上口，也可以稍微远离包上口等，这些变化都会带来包袋外观效果的变化。抽绳式半敞口包上部抽紧，使包袋上部有多个褶皱，形成多变的风格。另一类是抽绳式背带包，抽绳即包带，抽绳抽紧后背带变长，可以背在肩上，抽绳放松变长成为提手，可将包袋提拿在手上，形成两用功能，如图3-39（b）所示。

舌式半敞口包如图3-40所示。在包上口处设计一个舌式小包盖，只能覆盖住包上口的一部分，还有一部分包上口自由开放，从而形成半封闭性。舌式封口部件设计变化较多，可长可短，可宽可窄，也可以在其上设计装饰件等。

有时，在包上口中间部位只有一个磁性吸扣或挂钩的包也是半敞口包。

（a）抽绳式封口包　（b）抽绳式背带包

图3-39　抽绳式半封口设计

图3-40　舌式半敞口包

三、包体部件的基本结构组成

部件是包体结构构成的基础，也是包体结构进一步设计制作的基础。在包体的结构分析中，部件分析占据十分重要的地位。

依据包体部件组成的不同，包体结构可细分为六类，分别如下：

①由大扇和两个堵头组成的结构。

②由前后扇面和墙子组成的结构。

③由前后扇面和包底板组成的结构。

④由整块大扇面或前后扇面组成的结构。

⑤由前后扇面和堵头组成的结构。

⑥由前后扇面、两个堵头和包底板组成的结构。

这六类基本结构由不同部件组成，不同部件在包体中的作用和角色不同，包体的风格也不同，下面分别讲解。

1. 由大扇和两个堵头组成的结构

由大扇和堵头组成的结构主要设计变化在堵头，堵头既有平面上几何形状的变化，比如长方形、梯形、三角形等，也有空间立体上的变化，比如堵头上是否添加褶皱、是否设计堵头条等。如图3-41所示为普通扇面加梯形堵头结构。堵头的变化可以带来包袋不同的风格变化。其他的堵头变化在后面会详细叙述。

2. 由前后扇面和墙子组成的结构

由前后扇面和墙子组成的结构又有由前后扇面加上部墙子、前后扇面加下部墙子、前后扇面加环形墙子的不同。

图3-42所示为前后扇面加下部墙子的结构，图3-43所示为前后扇面加上部墙子结构，图3-44所示为环形墙子结构。这种结构变化的主体在扇面的形状和扇面与墙子缝合的部位。前后扇面加下部墙子结构的包袋中，扇面的形状随意变化，墙子形成包体的侧部和底部结构，主要形状是长方形、梯形和倒梯形；由前后扇面加上部墙子结构的包袋中，上部墙子带拉链，使包袋上部封闭，与环形墙子类似。

3. 由前后扇面和包底板组成的结构

由前后扇面和包底板组成的结构如图3-45所示。这种结构是女包非常常见的结构形式，在结构组成上，扇面向侧部延伸形成侧部部件功能，省略了侧部的单独部件，使得包袋风格大方自然，尤其适合设计制作中大型的女式包袋，包袋风格大方自然。

图3-41 由扇面和堵头组成的结构

图3-42 前后扇面加下部墙子结构

图3-43 前后扇面加上部墙子结构

图3-44 前后扇面加环形墙子结构

图3-45 由前后扇面和包底板组成的结构

4. 由整块大扇面和前后扇面组成的结构

由整块大扇面组成的结构如图3-46所示。这种结构外形非常简洁大方，由于结构线少，所以造型变化比较单调。

由前后扇面组成的结构如图3-47所示。由于没有单独的侧部结构，所以这种结构包体比较扁平。另外，由于其前后扇面是单独的部件，所以在部件结构线上具有一定的变化灵活性，如图3-48所示。在前后扇面边缘部位加放一定数量褶皱的设计效果，既丰富了包体外形设计变化，又增加了包袋的盛装容积。

图3-46 由整块大扇面组成的结构

图3-47 由前后扇面组成的结构

图3-48 由前后扇面组成的结构

5. 由前后扇面和堵头组成的结构

由前后扇面和堵头组成的结构如图3-49所示。由于其包底和堵头部位具有结构线，所以可以完成比较复杂的设计变化。如图3-49所示的扇面即加入了一定的褶皱变化。

6. 由前后扇面、包底板和堵头组成的结构

由前后扇面、包底板和堵头组成的结构包袋有两大类。一类是反面缝制法缝制而成的包袋，如图3-50所示；另一类是正面缝制法缝制的包袋，如图3-51所示。这两款包袋外观差距比较大，但是属于同一种结构。这种结构包袋的结构线较多，可以产生设计变化的位置也相应增加。比如扇面与包底板的拼接线，扇面与堵头的拼接线，都是相应的设计变化位置。因此，包袋的变化较为灵活。

（a）底部的拼接缝　（b）扇面加褶与堵头拼合状态

图3-49 由前后扇面和堵头组成的结构

四、包体的部件分类

对于包体而言，不管其组成部件有何不同，包体都由前后扇面、侧部、底部和上部组成，只不过有的部分由部件单独组成，有的部分由其他部件延伸而成，而有些部分的

图3-50 反面缝制的包袋

图3-51 正面缝制的包袋

部件因设计的需要省略（如敞口包的上部）罢了。例如，包底可由前后扇面延伸构成；包体的侧部和上部、下部可由整体部件构成，也可单独构成。不论是哪一种细分结构的包体，部件都由外部部件、内部部件和中间部件3部分组成。

（一）外部部件

外部部件是指位于包体外部表面的部件，由外部主要部件和外部次要部件组成。外部主要部件是构成包体主体结构的部件，外部次要部件是指附属于包体主要部件上的部件。而实际上，外部主要部件已从根本上决定了包体的形状和尺寸，外部次要部件只是依据流行或设计构思做进一步的平衡和变化。在外部部件中，前后扇面、堵头或墙子、包底、拉链条、包盖等为包体的外部主要部件，而某些小袋盖、插袢、钎舌和钎袢、提把、把托、外袋以及各种袋饰件等是包体的外部次要部件。

1. 外部主要部件

（1）扇面

扇面是包体的主体部件，在由前后扇面和墙子组成的包体结构中，前后扇面是单独存在的；在由大扇和两个堵头组成的包体中，前后扇面合为一体，成为大扇的同时也形成了包底部件；在由前后扇面和包底组成的包体结构中，前后扇面要向外延伸形成包体的侧部部件，也可能与拉链一起成为包体的上部部件结构；而在由整个大扇组成的包体结构中，扇面独立形成所有的部件结构。由此，扇面可以分为以下几类。

①单独存在的扇面：单独存在的扇面一般存在于“由扇面加墙子（堵头）组成的包体结构”或“由扇面加包底加堵头组成的包体结构”中，如图3-50所示。硬结构或半硬结构包采用这种结构比较多。

②同时形成侧部结构的扇面：这种结构的扇面一般存在于“由前后扇面和包底组成的包体结构”中，前后扇面要向外延伸形成包体的侧部部件，如图3-51所示。这种结构应用在软体结构中比较多见。

③同时形成包底部件的扇面：这种结构多存在于“由大扇（或前后扇面）和堵头组成的包体”中，前后扇面合为一体成为大扇的同时也形成包底，如图3-52所示。

④同时形成包体上部部件的扇面：同时形成包体上部部件的扇面与拉锁一起成为包体的上部部件结构，可以存在于“由扇面加墙子或堵头的结构”中，如图3-53所示。

⑤同时形成包体所有部件的扇面：这种结构存在于“由整个大扇组成的包体结构”中，扇面独立形成所有的部件结构。

（2）包底

包底与扇面一样，也是决定包袋形状的关键部件，在由前后扇面和包底组成的包体结构中，包底的形状和尺寸决定扇面的尺寸和形状，包底的形状也同扇面相似，有长方形、长圆形、椭圆形、圆形等形状。

长方形包底使包体造型富于棱角，多了一些刚度，如图3-54（a）所示；在长

图3-52 同时形成包底部件的扇面

图3-53 同时形成包体上部部件的扇面

方形的基础上，包底4个直角被圆弧取代后形成带有圆角的长方形，称其为长圆形包底。由于形成了圆弧，包体外观多了几分女性的温柔，刚柔相济，如图3-54（b）所示；随着4个角圆弧半径的增加，圆润的感觉更加明显。当包底4个角的弧度半径等于包底宽度的一半时，可以认为包底呈椭圆形，这种包底外观多变而温柔；包底为正圆形时，这种包底使包体成为类似圆筒的外形，外观温柔而饱满，如图3-54（c）所示；再有，就是不规则形状或不规则变化形成的包底，都可以归结为异形包底。这种包底外观变化多端，丰富了视觉效果，如图3-54（d）所示。

（a）长方形包底　（b）长方形带圆角包底

（c）圆形包底　（d）异形包底

图3-54　各种类型的包底

（3）堵头

包体的堵头专指包体侧部结构部分，堵头的高度主要取决于扇面的高度，而其上部的宽度则取决于包的开关幅度，堵头的形状同时也决定了包体的侧部形状。堵头一般有平堵头、上部带软褶堵头、双褶和多褶堵头、带堵头条的堵头以及小行李箱式堵头五种类型。下面分别加以叙述。

①平堵头：平堵头最为常见，结构也是最简单的，堵头为基本几何形状，如长方形、三角形、梯形，圆形、椭圆形、多边形等。可用于各种风格包体的设计，如图3-55所示。

②上部带软褶堵头：上部带软褶的堵头结构主要是堵头上部设计有单褶，增加了包体上部的开合容量。女包中最为常见，既可以向外折叠成褶，也可以向内成褶，如图3-56所示。

③双褶和多褶堵头：双褶和多褶堵头是由于堵头上带有两个或多个褶皱而形成，这种堵头内装容积比较大，常见于公事包、女包或休闲包等，其结构如图3-57所示。这种堵头有两种类型，一种是只在堵头上部增加褶量，而堵头下部没有增加褶量，如图3-57（a）所示。另一种是堵头部件的褶量从上到下均衡加放，如图3-57（b）所示。

（a）带圆角梯形堵头　（b）多边形堵头

图3-55　平堵头

④带堵头条堵头：带堵头条堵头是由平堵头与一个长方形部件（堵头条）组合形成的，制作完成后，堵头向包内缩进一个堵头条宽度，如图3-58所示。堵头可以是硬结构也可以是软结构，但是堵头条一定是软结构的。这种

（a）向外折叠的单褶堵头　（b）向内折叠的单褶堵头

图3-56　上部带软褶堵头

堵头多用于硬结构包或半硬结构包的设计，有利于缝制时缝纫机压脚的操作，同时也使包体细腻别致。

⑤小行李箱式堵头：小行李箱式堵头如图3-59所示，这种结构堵头的中间可以开合，内部衬有软贴部件，以防止内装物品在打开时掉落。这种堵头通常应用在硬结构包体上。

（a）上部多褶堵头　（b）通体多褶堵头

图3-57　双褶或多褶堵头

图3-58　带堵头条的堵头

图3-59　小行李箱式堵头

（4）墙子

墙子是指与前后扇面连接而构成包体侧部的部件，它与堵头的不同在于其不但构成包体的两侧，而且可以构成包体的底部或上部，从而环绕在前后扇面的两侧而构成包体。根据它的定义可知，在包体结构中墙子可有3种不同的结构分类，即：下部墙子——构成包体两侧和底部的墙子；上部墙子——构成包体上部和两侧的墙子；环形墙子——构成包体整个侧部包括两侧、上部和底部的墙子。

①下部墙子：构成包体两侧和包底的墙子，如图3-60所示是非常典型的下部墙子设计。

②上部墙子：构成包体的两侧和上部的结构，如图3-61所示。

③环形墙子：环形墙子同时构成包体的底部、两侧和包体的上部，如图3-62所示。墙子的形状有长条形、上宽下窄形以及异形的形状之分，根据墙子形状的不同所形成的包体的形状也不同。如果包体采用上宽下窄形结构时会在一定程度上增加包体的储物容积，长条形墙子外观朴素而方正，比较适合风格正式或具男性风格特征的包体结构。

（5）包盖

在包体的结构中包盖的作用是非常重要的，包盖不但是一种开关方式而且是一种包体的装饰手段，带有包盖的包体在整体上给人一种严谨干练的感觉，外观效果更是庄重大方，许多职业用包都选择这类部件结构设计，如公事包和职业女包的设计。包盖的形状和尺寸的大小直接影响到包体的款式风格。例如，方直规整的设计风格体现男性的阳刚，而曲线圆润的设计赋予女性的温柔，应给予足够的重视。

图3-60　下部墙子包

图3-61　上部墙子包

图3-62　环形墙子包

2. 外部次要部件

除了外部主要部件以外，外部部件中还有一些次要的部件，外部次要部件是指那些不构成包体主体结构的外部部件。当然，并不是说这些部件对包体的造型和应用不重要，而且往往是这种部件对包体的外观效果的形成起到相当大的作用和影响，在一定程度上可以进一步烘托或发展包体的设计意图和风格，这些次要部件说明的是包体的细部设计，体现了设计师与众不同的匠心。这类部件往往同时也是功能部件，也具有独特的实用功能。

根据用途可概括总结为以下几大类：

①关闭包体部件：如插袢、钎袢、钎舌等，一般来讲，这类部件的风格要较那些锁扣等闭合部件更为随意而略显粗犷奔放，如图3-63所示。

②拎提部件：主要是指提把，根据其形状和长短的不同有许多种，例如装卸式提把、伸缩式提把、软把、硬把等。

③固定提把部件：称为把托。它们有各种形状的变化，如合页、连接板、插套等，一般均与提把配合使用。

④盛放各种小物品的部件：如各种外袋：挖袋、贴袋、敞口袋、带盖袋、立体袋等，如图3-64所示。

⑤装饰并固定主要部件的部件：有梗条（牙条）、装饰条、编织带、沿条等，从而装饰包体的表面，改善包体设计的单调沉闷，如图3-65所示。

在分析包体外部部件的构成情况时，应遵循从大到小、从前到后的顺序，逐一无漏地分析清楚。

图3-63 关闭包体部件

图3-64 提把、把托、贴袋

图3-65 梗条、装饰条带等外部次要部件

（二）内部部件

对于包体来讲，内、外部件设计达到和谐与平衡才是最佳境界。包体的内部部件虽然对其外观没有直接影响，但它的合理与否对整包的价值、应用性能以及成本等都有较大的影响。包体的内部部件是指里子、内袋、隔扇等。

1. 衬里（里子）

里子是指在包体内部用于保护面料并方便使用，增加包体外形美观性的部件，在里子的设计上考虑较多的是里料的材质和颜色。一般而言，里子可选用丝绸、仿丝绸面料、人造革面料等。

箱包衬里的作用主要是为了使用更方便，使装入的物品取放更容易。另外，包袋的衬里还可以遮盖面料的缝缝和包反面其他的制作痕迹，使包袋美观；当然，包袋的衬里也可以避免放入包内的物品划破包面，同时保护包内物品。有时，使用衬里也是为了提高造型的可塑性，使整包造型更为丰满有型。在做里子设计时，还有一点是值得注意的，即无论包体是由多少块面料组成的，里料的裁剪下料都应尽量合并部件，尽量采用整体下料或少量较简单的部件料片。这样既可以节省所选里料的消耗量，还可以简化里料的制作工艺，美化整包产品里料的外观。

2. 内袋

通常，大部分的包袋都会做两个以上的内袋，分别分布在包袋衬料的两侧，其中一侧装有一个比较大的拉链袋，可放随身的贵重物品。另外一侧的内袋装配随包袋品种设计而变。一般的女包设计通常是手机袋和杂品贴袋，而男包通常设计有手机袋、烟包等贴袋；公事包类在内侧还会设有笔插、卡插等小部件，多数情况下，在女包内部通常会装有一个带松紧设计的钥匙挂圈，以方便固定钥匙。

图3-66　女包内袋设计

图3-67　双肩背包的内袋设计

一般而言，内袋和里布的色彩与包的颜色一致或相近，当然，有时也会设计成和谐的色彩搭配方案，图3-66所示为一个非常典型的女包衬里与内袋设计方案。双肩背包的内袋设计也有自己的特色，内部设计有数码产品袋、手机袋、笔插等，如图3-67所示。

3. 隔扇与隔扇袋

对于包体来讲，有时需要在包袋内部用隔扇将包的内部空间由一个分割成两个或多个，以利于包内物品的分放管理。隔扇是将包体的内部空间分成几个各自独立部分的部件，隔扇一般与包体的侧部缉合在一起，与包底相接或留有一定的距离，通过与侧部的固定将包体分成若干个空间。有的时候，隔扇装设在包的里料上，在包体的外侧观察不到。

在隔扇上部还可以通过拉链再形成一个内置袋，将包内容积再次分割出新的空间，这个内置袋称为隔扇袋。等于相对增加了包体内部的分隔空间，也增添了包袋内部设计的层次性的多彩性，这种结构经常应用在公事包及女用包的设计中。

包袋隔扇通常分为两种，一种是固定在里子侧缝中的大隔扇，如图3-68所示，另一种是固定在里子一侧的小隔扇，如图3-69所示。小隔扇通常制作在有拉链内袋一侧。

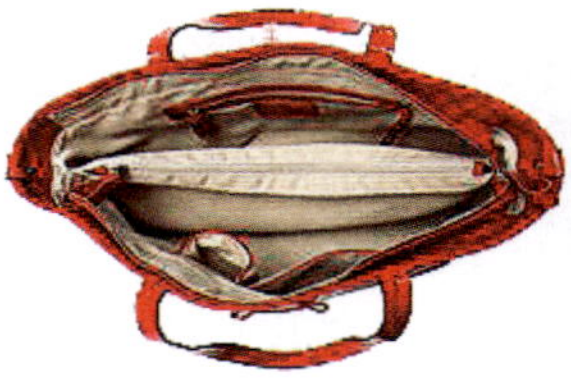

图3-68　大隔扇及隔扇袋

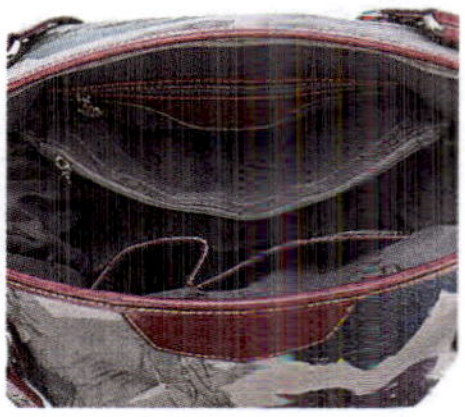

图3-69　小隔扇及隔扇袋

（三）中间部件

相对于外部部件和内部部件来讲，中间部件并不在人们的视野中，它处于外部和内部的中间，但对包体的造型效果和手感的好坏确实起到非常大的作用，它所选材料的好坏和结构设置的合理性直接影响到包体的外观效果和使用价值。

一般将中间部件划分成两大类，即硬质中间部件和软质中间部件。

1. 硬质中间部件

硬质中间部件具有较好的造型性，并使包的结构牢固，具有一定的刚度，对包内的物品起到一定的保护作用。一般使用硬纸板、聚氯乙烯塑料等材料。硬纸板有钢板纸、纤维板纸、白板纸和黄板纸等种类，钢板纸的刚度及韧性都是最好的，如图3-70所示。

2. 软质中间部件

软质中间部件主要是为了增加包体的丰满度，改善手感的触觉效果，同时，也赋予包体较好的外形。一般应用泡沫、海绵、棉花、衬绒、无纺布等材料，属于提包的衬垫材料。海绵等弹性较大的材料还可与纸板配合使用，用于硬结构包体使包体外形丰满、凹凸感强，改变其僵硬的质感，如图3-71所示。

图3-70 硬质中间部件效果

图3-71 软质中间部件效果

第四章

箱包造型基础与设计

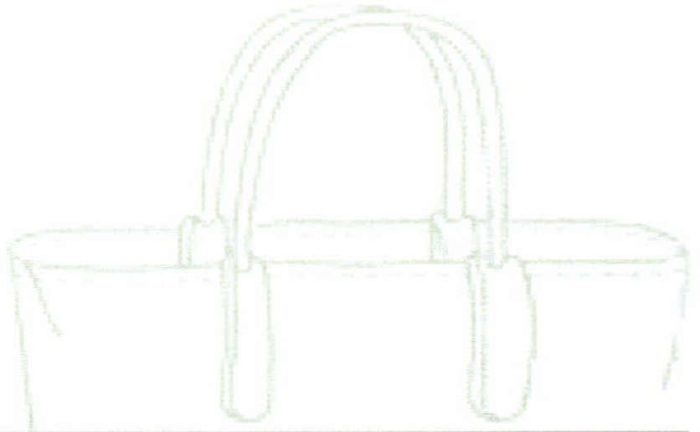

箱包的造型风格可以从多个角度、不同方面来区分，例如传统、现代、中式、西方、经典、时尚、简约、繁缛、淑女、职业商务、休闲运动、青春热烈、典雅精致、稳重大方、活泼可爱、另类风格等。但是箱包的外轮廓造型永远是风格塑造的根本要素。

第一节　造型的平面与立体要素

箱包既具有物质产品的实用性，又具有不同程度的精神方面的审美性。作为物质产品，它反映了一定的社会物质文化生产水平；作为精神产品，它的视觉形象又体现了一定的时代审美观。因此，箱包设计一定要融合在社会大文化背景之下才能获得成功。设计师要用视觉去感知流行中的普遍性，通过大脑的积累、整理、分析，总结归纳其共性规律特征。正在流行之中的事物极具普遍性，流行元素相似的造型反复出现会引起视觉疲劳和心理麻木，最终导致其心理无视状态。设计师要适时把握时机，从中提炼、挖掘能够调动人们视觉心理活跃的特殊流行元素，创造新的造型形式。

一、平面造型要素

平面造型就是二维空间造型，点、线、面是构成平面形状的要素。

1. 点

几何意义上的点是一切形态的基础，是具有空间位置的视觉单位，点没有方向性、大小、质量、形状。箱包设计中的点代表一个局部或一个装饰点，往往能起到突出或引导视线的作用。点的移动形成线，而多点的集合和线的排列形成面。设计时，点的变化有疏密、聚散、小巧与粗重等，不同的点的排列有轻松与紧张、运动与安静、轻盈与沉重的感觉变化。点有单独的点、两个点和更多的组合点，单独的点聚焦、突出，点的组合排列要比单独排列的点更具力度感。

箱包上的点是一个较小形象的描述，有轮廓、颜色和材料等变化。点重复越多，旋律感越强，具有无穷的设计魅力。点有平面的点、立体的点和有方向性的点之分。

如图4-1所示的包袋设计，包袋下部有两个白色的点，排列成一条线，点的修饰性较强。有时，也可以将一组点的形状忽略而看作是一个大点。图4-2所示的花可以看成一个大点，具有非常好的视觉敏感性，因此，点越大越容易形成视觉中心。而背景的小点，虽然数量非常多，排列很有秩序性，但点的性格却有一定的弱化。

图4-1　点的组合设计

图4-2　大点与小点的对比

2. 线

几何意义上的线是点的运动轨迹，具有位置和长度特征。点移动轨迹的方向决定最终形成的是直线还是曲线。如果点朝着一个固定方向移动则成为直线，点的移动不断变化方向则成为曲线。如果点在变化方向的移动中持续保持短暂的定向距离则为折线，由相反的长度对等的起伏曲线组成的线为波状线。自由曲线如心形、月亮形、太极形等曲线、弧线构成的形状，既简单又复杂，既自由又规则，它们是自由形与规则形相结合的形状。

在箱包的造型设计中，不同的线条能引起不同的情感联想。一般情况下，垂直挺拔的线条产生刚毅、尊严感和升腾或下垂的力度感；如图4-3所示多彩纵线设计，由于多色更显得挺拔而跳跃。水平线产生平静、安宁、广阔、舒展的感觉；如图4-4所示蓝色包袋设计，均等的水平三线将包袋扇面分割，使扇面变得不再单调，有水平拓展感；斜线动乱、危急、惊险、不安，如图4-5所示红色包袋设计，扇面和包盖的边缘线都是斜线设计，由于方向的不同形成多个线条的交叉，具有一定的力度感；几何折线则显得坚硬、紧张、残酷、痛苦，如图4-6所示。而自由曲线则活泼、轻柔、飘逸、流畅，如图4-7所示。

箱包设计中的廓形变化、结构分割、空间分离以及虚实表现等，都离不开线的巧妙运用。值得一提的是，在箱包造型设计中，还有一种线属于立体线的范畴，如图4-8所示。此线条游离于包体的外部，但又与包体通过一定的部件形成连接，使线更加灵活多变。

图4-3　纵线线条分割设计

图4-4　横线分割设计

图4-5　斜线分割设计

图4-6　折线设计

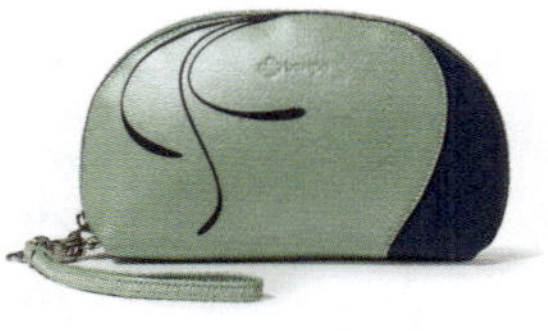

图4-7　自由曲线的设计

图4-8　立体曲线的设计

3. 面

通常，面是由点的聚集或线的横移运动形成。相对于点和线而言，面的体量感要强很多。一般来说，原有的单独的面和多个面之间可通过分割与合成的形式构成新的形态面。因此，在箱包设计中，可以通过面的分割与拼合形成新的视觉效果。

从本质上讲，箱包造型的特征是箱包外部形状给人的视觉印象的反映。因此，几何意义上面的形状意义可以在箱包设计中得以充分体现。例如，方形面给人方正、坚实、平静、威严之感；正三角形面有稳定坚实感；倒三角形危机变化感十分强烈；而多角形则有放射、不安的紧张感；圆形具有运动、饱满、完整、充实的感觉。在箱包的设计上，可以依照面的上述意义来进行设计，但也不能完全和绝对化。

（1）平面的分割设计

二维平面设计无非是面的分割和构成，其中又分为面的直线和曲线分割的不同、相等面与不等面的分割等变化。其中，对等面的直线分割呈对称状，有统一感；不等面的直线分割有大面挤压小面的排斥感；曲线分割的面呈凹凸自由形，互推互让，有一种对抗交流的热烈氛围，如图4-9所示。

图4-9 平面的不同分割设计

（2）平面的构成设计

在平面构成中，平面的大小和位置的不同，最终的外观变化也非常大。平面的面积大时，呈现阔大充实的视觉特点；平面的面积小时，呈现孤零、冷清的感觉。构成的平面零碎散乱而不规则时，可能会产生混乱不安和晕眩感；构成的面规则、整齐、秩序时，产生平静、和谐、安定感。因此，箱包的平面构成情况一定要根据箱包的风格来把握。

二、平面变化设计要素

箱包的平面变化设计是指对箱包某一平面中存在的形状进行的设计，从而实现箱包造型款式的丰富变化特征。箱包的平面变化设计手法多种多样，下面的设计手法具有一定的代表性。

1. 外贴袋设计

有关这种设计变化手法，在后面章节会有详细论述，这里不再赘述。其实，不管是平面贴袋还是立体贴袋，都能为单调的箱包造型外观添加丰富的变化，而且这种平面变化手法也是箱包款式变化的重要方面。

（1）平面贴袋

平面贴袋主要缝制在前扇面上，有时也会缝制在侧部，丰富扇面的款式变化。通常以单独一个贴袋或两个贴袋为主，贴袋内部空间有限，可以装少量随手之物，如图4-10所示。

（2）立体贴袋

立体贴袋通常以两个贴袋一起缝制在前扇面为主，由于贴袋具有一定的侧部厚度，所以，贴袋内部空间比较大。同时，极大改变了前扇面的外观效果，如图4-11所示。

图4-10 平面贴袋

图4-11 立体贴袋

2. 平面装饰设计

在箱包设计中，可以通过抽纱、丝网印刷、手绘、蜡染、扎染、拼接等手段美化箱包的表面。一般意义上，这些手法隶属箱包装饰设计的范畴。如用抽纱工艺进行美化装饰，可以使箱包面料呈现新的外观效果，提升箱包的艺术附加值，使其具有高雅、秀丽、精美、华贵的艺术品位。彩印、手绘、蜡染和扎染都是在箱包材料上赋予花色图案的方法，能够通过图案独特的艺术语言增加箱包的艺术品位。

当然，在平面装饰手法中，皮革表面镂空方式装饰效果十分突出，如图4-12所示；运用蕾丝在皮革表面形成透叠的装饰图案，也是箱包中常用的手法，风格十分妩媚秀丽，如图4-13所示；刺绣技术在箱包平面装饰中更是如鱼得水，大大提高箱包的艺术附加值，如图4-14所示。

图4-12 镂空装饰

图4-13 蕾丝装饰

另外，拼接也是一种行之有效的装饰方法。拼接时可以有多种变化，比如前面介绍的横向纵向斜向拼接，曲线拼接，还有不同色彩皮块的拼接等，如图4-15所示；再有，缉线也是常用的平面装饰手法，通过缉线可以在皮革表面形成各种纹样图案，风格多变，如图4-16所示。缉线时使用的缝线可粗可细，可素可彩，可用单线也可用双线，既可依结构缉线，也可在包体上自由缉线，均能获得理想的装饰效果。

图4-14 刺绣装饰

图4-15 异色拼接装饰

3. 半立体造型设计

在箱包设计中那些在箱包表面形成一定立体效果的装饰手法，可以认为是半立体造型方法。包括：折叠与褶皱、压印与熨烫、

（1）菱形格装饰

（2）凹凸感缉线装饰

图4-16 缉线装饰

铆钉、荷叶边与流苏、穿编和缝缀等。

（1）折叠与褶皱

如图4-17所示，图中包袋运用的是折叠褶皱的手法，在包面进行变化，由于是在前后扇面拼接缝中捏的褶皱，具有一定的立体效果；同样，图4-18所示也是应用折叠的方式，但由于其折叠与分割配合使用，使折叠产生的褶皱变化复杂，产生了不同的表面效果。

图4-17 折叠褶皱设计

图4-18 折叠与分割结合设计

（2）压印与熨烫

压印与熨烫主要是在包面形成一些凹凸的图案肌理，运用设计好的花板，通过热和压力完成的塑造过程，使包面具有凹凸立体感，如图4-19所示。

图4-19 压熨设计

（3）铆钉

铆钉是现今非常流行的装饰手法，通过铆钉的设计变化，可以在包面形成各式各样的图形和纹理，配合产品风格的设计变化，如图4-20所示。

图4-20 铆钉设计

（4）流苏

流苏的平面装饰更具有特点，根据流苏的位置，其装饰风格变化非常大。边缘流苏的设计主要装饰包体的边缘，是边缘富于变化，并有扩大某一平面的意味。如图4-21所示扇面上的流苏设计，流苏盖住包体的扇面，使包体神秘而多变。尤其是随走动和风吹，流苏还会产生一定的流动，更是具有动态美感。当然，局部装饰的流苏也具备非常强烈的装饰美感，如图4-22所示。

图4-21 长流苏设计

图4-22 局部流苏设计

三、立体造型要素

利用实际物质材料，制作具有实在体积与空间的艺术形象，这就是三维空间造型。运用体积创造体积，运用三维创造三维，它是一种可以触摸感觉的空间艺术。箱包是容器一样内空的三维空间，其中二维平面、三维实体、虚空兼而有之。基本造型语言是空间语言：面、体形、体量、空间、装饰物。

在箱包设计中，立体要素主要指能够使箱包形成立体造型的要素，包括包体部件组合、开关方式、工艺技术方法等。包体部件组合是指：箱包的结构部件分类是属于哪一种关键结构类别，部件之间如何组合在一起的；另外，箱包的开关方式是什么，如何与包体组合在一起，也是重要的立体要素；同样，工艺技术方法的选择对箱包造型的影响非常大，正面缝制法线迹外露，风格粗犷，而反面缝制法形成的包体精致细腻。由此，立体要素与平面要素相结合，形成箱包设计的复杂化，也带来了箱包款式风格的多样化。

箱包由平面到立体的形成要素，是箱包重要结构特征分析所包括的内容，即①开关方式；②部件情况（外部部件、内部部件及中间部件）；③成品整体造型及形状、尺寸；④所用材料的颜色品种（所有的原辅材料）；⑤制作方法及工艺等。下面分别加以叙述。

1. 开关方式

对于包体来讲，开关方式是形成立体空间非常重要的结构之一，也是包体最为显眼的部位。没有开关方式就无法形成包袋的使用功能。常用开关方式有架子口式、带盖式、拉链式、敞口与半敞口式四种。这四种不同的开关方式不但在款式风格上不同，而且在应用形式上也有所不同。

图4-23 架子口包

架子口式是一种女包常用的开关方式，由于其结构、尺寸、断面形状、固定方式和封口装置的不同，使架子口包变得复杂丰富，如图4-23所示。

带盖式开关方式非常常见，具体见前文第三章。

2. 部件造型与材料的选择

在箱包的立体结构中，部件情况占据十分重要的位置，它是包体组成容器结构的基础，也是包体结构进一步细分的基础。依据包体部件组成的不同，包体的结构可细分为6类，分别是：①由前后扇面和墙子组成的结构；②由大扇和两个堵头组成的结构；③由前后扇面、包底和两个堵头组成的结构；④由前后扇面和包底组成的结构；⑤由整块大扇（前后扇面）组成的结构；⑥由前后扇面和堵头组成的结构。

这六类由不同的部件组成，不同的部件在包体中的作用和角色不同，包体的风格也不同。对于包体而言，不管其组成部件有何不同，包体都由前后扇面、侧部、底部和上部组成，只不过，有的部分由部件单独组成，有的部分由其他的部件延伸而成，而有些部分的部件因设计的需要省略（如敞口包的上部）罢了。例如，包底可由前后扇面延伸构成；包体的侧部和上部、下部可由整体部件构成，也可单独构成。

至于包袋的材料包括面料、里料、衬料以及金属配件。其中，面料有天然皮革、合成革、人造革、纺织面料等，里料有人造革、真丝和人造丝、棉织物、合成纤维织物等，衬料有硬性衬料、软性衬料等，金属饰件有金色、咖色、铜色、枪色等，根据时尚要素、功能需求以及成本预算等来确定具体的设计方案，从而获得和谐的设计产品。

3. 工艺制作方法的确定

部件与部件之间的结合方式是反映包袋整体设计极为关键的表现方法，同时，也是连接从结构制图到生产样板制作的桥梁，只有合理确定与部件的缝制工艺才能保证整包制作的完善。

具体的工艺内容可从以下几个方面进行分析和确定：①连接方式；②接缝种类；③缝制方法与边缘的修饰。从整体上看，在现今包体部件的固定方式主要有透针缝合、胶粘、焊接、撩缝四种方式。其中，以透针缝合方式最为常用，撩缝主要于局部做装饰所用，而焊接方法应用得很少。最常用的连接固定材料是缝制线，因此，缝制线的质量和特性对包体的使用影响非常大，保留在包体表面的缝制线很可能由于磨损而断裂，影响包袋的使用寿命。同时，这些面线也对包体的外观起到一定的装饰作用，应根据具体情况来选用。

不论是何种连接方式，部件间的接缝种类都有以下几种，即：对针缝、反接缝、搭接缝、撩缝、对针缝加牙子皮5种方式，这5种方式应用在不同的缝制方法中有不同的效果。在包体部件的缝制过程中，从大类上讲只有正面缝制和反面缝制两种方法，而在每种方法中又有一些细分。在反面缝制方法中，有毛边和光边的不同，光边是通过一次接缝，然后翻转再缝制而成，这种缝制方法费事费力，多用在精工制作中；缝制留有毛边时，两部件之间既有无牙条形式也有镶牙条形式，一般而言，镶牙条有助于加固缝边的造型，毛边既可毫无修饰，也可用滚条包住以保护缝线，如图4-24所示。

在正面缝制方法中，由缝制带来的不同则更多，大致上分为折边和毛边，而在折边方法中又有单侧外折边、单侧内折边、双侧折边。毛边的边缘修饰方法使包袋各具特色，一般有本色边、滚边、染色边、镶牙子边以及撩缝的不同，如图4-25所示。

因此，上述各个方面是实现箱包从平面到立体转化的关键要素。

图4-24　反面缝制法

图4-25　正面缝制法

四、立体变化要素

箱包的立体设计手法更是多种多样，富于变化。例如：立体编结、抽绳、荷叶边与褶皱、立体花、悬缀饰物等都是非常好的立体装饰手法。

（1）立体编结

立体编结是将面料裁成条带状或片状进行编织、结穗或塑形。此手法既可以应用在箱包的局部装饰上，如编织包带、包面边缘的流苏，包口处的花结等，也可以应用在整个包体上，如编织形成整个包的部件，效果强烈而又整齐，具有一种精致又休闲的美感，如图4-26所示。

（2）抽绳

平面形向立体形的转化设计还可以通过肌理塑型来表现。例如平面软材料，通过定点走拉线带，即可束成立体造型的包袋形式，如图4-27所示。如果抽绳包裹在面料的内部，抽紧以后，也会形成漂亮的褶皱，使包口像一朵盛开的花一样。如果用带花型图案的纱巾作为抽绳，纱巾随着穿编的进出在包口形成配色与褶皱相间，在包上口前端还可以系个漂亮的蝴蝶结，同样具有很好的装饰效果。

（3）荷叶边与褶皱

荷叶边的装饰效果非常明显而突出，如图4-28所示，图中的荷叶边设计像展开的翅膀呈欲飞状，边缘突出在包袋平面之上，具有非常好的立体感。如图4-29所示的包袋设计则有所不同，该设计的荷叶边盖满包袋的前扇面，但没有向外伸展，只是铺满在包袋的平面上，同样具有非常好的装饰性。

图4-26 立体编结女包

图4-27 抽绳女包

图4-28 立体荷叶边设计

（4）立体花

立体化装饰在包袋的扇面上，风格十分独特。如图4-30所示设计了单独一朵花朵，花瓣是双层设计，立体感非常强，花朵下部装饰长流苏，使花朵更显飘逸灵动。图4-31所示为组合立体花设计，花朵大小、花型不同，组合在一起形成繁花似锦的美好景象，很是娇媚动人。

（5）悬缀饰物

悬垂饰物作为包袋的立体装饰，效果非常突出，而且个性鲜明。如图4-32所示包袋，口红与金属饰链配合形成一种灵动的飘逸美感；如图4-33所示包袋，由于拉链部位有小型的悬坠饰物，使包袋变得活泼跳跃。

装饰手段与箱包的有机结合，进一步丰富了箱包的造型语言和表现手法，这些装饰工艺极为细腻、精致，在箱包的造型中往往起到画龙点睛的注目作用。因此，可以利用装饰工艺来突出装饰工艺与箱包造型特征、使用功能的统一协调关系，否则，就会失去箱包造型与装饰工艺之间的内在联系。

图4-29 多重荷叶边设计

图4-30 单独立体花设计

图4-31 组合立体花设计

图4-32 口红与金属链装饰

图4-33 拉链悬缀饰物

第二节　造型的外轮廓与内空间

一、箱包体外形轮廓的塑造

通常，客观存在的外轮廓和内空间是箱包造型表现的主体。外轮廓即是包体的外部造型，而内空间包括包袋内容量和所有附着在包袋上的可利用空间。

（一）外轮廓的形状与形式语言

自从人类感知和利用形状以来，形状就被赋予了功能性，而形状的功能性又带来了形状的不断变化，几乎同时，形状的形式情感也随之产生了。人们对形状的形式情感总是在几何形与自由形、人工造型与自然形状之间协调平衡，导致在产品设计中自由形与几何形结合、抽象造型与具象造型结合，几何装饰与拟形装饰结合。例如在几何体的框架结构中穿插自由的植物图案装饰纹样，既有活泼的情感化的生命具象再现，又有规则的理智化的几何抽象表现，形状的形式情感取得了和谐统一，如图4–34所示。而如图4–35所示的斑马纹女包乖巧中透着野性美。

图4–34　曲线图案女包

图4–35　斑马纹女包

如图4–36所示的长方形造型女包，以长方形为包体形状，包的侧部堵头上部呈圆弧造型，直线与弧线结合，在稳重中赋予了几分温柔。如图4–37所示女包，包体是梯形造型，包的上口线向下自然下垂形成波浪形，是直线与波浪线的结合，再加上软性包体结构与包底的抽皱，致整包外形造型多变，更显女性的时尚感。

图4–36　堵头底部呈圆弧的女包

图4–37　波浪线包口女包

如图4–38（a）所示是一款带蝴蝶结包袋的正面，由于设计有一个大的蝴蝶结在前扇面上，使得包袋女性味道十足，而图4–38（b）所示是这款包的背面，则看起来比较中性。因此，包袋的形状与包袋的风格息息相关。

（a）正面

（b）背面

图4–38　带蝴蝶结包袋

通常，人们获得形状的感知，取决于物体外部轮廓边界线的清晰度和视觉感知强度。物体形状的秩序越好、越概括，视觉的判断越敏感，如图4–39所示。反之，物体形状秩序越乱，人们的视觉感知越迟钝，概念越模糊，如图4–40所示。从视觉原理上看，人的视觉容易接受秩序化、条理化的形状，秩序化的形状易于感知识别，便于记忆和积淀，便于感知概念的形成和概括力的加强。因此，规则形状包袋更容易获得感知和瞩目。

图4-39 规则形状女包

图4-40 不规则形状女包

（二）箱包造型与形状创造

艺术造型的基本线条形式有四种：直线、曲线、间断的线、粗细变化的线。在造型设计中，这些线形成了许许多多不同的外观形象。

在箱包的造型设计中，一般存在下列形状和形体。

1. 规则几何形状

在几何图形中，规则几何形状是箱包造型最常用的形状，如长方形、正方形、梯形、平行四边形、三角形、菱形、多边形、三角体、正方体、长方体、圆柱体、圆锥体、菱形体等，都由直线构成，较为简单明确。长方形、方形和梯形类包体，棱角分明，造型端庄，是男女商务职业箱包和休闲包的主要造型形状，如图4-41所示。如图4-42所示为六边形女包设计，由于六边形相比四边形风格多变，而且包底部加有褶皱，使得整包性格多变而神秘，适合时尚包设计。

图4-41 方形造型女包

图4-42 六边形女包

2. 自由形状

自由形状在造型中，表现的是无定形、非规则、复杂多样的性格。在自然界中，一切生物形状都由自由形状构成，呈流畅的曲线波状形态。虽然自由形状是非规则的，但有强烈的秩序感，显得多样而又统一。

自由形态的构成主体是曲线，曲线以其活泼流畅的特征使人们的视觉愉悦。它富于变化，柔和圆润，流畅舒展，富有弹性。通常曲线可以构成螺旋形、旋涡形、楔形、弯勾形、拱形、半月形、心形等自由流畅的形态。其中，波状曲线最具运动感、节奏感，生动活泼，用于表现流动起伏的、灵活的物体，使其更富生命力。因此，波状曲线是所有线条中最具吸引力、最惬意、最优美、最富魔力的线条。如图4-43所示，该包的包口是波浪设计，包体上由于褶皱形成波浪形状，是一款非常有动感的产品。

图4-43 波浪形女包

3. 圆形和椭圆形

圆形是所有图形中最简明的形状，具有圆满、完整、充实之感。圆形与外界任何其他形状之间无任何一处的平行、重复和重合，所以突出醒目、独立鲜明。在箱包造型中，圆形和球形体显得既抽象又具体，既坦白又含蓄，既封闭又通透空灵。因此，可以说圆形与圆球体是所有形状中最美、最玄妙的形象。

卵形和椭圆形是圆形的变体，具有光洁圆润的特点，与手握的卵壳形相符，柔和适手。椭圆形既稳定又变化，既多样又统一，既规则又自由，既复杂又简练，视觉在刺激物模糊时，会自动视为圆形。在箱包设计中，圆形、椭圆形有时出现在包体设计中，有时出现在手把、包带的设计上。曲线、圆形是最简化、最自由、最灵动的形状。一般而言，凡是轻快流畅的运动轨迹必定是曲线，而艰难费力的运动轨迹必然是直线。由于有圆形的加入，使原本深沉稳重的包体变得有些温柔动人。如图4-44所示包的造型是一个椭圆形，由于包袋的弧线曲率比较大，再加上包前扇的花朵图案设计，塑造出非常可爱的形象，使整个包的设计风格在规矩中透着灵活多变。

图4-44 椭圆形包

二、箱包的使用功能与新空间的塑造

在箱包的款式变化中，箱包的空间设计与细节设计和使用功能之间关系密切。在进行细节设计时，首先要确定组成包体的主要部件，然后再根据其设计风格、箱包现有空间状况及使用功能进行设计和配置。

图4-45 带外贴袋包袋

图4-46 带拉链袋的包袋

如图4-45所示带外贴袋包袋，外贴袋既是设计变化，也是包袋外部新的辅助空间，新的空间向外部延伸，增加包袋使用容积。如图4-46所示带拉链袋的包袋，由于拉链袋的设计，使包袋增加了新的使用空间，但是这个空间是在包袋的内部，没有向外延伸，只是对包袋使用空间进行了一个分割，并没有增加包袋的使用容量。

箱包的使用功能与空间密切相关，新空间的塑造方式多种多样，下面分别叙述。

（一）外部空间的塑造

1. 在包体外部设置出折叠面

为了增加使用功能并节省空间，可以在包体的平面结构上设置出折叠面，或用拉锁形式闭合，或直接固定成软折叠几乎不占多余的空间。

（1）拉链闭合形成的折叠面

拉链闭合折叠面指的是在平面上分割并制作折叠面，用拉锁形式闭合，软折叠几乎不占空间。如图4-47所示的包袋设计，由横向断线将包的前扇面分成三个部分，在每个横断缝中加缝拉链后衬同色绒面材料，使用过程中将拉链打开时可以与包面材料形成不同材质的拼接装饰，而且，拉链停留的位置不同，由此形成的分割状态也不同。同时，也可以在拉链中装少量物品，拉链闭合后，外界只能看到拉链而看不到内部装盛的物品，具有较好的隐蔽性和装饰性。而如图4-48所示包袋的包扇面上采用横纵交叉排列的分割方式，既装饰包体又形成新的使用空间。如图4-49所示包袋拉链内部是橙色皮块与包体主色黑色形成配色，因此，拉链闭合折叠面也可以与主包色形成色彩配色效果，既有新空间，又有新的设计方案，一包两用。

图4-47 平行双拉链包

图4-48 交错拉链女包

图4-49 配色拉链包袋

（2）褶皱形成的折叠面

褶皱形成的折叠面灵活多变，有以下几种分类：

①一端为自由端的折叠面：一端为自由端的褶皱是指一端由缉线固定，另一端自由的褶皱，如图4-50所示。这种褶皱形成的折叠面随包袋内容物的变化而变化，内容物少时，折叠部分没有展开，包体比较扁平；当内容物增多时，折叠面自由端展开形成新的使用空间，包体中部逐渐向外鼓胀凸起，包体呈丰满圆润状。

②两端固定的折叠面：两端固定的褶皱是指两端均由缉线固定，中间自由的褶皱，如图4-51所示。这种褶皱形成的折叠面也随包袋内容物变化而变化，当包袋内容物少时，中间折叠部分没有展开，包体扁平；当内容物增多时，折叠面中间展开形成新的使用空间，包体中部鼓胀凸起丰满圆润。

（a）多褶折叠面　　（b）双褶折叠面

图4-50 一端为自由端的折叠面

图4-51 两端固定的折叠面

2. 分割并设置拉链袋

拉链袋的功能非常强大，在包袋设计中，拉链外袋可以设置成水平方向的，也可以设计成垂直或倾斜方向的，拉链袋作为包袋扇面上的主要功能设计，在箱包款式变化上非常重要。首先，体现在拉链的材质选择上，一般来讲，金属拉链光泽度好，结实耐用；其次，尼龙拉链与布带的颜色可以与包袋材料同色也可以异色，从而形成色彩的搭配。

（1）水平或垂直的拉链袋

在包袋上设计水平方向拉链是非常常见的方式，使用时方便拉动拉链。拉链可以设计在包袋前扇面上，单独或多个拉链都可以，拉链平行横向排列或上下纵向排列，每条拉链袋既可以分装不同的物品，同时形成新的设计风格，使包袋在细腻中带有一定的粗犷风格。如图4-52所示水平拉链也可以设置在包袋的侧部，风格有些俏皮可爱，如图4-53所示。垂直设置拉链袋更多的是款式需要，与水平拉链相比内部使用空间有限。

（2）倾斜的拉链袋

倾斜的拉链袋与水平拉链袋一样，可以单独或多个一起设置，可以平行设置，如图4-54所示；也可以垂直相向设置，如图4-55所示。倾斜的拉链袋相比平行拉链袋更具一定的动势感。

（3）弧形或圆形拉链袋

弧形或圆形拉链袋外观秀丽温柔，装饰感强而且使用空间较大，如图4-56所示。

（4）隐蔽式拉链袋

如图4-57所示包袋的拉链从头到尾横断扇面，但由于是隐蔽性的设计，拉链掩盖在上部面料的下面，所以包体外形依然不失端庄典雅。

（5）多组合拉链袋

多组合拉链袋指的是拉链的组合设置，即多个拉链的排列组合设计，设计变化繁杂多样。如图4-58所示的包袋设计，其前扇面上的拉链袋有水平的、垂直的，也有倾斜的，多个拉链袋组合在一起，整包风格休闲随意。如图4-59所示，前扇面带封口拉链的平贴袋女包，是拉链袋与平贴袋的合并方式，既有平贴袋节约空间的效果，也有拉链袋的封闭作用，而且由于拉链本身的变化还会带来新的装饰印象。

再有，拉链袋也可以和拉链贴袋组合在一起，使包袋呈现更多的款式变化。例如水平向拉链袋与垂直向拉链袋，还有立体贴袋由带包盖式扇面延伸形成侧部的设计，或是带环形牙条的围墙式侧部拉链贴袋；同时，贴袋的大小也可以不同，还存在一定的配色变化，因此形成了丰富的视觉变化和多个使用空间。

图4-52 设置在前扇面上的水平拉链

图4-53 设置在侧部的水平拉链

图4-54 平行设置的倾斜拉链

图4-55 相向设置的倾斜拉链

图4-56 弧形拉链袋

图4-57 隐蔽拉链袋

图4-58 横纵组合拉链

图4-59 拉链袋与拉链贴袋的组合

3. 设置平贴袋

平贴袋与拉链袋有异曲同工的作用，既可以装饰包面又可以增加包袋的使用功能。

（1）扇面（正面）平贴袋

最常见的平贴袋设计是在前扇面上进行的，多为一个或两个平贴袋设计，如图4-60所示。图中包袋的前扇面单独或对称设计两个平贴袋，可以分放不同的物品。

（2）侧面平贴袋

在女包设计中也会采用在包袋的侧部缝贴两个对称的平贴袋设计，既变化了包袋的款式设计，同时在包袋的侧部增加了可以放置随手小物品的空间，增加了包袋使用的方便性，如图4-61所示。

（a）单个平贴袋

（b）两个平贴袋

图4-60 前扇面平贴袋设计

（3）带褶皱的平贴袋

这种平贴袋也可以只有一个，装设在包袋扇面的中部，上部两侧用铆钉加固防止使用中拉脱两侧缝线，贴袋下部各设计一个短折缝，透过少量的折叠形成折缝开放端的自由余量，从而赋予贴袋一定的厚度容量。如图4-62所示的包袋前扇面设计一个大明贴袋，贴袋由异色皮条包边，而贴袋上部设计双向对称折缝形成贴袋的厚度余量，同时也使包的款式变得休闲意味浓厚。

图4-61 侧面平贴袋

图4-62 带褶皱的平贴袋

4. 设置立体贴袋

立体贴袋是相对于平贴袋而命名的，由于其侧部具有一定的厚度，使整包可以突出在包袋前扇面的外部，呈现一定的立体外形，也正是由于这个突出的厚度，使得立体贴袋容积较大，可以装盛相对较多的物品，所以，更具有功能性和实用性。立体贴袋本身有多种外形设计方案，在贴袋的开关封口方式上，可以采用包盖式、拉链式、绳带或扣式的方法，在包袋的侧部设计上，可以采用围墙式、扇面延伸式、堵头式等；在包袋部件固定方向上，既可以采用水平方向固定，也可以采用斜向和垂直方向固定。单从这几个方面的变化，立体贴袋就有很多的变化组合。当然，还有色彩、材料、质地、花色图案上的变化，使得立体贴袋的设计变化更加丰富多彩。

（1）带省道的立体贴袋

如图4-63所示的包袋设计是一个下部带省道的明贴袋设计，由于省道性格轻巧，所以，贴袋的整体效果也十分秀丽，包袋休闲中透着柔美。深受年轻女性的喜爱。省道越长，角度越大，去掉的余量越大，贴袋的厚度越大。

（2）带分体墙子的立体贴袋

带分体墙子的立体贴袋是指贴袋是扇面加下部墙子结构，如图4-64所示，这种贴袋风格休闲粗犷，实用性强。

图4-63 带省道的立体贴袋

（a）正面

（b）侧面

图4-64　带分体墙子的立体贴袋

图4-65　多层立体贴袋

图4-66　组合式立体贴袋

（3）组合式立体贴袋

组合式立体贴袋是指在扇面上设置多个立体贴袋，形成多层立体贴袋，在包面上形成多个使用空间，如图4-65所示。组合式立体贴袋也指不同形式立体贴袋的组合设计，如图4-66所示。不同种类的立体贴袋组合在一起，外观层次感很强，形成多变有趣的时尚风格。

（4）动物型立体贴袋

动物型立体贴袋以动物的头部形象特征为造型基础，经过变形、夸张等艺术处理，形成新的艺术形象，外观效果形象感十分突出，而且趣味感也令人震撼，如图4-67所示。

（5）功能性立体贴袋

功能性贴袋主要是指具有一定功能特质的立体贴袋。如图4-68所示，包袋外部设计开放的支条收纳功能，可以将随身的文件资料、报纸杂志等快速放置在功能位置，方便使用者使用。如图4-69所示包袋侧部水瓶（杯）卡袋，方便使用者插入水瓶（杯），功能性明显。

图4-67　动物型立体贴袋

图4-68　文件收纳功能性贴袋

图4-69　包袋侧部水瓶（杯）卡袋

（二）箱包内部空间的塑造

图4-70 包袋的内部空间

箱包内部空间的塑造包括：衬里与内袋，隔扇与隔扇袋等设计。箱包衬里的作用：遮盖里面，美观；避免放入包内的物品划破包面；保护包内物品；提高造型的可塑性；为了使用更方便，装入的物品取放更容易，如图4-70所示。

1. 拉链内袋和杂物袋

几乎所有的包袋都会做两个以上内袋，其中有一个是拉链内袋，可放贵重物品，另一个是贴袋，放一些随身小物，内袋和里布的色彩一般与包的颜色一致或相近，也可按设计要求配色。公事包类在内侧都会加入装笔、钥匙挂圈及皮夹的设计；运动包和旅行包内袋比较少，通常只有拉链袋和杂物袋，中间是较大的主包袋空间；而双肩背内袋比较复杂，有拉链袋、数码袋、笔插、手机袋等，要兼顾盛装物品和娱乐休闲双重功能。相关内容参照第三章的相关内容进行设计，这里不再赘述。

2. 隔扇与隔扇袋

在包袋内部用隔扇将包的内部空间由一个分割成两个或多个，利于包内物品的管理。在隔扇上通过拉链再形成一个内置袋，称为隔扇袋，可将包内容积再次分割出新的空间。可以参照第三章的相关内容进行设计，这里不再赘述。

三、造型设计中色彩的作用

视觉是通过人的视觉器官来感知客观事物在某一特定时空的最初级的认识活动，而视觉与对象物之间相互影响、相互作用，达到某种统一才能形成视觉感知。通常，视觉是一种主动而积极的生理活动，包括被对象吸引而转动头部，睁大眼睛，集中视觉注意力而后仔细观察。人的视觉并非被动地完全屈从于外部物象的强烈刺激力，主动占有更大的部分；视觉也是一种高度选择性的心理判断活动，不仅能够对那些吸引他的事物进行选择，而且能对看到的任何一种事物进行选择和评判。

图4-71 各色包袋组合

在人体的视觉与判断过程中，视觉感知到的物体形状、色彩、空间、运动等形象因素越多越鲜明，对象形象概念的积淀越丰富。如图4-71所示的各色包袋，其中，高明度的黄色、橙色和蓝色包袋一般是最先被人看到的，然后才是中、低明度色包袋。因此，在群体中要想引人注目，需要赋予该物体高明度色。这是赋色的基本原则。

如图4-72所示中的包袋，由于配色的橙色与包袋体主色绿色之间形成比较强烈的对比，使得包袋的造型轮廓、前扇面上的贴袋轮廓等非常清晰明朗。因此，可以说在同一包体上，颜色的搭配可以突出造型的变化，尤其是在不同轮廓的变化上，颜色可以加强造型边缘轮廓的视觉感知度。

图4-72 橙色的轮廓加强效果

从产品销售学上说，产品设计的宗旨是以鲜明的形态来刺激和吸引人们的视觉，唤起消费者的审美体验和审美需求，从而取得心理上的审美共鸣，最终形成购买和消费的欲望并完成销售购买的过程。因此，产品美的形态应该是内在功能化的有效体现，满足人们使用的物质功能为第一属性，艺术审美的渗透力表现为满足人们的心理需求。在箱包造型创作中，设计者一定要把握“宜人性”的特点，使箱包的形态、色彩能满足人们的生理需要和使用需要。从色彩学上讲，光是产生色彩的客观前提，而物质对象的形状仅是不同色彩的交界处和明暗关系转折处的一种抽象概括。因此，任何色彩设计都应当与形态密切结合，色依附于形，形借助于色。

在产品的实际设计过程中，不要一味追求色彩在客观自然条件下色相、色调、亮度、纯度的微妙层次变化，设计时色彩的层次梯度越少越单纯，越具装饰性。色彩是箱包造型设计及结构设计中最主要的表现因素之一，常常体现为箱包的各个体面以及各种分割所形成的不同形态的色面。装饰色彩线在箱包设计中常常体现为轮廓线、分割线、明缉线、装饰线、皱线、包带等。作为一种形象语言媒介，形状比色彩简单有效，但是运用色彩得到的情绪感受不可能通过形状得到，那种微妙细腻的情感是不可言状的。

第三节　造型设计的规律

在产品的造型设计中，必须注意形式审美性、抽象几何化、图案化等形式元素的应用。在造型艺术中，对称是较为低级简单的多样统一，和谐才是高级复杂元素的多样统一。造型设计的规律包括：对称、均衡、对比、调和、比例、夸张、节奏、韵律、秩序等形式特征。

一、造型的基本规律

1. 对称与均衡

到目前为止，由于对称造型具有严肃、大方、稳定、理性的设计特点，所以对称仍然是箱包造型中使用最为广泛的造型形式。

（1）对称

箱包的对称造型最重要的体现是在包体的外形塑造上，其次是包面装饰结构和包盖形状的对称。在实际设计中，常用的对称形式有左右对称、局部对称、轴对称、前后对称等，其中尤以左右对称形式最为多见。对称形式虽然在视觉上显得有些缺少变化，但由于它常常是陪伴在有自由曲线状态的人体身边，通过与人体的对比反而衬托出一种特别的端庄大方感，如图4-73所示。

（2）均衡

均衡指通过调整形状、空间和体积大小等，取得整体视觉上量感的平衡。对称与均衡是从形和量方面给人平衡的视觉感受。对称是形、量相同的组合，统一性较强，具有端庄、严肃、平稳、安静的感觉，不足之处是缺少变化。而均衡是对称的变化形式，是一种打破对称的平衡。这种变化或突破，要根据力的重心，将形与量加以重新调配，在保持平衡的基础上，求得局部变化。

在箱包的造型设计中，均衡也是一种常用的设计手法，均衡而不对称的设计往往能够取得意想不到的时尚效果。如图4-74所示，包袋左前是深色条块，中间以米白色为主，其上设计字母，有一定留白处理；右部中间有一只小老虎睁着大大的眼睛，神态呆萌可爱，图案下部是深绿色草坪，色彩层次分明，图案画面与前扇面处理获得了均衡的造型效果。

图4-73 对称

图4-74 均衡

图4-75 直线的疏密分割对比

图4-76 分割线的曲直结合对比

图4-77 色彩的对比与和谐

图4-78 对比与和谐

2. 对比与和谐

造型对比能有效地增强对视觉的刺激效果，给人以醒目、肯定、强烈的视觉印象。打破单调的统一格局，求得多样变化。箱包造型中的差异对比表现在以下几个方面：平面结构分割的疏密粗细，装饰构件的聚散顺逆和大小多少，面料色彩配置的明暗、柔和程度以及整体外形长短宽窄、转折与边缘线的刚柔曲直开合形式等，如图4-75和图4-76所示。

箱包造型中的差异对比表现在：①面料色泽的明暗浓淡、色彩搭配的黑白冷暖；②结构分割的疏密粗细；③装饰构件的聚散顺逆和大小多少；④整体外形长短宽窄、转折与边缘线的刚柔曲直开合形式等。

如图4-77所示，即是一个通过包面分割与色彩配合，形成色彩和谐效果的例子。如图4-78所示黑与白的色彩对比，黑色面料的硬与白色面料的软，黑色的规则造型与白色的褶皱外展造型等方面都形成了鲜明的对比，同时又取得了和谐的设计效果。

3. 节奏与韵律

节奏与韵律是一种形式美感和情感体验的重要表现，它存在于形式的多样变化之中，也存在于和谐统一之中。

（1）节奏

节奏是一定的运动式样在短暂的时间间隔里周期性地交替重复出现。它不仅是指某一时间片断的持续反复，也是一种既有开头又有结尾的相继变化过程。例如连续的线，断续的线，黑白的间隔，特定形状与色彩重复出现就能形成节奏感。形状、色彩、空间虽是静止的，但视线随点、线、面、体、形状和色彩的排列与组合结构巡视的时候，必然产生视网膜组织的生理运动。生理机制上的运动使人感觉到造型形式节奏的存在。如图4-79所示包袋扇面上线型的反复设计，就是一种节奏。

图4-79 线型的重复排列

图4-80 纹样的节奏

如图4-80所示纹样和色彩的重复出现，也是一种节奏，如花布背包、索袋、挎包中经常采用二方连续或四方连续等反复形式。如图4-81所示包面局部色彩与缉线、搭扣、花结、拉链、标签等配饰色彩的反复使用，形成节奏。还有就是当包面由两种以上面料构成时，不同面料间的反复以及包面与里层材料的反复也会形成节奏感，如图4-82所示。

图4-81 局部色彩的节奏

图4-82 不同面料的节奏

另外，从节奏的组成秩序上谈，箱包造型设计中的节奏有三种类型。第一种是渐变型节奏：表现在设计元素呈递增或递减、渐强或渐弱的逐渐变化的延续过程中，富于空间感和运动感。第二种是规则节奏：设计元素呈规则的运动和刻板的重复，一成不变地从头至尾的循环反复，有着严格的延续运行秩序，主观性强。第三种是非规律节奏：设计元素是一种非规则的、既重复而又不雷同的节奏。

（2）韵律

造型艺术中诸矛盾因素的变化统一产生一种节奏的和谐，即韵律。美丑依附于事物的模仿，也决定于材料相互间构成的形式关系。形式关系的美丑又在于形式节奏的对比是否和谐，是否能产生韵律，如图4-83所示。

图4-83 几何纹样形成的韵律

（3）节奏和韵律的关系

总的说来，节奏和韵律都是一种形式审美感觉，是从客观事物的结构和关系中提炼出来的普遍抽象形式。节奏是事物矛盾延续变化秩序的一般形态和基本形态，韵律是事物矛盾延续变化秩序的特殊形态和高级复杂形态。节奏是一般的简单变化秩序，韵律是特殊的复杂变化秩序。一个复杂节奏总是由多个简单节奏组合而成，从而形成具有音乐性韵律的美感节奏。节奏是韵律产生的根源和基础，韵律是节奏变化的产物结果。

4. 比例与夸张

箱包形态结构的变化，多注重形体的结构，以面造型，用边缘线表现结构。

（1）比例

比例是指箱包的整体造型与局部造型以及局部与局部造型之间的数比关系。在造型设计中如果不能掌握合适的比例关系，就会产生不平衡的无序形状和怪异畸形。比例适合是指箱包造型的部分与部分造型、部分与整体造型之间合乎和谐的数理组合关系，这种合适的比例关系会使人产生和谐的视觉秩序感。

（2）夸张

夸张是一种最为强烈的变形形式。夸张的具体手法就是对表现有关本质和特点的部分加以特别强调。造型上的夸张，要鲜明有力地突出箱包外形的造型特征。把握使用功能，根据创作的特定需要，对于物体的形状、色彩以及空间关系按理想进行夸张造型。变形与夸张形象尽管千变万化，但万变不离其宗：一是不失箱包的基本功能特征；二是将设计风格体现在形状上。

图4-84 提手造型的夸张设计

从艺术审美学和造型艺术形式而言，夸张变形大体可分为三种类型：一是基于形体结构的夸张变形；二是基于审美情感的夸张变形；三是基于几何形态的夸张变形。箱包的夸张变化围绕着这三种形式进行变化，变化的目的是为了丰富箱包的造型艺术美感、生动趣味性和视觉美感。如图4-84所示，图中包袋红色心形提手尺寸夸张，为亮面漆皮，造型十分醒目。

二、艺术造型的心理与表现

箱包造型设计的实用性和审美性的表现程度是不一样的，在不同外观造型中，其实用性和审美性的侧重面是有差别的。在某些箱包产品的设计中，实用性占主导地位，审美性占第二位，如日常生活用包、公事包等；在一些特定场合与高级礼服相搭配的手包装饰设计中，其审美性占第一位，实用性则居第二位。如果过分的追求其个人性风格和艺术品位，使箱包的造型显得不伦不类，则会导致设计的失败。

1. 形状对视觉心理的影响

形状是箱包最为基础的设计形式。而物体的形状都是通过形状的组成要素来产生变化的。因此，设计师要把握形状对人心理的影响来赋予更为适合的产品形状设计。

（1）平直与倾斜的形状

垂直与平行的造型易产生平衡、静止的感觉，赋予产品稳定、庄重、挺拔的性格。而造型为斜和倾斜的物形可构成强烈的运动感。因此，在造型中有意创造的不规则位置可引起强烈的心理动感。

（2）圆形和弧线的形状

带有圆形和弧线造型的箱包，由于曲线的变化强度使人产生一定的视觉舒适感。自由曲线以其活泼流畅的造型能增强视觉运动的快感，波浪线比曲线更为动人，它是一种富于节奏感的造型，有强烈的运动张力感。如图4-85所示包袋就是直线和弧线组合的设计。单从直线与弧线的对比上，就可以产生许多的视觉变化和设计组合。

图4-85 直线和弧线组合

2. 视觉平衡具整体性和综合性

视觉平衡是一种人体对物象感受的综合性结论，通过对物象的表象进行观察最终得出结论。视觉的平衡表现在：形状的大小、粗细、聚散、疏密；色彩的明暗、冷暖、浓淡；空间的虚实、开合、远近、立卧；方向的正斜、内外、上下、左右等因素，一起参加综合平衡。

图4-86　视觉平衡

从艺术原理上讲，造型艺术的平衡法则是根据被色彩表现的物体在空间所占的地位及物体的各种不同的特性，在造型上求得不同分量的形体、色彩、结构等诸因素在视觉上的平衡统一。如图4-86所示，包面皮块的大小分割，色块的排列与色彩的对比，以及包盖小蜜蜂图案的大小、色彩与排列等在一起，形成整体的和谐感。

对于视觉的平衡与否，针对人眼的视觉生理和视觉习惯，可以从以下几个方面来给予考察和设计：

首先，在箱包设计中，平衡可以分成两大类型：一类为对称式平衡，另一类为变化式平衡。对称式平衡的特点是：规则均等，安静稳定，张力含蓄。它是平衡法则中一种完美的特殊形态，对称式平衡简称对称。变化式平衡是平衡的一般形态，特点是中轴线两侧或轴心点周围的形体不必等同，但心理张力要相当，它比对称富于变化，比较自由，也可以说是对称的变体。

对称式平衡法则是将两个以上相同、相似的事物加以对偶性的排列。主观性较强，变化少，单调呆板。对称式平衡分为中轴对称和辐射对称两种类型。中轴对称又称轴对称和镜面对称，以一直线为中轴线，在中轴线的两边组织成严格的对偶性等同形象，如同镜面反映。辐射对称又称旋转对称，它以中心线或者中心点为轴线或轴心，向周围呈均匀的放射形等同分布。

变化式平衡可分为形状均衡、色彩均衡、动势均衡、物性均衡、比例均衡五类。形状均衡：将两种以上事物形状的差异因素加以比较对照。色彩均衡：其表现与形状是离不开的，而色彩本身的空间面积、冷暖色相、明暗亮度、灰鲜纯度、深浅浓淡等因素具有独立的对比性质，在对比中见和谐，多样中见统一。动势均衡：动势就是表现物体运动态势之走向。动势能增加重力，造型艺术的“取势”就是运用“动势重力”来调节作品的重力平衡。一件不平衡的构图，看上去是偶然而短暂的，它的组成成分显示出一种极力想改变自己所处的位置或形状以便达到一种更加适合于整体结构状态的趋势，适宜表现突出个性化的造型设计。

图4-87　空间视觉平衡

其次，在空间位置的设计上，处于物体下部的形状要比上部的形状安排得大一些，重一些，才能避免头重脚轻的缺陷，以保持上下部分设计量的视觉平衡，如图4-87所示。

最后，通常人们的视觉习惯一般是从左向右依次扫描，容易将目光落在右下的最后位置上，所以位于右侧的造型感觉比左边的要清楚些，出现在右侧的形状总是显得鲜明而突出，而鲜明突出的形状总是感觉分量重些。同理，有些同样大小的形状放置在产品的右边比放置在左边位置的感觉要重一些。

第四节　系列设计概念与设计举例

产品的系列设计款式在人们的视觉感受和心理感应上所形成的审美震撼力，是单款式所无法比拟的。运用造型要素的系列设计，在箱包的造型设计上，对于款式、色彩、面料三种要素进行多种形式、多种角度的艺术处理，使其形成了多种的系列箱包设计。通常，箱包的系列设计数量在3～10款。

箱包系列设计要素可以归结为以下几个：

（1）款式造型要素

款式结构中的长短、松紧、大小、疏密、正反等是系列箱包设计中最基本的构成要素，这些要素与设计的形式法则相结合，便会产生造型各异的系列风格。

如图4-88所示系列设计是一个三款系列，采用同色彩、同面料，单一在款式上进行变化作为系列变化的主要元素。首先，背提方式不同，例如斜跨、单背、双肩背的不同；其次，通过包体长方形、梯形的不同完成造型的变化，再有就是开关方式的不同，例如拉链式、包盖式和半敞口式开关方式的不同，种种款式上的不同变化来实现款式的系列化设计。

图4-88　款式造型要素的变化

（2）色彩要素

运用色彩的纯度、明度、冷暖、层次、呼应、穿插等表现手法，使系列箱包的色彩配置既整体统一，又富于变化。在限定的几种颜色中，选择其中一种或两种主体颜色，在箱包的适当位置进行穿插搭配，还可以在对应的部位进行色彩的阴阳置换。

（3）面料要素

利用面料质感的对比或组合效应进行系列箱包设计，常常以一种面料为主，可使其与同质感的素色面料进行搭配。

（4）款式、色彩、面料的综合要素

在系列箱包的造型上，常常对其款式、色彩、面料3种要素进行综合运用和艺术处理。

如图4-89所示是一个五款系列设计，是两种材料的搭配设计。首先，在造型上从方形、梯形、方圆形有变化；其次，在材料的拼配和分割上变化较多，通过包扇面两种材料的组合拼接位置的改变到包盖形状、面料拼配都巧妙变化；再次，包袋的开关方式也设计了拉链、包盖等的不同；最后，包袋的背带虽然都采用细金属链为主体，但包带中部的设计还是有面料设计上的变化等。体现了色彩、面料、款式的综合变化。

图4-89　五款系列设计

如图4-90所示的三款系列设计，在款式方面，首先是背提方式的变化，有单肩背、背提两用和双肩背的变化；其次是结构上不同，一个是前后扇面加堵头结构，一个是前后扇面加下部墙子结构，一个是前后扇面加包底结构；最后就是两种不同材质、不同颜色的材料变化。由此，形成系列设计。

总之，在进行箱包系列设计时，如果箱包的款式相似，可以在色彩配置上设计变化；如果箱包的色彩相近，可以通过变换面料的肌理等来变化；如果箱包的面料同质，可以考虑在款式或色彩上进行转换和呼应等。

图4-90　三款系列设计

第五章

箱包色彩设计与色彩美

色彩在箱包设计中具有十分重要的位置，它与造型、纹样、材料、工艺一样，是箱包设计的主要内容之一。色彩是视觉的第一印象，常常具有先声夺人的力量。在对箱包产品的最初注意力上，色彩的作用远远大于形态和材质。色彩在箱包的设计、审美及营销过程中发挥着巨大的作用。因此，对色彩的设计和把握是箱包设计师所必须具有的能力。

在同款不同色的包袋中，色彩的色相与明度和关注度之间关系密切。如图5-1所示的同款式包袋设计，白色、红色、粉色最先被瞩目，而黑色、咖啡色容易被忽略，说明明亮色容易引起视觉的兴奋。对于同款或类似款，配色的边界效果十分明显。如图5-2和图5-3所示的设计，前扇面是相似的仿人脸拼接，但图5-2中所示黑白的配合显得更加清晰可见，说明在色彩设计中可以通过配色使设计意图更加凸显和明朗化。

图5-1 同款异色包袋设计

图5-2 黑白配色设计

图5-3 纯色拼接设计

第一节　色彩及其视觉心理

本章介绍了箱包设计中有关色彩的基本概念，这些概念对于色彩的设计十分重要，是灵活运用色彩的前提。

一、色彩基本知识

1. 光谱色与标准色

太阳光和所有的灯光都是由各种波长的色光组成的，这些光依次排列，形成所谓的“光谱”系列。太阳光谱色由红、橙、黄、绿、青、蓝、紫七色组成，也有观点认为是由红、橙、黄、绿、蓝、紫六色组成。标准色是指用颜料配置出和色光标准色相一致的6种色，定为颜色的标准色，如图5-4所示。

图5-4　光谱色与标准色

2. 原色、间色、复色

（1）原色

原色是指不能再被分解的基本色。原色只有三种，色光原色为红色、绿色、蓝色，相加得白色光，而颜料的三原色为品红色、黄色、青色，相加得黑浊色，如图5-5所示。

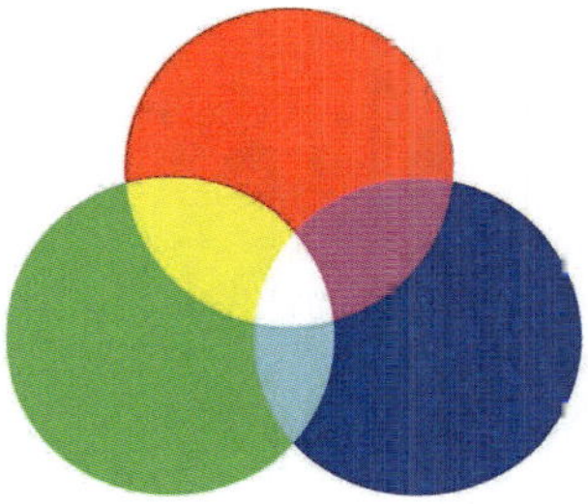

图5-5　色光三原色等量混合

（2）间色

两种原色混合成为间色。颜料三间色为橙色、绿色、紫色，也称第二色。色光三间色恰好是颜料的三原色，如图5-6所示。

（3）复色

颜料的两个间色或一种原色和其对应的间色（红与绿、黄与紫、蓝与橙）相混合得到复色，也称第三次色。复色含有所有原色成分，但由于各原色间的比例不同，从而形成了不同的红灰、黄灰、绿灰等灰色调。色光中没有复色和灰调色，如图5-6所示。

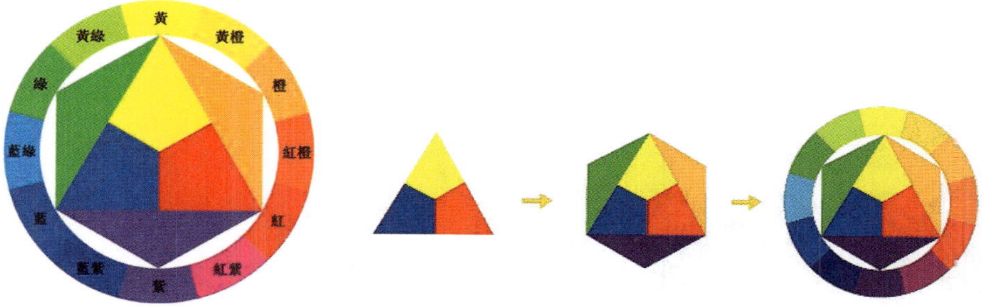

（a）原色、间色与复色　　（b）间色与复色的形成过程

图5-6　原色、间色与复色的关系

3. 色相、明度、纯度

色相、明度和纯度是构成各种色彩关系的主要因素，因此色彩学上称它们为色彩的三要素，如图5-7所示。

（a）不同颜色的明度变化

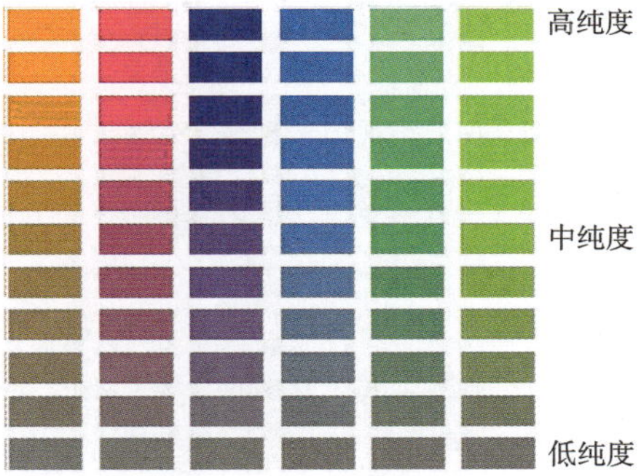

（b）不同颜色的纯度变化

图5-7　色相、明度和纯度

（1）色相

即每种色彩的相貌名称，是一种色彩区别于其他色彩的主要特征。如红色、橙色、黄色、绿色、蓝色、紫色等，每个字都代表一类具体的色相。

（2）明度

色彩的明暗程度称作明度，也可称作深浅度或黑白度。明度是全部色彩都具有的属性。色相环中，从黄色到紫色，呈现出由高到低的明度变化，无色彩白颜料是最明色，其他色彩混入白色，可提高明度，黑颜料明度最低，其他色彩混入黑色，可降低明度。

（3）纯度

纯度指各种色彩中包含的单种标准色的多少。纯度只存在于颜料的复色之中，一种复色中所含的某一种标准色成分越多，其纯度就越高，色感也就越强。

4. 色相环、色立体

（1）色相环

将太阳光谱色首尾相连形成的环行图表，称为色相环。它表示着色相序列及各色之间的关系与规律，是进行色彩原理研究和配色实践时的有力工具。常用的有6色、12色、24色色相环等，如图5-8所示为孟塞尔40色色相环。

图5-8　孟塞尔40色色相环

（2）色立体

色立体是以三维形式表示色彩三要素变化规律的色标模型，它的横剖面表示相同明度的纯度变化，纵剖面表示补色间的不同明度和纯度变化。最具代表性的色立体有奥斯特瓦尔德色立体、孟塞尔色立体、日本色研色表体系（P、C、C、S）等。色立体提供了成百上千块秩序排列的色彩标样，形象地表明了三要素的相互关系，有助于色彩规律的理解和应用，并使用色视域拓宽，同时也极大地满足了现代化工业的需要，如图5-9所示。

图5-9　孟塞尔色立体

5. 有彩色与无彩色

（1）有彩色

带有某一种标准色倾向的色称为有彩色。有彩色包括三原色和所有的间色以及复色。

（2）无彩色

黑、白两色和由这两种色调出的灰色，没有色彩和冷暖倾向，称为无彩色，如图5-10所示。

（a）无彩色　　（b）无彩色配色包袋

图5-10　无彩色及其在包袋上的应用

6. 同类色、类似色、对比色、互补色

（1）同类色

色相相同而明度不同或以某一种色相为主，又分别包含少量其他色的各种色，称为同类色。

（2）类似色

色相环中90°以内的颜色称为类似色，如图5-11所示橙色与黄色、黄色与绿色之间的关系。

（3）对比色

色相环中90°～180°的颜色称为对比色。如图5-12所示橙色与绿色、蓝色与黄色之间的关系。

（4）互补色

色相环中180°角所对的两色称为互补色，如红色与绿色、黄色与紫色、蓝色与橙色等。

同类色、类似色、对比色、互补色的关系如图5-13所示。

图5-11　类似色与对比色

图5-12　对比色

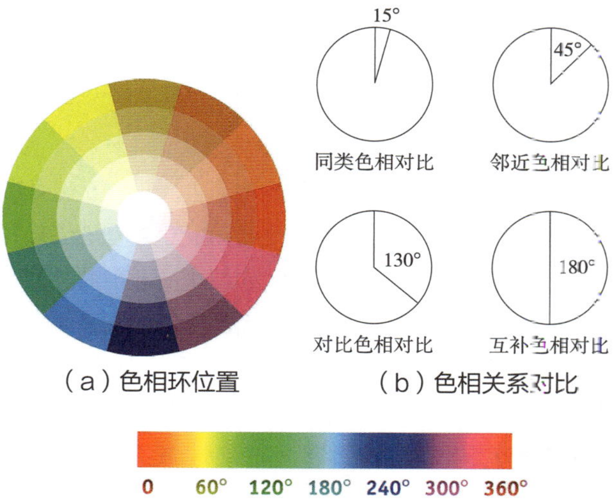

（a）色相环位置　　（b）色相关系对比

（c）色相环位置展平

图5-13　同类色、类似色、对比色、互补色的关系

7. 色调、色性

（1）色调

色调指一定范围内几种色彩所形成的总的色彩效果。色调是色相、明度、纯度、色性、面积等因素共同造成的。其中，某种因素起主导作用，就可以称为某种色调。如明度因素起主导作用的亮色调、暗色调；色相因素起主导作用的黄色调、紫色调、红灰色调等，如图5-14所示为黄色调和蓝色调。

（a）黄色调　　（b）蓝色调

图5-14　色调

（2）色性

色彩的冷暖倾向称为色性，示例如图5-15所示。由于人的生理感觉和心理联想，不同的色彩会被联想到相对应的事物而产生不同的心理感觉，如红、橙、黄等色类常使人联想到太阳、火焰等，因而具有温暖的感觉，被称为暖色；青、蓝色类则会使人联想起海洋、蓝天、冰雹等，因而具有凉爽的感觉，被称为冷色；绿、紫等色类兼具冷暖感觉，被称为中性色。

（a）冷色　　（b）暖色　　（c）中性色

图5-15　色性示例

二、色彩的视觉心理

色彩能够表达出强烈的情感倾向，通过作用于人的眼睛，在不知不觉中引起人们的情绪、精神及行为等一系列的心理和生理反应，这个过程就是色彩的视觉心理过程。在箱包设计中，人们对箱包产品色彩的各种情感表现就是随着色彩心理过程的产生而形成的。

1. 色彩种类及其心理效应

（1）红色

红色的波长最长，饱和度最大时具有强烈的刺激性，饱含热情、力量和冲动，给人活泼、生动和神秘的感觉，象征希望、幸福、恐怖和生命。暗红色沉重而朴素；亮粉红色个性柔和，具有健康、梦幻、幸福、羞涩的感觉，是女性的色彩；红色趋黄，则色感近似朱红，明度增高，热气较盛；红色趋紫，则明度降低，性格变得冷静、柔和，但若使用不当，会产生悲哀、恐怖的感觉。红色系包袋设计如图5-16所示。

（2）橙色

橙色明度比红色高，具有兴奋、活泼、华丽、光辉的视觉特点。橙色淡化，其生动感顿

（a）红色　（b）暗红色　（c）粉红色　（d）西瓜红色

图5-16　红色

（a）橙色　（b）赭色　（c）橙色加黑色配色　（d）橙色加蓝色配色

图5-17　橙色

失；橙色中加入白色，会变得苍白无力；橙色中加入黑色，变成模糊、干瘪的褐色；与蓝色对比时，橙色显得更加灿烂辉煌；与无彩色组合时，配色效果调和而又摩登，如图5-17所示。

（3）黄色

黄色明度很高，色性暖，具有光明、高贵、豪华、轻薄等视觉特点。黄色易受到别的色相左右，在白底上的黄色暗淡无光；在浅粉红色底上，黄色表现出强烈的光感；在红紫色底上，黄色变得暗弱无力；在黑色底上，黄色最为明亮。黄色与其他色混合会很快失去自己的特性，加入少量黑色，黄色会很快表现出绿色的性格特征，如图5-18所示。

（a）黄色　（b）黄色加白色配色　（c）黄色加黑色配色

图5-18　黄色

（4）绿色

绿色是人的视觉最适应的颜色，是一种性格温顺、饱满的颜色。绿色的表现意义是丰硕、肥沃、充实、和平、宁静、希望等。绿色变化性很大，转调的领域非常宽，当明亮的绿色被灰色暗化时，会产生悲伤、衰退之感；如果绿色趋于黄色，会表现出清新、幼稚、朝气与青春；趋于蓝色，则显得端庄、冷峻并富有生命力；中等明度的绿色显得成熟；暗绿色则显得老练。绿色的表现力含有广泛的适应性，通过各种对比可取得许多不同的表现效果，如图5-19所示。

（a）浅绿色　（b）中绿色　（c）黄绿色

图5-19　绿色

（5）蓝色

蓝色具有较强的空间性特征，表现意义为：沉静、理智、宽容、博爱、透明、冷淡、消极、阴影感等。明亮的蓝色使人联想到天空、海洋；灰暗的蓝色则使人感到迷信、恐惧、痛苦和毁灭；黑色底上的蓝色明快而纯正；淡粉红色底上的蓝色畏缩而空虚；暗褐色底上的蓝色生动而强烈；红底上的蓝色更加明亮，如图5-20所示。

（6）紫色

紫色具有神秘、高贵、优雅、不安、病弱、孤独感。明亮的淡紫色具有典雅、甜美、轻盈、飘逸的女性感；较暗的紫色象征迷信、不幸、消极、混乱、死亡；红紫色显得温和、明亮、积极、富有梦想；蓝紫色具有孤独、清高、真诚的爱等意义，如图5-21所示。

（7）白色

白色属于无彩色系，在整个色彩体系中，白色明度最高，是一种极端色。白色高洁而又内在，在箱包上巧妙地运用白色，可产生纯洁、高贵、神圣、整洁、高尚等视觉特点。白色有着很强的视觉冲击力，弱点是受环境色影响较大，如图5-22所示。

（a）浅蓝色　（b）中蓝色　（c）宝石蓝色

图5-20　蓝色

（a）浅紫色　（b）紫色加白色　（c）紫色加蓝色

图5-21　紫色

图5-22　白色

（8）黑色

黑色与白色相对，居于整个色彩体系的另一端，明度最低，也是一个极端色。黑色在视觉上是一种非常消极的色彩，常使人想到黑暗、黑夜、寂寞、神秘、悲哀、沉默、恐怖、罪恶、消亡。但这种消极性也会由于不同的对比效果而发生转化，与黑色相配的颜色都会由它而倍感赏心悦目。黑色又具有稳定、深沉的感觉，是箱包设计中应用最广的色彩。黑色非常具有表现力，箱包设计中巧妙运用黑色可表现出高雅、优越、理性、神秘、庄重的视觉效果，如图5-23所示。

图5-23　黑色

（9）灰色

中性灰是一种全色相色，由黑、白色混合而成。其视认性、注目性依灰色的深浅而变化，明亮的浅灰色视认度高，越往黑靠近，视认度越低。浅灰色给人感觉平和、温文尔雅。深灰色具有冷漠、孤独感，如图5-24所示。有彩色灰是指由多种颜色（主要是补色）合成的颜色，具有复杂、不明朗的性格特征，给人平稳、内在、深沉、含蓄的感受，体现成熟的魅力。

（10）金色和银色

金色是最辉煌的光泽色，是权力和财富的象征，银色也具有这种特性。金、银色在表现中具有非常醒目的装饰感，当多种颜色配置不协调时，通过金、银色线和色块的穿插利用，会使整体效果趋于和谐统一，并表现出华丽、辉煌的视觉效果。随着当今科技产品越来越多地使用银灰色，银色的象征也正在发生着变化，银色可以产生一种速度感、科技感和前卫感，如图5-25所示。

（a）浅灰色

（b）灰色

（c）灰色的配色

图5-24　灰色

（a）金色、银色

（b）金色的配色

图5-25　金色和银色

2. 色彩的联想

当人们看到色彩时，通常会联想到与这种颜色相关联的其他事物，并产生一系列的观念与情绪变化，这种现象称之为色彩联想。色彩的联想具有多方向的变化性质，与人的个性、生活习惯、心理条件、地域、民族、年龄、性别、经济条件、文化素质等方面有着密切的联系，并紧随时代而变化。同一种色彩往往具有许多不同的联想结果，进行色彩设计时，必须要有意识地给予明确表达，这就要求设计师对一般共同性联想方式及结果有所认识。

色彩的联想从形式上可分为具体联想和抽象联想两大类。

（1）具体联想

由看到的色彩联想到具体的事物，称之为具体联想，也叫具象联想。如看到白色，联想到白雪、白云、白砂糖、白纸等；看到红色，联想到红太阳、红苹果、红旗、血液等具体事物，如图5-26所示。

（a）绿色的具体联想

（b）白色和蓝色的具体联想

（c）红色的具体联想

图5-26　具体联想

（2）抽象联想

由看到的色彩联想到某种抽象的概念，称为抽象联想。如看到白色，联想到清洁、纯洁、神秘、神圣；看到黑色联想到阴沉、冷淡、悲哀、绝望等抽象概念。

总之，色彩的具体联想与抽象联想构成了极为复杂的色彩心理活动，二者有时是交叉、混合、难以区分的，设计时应灵活运用色彩联想的魅力来加强箱包的个性和情感作用。

第二节　色彩的设计构思

箱包色彩的构思，是设计者在设计前的思考和酝酿过程，是一种融形象思维和逻辑思维为一体的创造性的思维活动。这种创造性思维具有独立性、连续性、多面性、跨越性及综合性等特征。构思过程应包括宏观整体设计的思考和微观具体设计上的构思。前者如使用者的生理情况、心理情况、使用时间、使用场合及社会环境等，后者如材料、质地、图案、色彩等。设计师通过宏观、微观上的思考，确定设计意向，进而展开具体的设计活动。

一、色彩构思的方法

通常，箱包色彩构思有以下三种方法。

1. 以色彩为主，造型衬托

这种方法主要用于强调色彩配置、色彩特性，表达设计师对流行色彩的把握和运用。通常以当季流行色为主，造型时尚相对弱化，如图5-27所示。

（a）黄色双肩背包　（b）多彩爬行动物纹　（c）粉色小包

图5-27　以色为主的构思

2. 以造型为主，色彩补充

这种方法主要用于强调箱包造型款式，突出造型的特点和流行，并不十分强调色彩的绝对时尚化。设计时要求设计师对于造型的敏感度高，能够掌握并灵活运用流行色彩，如图5-28所示。如图5-28（a）所示前扇面中部拼接一个凸出的大圆弧形设计，造型新颖时尚，如图5-28（b）所示前扇面上部一个黄色圆形造型，十分突出醒目，使造型显得有些怪诞，但是抓住了时尚的脉搏；如图5-28（c）所示的包袋则不同，运用动物头部造型特征，经过一定的变形，形成时尚新颖的设计，外观可爱呆萌，再配上清新的色彩，很受时尚少女的喜爱。

3. 造型与色彩并重

这种方法要求设计师从造型和色彩两方面综合考虑，确定设计意图，突出箱包的整体美，是设计师普遍采用的色彩构思方案，如图5-29所示。在设计中既考虑到造型的流行时尚和个性化，如图5-29（a）所示的人字顶房屋造型与图5-29（c）所示的乡间竹篮造型，同时又考虑到当季流行色彩的影响，采用棕色、咖色等自然质朴的配色、大红与白色和蓝色的冲撞配色以及浅绿色花结提手与包身深绿花色的清新田园配色，时尚感扑面而来。

（a）前扇面凸出圆弧造型　（b）前扇面黄色圆形造型　（c）动物头部造型

图5-28　以造型为主的构思

（a）房屋造型包　（b）几何造型包　（c）竹篮造型包

图5-29　型色并重的构思

二、色彩构思的灵感启发

设计灵感是创作过程的一种特殊心理状态，具有偶发性、突出性和短暂性三个特征，是在注意力高度集中于设计创造的情况下产生的。设计师头脑中长期积累的知识是产生灵感的基础。箱包色彩的构思通常离不开灵感启示，任何事物现象都可能成为箱包色彩构思的灵感源泉。

1. 使用对象的启发

由于使用对象存在着生理、心理以及所处的消费阶层、文化素养等方面的不同，必然使设计构思产生与其个性相适应的配色计划，针对某一消费者或消费群进行色彩思考和选择，使箱包色彩与使用者的心理、生理和谐统一，如图5-30至图5-32所示。

儿童书包一定要考虑儿童的色彩心理，选用鲜艳的色彩作为主色，其上装饰有卡通等图案，表现儿童活泼可爱的性格，男童和女童在色彩上是有区别的，通常男童为蓝色和绿色，女童为粉色、红色和黄色如图5-30所示。

如图5-31所示的双肩背包是为20岁左右的年轻人设计的，选用的色彩或自然或活泼，但纯度、明度降低，符合青年人对色彩的审美要求；如图5-32所示的包袋色彩以雅致大方为基调，选取当季流行色彩，配以永恒不变的黑白灰，形成优雅时尚的外观形象，符合青年女性的品味要求。

2. 社会色彩信息的启发

色彩的社会信息及流行色，是一种社会中的色彩消费现象，往往表现为一定时期内出现一种或数种为某一集团阶层多数人接受和使用的色彩。色彩社会信息的传播渠道通常有网络、报

（a）幼童书包　（b）女童书包　（c）男童书包

图5-30　儿童书包

图5-31　青年用双肩包

图5-32　女时尚包袋

刊、会展、商业活动等，通过准确及时的社会信息，可以分析和了解人们的色彩、消费意识及审美需求，由此得到符合市场消费需求的流行色彩，指导箱包色彩设计的构思，使设计的产品适销对路，满足不同消费层次的要求。如图5-33所示的蜜桃粉色，是近年来青年女性十分喜爱的颜色，具备明显的女性味道，且又不失优雅风格；如图5-34所示的白色手提包，配衬黑色提手，一直处于时尚的前沿。

3. 自然色彩的启发

自然界有着非常丰富美妙的色彩，设计师可以通过细致观察各种自然景物的色彩现象与变化规律，寻取大自然中色彩美的形式，积累色彩的形象资料，通过联想和想象，概括和归纳出比较理想的色彩形象，巧妙运用于箱包色彩设计中。此外，设计师还可借助网络、影视、彩色印刷品等色彩图片资料，作为间接的色彩形象资料，丰富色彩的形象思维。如图5-35所示的包袋，树叶的绿色，树干的棕色，花朵的橙色、紫色形成图案的主色调，大自然的气息十分浓烈；如图5-36所示的包袋选用彩虹的七彩色，十分梦幻多彩。

4. 姊妹艺术的启发

各种艺术形式既有其自身的特点，也存在着相互联系和影响，箱包色彩的设计可以学习和借鉴音乐、绘画、建筑、影视、文学等艺术形式的色彩及表现形式，从中西方不同的艺术风格流派中广泛吸收色彩营养，寻找配色美的规律。如由激昂的乐曲联想到鲜明的色调，由忧郁的乐曲联想到阴暗的色调；由文学词汇联想到相应的色彩意境和情调，启发诱导箱包色彩的设计与构思。如图5-37所示的编织设计，选择编织艺术手法，营造了粗犷、凹凸的时尚风格；如图5-38所示的包袋在扇面和包盖上蒙覆一层蕾丝，透过蕾丝隐隐约约可以看到内里的皮革，凸显优雅神秘的淑女气质。

5. 民族文化的启发

世界各民族之间由于所处的地理位置、自然环境、生活方式、宗教信仰、风俗习惯等方面的差异，形成了不同的民族文化。每个民族都有自己的色彩爱好和使用习惯，深入分析这些民族色彩文化现象，对于箱包色彩设计构思具有不可忽视的重要意义。借鉴和吸收民族文化特

图5-33 蜜桃粉色

图5-34 黑白色拼配

图5-35 自然色彩设计的包袋

图5-36 彩虹色包袋

图5-37 编织包袋

图5-38 蕾丝包袋

征，是择其精华，用其精神，可以通过一个民族的绘画、音乐、用具、宗教、服饰等具有本民族特色的素材，借助箱包设计所特有的表现方法，进行独到的创意设计。

如图5-39所示的印第安风情设计，将体现印第安色彩的红色、黑色、旋转图案以及刺身效果，应用在包面的图案设计上，民族气息浓烈；如图5-40所示的包袋，运用中国传统花卉图案，设计包袋的图案，中国传统文化意味浓厚。另外，中国的山水画、传统的年画等色彩和图案，都可运用在包袋的色彩设计上，如图5-41所示。

（a）

（b）

图5-39　印第安风情包袋

图5-40　中国传统花卉图案

（a）山水画

（b）年画

图5-41　中国传统书画艺术

第三节　色彩形式美的构成

一、色彩的比例

比例是形式美的规律之一，是指对象部分与部分、部分与整体之间构成一定的比例关系。箱包色彩的比例关系是随着包面形态分割和色彩配置而产生的，即各色彩的形状、面积、位置等相互关系的比例和比较。常用的比例形式有等差比例、等比比例、黄金分割比例、根号比、宽银幕比等。在箱包色彩形态美的构成中，任何一种比例的采用，本质上都是一定的色彩面积、一定的色彩数量比例和一定的色彩对比调和程度比例，如图5-42所示。

图5-42　色彩的比例

1. 色彩的面积比

色彩的面积比是箱包设计中经常涉及的问题，当色彩形状与对比关系不变，扩大对比色双方的面积，对比效果随之加强，若缩小对比色双方的面积，对比便削弱。扩大对比色一方的面积，便有了主次关系。如图5-43所示的包袋，主色是白色，从色是紫色。当选用两个色相互补的高纯度色彩配置时，双方的面积比若设为1：1，会使对比效果过于强烈，产生不调和感。可以使其中一色的面积占优势，另一色居于从属地位，从而缓和对比度，产生和谐美感。如图5-44所示为白色、黑色和红色的配合。

图5-43　主色与从色设计

2. 色彩的位置

色彩的比例关系还与色彩的位置、聚散程度有一定关系。在色彩关系不变的情况下，两色远离时对比弱，接近时开始增强，切入时较强，当一色进入另一色中心时对比最强。如图5-45所示为黄色与蓝色、黑色与红色、白色与红色的对比。

3. 色彩的形状

当色彩形状集中时，对比效果强烈，分散时对比减弱。色彩形状分散成雾状时，色感较模糊，由于色彩的空间混合，失去原色彩的本色，对比消失了许多，如图5-46所示。

（a）　（b）

图5-44　色彩与面积的协调

（a）　（b）

图5-45　色彩的位置与对比

（a）色彩打散　（b）色彩中空

图5-46　色彩的形状与对比

二、色彩的平衡

色彩的平衡是指由于色彩分割布局的合理性和匀称性，而产生的一种视觉上的平稳安定感。色彩的明暗、冷暖、轻重、色度强弱、色面积大小比例、色彩位置等，都可以造成或影响箱包整体色彩的平衡感。箱包色彩设计中的平衡形式主要包括两种状态。

（1）对称

对称平衡包括上下对称、左右对称、中心对称。色彩的对称具有严谨、大方、理性的特点，但处理不好会产生机械、呆板的视觉感受，如图5-47所示。

图5-47 色彩的对称平衡

图5-48 色彩的均衡

（2）均衡

均衡的配色在箱包设计中表现为等量而不等形，对等而不对称的关系。它是对称的变体，在人们的视觉心理上，往往表现出变化、灵活的感性特征，以使人感到轻松、活泼。配色中，上下呼应、内外呼应都是均衡的外在形式。均衡在静中趋向于动，如果处理不好，易产生松散零乱感。如图5-48所示的手包设计，金黄、白色的人物在图案的一侧，绿色的叶子在另一侧，中间是较大的深绿色背景，但叶子片一侧飞出3只玫粉色的蝴蝶，图案中的动与静、深与浅、大与小之间形成均衡的色彩效果。

三、色彩的节奏

节奏一词源于音乐、诗歌艺术，随着时间流动展开有秩序、有规律的反复和变化。视觉艺术中的绘画、建筑、雕刻及工艺美术设计等艺术形式的节奏美感则是随着空间的扩展延伸而表现的，具有空间的形式和特征。

箱包色彩设计中，通过色相、明度、纯度、形状、位置等方面的变化和反复，产生具有一定规律性、秩序性和方向性的运动感，当视线在其间反复移动时，就会产生节奏感。通过色彩形态的反复所形成的节奏，可引导观者的视线随着箱包色彩、形态变化而上下左右移动，延长瞩目时间，增加箱包色彩在视觉上的丰富感，同时也达到视觉上的平衡、和谐与呼应。

1. 色彩节奏美感的类型

箱包色彩节奏美感产生的类型有以下几种：

（1）包面纹样色彩的反复运用

如花布背包、索袋、挎包中经常采用二方连续或四方连续等反复形式。如图5-49所示包袋的扇面图案节奏；如图5-50所示包盖图案节奏。

图5-49 包面纹样色彩的反复运用

图5-50 包盖色块拼接形成纹样反复

（2）包面局部色彩与配饰色彩的反复使用

如图5-51中所示女包面为白底色花，搭配绿色皮料，提把、堵头、包盖与前扇面上色条的反复使用，形成一种视觉上的节奏美感。如图5-52所示包盖边缘浅咖色与背带中间浅咖色的反复使用。

图5-51 包面局部色彩的反复

图5-52 包盖局部色彩与背带色彩的反复

包面由两种以上不同面料构成时，不同面料间色彩的反复以及包面与里层色彩的反复也会形成节奏感，如图5-53所示。

图5-53 面料间色彩的反复

2. 色彩节奏美感的表现形式

箱包色彩节奏美感的表现形式分为以下3种。

（1）重复节奏

将同一色彩要素进行几次连续反复或将两个以上的色彩要素进行方向、位置、色调、肌理交替变化，在视觉上造成一种动势性的反复节奏，如图5-54所示。

（2）渐变节奏

将色彩三要素和一定的色形状、色面积按照一定的秩序进行等差或等比变化，产生渐强、渐弱的节奏感，具有起伏柔和、优美而流畅的视觉特点，如图5-55所示。

（3）自由性节奏

色的形状、位置、面积以及色彩的色相、明度、纯度等的重复变化，是一种自由性的、无规律性的构成，具有跃动的色彩效果，组织不当则容易引起视觉疲劳，如图5-56所示。

（1）拼格重复

（2）色条重复

图5-54 重复节奏

四、色彩的强调

色彩的强调是指在同一性质的色彩中，适当加上不同性质的色，形成强调的意味。在箱包色彩配置中，通过色彩的强调运用，表现箱包的某个重点部位，增加该部位的注目性，以展示设计特色或商标品牌。为了打破无中心的平淡状态和多中心的杂乱状态，选择某个色加以重点表现，以吸引观者的注意力，形成视觉中心，并起到使整个配色和谐生动的作用。利用色彩的强调，还可以取得色彩之间的相互关联，保证色彩的平衡美感。

图5-55 渐变节奏

图5-56 自由性节奏

强调的色一般应具有以下特点：

①强调的色应该比其他色更为强烈，一般宜选择与整体色调相对比的调和色，以便达到既对立又统一的配色效果。如图5-57（a）所示，图中包袋上粉红色大蝴蝶结十分突出而耀眼。

（a）粉红色大蝴蝶结

（b）精致饰物

图5-57 色彩的强调

②强调的色应为小面积色，因为小面积色更容易增强注目性，形成视觉中心点，但面积过于小，则可能被周围的色同化，从而失去强调的作用。如图5-57（b）所示，图中包袋扇面与包盖固定处的金色和黄色圆形饰物精致而醒目。

③强调色的位置应在箱包的关键部位或视觉中心部位。这是由于人的视觉注意力在一定范围内存在差异性，中心位置的色最为耀目，越往边缘移动，色彩的注目性越差，居于边角位置的色就更不起眼了。

④强调色的数量不要过多，以1～2处为宜，强调数量太多，视觉中心游离分散，将会冲淡整体色彩效果。

五、色彩的呼应

色彩的呼应在箱包配色中表现为某种色彩在箱包上不是一种单独存在，而是在其他部位上存在同一或同类的色彩与之呼应，或者色彩与色彩之间具有相互联系性。箱包色彩的呼应既包括包面多种色彩的呼应，也包括包面与包里、包面与饰件色彩的呼应。通过色彩的呼应形式，延长观者对箱包色彩的注目时间，并诱导视线向不同的方向移动，产生视觉上的丰富感和变化性。呼应色彩的选择、位置的安排和面积的比例都必须服从箱包整体色彩的需要，使箱包配色产生多样统一的美感，如图5-58所示。

图5-58　色彩的呼应

第四节　色彩的调配与流行

一、箱包配色的基本方法

1. 色相配色

（1）单一色相配色

箱包设计中只采用一种颜色，包括单一无彩色设计和单一有彩色设计。通过不同材质、纹理、形状的不同产生色彩上的层次变化而形成配色。这种配色方法又细分为两类：①单一色相，不同材料的配色；②单一色相，不同明度、纯度的配色。

①单一色相，不同材料的配色：主要通过不同材质之间质地、光泽、纹路差异形成色彩视觉上的不同，形成优雅时尚的配色效果。如图5-59（a）所示蓝色的包袋通过蓝色链条的质感和空隙与主包袋面料的差异，形成明暗相间的配色效果；如图5-59（b）所示包袋蕾丝覆盖在同色皮革的表面，形成透叠的效果。

②单一色相，不同明度、纯度的配色：利用同一色彩在明度和纯度上的变化来进行的配色，配色效果温柔雅致，容易获得和谐的色彩效果，如图5-60所示。

（a）皮革与链条　　（b）皮革与蕾丝

图5-59　单一色相不同材料的配色

（a）竖向配色　　（b）横向配色　　（c）分散配色

图5-60　单一色相，不同明度和纯度的配色

（2）邻近色相配色

色相环上30°以内的两个或两个以上颜色进行色彩配置，由于相互间的色相差很小，容易取得统一的配色效果。处理不当则易显得单调、模糊、乏味，应加大各色间的明度差或纯度差，增加变化美感，使视觉效果更加生动，如图5-61所示。

（3）类似色相配色

色相环上30°～60°的两个或两个以上颜色进行色彩配置，由于色相差较小，易取得统一协调之感，视觉效果和谐、雅致、柔美、耐看。运用时应注重变化对比因素，注意色相差、明度差及纯度差的距离，如图5-62所示。

（4）中差色相配色

色相环上60°～120°的两个或两个以上颜色进行色彩配置，对比效果适中，具有鲜明、饱满、活泼、热情等视觉特点。设计中应注意各色面积的主次关系及明度和纯度的适度变化，如图5-63所示。

（5）对比色相配色

色相环上120°～150°的两个或两个以上颜色进行色彩配置，形成较强的色相对比关系，具有饱满、丰厚、强烈、兴奋、明快的视觉特点。由于各色之间鲜明的色彩个性和强烈对比，配置时容易产生不统一感，应增加统一调和的因素，从各色的色量、面积、位置明度、纯度等方面综合考虑，使其在变化对比中统一起来，如图5-64所示。

图5-61　邻近色相配色

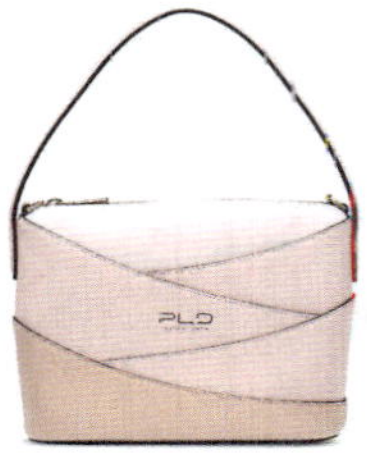

图5-62　类似色相配色

图5-63　中差色相配色

图5-64　对比色相配色

（6）互补色相配色

色相环上180°相对两色的色相配置，形成最强的色相对比关系，具有刺激、饱满、活跃、生动、华丽等视觉特点。采用互补色进行设计时，需要进行调和处理，增加相同或相近的要素，使互补色双方既互相对立，又互相统一，达到最大化的视觉满足，如图5-65所示。

图5-65 互补色相配色

（7）有彩色与无彩色配色

无彩色黑、白、灰与各种有彩色进行色彩配制，极易产生统一调和，通过设置不同的面积比例、明度差距，可形成各种不同视觉效果的和谐美感。使用低纯度色与无彩色配置时，应使各色明度有所差别，以避免产生苍白无力感，如图5-66所示。

（a）无彩色条配色　（b）包体与包盖色块配色　（c）彩色图案配色

图5-66 有彩色与无彩色配色

2. 色彩的明度要素配色

（1）高长调

色组中的主面积色为高明度色，其他颜色的明度与主色相差很大，这样的配色称为高长调。以高长调设计出的箱包具有明亮、轻柔、清晰而强烈的视觉特点。高长调配色使用范围比较宽泛，适合于各种年龄、季节、环境使用的各类箱包。设计时如果用明度较低的色彩作为主面积色，由于要提高明度，使得彩度必然降低，容易造成色彩贫乏，导致画面没有生气。而选用明度较高的色彩作为主面积色，由于保持了相应的彩度，可使配色效果产生明快、开朗、辉煌、灿烂的感觉，如图5-67所示。

（2）高短调

色组中的主面积色为高明度色，其他颜色的明度与主色相差很小，这样的配色称为高短调。以高长调设计出的箱包具有明亮、温柔、优雅、抒情、朦胧、含蓄的视觉特点，如图5-68所示。高短调最受年轻女性喜爱，也是夏季最常使用的配色方式。设计时如果处理不当，也容易造成色彩贫乏，无精打采，缺乏注目性的效果。

图5-67 高长调配色

图5-68 高短调配色

（3）中长调

色组中的主面积色为中明度色，其他颜色的明度与主色相差很大，这样的配色称为中长调。以中长调设计出的箱包具有活泼、兴奋、强烈或含蓄、平静、庄重的视觉特点。中长调明度适中，对比又强，极易产生理想效果，是男性最常用的色调，也是一年四季中最常用的色调，如图5-69所示。

（4）中短调

色组中的主面积色为中明度色，其他颜色的明度与主色相差很小，这样的配色称为中短调。以中短调设计出的箱包具有柔和、含蓄、凝重、朦胧、形象清晰度低等视觉特点。中短调较受中年消费者或者是喜欢自然随意格调的年轻人喜爱，如图5-70所示。

（5）低长调

色组中的主面积色为低明度色，其他颜色的明度与主色相差很大，这样的配色称为低长调。以低长调设计出的箱包具有深沉、庄重、文雅、含蓄等视觉特点。低长调适应于各种年龄段的成年人，夏季一般较少使用，如图5-71所示。

（6）低短调

色组中的主面积色为低明度色，其他颜色的明度与主色相差很小，这样的配色称为低短调。以低短调设计出的箱包具有深沉、寂静、含蓄、忧郁、悲伤等视觉特点。低短调也是一种适应于各年龄段成年人的色调，且不适合夏季使用。采用低短调进行设计时，明度差不宜过小，也要注意彩度变化，否则配色效果将极为沉闷，如图5-72所示。

图5-69 中长调配色

图5-70 中短调配色

图5-71 低长调配色

图5-72 低短调配色

3. 色彩的纯度要素配色

（1）高纯度色彩与高纯度色彩的配色

由于各色纯度都很高，因而配色效果刺激、鲜明而强烈。如果两色为互补色，应注意适当调整面积关系，或采用黑、白、金、银、灰色进行分割，使配色效果趋于和谐。也可在高纯度主色调中点缀一些中纯度或低纯度的色彩，使配色效果活泼、生动，富有变化美感，如图5-73所示。

（2）高纯度色彩与中纯度色彩的配色

这种配色效果具有统一而又有变化的视觉美感。具体运用时应注意色相差及纯度差和面积比例，如图5-74所示。

（3）高纯度色彩与低纯度色彩的配色

这种配色的表现领域较宽，视觉效果或华丽而刺激，或朴素而安静。设计时可根据需要，自由控制各色的面积大小，灵活安排主次色，使配色达到最佳的视觉效果，如图5-75所示。

图5-73 高纯度与高纯度色彩的配色

图5-74 高纯度与中纯度色彩的配色

图5-75 高纯度与低纯度色彩的配色

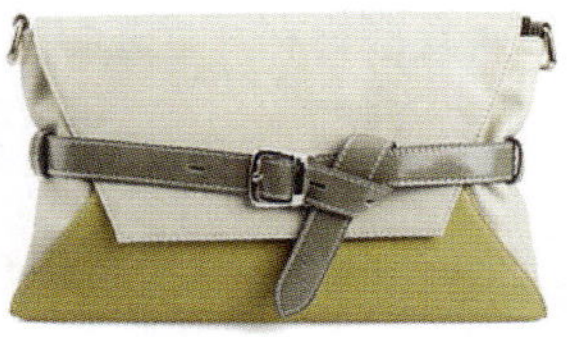

图5-76 中纯度与中纯度色彩的配色

（4）中纯度色彩与中纯度色彩的配色

这种配色效果具有温和感和稳重感，与中年人的性格特点相吻合。配置时应适当注意各色的明度差、色相差和面积比例，静中求动，从而产生较完美的色彩效果，如图5-76所示。

（5）中纯度色彩与低纯度色彩的配色

中纯度色彩与低纯度色彩的配置具有朴素、深沉的视觉效果。设计中若采用低明度冷色作为主色，应增加各色的明暗对比，并扩大各色间的面积差距，使配置后的效果内在而又生动，如图5-77所示。

（6）低纯度色彩与低纯度色彩的配色

低纯色与低纯色的配色效果具有统一、含蓄、朴素、沉静的视觉特点，适合于性格内向的人群。设计时可通过增大明度差，或点缀一些高纯度色彩，使配色效果沉静而活泼，温和而明快，如图5-78所示。

图5-77 中纯度与低纯度色彩的配色

图5-78 低纯度与低纯度色彩的配色

二、流行色与箱包设计

流行色的英文名称为Fashion Colour，释义为时髦的、时兴的色彩，即一定时期和地域内特别受消费者欢迎的几种或几组色彩。流行色现象普遍存在于人类生活的各个领域，并具有极强的时代性、社会性、民族性、季节性、演变性特征。1963年法国、瑞士、日本率先发起成立国际流行色协会，此后许多欧洲和亚洲国家相继加入，我国也成立了流行色研究机构。国际流行色协会通过每年两季的国际流行色预测发布会，向世界各国提供色彩流行信息并积极推动各国的设计、生产与消费。

1. 箱包色彩流行的规律

箱包色彩的流行具有周期性的特征，其变化周期一般包括始发期、上升期、高潮期和消退期四个阶段。箱包流行色周期的长短通常与地域经济发展水平、购买力以及审美要求密切相关，一般以5~7年为一个周期。经济发达的国家和地区流行色的变化周期往往快于欠发达的国家和地区，而一些经济上极度贫困的国家和地区对于服饰产品的亲和力较差，箱包流行色在一定时期内常常没有什么明显的变化。近年来，随着社会经济的飞速发展，生活节奏不断加快，人们对新鲜事物表现出了越来越迫切的要求，箱包色彩的流行周期也随之形成了日渐缩短的趋势，7年周期逐渐缩短至2年，一些高消费地区甚至一年一变。

季节的变化也是影响箱包色彩流行的一个重要因素。箱包产品设计常常随着季节气候的变化而变换材料和色彩，以迎合色彩消费审美心理的时变性，从而获取箱包产品销售的最大市场份额。目前，以季节变化作为人为划分色彩流行周期的方式已得到广泛采用。

箱包色彩的流行一般体现为三种方式：一种是由社会顶流率先采用并逐渐向大众传播，且形成某种程度流行态势的“滴流”式，这种流行方式的实质是基于人们对某个人、某个集团的热爱而产生的模仿行为；第二种方式为“模流”式，由社会某一阶层在某种场合采用，然后逐渐向其他阶层传播并形成流行趋势；第三种流行方式是“潮流”式，发起于普通社会民众，然后逐渐向社会各层传播并形成流行趋势。

2. 箱包流行色的应用

箱包设计中流行色的应用灵活多变，运用时应注意面积比例的适度性，把握好主色调。配色时，大面积主色一般应选用始发色或高潮色，选用花色面料设计箱包时，面料的底色或主花应为流行色。流行色之外的色彩运用一般多以少量的点缀色形式出现，且通常与流行色构成互补关系。另外，无彩色和各种灰色也经常作为辅助色彩频频出现于箱包色彩设计中。

箱包设计中流行色的应用主要有以下几种形式：

（1）单一流行色彩的运用

选择流行色谱中的任意单种色彩进行箱包设计，均能取得令人满意的效果，如图5-79所示。

（a）黄色　　（b）红色

图5-79　单一流行色

（2）同一色相的多种流行色彩的组合运用

配色中由于各色彩具有相同的色相要素，易取得和谐统一的色彩效果，设计时应注意增加明度和纯度的变化层次，使箱包色彩更加生动悦目，如图5-80所示。

图5-80　同一色相的多种流行色彩组合

（3）双色流行色的组合运用

在流行色组中，取其中两个色相组合配色，通过变化各色相的明度关系，使配色效果丰富多彩，如图5-81和图5-82所示。

图5-81　橙绿色组合

图5-82　黄蓝色组合

（4）多种流行色相的组合运用

多种流行色彩组合运用时，一般应以其中的一种色彩作为主色调，其他颜色有选择地穿插应用，形成不同程度的对比效果。选择多种颜色进行色彩配制时，各色的面积比例及形象位置应妥善安排，如图5-83和图5-84所示。

图5-83　不同色块的多色组合

图5-84　多色图案的流行色彩组合

（5）流行色与非流行色的组合应用

在这种配色方法中，流行色作为主调色，非流行色通常以小面积点缀色的形式出现，可以选择流行色谱以外的任何颜色进行配置。

（6）流行色的空间混合应用

选择两种以上的流行色，以极细小的色点或色线形式并置，形成一种新的视觉色感。也可选择流行色卡以外的两种颜色，通过空间并置，形成流行色谱内的某种视觉色感，如图5-85所示。

图5-85 流行色的空间混合应用

党的二十大报告指出："守正才能不迷失方向、不犯颠覆性错误，创新才能把握时代、引领时代。我们要以科学的态度对待科学、以真理的精神追求真理，坚持马克思主义基本原理不动摇，坚持党的全面领导不动摇，坚持中国特色社会主义不动摇，紧跟时代步伐，顺应实践发展，以满腔热忱对待一切新生事物，不断拓展认识的广度和深度，敢于说前人没有说过的新话，敢于干前人没有干过的事情，以新的理论指导新的实践。"这样才能创造出更为符合人们心中审美标准的色彩设计，从而获得社会的广泛流行和赞誉。

第六章

箱包图案设计原理与创新

从艺术设计的角度讲，图案可以说是一种纹样装饰，具有特定的装饰性和实用性，在箱包产品的图案设计中，图案与工艺技术密不可分，而且相辅相成，互相补充。在箱包设计中，箱包图案通常要根据箱包的造型特点、色彩、风格及工艺要求来进行创作和设计。箱包产品因为有了图案的装饰和塑造而产生了丰富多彩的变化和表现。

第一节　图案设计的素材与表现

一、图案的分类与作用

1. 图案的分类

透过箱包产品形形色色的图案表面，可以把箱包图案按照其类别进行如下分类：

（1）箱包产品的logo标识

产品的logo标识是产品图案表现的重要方面，一般来讲，箱包产品的logo标识既有语言文字也有图像，既有单色也有多色设计。将logo标识设计成产品的装饰图案时，有不同的安排方式，既可以使logo标识成为箱包上的某一局部或某一个点，也可以将其布满材料的表面。如图6-1所示，路易威登（LV）的包袋产品就是满面logo标识的图案设计，是字母与花型图案的组合；如图6-2所示是香奈儿双C手拿包，logo标识安排在包袋中下部显眼的位置，使产品具有非常明显的标识识别效果。这种图案的表现方式被许多品牌的包袋产品设计所选用。

（2）原材料编织形成的图案

这种图案是与包袋部件材料一起形成的，图案与编织形成的组织结构、色彩和材料为统一体，实际上属于编织设计的一部分，图案设计一般走在时尚的前列。由于在编织时采用复杂多变的手法和色彩配置，使编织的外观风格各异，同时由于编织材料在粗细宽窄、质地粗细和色彩等方面的变化，使编织图案呈现凹凸明暗、色彩缤纷的变化，更是别有艺术欣赏价值。

如图6-3所示，图中包袋是应用皮条材料的宽窄、疏密设计的波浪形编织图案，图案凹凸有致、波浪自然悠闲，是一款艺术感很强的时尚设计方案；如图6-4所示的编织包，采用皮条双色穿编而成，使包面呈现红色与白色相间的菱格图案，外观效果靓丽多姿。

（3）面料制造形成的图案

纺织材料经过织造、染整或仿皮革材料经过特殊的表面处理形成各式各样的花纹图案，包括植物、动物、文字、建筑物、日月星辰等，或是龟裂、激光、荧光等表面特种效果，如果选择此材料制作包袋，材料上的花纹图案也就成为了箱包产品的图案。因此，选择材料的同时也选择了产品的图案设计，如图6-5和图6-6所示。

（4）天然皮革自身的花纹图案

对于天然皮革材料来讲，不同种类的皮革有不同的毛孔排列情况和表面纹理状况，尤其是特种动物皮、爬行动物皮的花纹非常漂亮。如图6-7所示的爬行动物纹图案包，由于动物本身的鳞片形成的凹凸、粗细和疏密感，非常美观大方；如图6-8所示的鸵鸟包，由于鸵鸟羽毛脱去后遗留的毛孔比较粗大，而且有一个凸起的点状暗影，形成了漂亮的规则点状排列图案。

（5）装饰手段赋予的图案

除了上述与材料一体的花型图案以外，还有许多的图案由其他的手段或方法赋予，如刺绣、拼接、缝缀、烫烫、穿编、立体花等手法，不同装饰手法赋予的图案效果不同，特征也不同，但都对包体具有非常好的装饰作用，如图6-9和图6-10所示。

图6-1 路易威登（LV）包袋的图案

图6-2 香奈儿双C手拿包

图6-3 波浪编织包

图6-4 彩色编织包

图6-5 格条图案包

图6-6 花型图案包

图6-7 爬行动物纹图案

图6-8 鸵鸟包

图6-9 刺绣形成的图案

图6-10 悬缀形成的图案

箱包图案的设计包括专门性设计和利用性设计两大类。专门性设计是针对某一特定箱包所进行的图案装饰设计；利用性设计即利用面料原有图案进行有目的、有针对性的适形装饰设计。箱包都是直接运用带有纹样的面料制作，但面料图案并非箱包图案，两者之间有一个转化、再创造的过程。带有同样图案的面料，运用在不同的对象和装饰部位，就会产生不同的审美效果。同一款式的箱包用同一图案的面料，由于剪裁、拼接方式的不同，其图案效果也会有很大差异。箱包图案的这种再创性，使原来单一的面料图案呈现出丰富多彩的视觉效果，使得适应广泛的面料图案具体化、个性化、多样化。

2. 图案的作用

一般来讲，任何装饰图案都既具有物质美的作用，又具有精神美的作用，是实用功能与审美功能的统一。箱包图案作为图案艺术整体的一个部分，有着自己特定的装饰形式、工艺材料、制作手段和表现方法，当然应该具有自己的特殊属性。

从箱包图案的分类与表现上看，箱包图案是与工艺制作相结合、相统一的一种艺术形式，图案的装饰作用以装饰设计或图案纹样构成物体外表的美化形态，它需与被饰物相适应，并受被饰物约束，需要在整体设计中进行统筹安排，使装饰图案与造型融为一体、相互衬托，这是箱包图案设计的从属性表现。装饰图案设计的最终目的是要实现实用和工艺的完美结合。因此，装饰图案具有特定的从属性、审美性、装饰性和实用性的特点。

（1）修饰、点缀

箱包图案的一般作用就是对包体进行修饰、点缀，使原本单调的造型在层次、格局和色彩等方面产生视觉形式上的变化，使箱包产品更具有个性和风采。箱包产品表面装饰图案的修饰和点缀，可以渲染箱包的艺术气氛，提高箱包的审美价值。

如图6-11所示米色包盖上的修饰有立体花装饰图案，花型各异，颜色深浅不一，大小不同的花朵装饰包袋，使包袋从朴素无华变得生动活泼，繁花似锦的热烈气氛凸显对生活的热爱；如图6-12所示包袋，黑色包体比较沉闷呆板，如果没有彩色物形、人体姿态形、音乐符号等坠挂装饰，则整包风格过于单调，缺少青春活力。因此，图案的修饰性是显而易见的。

（2）强调、醒目

通常，一般的装饰图案都可以起到强化、提醒、引导视线的作用，特别是强调某种特点，或刻意突出造型对比，对带有夸张意味的图案进行装饰。箱包图案应用的意义在于增强箱包的艺术魅力和精神内涵，其通过视觉形象的审美价值，或人文意蕴的指征等功用价值具体表现出来。比如商标图案、logo标识等图案就具有很好的强调作用。如图6-13所示的白色纱质蝴蝶结和图6-14所示红色的小樱桃，都很好地起到了引导视线的作用，强调的意味十分突出。

（3）标识认知

如图6-15（a）所示的足球图案手提包，图案外形为足球造型，拎提此包的人多半是足球运动爱好者。如图6-15（b）所示的购物袋，购物袋的图案完全围绕购物场所的特征进行设计，包括售卖场所的建筑外形、销售特点等，可以形成明显的区别特征。所以，箱包的装饰图案对箱包的风格塑造起到非常重要的作用。

图6-11 立体花组合装饰

图6-12 彩色物形坠挂装饰

图6-13 白色蝴蝶结装饰

图6-14 红樱桃装饰

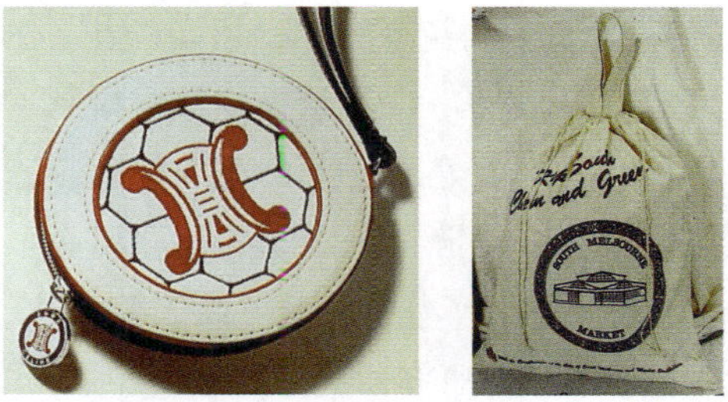

（a）足球图案手提包 （b）购物袋图案设计

图6-15 标识认知

二、图案的素材运用与表现

从本质上讲，图案的根本作用就是装饰，而装饰的目的就在于使装饰对象更加美化，所以具有美化作用的要素都是箱包装饰图案可以运用的素材来源。可以说，在人们的生活中具备美化装饰作用的物象都可以成为装饰图案的素材来源。因为，人们生活在大自然中，所以，装饰图案取材于自然界，是客观事物的真实反映。

装饰图案的“形象素材”概括起来可以大致分为两大类，第一大类是自然界客观存在的物象，包括：植物、动物、人物、风景的物象，大到宇宙星辰，小到各种物象的局部，甚至那些要用放大镜、显微镜才能看见的各种微生物、矿物质的结晶、分子结构、细胞形态等；第二大类是社会生活时尚和种种人文事物，包括：人造物、文字、符号、标徽、纹饰和社会热点、重大事件等，是与人们生活息息相关的各种事物形象。图案的取材来源于人们的社会生活，可分为植物图案、动物图案、风景图案、人物图案、几何图案。图案的造型艺术要以人为中心，反映人的生活与思想情感，借景抒情，借物抒情。

具体上讲，根据图案的形象特点，将箱包图案分为具象图案和抽象图案。具象图案即指模拟客观存在的具体物象的图案。具象图案的传达表征作用十分明了直接，是一种很容易让人们接受的形式，是设计师形象地把握现实生活、直观地表达设计意图的一种便利形式。而抽象图案是根据具象物质的典型特征抽提出来的高多凝练的图案形式，具有非常高的形象表现性。

1. 植物、花卉图案

在中国的传统文化中，花卉图案是重点表现的内容，不同的花卉可以代表不同的含义和意义。通常而言，花卉可以代表吉祥如意，物丰人和，比如牡丹花开富贵、菊花人寿年丰、玫瑰情投意合。在箱包图案创作中，千姿百态的花卉造型和变形，永远是箱包装饰造型表现的主体，其表现形式更是趋于多样化和复杂化。各种具象的、抽象的花卉图案成为设计师取之不尽、用之不竭的素材源泉。

因为不同的花卉之间存在很多相似的生长结构，所以某种特定植物的枝干、叶茎、花蕾的适当添减不会影响整体造型结构和表现。无论是具有民间服饰图案风格的传统刺绣工艺，还是现代的染色技术，无疑都在影响和尽力表现着花型、花色。传统的花卉图案保持着古香古色的气息，运用到箱包上面，平添了几分雅致和复古情怀；现代花卉图案的运用，犹如游鱼得水，印染在不同质地的箱包织物材料上，好像激活了花的灵气，拥有了万千的优美姿态。

如图6–16所示的花型图案，是多种花卉的组合设计，鲜花与绿叶环绕在一起呈现繁花似锦的整体效果；如图6–17所示是皮革材料制作的包袋，在其扇面处印压大朵花卉图案装饰，拉链尾部装饰长链，随走动摇曳而具有十足的动态美，增加了包体的艺术装饰韵味。

图6–16　花型图案

图6–17　大朵花卉图案

当然，在箱包的植物和花卉图案设计上，通常采用不同的花型组织结构来对自然植物花卉进行抽提和表现。

（1）花型的组织结构

在箱包图案设计中，通常采用拆散与组合的方式来表现花型图案，由此使花型图案的表现风格具有不同的特点。

①花型的拆散：将花、枝杆、花头、叶片等部分做拆散处理，选取其中某一部分作为设计表现的对象，因为图案设计中花瓣失去某一部分是不会影响整体结构和造型表现的。一般而言，这种拆散的处理方式往往使花型设计具有简洁、突出的表现效果，如图6–18所示。

②花型的组合：对花型进行各种“移花接木”式的处理，即或将花卉删减添加，或将其重新组合（花中套叶、叶中套花），都不至于削弱或破坏花的一般结构特征和基本形象。从而将多种或多个花型组合在一起，形成新的花型图案形象。这种花型图案设计具有复杂多变的性格，同时可以使图案更加丰富多彩、变化多端，如图6–19所示。

图6–18　花型的拆散

图6–19　花型的组合

（2）花卉的表现手法

花卉图案形象变化有写实、变化、抽象之分，其装饰形式也是多种多样，既有平面装饰、凹凸装饰（浅浮雕状），也有各种形态生动的立体花装饰。如图6–20所示的花型图案是选取花的单一形象组合完成的图案设计，其运用镂空的方式形成重复而规律的花朵艺术形象，而如图6–21所示的花型图案是截取单一的花朵形象设计，其运用贴花手法塑造，装饰效果可爱而活泼。在设计中，有关花卉的表现手法还有很多，如绣花、雕刻、扎染、手绘等。

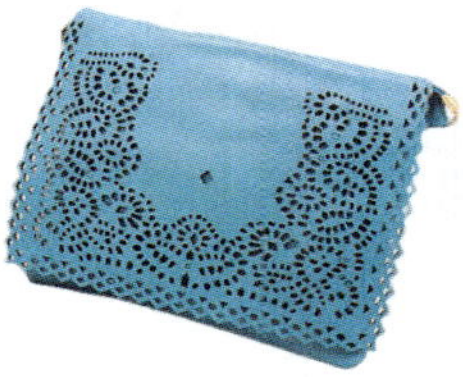

图6–20　镂空花朵女包

图6–21　独立贴花女包

2. 动物图案

在箱包装饰图案设计中，动物图案的应用灵活而广泛，由于图案表现的动物本身就具有不同的装饰意味和文化特征，使得动物图案具有鲜明的装饰效果和文化表现意味。

根据动物图案的配置情况，动物图案有下面几种分类。

（1）全身场景式图案

如图6-22（a）所示的小鹿徜徉在花海中，俏皮可爱的形象令人向往；如图6-22（b）所示的图案设计，将马车的造型在扇面上栩栩如生地表现出来，具有很强的趣味感和动感，同时赋予图案设计较强的立体感。如图6-22（c）所示的小鸟组合图案，多个小鸟在一起，似乎在“开会”，气氛热烈；如图6-22（d）所示是一只小狐狸图案，其头部在包盖上，身子在包体上，包盖闭合之后形成整体形象。

（a）鹿与花图案　（b）奔马拉车图案

（c）群鸟图案　（d）小狐狸图案

图6-22　全身场景式图案

（2）动物局部图案

动物局部图案是选用动物局部形态用于图案设计中，即使是局部形态，也能反映出动物的全貌和特质，如图6-23所示，图中的动物局部还相对比较大且完整。另外，还有一些动物局部特征，比如兔子的耳朵，猪的鼻子、鹿的角、猫头鹰的眼睛等，只要看到这些特征性的形态，就能很快分辨出是什么动物，动物或可爱或呆萌或凶猛的特征就会带入包袋风格，如图6-24所示。

（a）猫头鹰头部图案　（b）鹿头颈部图案

图6-23　动物局部图案

（3）动物皮毛斑纹图案

箱包以动物皮毛的斑纹作为图案装饰，给人以新颖别致、贴近自然之感。箱包面料中常见的有斑马纹、豹皮纹、虎皮纹、斑点狗纹、鳄鱼纹、蛇纹等。如图6-25所示的斑马纹、豹纹的图案设计，通过小块面的斑纹色彩和纹路的

（a）猫的头部造型　（b）兔子耳朵

图6-24　动物局部特征图案

变化组合，使图案具有时尚、夺目的美。

（4）立体动物图案

当然，还可以应用立体的手法，将动物本身的造型与产品造型之间形成和谐统一的形象。如图6-26（a）所示的立体猫头鹰包袋设计，用写实的手法将猫头鹰的鼻子、眼睛、身体都安装在包袋上，翅膀突出在包面上，具有一定的立体感，童趣风十足。如图6-26（b）所示的包袋，利用前扇面中下部的明贴拉链袋设计成凸出的猪鼻子造型，而猪的耳朵就在包袋的两侧，憨态可掬的猪宝形象十分可爱。如图6-27所示的手抓包，用蝴蝶的写实图像作为装饰图案，同时形成腕带结构，包袋设计效果非常独特。

3. 风景图案

箱包中的风景图案大多经过高度提炼、归纳和重新组织。如图6-28所示的田园风景人物就是经过浓缩的剪影图案设计的，图案中的风车、冒炊烟的房舍、郁郁葱葱的树木、村间蜿蜒的小道还有天边的白云，一派幸福祥和的生活场景，对生活的浓浓爱意跃然而出。如图6-29所示的图案中，庄园风景作为图案主体，小车、鸭子、铁锹、扫把、树木、绿草等农家小院风景一览无遗，自然亲切。如图6-30所示的包袋设计，选用树屋造型作为装饰图案，图案占据包面的整个前扇面，房子是拟人的设计手法，整体设计十分生动可爱。

（a）斑马、豹纹组合图案　（b）单独动物纹图案

图6-25　动物皮毛斑纹图案

图6-27　蝴蝶手抓包

（a）猫头鹰造型图案　（b）猪头部造型图案

图6-26　立体动物图案

图6-28　田园风景人物

图6-29　庄园风景图案

图6-30　树屋拟人图案

4. 人造物图案

很多人造物都可以应用到箱包的图案设计中，如建筑物、日常生活用品、交通符号、服饰品等，这些图案与箱包本身的风格融合在一起，具有非常独特的装饰效果和文化意味。

（1）生活中物品作为图案

如图6-31所示扑克牌图案的女包设计，非常写实的扑克牌图案倾斜摆放在包盖的中间部位，富有生活情趣，而且有一丝的诙谐气氛，生活情趣浓厚。另外，还有许多人造物也可以作为箱包的图案，如图6-32和图6-33所示。

如图6-32所示的口红、音乐符号、星星、英文字母等，年轻的日子真好；如图6-33所示的棒棒糖、轮滑、香蕉、钻石等，一幅生活的惬意美好景象；如图6-34所示是人们熟悉的一帆风顺图案。

图6-31 扑克牌图案

图6-32 口红与音乐图案

图6-33 惬意生活图案

图6-34 一帆风顺图案

（2）怀旧情怀图案

如图6-35（a）所示的单卡收录机造型包袋和图6-35（b）所示小黑白电视机图案都是20世纪80年代末期十分流行的老物件，昔日的美好仿佛就在眼前。

（a）单卡收录机造型

（b）小黑白电视机图案

图6-35 怀旧情怀图案

5. 文字图案

文字图案虽然也属于人造物的一种，但由于文字图案在箱包产品设计中应用范围和频率非常高，所以本篇将文字图案单独介绍。通常，文字具有较强的表达意味和文化内涵。因此，文字图案具有丰富的表现性和极大的灵活性，无论中国文字还是外国文字，都拥有颇多字体和字形，图案设计的选择余地很大。由于文字具有鲜明的文化指征特点，任何一种文字都明白无误地指征着它所属的国家、民族、地域和文化背景，同时文字也具有非常明确的品牌标识作用。因此，文字图案的设计具有其独特的内涵和装饰意义。

在实际设计中，通常会通过文字与文字的组合排列、大小、间隔、色彩、比例、材料等方面的处理，来分别展现文字图案的设计风格；另一方面，也力求对文字图案的独特变化，实现文字的自由灵活设计，极力寻求标新立异，形式多样的设计表现手法和方案，如图6-36和

图6-36　大字号字母图案

图6-37　小字号字母图案

图6-38　路易威登字母图案

图6-39　mm字母图案

图6-40　诙谐文字图案

图6-41　句式文字图案

图6-37所示。

如图6-38所示的包袋设计，包袋整体图案由字母组成，字母排列整齐规律，包袋风格稳重大方；如图6-39所示包袋的白色mm字母图案，与包袋主体的蓝色之间形成非常清新的色彩搭配，同时与包袋侧部的褶皱共同烘托了一种休闲的设计主题。这种具有一定品牌指向的文字图案设计，可以进一步升华包袋的设计主题。

如图6-40所示的诙谐文字图案包袋设计，在黑色包袋上用白色文字书写了“我只吃饭不洗碗”的文字，具有诙谐的生活情调意味，使人在微笑中享受生活的轻松和休闲；而如图6-41所示的包袋设计，采用句式文字图案，叙述着使用者的心绪或情绪，具有明显的语言表述效果，使背用者和观者融入一致的情景向往之中，会产生非常强烈的共鸣感。由此可见，文字语言类图案具有非常独特的文化表现性和阅读性，使背用者和观者在对文字的阅读和理解中产生默契的审美共鸣和一致的审美体验。

6. 人物图案

在箱包图案设计中，有关人物图案的设计多种多样。人物造型的变化手法也十分多样，有简化、夸张、添加、组合、分解重构、变异等。不同的变化手法装饰效果明显不同，如图6-42所示。

设计时既有将人物简化到单纯的剪影或几根线条的图案设计，也有竭力夸张的变形，追求趣味，将嘴唇、眼睛、手印、足印等随意摆布在包袋上的设计，以取得怪异荒诞或诙谐的装饰效果。

（1）头部简化图案

将人物头部形象简化到单纯的剪影或几根线条，竭力写实，追求宁静文雅的意味，如

图 6-43所示。如图6-43（a）所示是将美女侧影作为前扇面的图案，亦为配色的轮廓；如图6-43（b）所示是将美女头部侧影作为包盖的轮廓，亦为包盖上的图案边缘，设计巧妙。

（2）五官图案

将面部五官中的某个器官的外形或其变形作为图案，如图6-44所示。图中包袋以嘴唇轮廓作为扣手，既形成了一个实用部件，又具有一定的图案装饰性，趣味感十足。当然，与其相比，也有更多的设计将五官作为包面图案。

（3）单人图案

如图6-45所示的图案设计，将人物的整体形象赋予在包面上，图案中女孩的轻松与青春跃然而出。当然，由于人物的动作和生活场景的不同会具有不同的语言含义。如图6-46所示的包袋设计，坐着的女孩与背景形成了一幅静谧的画面，图案美好而恬静。在箱包的人物图案设计中，多半采用动漫形象，具有非常时尚的外观，深受青年人的喜爱。

（4）多人组合图案

多人组合图案是将两人及以上人物组合在一起，形成不同的生活场景，倾诉不同的情怀和思绪。如图6-47（a）所示是甜蜜的两人世界；如图6-47（b）所示是公交车场景。

7. 几何化图案

几何图案是指不代表具体形象的概括化的几何化图形，舍去自然物的具体形象和一切细节的描绘，采用单纯简明的几何形和色彩构成纹饰。规则形画面显得严谨、整洁，并带有一定的机械性。不规则的点、线、面的形状，排列均不规范，没有统一的标准，表现出一定的随意性，规则与不规则的点、线、面也经常结合运用，或在规则基础上表现出一定的随意性，如图6-48所示。

（1）规则几何图案

从艺术感受上来说，抽象图案，特别是传统的几何图案，格律性较强，具有规则、严谨、理性等特色，具象图案则往往具有生动、活泼、感性等特色，两者相互补充、对比、配置则另有一番美感。我国传统图案深悟此中诀窍，数千年来两者一直并行不悖。如果说把现代抽象图案和传统抽象图案相比较，前者新颖、明快而轻巧，后者典雅、庄重而富丽。

如图6-49所示的设计是典型的静态竖条纹图案，其运用多色营造多彩效果。如果采用绗缝的菱格图案，则呈现高

图6-42　人物图案

（a）头部侧影图案

（b）头部侧影边缘轮廓

图6-43　头部简化图案

图6-44　五官图案

图6-45　人物头像图案

图6-46　女孩图案

（a）甜蜜的两人世界　（b）公交车场景

图6-47　多人组合图案

图6-48　几何化图案

图6-49　竖条纹图案

图6-50　菱格图案

图6-51　交叉菱格图案

图6-52　规则方形图案

图6-53　不规则几何图案

低凹凸、明亮与深暗的变化效果，时尚而多变，如图6-50所示；采用拉链交叉的条纹图案设计，具有非常强烈的动感和较好的时尚变化性。后者的条纹图案与纺织菱格图案相比，具有更为强烈的尖锐和变化气质，如图6-51所示；如图6-52所示的包袋设计，运用规则的方形图案，使整包效果活泼不失稳重。

图6-54　复杂几何图案

（2）不规则几何图案

不规则几何图案的设计变化较多。如果采用不规则尖角设计，类似于干裂的土地纹路，则更具有裂变的动态效果，如图6-53所示。

（3）复杂几何图案

如果采用规则几何图形与不规则几何图形相结合的图案，则称为复杂图案，如图6-54所示。图案中加入了起埂工艺和铆钉的强化，使图案效果更加复杂多变。

所以，几何图案的种种设计变化会带来包袋风格的极大变化，因此，图案设计一定要与整包的设计主题相一致，才能使图案与风格之间互相呼应，使箱包产品的设计更上一层楼。

第二节　图案的构成要素与设计

一、图案的构成

图6-55　构思与表达

图案设计程序通常分为两步，第一步是构思，第二步是表达。构思是设计者在动手设计之前的思考与酝酿过程，是在观念中规划设计意向、营构艺术形象。表达则是设计者通过一定的造型技巧和物质材料，将观念中的艺术形象转化为可视可感的现实形象。如图6-55所示，包袋中有航空信封、红色爱心，白色、红色、蓝色等颜色，这些要素如何安排、尺寸大小如何设置、颜色怎样划分等，最终的设计方案必须要与设计意图和设计要表达的情感相一致。因此，表达与构思同样重要。如果没有好的表达，再好的构思也会前功尽弃。

1. 图案的构成形式

图案的构成元素是图案自身的构成状态，是图案在箱包上的装饰布局情况。通常，图案在箱包上的装饰布局分为四种类型，第一种是包面局部或小范围的块面装饰，称为“点状构成”形式；第二种是箱包边缘或局部的细长形装饰，称为“线状构成”形式；第三种是布满箱包整体表面的“满花装饰”，称为“面状构成”形式；第四种是上述三种类型综合应用的“综合构成”形式。以上四种装饰布局形式可以的经典设计表现，如图6-56所示。

一般来讲，前三种装饰布局既可以单独出现，也可以两种或三种形式同时出现在包面上。

（1）点状构成

点状构成具有集中、醒目、活泼等一系列“点”所具有的特征，容易成为引导视线的焦点，它能增添箱包造型的活泼感，使某一局部更加突出、醒目。纯粹的装饰图案，或某些配饰、扣子、蝴蝶结、立体花等，都可以看作是点的形式。

如图6-57所示的蝴蝶图案可以看作是点的构成，属于平面的点状构成，如图6-58所示属于立体的点状构成。平面的点依附于包袋的表面，而立体的点由于游离在包体的外部，需要一定的支撑才能够完成点的构成。本包袋则是通过包带和金属链的连接而形成立体的点状构成形式。

图6-56　图案在箱包上的装饰布局状况

图6-57　平面的点状构成

图6-58　立体的点状构成

（2）线状构成

线状构成是指以相对细长的图案呈现于箱包边缘或某一局部的构成形式。线具有使观者视线沿着线型方向不断移动的特性，因而线状装饰会对所在的面产生一定的作用，通常用以强调某个面的边缘，调节箱包的宽窄、曲直等特性，如图6-59所示。

通常，线型图案装饰多为二方连续图案或带状群合图案，二方连续具有严谨的规律性，鲜明的节奏感。线型图案装饰具有非常重要的作用。首先，线型图案可以通过勾勒边缘而起到突出边缘的作用，使箱包的边缘部分通过装饰提醒而得到进一步强调，对边缘轮廓起到一种加强和界定的作用。这种线型构成的特点是最大限度地利用了线的特性，它引导观者视线顺形边而行，以线的面貌出现，但给人以深刻印象的是形的显现。这种构成形式有利于加强箱包的款式结构特征。图案形象简洁秀丽，箱包整体显得精致、严谨，如图6-60和图6-61所示。在图6-62所示的红色包袋的设计中，在包袋扇面的左右对称位置，铆钉整齐地排列形成了非常清晰的线型装饰，由于铆钉的特有装饰特点，使得线型装饰异常突出而明显。

（3）面状构成

面状构成是指以纹样铺满整体的形式呈现于箱包表面的构成形式。面状构成有多种构成形式，比如：均匀的面状分布是指将四方连续图案、单独图案或群化图案自然地运用于箱包装饰。当然，也有不均匀的面状构成形式，由此而形成多变的图案形象。实际设计时，设计师并不刻意追求图案本身的组织排列与箱包的结构、分割、转折变化的相适应，而是更注重图案的风格、基调与箱包造型特点相协调呼应，融为一体。面状构成还可以通过构成元素的大小和疏密来调整表现风格，如图6-63所示的彩点面状构成图案，即通过装饰元素的大小变化和色彩变化完成面状构成。

图6-59　铆钉形成的线

图6-60　勾勒边缘的线

图6-61　强化边缘的线

图6-62　突出装饰的线

（a）彩点面状构成　（b）满花面状构成　（c）线条面状构成

图6-63　面状构成图案

（4）点、线、面的综合构成

实际上，点、线、面的综合运用是箱包图案设计的重点。无论是抽象的图案还是倾向写实的图案，具体表达时都离不开点、线、面的共同作用，它们是构成图案的基本元素。点、线、面有各自的特征，可形成不同的视觉感受，点的概念是一个相对的概念，有大小不同的面积，同样的点在不同的环境中可以转化。点如果与线和面一起组成图案则又会产生新的变化效果，如图6-64所示。

图6-64　点、线、面的综合构成

如此而来，点、线、面的综合运用方式可以产生下列变化：

①点加线构成：在点加线的形式中点状装饰通常是主体，在箱包上起着装饰重心的作用，而线状装饰则常以背景、边缘、陪衬的角色出现。二者安排得当，会有主从分明，呼应有序之感，使箱包既具备点状装饰的活泼、明快，又呈现线状装饰的精巧、雅致，如图6-65所示。

图6-65　点加线构成

②面加线构成：面加线形式中的线状装饰像轮廓框架一样将满花图案围住，使充满扩张感的面状装饰有明确的边缘界定并有内聚的感觉，形成线面相依、互相映衬的效果。大面积的繁复华丽被线饰轮廓结构衬托得醒目清晰，如图6-66所示。

图6-66　面加线构成

③点加面构成：点加面构成中，面型图案一般为背景图案，而点则是主要强调位置。如图6-67所示的包袋设计，背景是小型波点、动物、人物的组合场景，色彩多样，活泼而温馨，包扇面上一朵大立体花悬浮在背景图案上面，体现花样生活的主题构思。

图6-67　点加面构成

④面加点加线构成：面加点加线的形式，一般处理是突出点状、线状装饰，而将面状装饰减弱，使之成为陪衬或底纹，如图6-68所示。有时点状、线状装饰被做成立体形态，拉大了与面状装饰的距离，从而使繁杂的平面变化为有秩序的层次。

图6-68　面加点加线构成

2. 图案的组织形式

（1）图案的组织形态特征

从箱包装饰图案的组织形态来看，有单独式、连续式和群合式之分，表现为单独图案、适合图案、二方连续、四方连续和独幅式综合图案等，而且每种形式都有鲜明的特点。单独式图案醒目、突出、活泼，在箱包造型中常成为视觉的焦点，其中心感、分量感很重；二方连续、带状群和边饰则主要是“线性”的表现，常起勾勒、分割、界定的作用；四方连续、面状群是以包面体拼裹的形式出现，如图6-69所示。

在图案装饰中，一切对称形式的图案和所有的连续图案都是反复这一形式的具体体现。单独图案的左右对称、上下对称是相

（a）单独式　　（b）连续式图案　　（c）群合式图案

图6-69　图案的组织形态变化

（a）对称图案　　（b）连续图案

图6-70　图案的反复

同形象的反复；适合图案中的放射、向心、旋转转换式的对称是单元结构的反复，这些不同反复都各自组成了变化有序的统一体，如图6-70所示。

（2）图案的空间状态

箱包的图案装饰可分为平面图案和立面图案两大类。

平面图案多用于平面装饰设计意图的表现，如面料图案设计、拼缝图案设计染织图案等。在箱包图案设计中，平面式图案是指没有厚度的箱包图案，设计师通过印、染、绘等工艺手段，使图案紧贴于箱包材料表面，或直接利用面料纹理使图案、色彩融合于材料之中，如图6-71所示。二方连续、四方连续也可以形成具有一定厚度的箱包装饰图案，装缀在包体表面，或在制作、织造的过程中使箱包面料形成厚薄不一、凹凸不平的装饰图案效果。

图6-71　飞鸟平面图案

图6-72　立体蝴蝶结

立体图案是相对平面图案而言的，指具有视觉、触觉立体感的装饰图案设计。立体式图案造型以三维的形式附着于箱包表面，它强调一种体积感、分量感和空间感，能够增进箱包形象的视觉吸引力，如图6-72所示。如图6-73所示包袋包盖上的流苏，可以形成立体图案，而如图6-74所示，由于包袋前扇面形成立体圆弧面，其上的图案如眼睛、蝴蝶、水晶等也是立体设计，因此形成了独具特色的立体图案。

图6-73　立体流苏图案

图6-74　立体动物脸

（3）图案造型的排列组合关系

在装饰构图中，常常根据某一形的轮廓边缘创造另一形，使形与形相互适应，通过互衬，形象得以充分表现。形与形之间相互错让、自行调节，空间得以合理利用，形态紧凑完整，自由地呈现出天然的秩序。有效地表现了形与形的适应关系，也充分表达了图案求全的特点。

①形与形轮廓线的相互借用：形与形轮廓线的相互借用，表现为由此而形成一条公共轮廓线。公共轮廓线使两形相互制约、相互依存，产生了一和共生的现象，增强了装饰艺术的表现力，通过基础装饰造型与构图创造了独特的艺术形式，所造成的形与形的严密结合提高了空间的利用率，体现了构图的巧妙，如图6-75所示。

图6-75 形与形轮廓线的相互借用

图6-76 图案形与形的叠压

②形与形的叠压：形与形的叠压可以产生明确的前后关系；完整的形态在前，被遮挡的不完整的形态在后。当前边的形态作为主体出现时，通常是将主要的黑白变化用于前者，后者则相对减弱；常将个性强的形态安排在前面，后面的形态则相对简练，这对前面的形态会起到有效的衬托作用，如图6-76所示。

总之，对于箱包图案设计而言，图案装饰强调包体结构和风格特征的默契和谐。造型结构较简单的箱包，为求变化丰富，装饰图案可以设计得多一些、复杂一些；造型结构复杂的箱包，其结构线、转折线必然多，附加部件也多，图案装饰则可稀少些、简略些。有时可以直接利用结构线来做装饰的文章，这往往能制造一种严谨、明晰的装饰美感。箱包图案必须接受款式的限定，并以相应的形式去体现其限定性。

二、图案的形式美表现

从设计理论上来讲，任何的设计形式都存在一致的设计法则，那就是形式美法则，对于箱包产品的图案设计而言，同样要遵循形式美法则，只不过在箱包图案设计中的形式美法则有独特的变现形式和表现手法。

1. 对称与均衡

人们在日常生活中，经常见到对称的事物形式，甚至包括人体在内。如人体躯干的左右对称、植物叶片和动物羽翼的对称生长造型等。通常，那些对称的、中心式图案布局显得端庄、稳定；平衡的、多点状布局则趋于活泼、轻松。而不平衡的、突兀的布局则能造成一种新颖奇异的装饰效果。

（1）对称

对称造型的特点是图形具有相对平稳的关系，它包括绝对对称和相对对称两种类型。一般来讲，绝对对称是指中轴线两边或中心点周围各组成部分的造型、色彩完全相同。绝对对称往往由于过于对称一致而显得有些呆板，缺少变化，但其设计风格稳重、端庄，也是一些箱包产品追求的设计风格。

通常，绝对对称分左右对称、上下对称、上下左右对称、反转对称和旋转对称形式。如图6-77（a）所示是典型的左右对称形式，整包风格端庄秀丽；如图6-77（b）所示是中心对称；如图6-77（c）所示是上下左右对称。

（2）均衡

在图案设计中除了对称以外，还有一种均衡的形式美。一般来讲，图案的均衡不受中轴线和中心点的限制，没有对称的结构和构图，但有对称式的重心，在设计时，由设计的重心来控制方案的构成。因此，运用均衡的形式进行图案设计，一定要掌握好重心，只有这样才不会产生轻重不等的设计缺陷。如图6-78（a）所示的包袋设计，利用色彩与图案的大小配比和位置变化，营造了有趣的整体造型和均衡美；如图6-78（b）所示的手包设计，包盖上的蝴蝶结与扇面右下角的平贴袋之间，通过图案形状的变化和包盖边缘轮廓的尖圆、长短等配合，形成均衡的设计效果，整包的外观活泼俏丽。

（a）左右对称　　（b）中心对称　　（c）上下左右对称

图6-77　对称图案

（a）色彩变化的均衡　　（b）图案变化的均衡

图6-78　均衡图案

2. 重复与对比

（1）重复

图案设计中的重复指相同、相似的形象或单元以某种形式有规律地重复排列，给人以单纯、整齐的美感。在图案设计中，重复的设计手法和表现有很多种，如色彩的重复，表现在色彩的色相、色调、纯度、明度的重复；形状的重复，表现在形状的造型、构图、构成、形象的重复；再有就是空间的重复，表现在空间位置、面积、体积、体量、方向的重复；除此之外还有表现技巧和艺术风格的重复等，这些重复都会导致作品形成和谐统一的艺术秩序。如图6-79所示的包袋设计，采用形状的重复设计，使产品外观端庄大方而又亮丽多彩。

图6-79　重复的图案设计

（2）对比

在图案设计中，对比也是常用的设计手法，对比的设计表现也有很多方面。比如，图案的造型对比、色彩对比等，图案的造型对比通常有图案的大小对比、轻重对比、粗细对比、疏密对比、曲直对比、凹凸对比、方向对比、聚散对比。如图6-80所示的双

图6-80　对比图案设计

肩背包，其图案设计就是采用对比的手法，运用图案大小、粗细线条、曲直对比的变化，在包面上形成有前有后、主次分明的图案表现。因此，运用对比手法可以加强或减弱对比元素之间的差距，在众多的造型对比中，刻画主要图案造型、淡化次要图案造型，使主体突出。

图6-81 色彩对比的图案

在图案色彩对比中，有明度对比、色相对比、纯度对比。色相对比变化最丰富，是色彩变化中感受最强、最直接的变化形式，如图6-81所示。当然，在具体的图案对比设计中，如果过分强调对比，方法运用不当，就会使图案组合显得生硬、刺激，甚至有时让人觉得过分，不能接受。

3. 比例与夸张

图6-82 比例与夸张

形态比例具体表现在形体结构、形状大小、数量多少、画面空间等方面。比例的变化形成夸张，夸张美化是将自然物象中典型的有代表性的东西进行强化处理，使其更具特点、更具装饰性和趣味性。经过夸张后的装饰形态往往要打破形体结构的原有比例关系，使形状的大小比例随之发生变化，如图6-82所示。

4. 节奏与韵律

图6-83 图案的节奏与韵律

节奏是指单元图形有规律地、连续不断地出现形、色的反复交替现象。在箱包图案设计中，图案的节奏感一般通过包体表面的元素和箱包面料图形的排列组织形式来表现。设计时，有组织的安排图案形象的强弱、反复、重叠、交错等，形成灵活有序的如同美妙旋律般的韵律。韵律存在于宇宙万物之中，如植物，枝叶的分布，枝梗的粗细、新老变化，叶子的大小、叶脉的分布等；动物的斑纹，不同形状有规律地排列也充满着韵律的变化，如图6-83所示。

5. 条理与秩序

装饰图案在布局方面追求形的完美，合理有效地利用空间，有规律地组织排列图形，可以产生秩序的美感。装饰图案的布局不是自然的真实写照，而是设计者依据形式美的规律刻意安排的。

（1）秩序

秩序是使复杂事物条理化、系统化、单纯化的手段，化繁为简，分类归总是形成艺术秩序的主要手段。诸如多样的统一、对比的均衡、杂乱的规则、变化的和谐等，都是秩序化的法则和形态。

通常来讲，图案设计的秩序包括色彩秩序、形状秩序、空间秩序和质料秩序等类别。色彩秩序就是色彩的调和，形状秩序则要求在多样变化的形状对比中寻求条理和统一。空间秩序要求在物理空间中遵循物理力的平衡规律，在空间排列上讲究系统的均衡，在视觉空间上遵循焦点透视原则。如图6-84所示包袋的蝴蝶图案，秩序井然；如图6-85所示的双肩包袋设计，图案采用渐变秩序，产生动态的变化效果。

（2）条理

装饰图案创作将纷杂的自然对象有规律地加以整理、概括，使之成为变化有序的统一体。这种条理越单纯，所形成的图案就越庄重、严整；条理越复杂，所形成的图案就越活泼、自由。条理法即秩序化，使形象、布局的处理趋于一致，从而造成一种重复、均衡、呼应、类似、递变、对称等性质的协调统一式样。造型艺术的一切秩序都是为了化繁为简，化杂乱为条理，化模糊为鲜明，如图6-86所示。

图6-84　图案秩序

图6-85　渐变图案

图6-86　条理

三、图案的色彩运用

箱包图案装饰不是对造型空间的简单填充，它是装饰造型不可缺少的组成部分。通过对图案纹样、色彩、材料的处理，可丰富包体表面的肌理效果，不仅体现出装饰的个性特点，而且能增添装饰的新意和趣味感。通常，箱包图案以简练、明快的色彩来表现，以有限的几种色彩来概括丰富的图形，追求不同的对比变化、诱人的色调和多层次的效果。

图6-87　图案与色彩

无花型的多色彩条格搭配统属箱包图案设计的范畴，因为这种设计的箱包表面由多块色彩形状拼割而成，色与形密不可分，形成整体意义上的箱包图案效果。箱包图案与色彩之间无论是调和的还是对比的关系，图案中的色彩只起陪衬、烘托的作用，如图6-87所示。

1. 图案色调的意境表现

箱包的色彩表现根据色调的变化而呈现着特殊的意境效果。一般而言，柔和素雅的色调带来宁静安详的感觉，图案富于变化且让人感觉和谐愉快，适合那些不事张扬、舒适优雅的生活方式；而那些具有冲击力的颜色，会产生令人震撼且充满矛盾的感觉，属于那种招摇的、寻求众人瞩目的高调生活方式。欢快的色调令人不禁愿意去幻想、感觉和体会，充满了力量、生机、希望以及自由等感觉；沉默的中间色调平静安定、柔和宁静、轻描淡写、低调坦诚，不表达明确的态度，灵感来自于不张扬的、平凡的事物和服饰。

2. 色彩的性格

在进行图案色彩设计时，由于色彩具有比较明确的性格和联想，因此设计者一定要根据使用者的欣赏标准进行设计。对于设计者而言，要求掌握消费者的色彩心理，能够充分把握流行色彩系列，在设计之前对色彩的市场消费状况做相应的一手调研，并总结色彩消费规律，针对不同消费者的心理需求来创作色彩设计。比如学生包的卡通、漫画式图案设计和大胆的色彩搭配等，就是色彩性格和色彩消费和谐统一的表现。

如图6-88所示的黑白图案色彩，采用豹纹作为图案的主题表现，色彩选用黑白色搭配，尤显包袋的时尚特色，甚至有些许冷酷和单调；而如图6-89所示的橘粉花卉图案包袋设计，与前者相比，具有非常强烈的女性粉彩特点，来自橘色和粉色家族的一组顽皮、亲切、爽直的色彩，使热烈的花束团发生了裂变和变异，成为一组流畅的暖调亮色。这是极度女性化的色彩，同时充满了轻松、有趣、天真、孩子气。

终极亮色令人产生色彩撞击感，纯粹、有力、强烈、积极，好似来自于运动世界的缤纷色彩。明亮与大胆的色彩之中蕴涵着优雅；富丽、绚烂的金属质感色彩，光彩熠熠、焕发出无限的魅力，如图6-90所示；而强调夸张，强调个体的白色是永恒的色彩，是智慧与诗意的色彩，优雅而有魅力。

图6-88 黑白图案色彩

图6-89 橘粉花卉图案

图6-90 亮色图案设计

第三节 图案实现的工艺方法

箱包的图案设计多姿多彩，而将这些图案赋予在箱包表面的工艺手法更是丰富多彩。当然，应用不同的表现手法表现的图案具有不同的艺术效果。通常，图案的工艺表现手法包括几种类型，如材料肌理的变化手法、表面装饰工艺手法、立体装饰表现手法等。其中，图案肌理的工艺处理方法包括折叠、整体或局部的加皱处理、局部做旧、局部烫压、染后加皱再染、印纹加皱再印纹等方法。而其他的箱包图案工艺手法可以归为刺绣、蕾丝、立体花、亮片、珠宝、拼合缝缀、坠挂等类别。

箱包图案实现的工艺方法分述如下。

一、包体自身形成图案的方法

1. 折叠与褶皱

褶皱是女性服饰品应用非常多的表现手法，褶皱一如女性的妩媚与神秘，给包袋设计带来别样的设计风格。通常，褶皱既可以通过缉线的方式形成，也可以通过边缘折叠的方式形成。如图6-91所示的设计，首先设计好褶皱的形态边界线，然后在边界线上缉线，形成褶皱的基本形状，而用于缉线的缝纫线具有松紧，或用细松紧带缉缝，这样通过松紧线带的收缩在材料上形成不规则的褶皱图案，使材料的表面形成凹凸变化，或高起或低暗的图案形象，松泡感十分明显。这种褶皱的两端都没有固定的位置，可以随包内所装物品的多少而变化。

如图6-92所示的包袋设计也具有明显的褶皱特征，这种褶皱的一端通过拼接缝固定，另一端是自由端。通常这种褶皱通过折叠量来控制褶皱的大小，且由于一端是固定的，只有褶皱中间和另一端具有可变性，没有前一种褶皱的变化多端，但也有它自己的变化特色，由此形成的褶皱可以是大折叠量的褶皱，也可以是小折叠量的细碎褶皱，既可以是规则的褶皱，也可以是不规则的褶皱。如图6-93所示的包袋设计，是一种边缘褶皱形式，一端固定折叠量，另一端是边缘的自由端，可以是横向排列，也可以是纵向排列，可以是单层褶皱设计，也可以是多层褶皱设计。当然，在这种褶皱设计中，还存在两端都固定的设计变化，只是在褶皱的中间具有变化性。因此，折叠与褶皱可以形成复杂多变的几何纹样图案，设计风格神秘而灵动。

图6-91　自由褶皱图案

图6-92　一端固定的褶皱

（a）横向多层褶皱

（b）纵向木耳边褶皱

（c）纵向大波浪褶皱

图6-93　规则褶皱设计

2. 拼合

将相同或不同的材料以各种形状的小块片或条片拼合在一起，使材料之间形成拼、缝、叠、衬、透、罩等关系，创造出各种层次对比、质感对比和缝线凹凸的肌理效果，如图6-94和图6-95所示。

拼合的分类很多，如以下三种形式。

（1）色块拼合

利用多种不同色彩、不同图案、不同肌理的材料拼接成有规律或无规律的图案，形成一种独特的装饰效果。色块之间的拼接可以是平接，也可以在接缝处有意作凹或凸的处理。将面料折叠或加皱后予以固定，形成规则或不规则的褶裥、皱纹，也起到较好的装饰作用，如图6-96和图6-97所示。

（2）功能性拼合

功能性拼合指的是在色块拼接的同时加入拉链等材料，形成拉链袋等新的使用空间，具有功能性，如图6-98所示。

（3）组合拼合

组合拼接是指将若干块面拼接组合成图案而布满整个箱包的图案形式。比如将几种四方连

图6-94　菱形格拼合

图6-95　不同质感色块拼合

图6-96　色块平接

图6-97　色块拼接图案

图6-98　功能性拼合

图6-99　组合拼合

续图案（或花色面料）随意裁成可以续接的小块，再进行各种拼合；或将若干单个图形或不同色相的单色面料按一定的意图组合在一起；或者将若干条二方连续并列起来循环展开等，如图6-99所示。组合拼接的形式十分多样，有随意自由的拼接、规律严谨的拼接；横向拼接，纵向、斜向拼接；大块面拼接、小块面拼接。自由拼接有随意感，规则拼接有沉稳感；横向的连续拼接会使装饰形体拉长，纵向连续拼接会使装饰形体加宽，斜向连续拼接会产生活泼、稳定的感觉；大块面拼接有分量感，小块面拼接有闪烁跳跃感。

3. 钩编盘绕

钩编是应用钩针来完成的装饰图案设计，钩编的图案多姿多彩，非常具有艺术装饰效果。如图6-100所示的包袋设计，就是将钩编应用在包袋的扇面中间，将不同形状的分割块料连接在一起，既形成不同的材料质感，也形成钩编花型图案，风格优雅。而如图6-101所示的包袋设计，是在包袋的边缘上应用钩编手法形成的钩编装饰图案，也具有非常明显的装饰效果，使原本深暗的包面具有了装饰亮点。

由编织所形成的图案也是多种多样的，既可以应用同色条带编织，也可以应用异色条带编织，如图6-102所示就是用同色条带编制而成的规则几何图案，图案效果大方整齐；如图6-103所示的包袋设计是异色条带编织的图案，由于编织的条带与包面主体粉色形成色彩搭配，所以使编织出的图案更加清晰可见。在编织、钩挑的过程中，通过变换各种针法能够显现出千百种花纹图案来，这些图案规律严谨，而且厚薄、凹凸、镂空变化非常丰富。

毛线编织的各种花色图案都可以成为包袋的图案变化，尤其是具有立体感的棒针图案，装饰效果突出，如图6-104所示；而如图6-105所示的手包设计，同样是利用条带穿编而成，但是在穿编的过程中由于有褶皱的加入，形成了新的复杂视觉效果，将女性的多变和温柔体现得更加突出。

盘绕以绳带为材料，编结成花结钉缝在包体上或将绳带直接在包袋上盘绕出花型进行缝制，这种装饰形象略微凸起，具有类似浮雕的效果，在我国传统服装中应用较多。编结盘绕工艺难度较大，要做得平整、流畅需要一定的技巧。

图6-100　包面中间的钩编图案

图6-101　边缘钩编图案

图6-102　同色条带编织图案

图6-103　异色条带编织的图案

图6-104　棒针编织包袋

图6-105　条带穿编图案

二、平面图案形成方法

1. 缉线与绗缝

缉线与绗缝也是图案设计的常用手段，通过缉线可以在包面上形成不同的线迹图案，线迹可以是直线、曲线、弧线，也可以是格条图案等。弧线缉线图案，即与包面同色的线迹在包面上形成大小不同但形状相似的图案，文雅大方，如图6-106和图6-107所示。

图6-106　长方形图案

图6-107　起埂线性图案

如图6-108所示的包袋设计，是一种波折线缉线轨迹，由于包内衬有泡沫类软衬，缉线部位凹进，其他部位凸起，形成波折凹凸图案，由此产生新的面料效果。绗缝而成的斜格图案设计，具有规则的图案美。如图6-109所示，包袋设计是经过绗缝后再刺绣的图案，用与面料同色的线缉缝菱格，然后再刺绣上白色的花纹图案，装饰效果时尚而优美。

图6-108　波折线凹凸缉线图案

图6-109　绗缝加绣花图案

2. 缝缀蕾丝与纱边

蕾丝与纱边是塑造女性美的主要材料，在箱包图案设计中同样具有重要作用。如图6-110所示的纱边图案设计，设计中利用粉红纱边辅以褶皱，形成非常女性化的设计效果。如图6-111所示的包袋设计，用蕾丝花边覆盖在包扇面上，其间用细皮条隔出规则的方格。透过蕾丝花边的空洞可以透出内里材料的色泽，形成双色配色效果，透露出非常优雅的淑女风范。

图6-110 纱边图案设计

图6-111 蕾丝图案设计

图6-112 亮片米奇头设计

图6-113 异色波浪亮片设计

3. 运用亮片

亮片装饰具有亮闪闪的图案效果，在箱包设计中，亮片的应用是近几年较为流行的新方式。如图6-112所示的亮片设计，应用黑白色亮片铺满整个包面，而且有疏密、大小的变化，在包袋扇面的中间用黑色亮片形成米奇头的图案，整包效果非常时尚而闪烁。如图6-113所示的亮片图案设计，应用黑色与金色亮片形成规则的异色菱形方格形态，具有较强的动感形象效果，整包闪烁着一种迷人的时尚味道。这两种设计，亮片基本铺满了整个扇面，将亮片应用在图案的局部上，用以强调某个局部的装饰效果，同样具有不一般的装饰效果。

4. 刺绣

刺绣俗称绣花，是民间应用最为广泛的一种工艺技术。它不仅应用范围广，而且品种多，针法表现相当丰富，使得刺绣这一工艺的品种更为多样，其装饰效果也显示了自身的特点。刺绣的图案内容以花、鸟、鱼、虫为主，如图6-114和图6-115所示。

如图6-116所示包袋的刺绣图案设计，是一款晚礼包设计，在黑色的金丝绒面料上刺绣金色和黄色的花型图案，具有优雅富贵的装饰特点；采用同色花线刺绣，形成了明确而又有些隐约的花型图案，具有优雅含蓄的装饰效果，配以蜜桃粉色包面，使整包呈现淑女的秀雅。

5. 熨烫

熨烫是指在温度和压力的作用下在包面形成图案的过程，通过熨烫可以在包面上形成各式各样的凹凸图案，风格各异，装饰效果突出。尤其是产品的品牌形象和规则几何图形和花型图案最为多见，如图6-117所示。

6. 运用铆钉

铆钉本身有各种各样的形状和颜色，也有大小的不同。在包面上的图案既可以形成满布设计，也可以排列在包面的某个局部，既可以应用均匀大小、形状各异的图案组合，也可以选择大小不等、形状也不同的铆钉组合，由此可以带来铆钉图案设计的千变万化，如图6-118和图6-119所示。

如图6-120所示包袋设计，采用规则的星星状铆钉在包盖上形成装饰带，应用铆钉的大小变化设计形成变化效果，图案设计规则中透着变化。另外，利用铆钉也可以形成文字图案设计。因此，在现代箱包设计中，铆钉的图案变化丰富多彩，效果各异。

7. 彩印、手绘

由于彩印、手绘的艺术效果突出，所以该手法可以赋予包袋较高的艺术附加值，如图6-121所示。

8. 镂空与雕刻

镂空与雕刻的手法主要应用于皮革类面料的装饰图案设计中，镂空是指通过在皮革表面按照事先设计好的花型图案进行刻画，在皮革的表面形成空洞形象，再由空洞中透出内部的里衬质地和色彩，具有立体变化效果，如图6-122和图6-123所示。

雕刻主要是指在皮革表面进行的一种图案装饰形式，雕刻不会刻透皮革，只是在皮革表面刻出纹样图案，具有凹凸效果，然后再将颜料赋予到雕刻的图案之上，形成丰富多彩的图案色泽，具有富贵美好的装饰效果，如图6-124所示。

图6-114　动物与花刺绣

图6-115　红花刺绣

图6-116　包盖刺绣图案

图6-117　熨烫图案

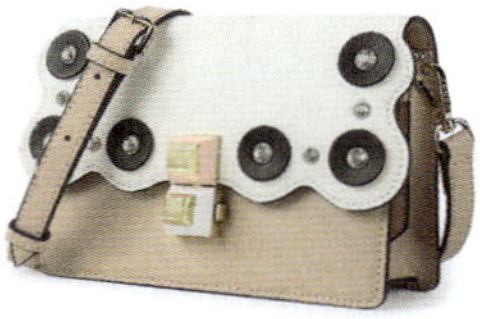

图6-118　线性边缘铆钉图案

图6-119　包袋局部铆钉图案

图6-120　星星铆钉面型图案

图6-121　手绘图案设计

图6-122　花型镂空图案

图6-123　动物镂空图案

图6-124　雕刻图案

三、立体图案形成方法

1. 立体花

立体花是在包面上塑造花型图案的新型手法，通过立体花的塑造而形成迥异的设计效果，如图6-125所示。

如图6-126所示的包袋设计，运用与扇面同质同色的面料制作，立体花型设置在包面的中部，具有非常明显的装饰效果，在同色的包面上形成华丽富贵的风格。如图6-127所示的包袋设计，立体花是通过条带折叠而形成的，同样具有花型装饰特征，只不过不如前者花型细腻雅致，显得有些粗犷而休闲。因此，对于立体花而言，其装饰效果不单是优雅的淑女气质，也有悠然的休闲风味。

单从立体花设计来讲，可以选择单独的花卉形象，也可以将花卉与树叶形象组合在一起，甚至是形成一组花卉图案组合，都是立体花设计变化的方方面面，如图6-128所示。当然，立体花也可以在大小上进行设计变化，既可以是小花型图案，形象俏丽优美，也可以是大花型图案，形象张扬而且个性，使得立体花图案设计各具风姿。

2. 补花和贴花

补花是通过缝缀来固定，贴花则是以特殊的胶粘剂粘贴或金属配件进行固定。通常，补花、贴花适合于表现面积稍大、形象较为整体、简洁的图案，而且尽量在用料的色彩、质感肌理、装饰纹样上与包面材料形成比较鲜明的对比，在其边缘还可做切割或拉毛等处理，如图6-129所示。有时，补花还可在针脚的变换、线的颜色和粗细选择上做文章，以增强其装饰感，如图6-130所示。

3. 蝴蝶结

蝴蝶结装饰历来是女性产品的经典装饰方式，在箱包设计中，蝴蝶结依然占据重要位置。蝴蝶结可以固定在包袋的扇面上，也可以装配在包体的其他部位，如图6-131所

图6-125 立体花图案

图6-126 立体花设计

图6-127 休闲风格的立体花图案

图6-128 组合立体花图案

图6-129 贴花图案

图6-130 补花图案

（a）包面上异色蝴蝶结

（b）提把处蝴蝶结

图6-131 蝴蝶结图案

示。蝴蝶结可以通过单个、一组的变化形成不同的性格，也可以通过大与小的个体变化烘托产品的设计风格，同样还可以改变蝴蝶结本身的构造和形象来改变整体装饰效果。

如图6-132所示的包袋是同色同面料的蝴蝶结设计，但蝴蝶结占据扇面较大的面积，具有张扬的个性，由于蝴蝶结的尖角和多褶设计，又使蝴蝶结显得神秘而生动，由此带来包体的张扬个性与女性柔美的冲突美感，整包时尚前卫。单独同色的小型蝴蝶结设计，整包风格秀丽精巧，如图6-133所示的小蝴蝶结设计，采用异色单独小型蝴蝶结，在白色的包面背景上带来淑女品质的装饰图案，整包效果精致俏丽。

图6-132　大蝴蝶结设计

图6-133　小蝴蝶结设计

4. 缝缀饰物

缝缀是指在包面上缝缀一些装饰品而形成不同表面效果的手段，装饰材料有很多种类，比如珠宝、水钻、彩色塑料或人造透明水晶饰品等，通过这些装饰品构成的图案来提高包袋的艺术附加值。这种缝缀装饰既可以在整个包面上满布，也可以在某个局部形成装饰重点，装饰效果不同。当然，所应用装饰品的不同也会带来装饰效果的迥异，有时甚至是截然不同的装饰效果，如图6-134和图6-135所示。如图6-136所示的手袋设计，扇面上缀满大型红色、蓝色、绿色宝石，而且形状各异，其间还饰有小型的金色珠饰，异域风情跃然呼出。

图6-134　前扇面钻饰缝缀

图6-135　整包圆珠缝缀

图6-136　装饰彩色宝石手袋

5. 缀挂式饰物

缀挂式装饰是将装饰件的一部分固定在包面上，另一部分呈悬离状态，如常见的缀穗、流苏、花结、珠串、银缀饰、金属环、木珠、装饰袋、挂饰等。这类装饰图案动感且空间感很强，它随着人的动态变化而呈现出飘逸、摆荡、灵动的魅力，如图6-137和图6-138所示。

缀挂式装饰既可以采用与包面同色的饰物装饰，也可以采用异色的装饰物装饰，同色装饰端庄秀丽，异色装饰可以形成色彩搭配效果，如图6-139所示。当然，挂饰也可以具有功能性，如图6-140所示的小包袋挂饰。

图6-137 流苏装饰

图6-138 金属饰链

图6-139 白云挂饰

图6-140 小包袋挂饰

四、图案的综合装饰方式

上述各种图案装饰技法不是单独存在的，有时在图案设计中会应用两种甚至两种以上的技法，来共同进行装饰图案的设计与表现，如图6-141和图6-142所示。

图6-141 补花与铆钉图案

图6-142 立体花与褶皱图案

总之，人造物的时尚与流行一直以来都随着人们的喜好而变迁和发展。现代社会的消费者想要的是舒适与美的统一，既是别人眼中的艳羡也是自己身体的舒适。近年来人们的消费呈现非常明显的个性化趋势，表现出时代风格和人们的价值取向，无论是设计、选料，还是制作、装饰，都追求标新立异。同时，适应现代人回归自然的消费心态，突出休闲化韵味的设计大受推崇，透露着自然、生命中华贵与平凡相生相伴的生态法则。

在世界经济文化一体化的今天，我国社会文化意识、社会心理状态和消费需求特征发生了很大的变化，新形成的社会流行文化对社会产品的设计产生了不可估量的巨大影响。新的改变更多的体现在箱包图案的设计和表现手法上。尤其是服饰文化、消费意识、环保意识、影视文化、网络文化，在图案、造型、色彩、表现手法等方面对服饰图案设计的影响巨大。箱包图案设计只有紧随社会文化意识变化而变，反映社会心理、追踪社会消费热点，才能具有旺盛的生命力。

第七章

手绘彩色效果图表现技法

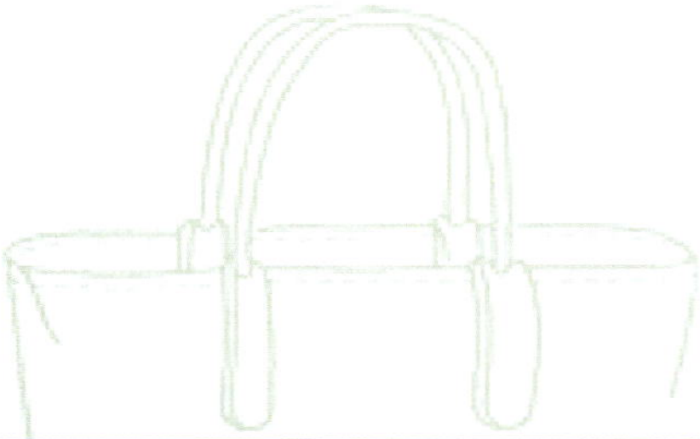

在箱包设计流程中，绘制箱包效果图是体现箱包设计者创意构思的重要途径，也是设计者的必备技能之一。因此箱包设计者在一定的美术技巧基础上，需要结合箱包产品的外观特点和风格特征，并通过各种绘画技法来完成箱包效果图的绘制工作。

根据所设计的箱包产品形态、风格的不同，可以将箱包效果图按照不同的划分方法进行归类。比如，根据色彩形式可以分为黑白效果图和彩色效果图两大类。其中，黑白效果图又可以分为速写、线绘、素描等类别。而根据绘图工具的选择不同，可以将彩色效果图分为铅笔、水彩、水粉、马克笔、色粉笔、油画棒等类别。根据绘制方法又可以分为手绘箱包效果图与计算机软件绘制箱包效果图两类。

无论选用哪种方法进行箱包效果图的绘制，都要对箱包的造型、工艺、结构有足够的了解。只有这样，才能更好地表达箱包设计者的创作理念。在绘制箱包效果图的过程中，也能更加深刻地体会箱包的美感，从而激发未来更多的设计灵感。

第一节　效果图绘制的准备工作

一、箱包透视基本原理

当人们在观察事物时，根据距离的远近和所处方位的不同，会在视觉感官上产生一定的变化，这种现象被称作透视。

在绘制效果图时，因为箱包的外观造型多为二维平面形态（长方形、梯形、椭圆形、三角形、非对称形、不规则图形等）和三维立体形态（立方体、圆柱体等），所以需要以这些几何图形和几何形体作为绘制的基础。为了把三维立体的箱包实物形态在二维的纸面上表现出来，使画纸上的平面图形具有明显的立体空间感，需要遵循一定的透视原理。常见的透视原理主要有以下几种。

1. 一点透视

一点透视又称为平行透视，观者与物体的角度呈平行状态，观者最少只能看到物体的一个面，最多可以看见三个面，与画面呈直角的线最终都在消失点消失。这种透视在视觉感官上会产生近大远小的感觉，物体也会产生纵深感，如图7-1所示。

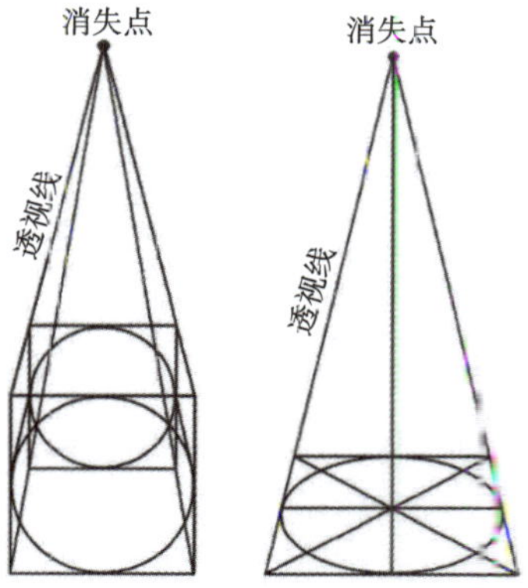

图7-1　一点透视原理示意图

当箱包的设计创意大部分集中在前、后扇面上，包袋侧部比较简洁，或是包体本身前后扇面面积较大，包体厚度偏薄甚至几乎没有厚度，仅由前后两个扇面构成包型的简洁款包袋时，通常可以采用一点透视，将视觉中心全部集中在包体正面和背面，如图7-2和图7-3所示。

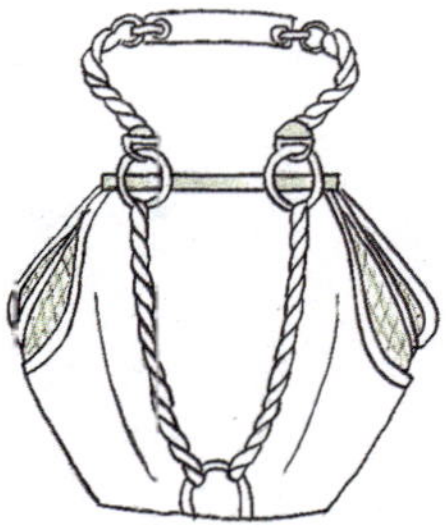

图7-2　一点透视线稿

图7-3　一点透视彩色效果图

2. 两点透视

两点透视又被称为成角透视，观者可以看到物体的两个面以上，相应的面和视角形成一定的角度。所有垂直方向上的线条都是直的，没有变化。每个面都有一个消失点，但消失点不是同一个点，消失点是哪个点完全取决于观者看物体的角度，向左看和向右看的效果都不一样，如图7-4所示。两点透视是最符合正常视觉感官的透视，也最富有立体感。

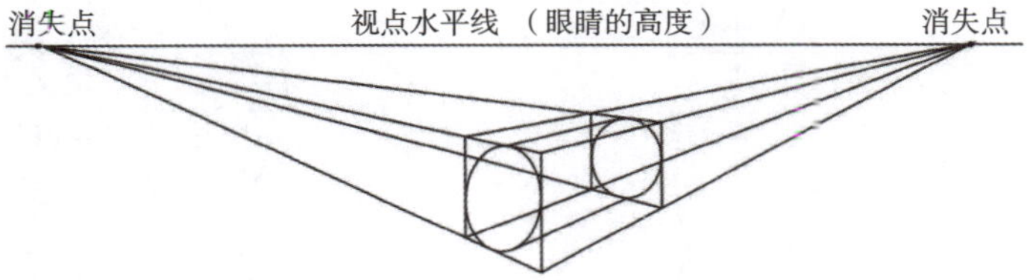

图7-4　两点透视原理示意图

3. 三点透视

三点透视又被称为倾斜透视，观者俯视或者仰视一个斜放的立方体，由于它的位置比视平线高或者低，导致该立方体的各边缘线延长至消失点而消失，如图7-5所示。

在绘制箱包效果图时，最多采用的就是两点透视和三点透视法。这两种透视方法可以将包体的表现角度保持在平视正外侧3/4角度，既能表现箱包款式的正面造型与结构特点，又能表现其侧面的造型效果与结构，可以较为全面地反映所绘制箱包对象的设计特征及细节，如图7-6和图7-7所示。

绘制时，首先要画出正确的透视参考线，找准所设计包袋的透视关系及外形特征，然后再画出准确的立体透视框架，这个框架与包袋的外轮廓基本一致，如图7-8所示。

在透视的框架确定好之后，要逐步画出包袋的各个局部细节，如把手、褶皱、接缝处等，最后直到画好各种配件，如环扣、卡钩、流苏、吊坠、线迹等，才算形成一张完整的箱包效果图，如图7-9所示。

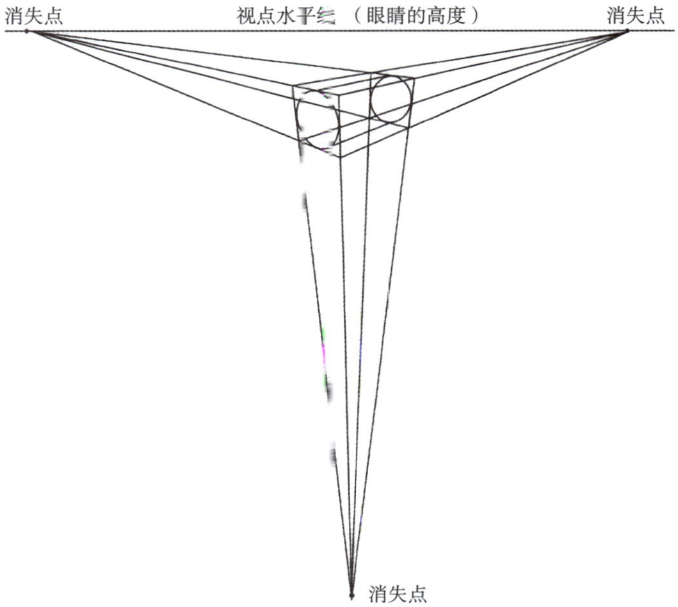

图7-5　三点透视原理示意图

图7-6　3/4角度的包袋效果图

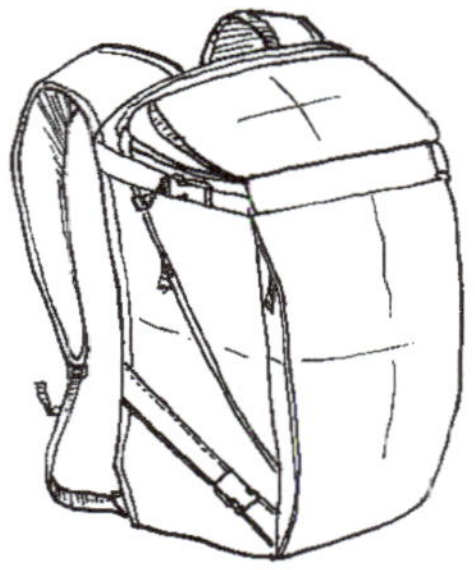
图7-7　3/4角度的箱包线稿

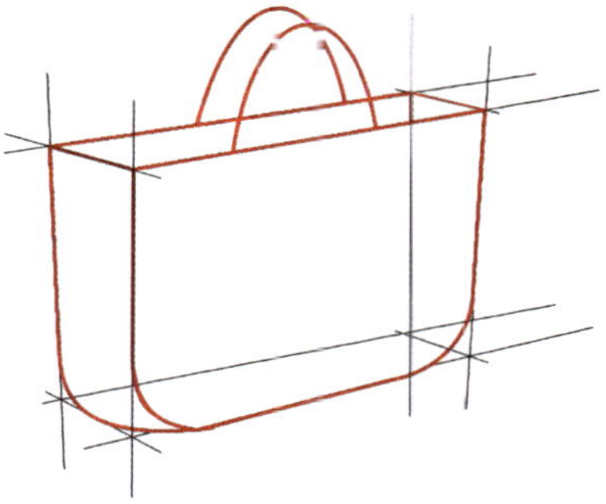
图7-8　包袋的透视框架

图7-9　包袋效果图的完整表现

二、绘制工具与材料

箱包设计效果图的绘制需要各种各样的绘制工具和材料，主要包括纸、笔、颜料及其他辅助用具。了解不同工具和材料的性能，掌握正确的使用方法是很有必要的准备工作。

1. 纸

绘制箱包效果图常用的纸张类型有草稿纸、正稿纸和特种纸三类。可以根据所绘制箱包的特点选择合适的纸张。一般来说，绘制初稿草图多采用白描线绘，不需要体现明暗关系，常用的草稿纸包括打印纸、复印纸、毛边纸、拷贝纸等。绘制效果图正稿时则可以选择一些具有较强表现力的纸张类型，如素描纸、水彩纸、水粉纸、卡纸等。根据所绘制包袋的材质或者追求某些特殊表现风格时，可以选用一些本身有颜色有底纹的特种纸，比如牛皮纸、皮糠纸、宣纸等就很适合表现粗糙的肌理效果。

2. 笔

常用的笔类包括铅笔、针管笔、马克笔、水彩笔、水粉笔、毛笔、色粉笔、油画棒等。

铅笔分为普通铅笔和彩色铅笔两种。普通铅笔是初稿阶段最常使用的绘图工具，笔芯有软硬之分，6H～H型号属于硬铅，其中6H的笔芯最硬，色度最淡，6B~B属于软铅，其中6B的笔芯最软，色度最深。HB介于两者之间，软硬适中。绘制效果图时，最常使用H、HB、B这几种型号。彩色铅笔有12色、24色、36色之分，携带较为方便，绘制速度较快，因此常用于在收集整理灵感时随手记录色彩及勾画草图。彩色铅笔根据其特性又可以分成油性彩铅和水溶性彩铅。油性彩铅色彩鲜艳且不易褪色，耐水耐光，容易保管。水溶性彩铅可以在涂色后用毛笔蘸清水对原本的彩铅颜色进行渲染，产生类似水彩的效果，如图7-10所示。

图7-10 水溶性彩铅遇水后的效果

针管笔是绘制和描摹黑白线稿时经常使用的工具，因其能绘制出均匀一致的线条，可以使图稿更加清晰可辨，也非常适合用来描绘包袋上的缝合线迹。由针管管径的大小决定所绘线条的宽窄。针管管径分为0.1～2.0mm若干型号，箱包设计者在绘制中至少应备有细、中、粗三种不同粗细的针管笔，如图7-11所示。

图7-11 不同粗细的针管笔

马克笔也被称作记号笔，是一种可以快速绘画的工具，既可以绘制草图又可以绘制利落风格的画面，分为油性马克笔和水性马克笔两种，笔感硬，色彩鲜艳。绘制时，除了可以迅速勾勒线条之外，还可以通过同种色笔触的排列与重叠，增强画面效果，色彩明快而富有装饰性，如图7-12所示。

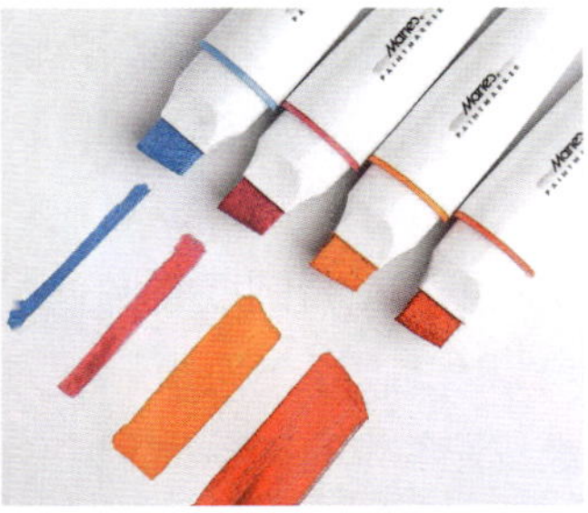

图7-12 颜色丰富的马克笔

水彩笔有圆头和平头两种，毛质柔软、膨松、吸水性强，其中又以圆头狼毫笔为最佳，根据笔头大小可分为多种规格，平头笔适合大面积铺色，圆头笔则既可以上色又可以用来勾线。

水粉笔的吸水性略低于水彩笔，笔头多呈扁平状，按笔头的材质可分为天然毛笔（羊毛、狼毫）和人造纤维毛笔，适合用于厚重材料及画面中背景底纹的表现，型号也比较多。

毛笔根据笔毛的软硬程度分为硬毫、软毫和兼毫，含水量依次递增。硬毫常用以勾勒结构及边线，软毫用以渲染色彩，兼毫软硬适中，勾线和晕染均可。

色粉笔是一种由颜料粉末压制而成的干粉笔，塑造画面和晕染底色都可以，色彩变化丰富，画出来的颜色清新、薄透。不需要借助油、水等其他介质来调色，可以直接作画，跟铅笔一样使用方便。除了绘画以外，还很适合用于有色纸的素描高光的提亮，适合表现一些特殊的、有颗粒感的箱包材质，如图7-13所示。

图7-13 色粉笔

油画棒是一种油质彩色绘画工具，和儿童使用的蜡笔外表非常相似，但其对纸面的附着力、覆盖力比蜡笔更胜一筹，涂起来具有良好的延展性，无论勾线还是叠色和铺色都很优异，能展现油画般的效果，如图7-14所示。

图7-14 油画棒

3. 颜料

颜料主要可以分为透明颜料和不透明颜料两种，透明色包括水彩色、照相水色等，不透明色包括水粉色和丙烯色等。绘制箱包效果图最常用的颜料是水彩颜料和水粉颜料。

水彩颜料透明度好，色彩明快，但覆盖能力差，因此适合用于表现箱包中较为光亮和润滑的面料材质。常用的水彩颜色有白色、淡黄、牛黄、土黄、橘黄、赭石、湖蓝、群青、钴蓝、紫罗兰、深蓝、淡绿、草绿、翠绿、朱红、大红、深红、黑色等。其中钴蓝和群青适合用来勾线，其他颜色多用于塑造画面。

水粉颜料比较厚实，具有较强的覆盖力，易于改动，表现力强，但颜色干后明度会发生变化，绘画时要注意笔触之间的衔接过渡。水粉颜料适合表现箱包中具有厚重和亚光特征的面料材质。同时，如果对水粉颜料采用薄涂法，也可以适当替代水彩颜料的效果。

水粉颜料的颜色种类有非常明细的划分，具体颜色系列有：

红色系列：橘红、朱红、土红、大红、玫瑰红等。

黄色系列：柠檬黄、淡黄、中黄、土黄、橘黄等。

绿色系列：粉绿、淡绿、草绿、翠绿、橄榄绿、墨绿等。

蓝色系列：湖蓝、钴蓝、群青、深蓝、普蓝等。

还有赭石、紫罗兰、青莲、黑色、灰色、肉色、白色、金色、银色等。

图7-15 携带方便的固体颜料

颜色丰富的固体水粉和水彩颜料通常被一格格安置在带有调色盘的塑料盒内，只需要使用毛笔蘸取少量清水，然后轻刷固体颜料表面，并在调色盘上调好颜色后即可进行绘制，画面效果和普通颜料可以做到几乎一样。但重量却比普通颜料轻了很多，外出采风、写生时尤其适用，如图7-15所示。

4. 其他辅助用具

除了主要的纸、笔、颜料，绘制箱包效果图时还会用到其他辅助用具。比如，可以用来固定画纸和整合图纸的夹子、用来削铅笔和裁切画纸的美工刀和剪刀、绘制画框和笔直线条的直尺、固定画纸的画板和画夹、将图纸固定在画板上的图钉和胶带纸、擦拭素描画面的餐巾纸和橡皮擦等。有时，为了描绘出某些特殊的肌理效果，还会使用到布片、纸团、牙刷、竹笔、镊子、喷壶等材料和工具。

随着社会日新月异的发展，新工具、新材料在不断涌现。箱包设计者要敢尝试、勤练习，才能熟练地运用各种材料和工具，绘制出满意的箱包设计效果图。

第二节 手绘效果图技法

一、黑白效果图绘制技法

当箱包设计绘制图稿的时候，运用不需要上色的无彩色技法来表现主体对象就是所谓的黑白效果图。黑白效果图主要通过线描法、速写法和素描法来表现箱包的款式、结构、细节等，绘制完毕后在旁边附上实物的面料小样即可进行后续的开发流程。

1. 线描法

线描法是指用单色线对物体进行勾画，一般使用铅笔或针管笔勾画出箱包的造型和结构。先确定好箱包的立体透视框架，再参考框架绘制出箱包的具体外轮廓（造型）及内部结构细节（配件、线迹）。画面里只有线条形态，几乎不需要塑造块面感。如图7-16所示，仅用线条可以充分表现箱包特征（马鞍形包身形态、D字扣、线迹、拼接线条等）。

休闲类软质包袋上出现的褶皱纹理也可以通过线描法进行准确描绘，如图7-17所示。包袋表面的特殊肌理也可以使用线描法，如图7-18所示。它使用较细的针管笔仔细刻画了此款包袋上经典的标志性藤格纹绗缝线迹，线迹在包袋表面形成了高雅美丽的四方连续图纹，增加了包袋的层次感和分量感，达到了很好的装饰性效果。

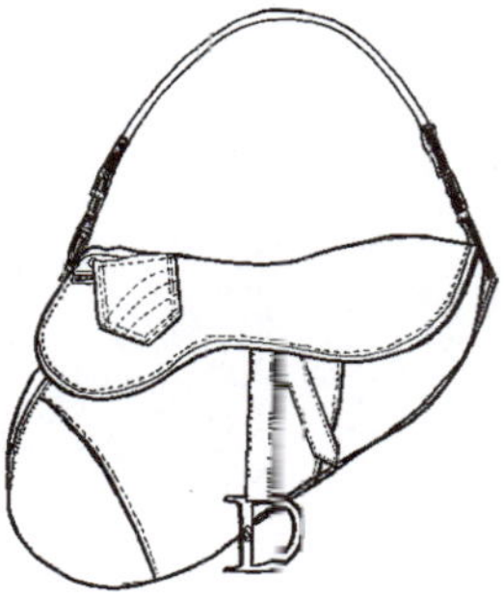

图7-16 线描效果图（1）

图7-17 线描效果图（2）

图7-18 线描效果图（3）

2. 速写法

速写就是在较短的时间里，用简练、概括的笔调将物体等记录下来的一种快速绘画方式。使用速写手法来绘制箱包效果图时，需要具备对于箱包主要特征的整体观察力。下笔前先努力观察箱包的外观和内部，统筹好画面，然后再下笔，尽量一气呵成。笔触可以是点、线、面本身，也可以在此基础上相互配合进行叠加。

另外，速写时的黑、白、灰层次处理也很重要。速写一般以单色为主，黑、白、灰在画面中形成对比关系，在黑与白之间有着丰富的灰色过渡面。线面速写讲究虚实结合，同时在结构大的转折之处加以适当的阴影来加强体积感。明暗速写则是在线面速写上更进一步塑造，表达光影感受。速写相对线描来说，变化更多，因此可以将事物绘制得更显灵动。

速写对绘画工具的要求不是很严格，能在材料表面留下痕迹的工具都可以用来画速写，常见的有铅笔、钢笔、签字笔、马克笔、圆珠笔、炭笔、木炭条、毛笔等。如图7-19所示，使用铅笔排出线条后，用橡皮适当擦出一些明暗关系，将包袋的柔软特征通过褶皱的起伏表达出来，线条干净，包体的立体感体现得淋漓尽致。

图7-19 速写效果图（1）

如图7-20所示，即在快速绘制出的线稿上的需要体现明暗深浅的包袋部位（包口、贴袋表面绗缝线迹），用浅灰色马克笔轻轻扫过，和白色的亮面进行区分，增加视觉层次感。

图7-20　速写效果图（2）

3. 素描法

素描是指使用单色的线条或者块面来塑造物体对象的形体、结构、体积、质感、空间感、色彩浓淡和光感的绘画方式。素描水平是反映绘画者绘画基础水平和基本造型能力的重要指标之一。学习美术的人，一开始基本上都以素描开始入门学习。使用素描法来绘制箱包的步骤一般是先观察箱包产品的实物或者照片，区分箱包本身在光源下的明暗虚实变化，接着使用铅笔或者炭笔找出箱包的整体外形形状和比例关系，然后修整线条使形状相对准确，找出灰面和暗面后再用笔铺上调子，涂上大致的明暗，再详细刻画箱包局部，必要时可层层叠加，画好后再进行最终整体明暗的调整。

如图7-21所示，用铅笔排线是素描中最常见的处理办法，在绘制好的包袋外轮廓里排线，可以塑造出物体细节，排线多了之后也会形成大面积的灰色调块面，表现明暗对比关系，必要时也可以使用橡皮或者餐巾纸“做减法”，擦出一部分亮面，有助于包袋的体积感、面料材质特性、配件形态、整体细节的体现。

图7-21　素描效果图（1）

图7-22　素描效果图（2）

在找准手袋轮廓与透视关系的前提下，画出手袋的肌理效果可以让手袋更加直观和立体。如图7-22所示，着重刻画了暗面的褶皱，将包盖部分的受光面留白，灰面过渡自然，从而把较为平整的天然皮革的质感表现出来，提手部分进行的明暗对比处理也能在一定程度上增加包袋真实感。

二、彩色效果图绘制技法

彩色效果图比黑白效果图更富有表现力和感染力，尤其能够表现出各种箱包面料的质感，因此有着不可替代的优势。

1. 绘制步骤

箱包彩色效果图的绘制步骤可以分为草稿、上色和勾线三步。

（1）草稿

先用铅笔通过不同长度、不同形态的线画出包袋不同部位的界限，即辅助线。包袋的尺寸和比例关系要在这一步准确体现。然后，画出包袋的大致外轮廓并标记好各部件的位置。接着，描绘出各个局部细节和结构形态的线条。至此，箱包的初步草稿完成。

（2）上色

根据想要表现的箱包材质和风格，选择合适的色彩工具为箱包包面和配件进行填色，绘制主体包面颜色。上色时一般应按照包面的款式结构，按从上到下、从左到右的顺序绘制。

绘制完包面主体的色彩之后，开始绘制配件（锁扣、提手、标签、耳仔等）的颜色。其着色面积虽小，却需要精细上色。通过上色将色彩关系表达清晰准确，并根据设计意图进行有重点地刻画。

（3）勾线

勾线一般在着色干透后进行，根据所绘制的箱包种类、款式及材质，选择相应的用线手法。皮革、细棉布等轻薄面料一般宜采用匀线勾勒；手工编织、粗花呢等具有凹凸不平表面肌理效果的面料则应运用毛笔侧锋，并借助勾勒过程中手臂的自然抖动勾勒出不规则的线条；还可以用针管笔或者高光笔勾勒出缝线线迹、褶皱、连接部位的线条、亮面闪烁的光线等，将包袋细节表达完全。

2. 表现技法

箱包的种类、结构形式、面料类型、工艺特点都不相同，每种绘画工具的使用方法、特点和效果也不同。因此，在绘制彩色效果图时要根据箱包的设计风格及效果图的风格，选择与之匹配的绘画工具。

（1）彩色铅笔法

彩色铅笔色彩清淡、笔触清晰，即可用于收集素材时进行速写表现，也可用于较正式的绘画表现，单独使用或与其他工具配合使用，都能产生理想的艺术效果。彩色铅笔用笔讲究虚实、层次关系，通过彩色线条的反复排列由浅入深地表现箱包上的明暗关系。

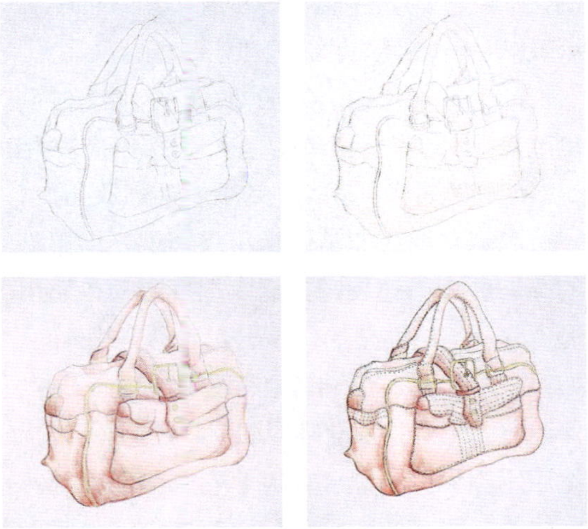

图7-23　彩色铅笔法效果图

如图7-23所示，先用2B铅笔轻轻画出手袋的线条轮廓，然后使用肉粉色彩铅进行排线，将整体铺上底色，再根据受光情况使用红色调彩铅将包体深色和暗部的色彩加深，并慢慢叠加几层，最后用黄色彩铅刻画五金配件和包体细节（滚边、耳仔、D形扣、锁扣等），且使用削尖的黑色彩铅画出虚线状的线迹。

详细绘制过程可扫描二维码观看视频。

（2）油画棒法

油画棒是一种油性固体颜料，质地厚实、偏软，笔触粗犷，使用较为简便，轻轻一抹就可以上色。一般用来表现比较粗糙、有颗粒感的箱包面料表面。油画棒可以单独使用，因其不溶于水的油质特性，也可以与水粉或水彩结合使用。例如可以先用油画棒画出交错的格纹线条，再在顶上涂抹一层水粉或水彩色，由此产生两种不同性质的颜料相互分离的丰富肌理效果。

如图7-24所示，铅笔稿画好后，用针管笔勾勒挎包的线条，因为油画棒的笔触比较粗糙，所以主要用来填色，针管笔线绘稿必须尽量绘制详细，包括小面积的五金配件及表面装饰形状、线迹等细节。接着使用浅淡的湖蓝色油画棒平涂包体底色，注意控制下笔的轻重，将包袋的受光面、暗面和过渡面区分开来。笔触无需特别细致。最后使用明黄色和橘黄色的油画棒将五金配件涂上颜色即可。

详细绘制过程可扫描二维码观看视频。

图7-24 油画棒法效果图

（3）马克笔法

马克笔的颜色鲜艳且色彩种类丰富，各种明度、纯度、色相的颜色都有，容易着色、变干较快且可以进行色彩叠加，附着力强，适合在各种材料的纸面上绘制。笔头粗细都有，既可以勾画线条，又可以填色。笔体轻巧，方便外出携带。但不容易进行修改，所以在下笔之前要做到心中有数。绘制时要把握好点线面的秩序感和节奏感，适合体现潇洒利落、一气呵成的绘画风格。

使用马克笔进行绘制的时候也可以分成两种风格：满涂叠加法和速写法。满涂叠加法相对精细刻画细节，速写法相对快速强调结构。

满涂叠加法非常适合用来表现光滑平整的简洁款皮革包袋。其需要根据明暗关系用马克笔一层层地叠加，涂出光洁的皮革表面。如图7-25所示，用针管笔将铅笔线稿描一遍，保证包体比例关系准确，细节线条刻画到位。然后用圆尖头的黑色马克笔勾勒侧面暗部轮廓线，并用灰色的平头马克笔在包袋前扇面上铺上横条笔触感的灰色底色。再使用深一个色号的灰色平头马克笔横向平涂，一层一层地加深暗部，若颜色不够深，则可以多涂几层进行叠加，需要一定的时间，但绘制过程中要注意留出高光处的空白。最后采用明黄色填涂五金配件，并用白色高光笔勾勒出虚线线迹，即可完成这款纯牛皮材质的高档手袋的绘制。

图7-25 马克笔满涂叠加法效果图

详细绘制过程可扫描二维码观看视频。

速写法相对于满涂叠加法来说，速度更快，线条更流畅简洁，因此在箱包设计中通常用来即时表达设计者的创作灵感。在随意的线条和色彩表现里，却能凸显箱包的详细结构和面料质感。有时候需要和其他适合快速描绘的绘图工具配合使用。

如图7-26所示，使用铅笔绘制出手袋的草稿，下笔要果断，注意线条与线条之间的连接。接着，使用1mm直径的硬头针管笔，沿着草稿勾勒出包袋主体及细节部分的轮廓，包括包袋整体造型和肩带、手把、金属五金件等。根据部位的变换使用不同的用笔手法，尤其注意在转折的位置可适当将笔侧过来，使绘制的线条加粗，通过线条的粗细变化增加包体的立体程度。再用较细的针管笔绘制手袋扇面上的缝纫线迹，线迹以间距均匀的虚线为主。

然后，开始使用马克笔为效果图上色。先用细头马克笔将缝纫线迹描摹成橘色。接着，使用较粗的橘色、肉粉色和灰色马克笔为拉链装饰带、肩背带和手把上色。通过颜色的叠加体现包袋部件的立体感，表现出明暗对比关系。再用较粗的天蓝色马克笔进行大面积铺色，铺色时注意笔触不要来回反复太多次，保证干净利落的效果。多使用马克笔的侧锋，使得每一笔的笔触宽度变粗，节省时间。接着使用深蓝色的细头马克笔在已经画好的天蓝色底色的基础上进行细节刻画，线条反复次数增加，绘制出包体的阴影部分。最后使用银白色高光笔在包袋主体、肩背带和手把的阴影部位的底色上进行局部提亮，增加皮革的逼真程度。绘制过程非常迅速，有一定美术基础的设计师，基本上10min就能完成这样一幅完整的箱包效果图。

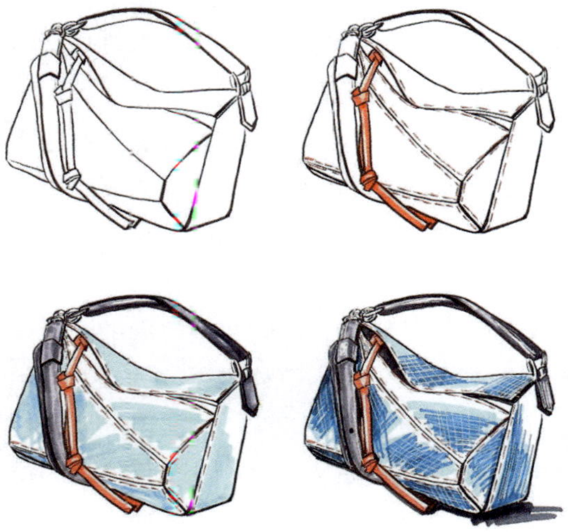

图7-26 马克笔速写法效果图

详细绘制过程可扫描二维码观看视频。

（4）色粉笔法

色粉笔的质感与粉笔非常类似，其是在创作粉画时用到的一种特殊的彩色粉笔。涂抹起来不容易均匀，且涂抹后的画面如果不用固色剂，则很容易蹭脏或者磨损。但若用它来表现磨砂皮和绒面皮等表面具有一定颗粒感的面料就非常逼真。

如图7-27所示，使用针管笔将打好的铅笔线稿描一遍，得到白描线稿。接着用草绿色色粉笔平铺一层底色。然后在前一步的基础上，根据包袋结构再上一层略深一点的草绿色，并用橡皮适当蹭擦。最后选用同类色中较深的绿色色粉笔沿着包袋的暗部、阴影处、褶皱处、手换处做深入涂抹处理，将软质面包型手袋的柔软质感表现出来。

图7-27 色粉笔法效果图

详细绘制过程可扫描二维码观看视频。

（5）水粉技法

水粉颜料本身富含胶质且覆盖力较强，因此多用于表现硬挺、坚实、亚光、带有涂层的皮革材质的包袋。又因其在使用时必须加入水这个媒介进行调和，水分含量多，为了防止纸面接触颜料之后过软，所以多选用水粉纸和卡纸等具有厚度和硬度的纸张配合进行绘制。

如图7-28所示，绘制的是一款正红色漆皮材质的波士顿包。因为漆皮材质表面光亮坚固，在绘制时需要仔细刻画色泽，所以要多注意光线的转折和光源点的变化。

图7-28　水粉技法效果图

沿着铅笔线稿，用勾线毛笔蘸取适量浅棕色水粉颜料，把铅笔稿描摹一遍，方便后续上色。开始先用正红色水粉铺第一遍颜色，颜料中需要调入适量的水，从包袋的暗部位置向亮面位置画，提手处和包袋边缘也可用勾线笔蘸取同样的颜色进行少量着色，亮面的位置直接留白不要上色。第二遍，蘸取略深一点的朱红色水粉进行过渡面的完善，此时水粉笔的水分要减少，与暗部的颜色进行合理的衔接。最后，使用细头勾线毛笔蘸取少许黑色水粉颜料，描绘提手、装饰带、金属环和包袋挂饰，完善细节部分，然后进行整体调整，把最顶层的配件在包袋扇面上形成的投影用灰色水粉颜料刻画完毕，以加强整个包袋的立体感。

详细绘制过程可扫描二维码观看视频。

（6）底色法

这是一种简单迅速的绘制方法，很好上手，除了绘制效果图，也适合用于随手绘制灵感草图。如图7-29所示，先确定好箱包的主体颜色，直接选用与之相同的宽平头马克笔反复平铺画面作为背景底色，笔触无需笔笔相连，能够呈曲折线形最好，再使用深色勾线笔或者针管笔直接在刚涂好的底色上勾画箱包的轮廓线、结构线、工艺特征线，接着再用深灰色系的马克笔在暗部轻涂两笔进行加深，能够将箱包的明暗关系体现出来即可。此方法要求线条严谨、利落、流畅，结构和透视关系准确。

图7-29　底色法效果图

（7）水彩技法

水彩颜料颜色鲜艳、质感薄透，适合用来表现光亮、细致材质（纱质、丝绸、小羊皮等）的包袋。水量添加的多少可以用来控制水彩颜色的厚薄浓淡，水分较多时可以用来大面积着色。绘制时应该按照由浅到深的顺序依次进行。在箱包的重要部位简略地敷以淡彩，再使用水分偏少的深色勾线毛笔勾画外轮廓和内部结构线。在水彩绘制中，一般会额外多准备一支装水的水笔，以便随时为颜料添加水分，从而进行调色和晕染画面。

如图7-30所示，绘制的是一款带抽绳的水桶包，将抽绳抽紧后，包身主体不均匀的褶皱是包袋的主要特征，因此刻画包身上褶皱处的明暗变化十分重要。首先用铅笔浅浅地打一层线稿，这里要注意，下笔的力度一定要轻，以防后续水彩过于薄透导致盖不住草稿印子。第一层先使用含水量较多的中号水彩毛笔蘸取浅绿色水彩颜料进行大面积的包身铺色，然后用淡橘色水彩对包口和提手以及拼皮进行填色。接着在底色上用小号毛笔蘸取同样色系的水彩颜料进行叠加塑造出块面，加深暗部，提亮受光面，画面的中间调子则使用无色水笔进行晕染，实现自然过渡。之后用最小号的勾线毛笔蘸取墨绿色压在褶皱的转折处，让饱满的褶皱突显出来。铆钉、抽绳、金属扣环及其在包袋上的投影也使用深色勾线笔进行塑造。最后拿出白色高光笔将缝合的虚线线迹绘出，增加整个袋装包体的立体质感。

图7-30 水彩技法效果图

详细绘制过程可扫描二维码观看视频。

三、箱包不同面料材质及设计细节的表现方法

材质，即人对于材料外观质地的视觉和触觉感受。箱包面料的种类很多，有软、硬、光、滑、粗、细、薄、厚、编织、拼接等不同质感，所产生的外观形象也不相同。箱包除了包体以外，上面还有各种设计细节需要体现。箱包设计者应根据不同设计的实际需要，选择合适的绘画工具和表现方法。

1. 毛皮面料

毛皮面料也被称为“皮草”，可以按照长、短、厚、薄进行区分外形柔软、蓬松，有着自然的光泽。毛皮箱包面料在表现时应该注意以下几点：

①箱包边缘线条的处理，应该用短而细的线条沿着毛发生长的方向排列，疏密结合，明显区分层次，尽量表现出毛皮的分量感和空气感。

②毛的方向有顺向和逆向两种，绘制时注意不能画颠倒。不能一味地平行排列线条，这样画出来的毛皮会显得呆板。应该将线条进行分组，按照不同的明度排列。上色时，遵循先深后浅的顺序，先画出暗部和明暗交界处的颜色，暗部反光处可以直接留白，然后画中间的过渡部分，最后再画亮部的颜色。

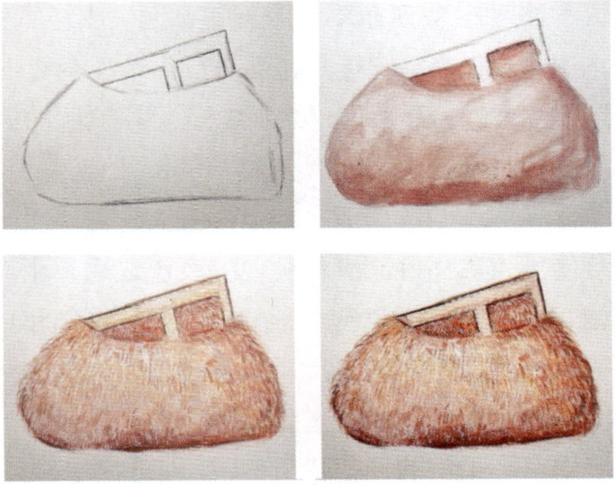

图7-31 短毛绒毛皮手拿包

如图7-31所示是一款具有短毛绒质感

的毛皮手拿包。使用的工具包括2B铅笔、彩铅、水彩颜料、水粉颜料和高光笔。首先用铅笔勾勒出包体的大致轮廓，将勾勒出的轮廓线用橡皮擦浅。蘸取粉红色水彩颜料铺大色块，确定包的底色，铺完之后，用水粉笔在第一层着色的色块基础上加深。毛的刻画要体现深浅，用水粉笔顺着毛流的方向，中间深，两边浅，再用彩色铅笔进行叠加，涂出色彩的过渡和层次感。最后处理细节，将贴近包口的轮廓线用棕色彩铅勾画，让高光笔和针管笔顺着毛的方向，画出一簇簇的小绒毛，使绘制出的包体饱满，包袋表面的短毛绒既有空间感又有分量感。

图7-32　长毛毛皮单肩包

与短毛绒相比，长毛类的处理方法略有不同。如图7-32所示的动物卡通元素的单肩包，包盖处的长毛作为卡通的头发部分存在，与包身的彩色几何色块短绒毛形成了鲜明对比。主要使用的工具有针管笔、2B铅笔、彩铅、水彩颜料和高光笔。用铅笔勾出轮廓线，包盖上的毛流方向也要画出来。接着用水彩颜料铺大色块，填涂包身几何色块的颜色，毛皮部位的铺色要顺着毛的方向进行。再使用彩铅进行叠加，一笔彩铅，一笔水粉，配合描绘毛皮的线条，形成色彩的过渡和层次感，包身被毛皮遮盖的部分则颜色加深，由内向外慢慢变淡。最后用高光笔和针管笔进行细节的刻画，针管笔顺着毛的方向添加，让毛皮的部分更加丰富。

2. 皮革面料

皮革是制作箱包的主要材料，可以分成天然皮革和人工革两种。其具有挺括、柔软、光泽感强、弹性好的特点，绘画时应该着重于明暗对比关系，将凹陷的部位画暗，突出的部分画亮，明暗交界处可适当加深。同时还可以使用画线工具强调结构线和明缉线，从而加强皮革类包袋的立体感。

亮面皮革（漆皮、镜面皮）和亚光类皮革（麂皮、磨砂皮等）的特征不同，在绘制时的注意点也不一样，可以选用适合的绘画工具进行表现。

如图7-33所示牛皮双肩包，因牛皮材质表面相对光滑整洁，没有特别大的颗粒感，所以选用方头马克笔直接对包面进行平涂，接着在边缘线及暗部叠加圆头马克笔的笔触进行加深，增加立体感。最后通过绘制线迹、铆钉扣、拉链头的方式来让包袋显得更加逼真。

如图7-34所示的麂皮材质的链条包，为了体现麂皮的雾面亚光特点，无需留白，直接使用水彩铺好涂满淡黄色的底色之后，用相对深一度的棕黄色水彩颜料在包体暗部和突出的五金件在包袋上形成的投影处进行加深，注意明暗之间的过渡尽量自然。最终刻画出环环相扣的链条背带和包盖上的锁扣的立体感。

图7-33　牛皮双肩包

图7-34　麂皮链条包

3. 编织面料

编织面料指采用不同粗细的线、绳、带、条等长形材料进行经、纬两个方向的上下垂直交叉或斜向交叉穿编形成包面，进而连接各包面再组成包体。因其可以有效地为包面增加层次感和装饰性，近年来各品牌都有推出编织款式的包袋产品，且受到广大消费者的喜欢。

常见的编织纹样有镂空花纹、凹凸花纹、条纹、波浪纹、斜纹、格纹等，绘制效果图时应根据不同纹理的结构特点进行表现。如图7-35所示，其是将皮革面料裁成较宽的长皮块，然后进行编织制成的斜挎包。因编织面料内部覆合了托料，所以看上去比较饱满圆润。为了体现出编织皮块的饱满质感，所以使用马克笔塑造块面，亮部和暗部选择对比强烈的两种颜色。一开始使用铅笔起型画出准确的线稿，将每一个编织方块都勾勒出来，然后大面积使用肉粉色进行铺色；接着用棕色刻画暗面，增加体积感；再进行细节处理，用红棕色加重阴影以及最暗部；画完后使用白色高光笔进行提亮，加强画面的对比效果，将皮革光滑的质感体现出来。

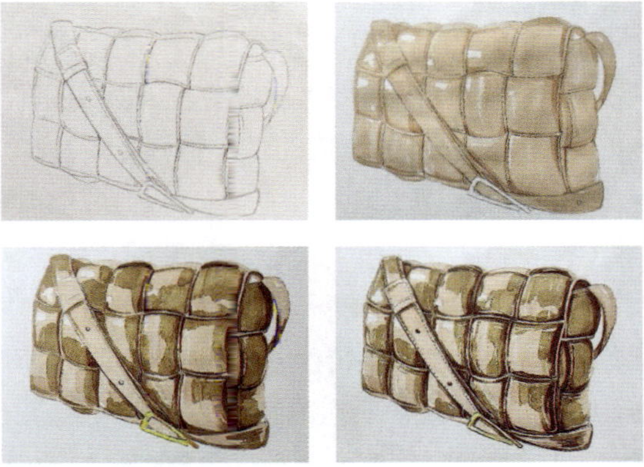

图7-35 皮革编织包

如图7-36所示的度假风格的竹编包，非常适合春夏季节，皮革材质的红色包盖与包身的竹编肌理对比强烈，具有独特的混搭风格。绘制时先用黑色铅笔大致勾勒出线稿，然后用浅棕色的马克笔给竹编部分上色，要注意光影关系，留出高光，再用深一点的棕色马克笔加深暗部；接着使用红色马克笔给皮革包盖部分上色；整体颜色涂完后，再用彩色铅笔细致刻画竹条间隙的阴影，增强立体感；最后用白色高光笔画上线迹和亮面部分。

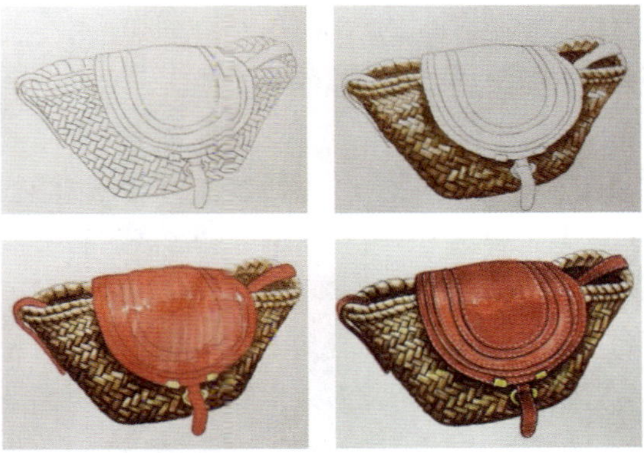

图7-36 竹编度假风包袋

4. 牛仔面料

牛仔面料是一种质地较粗厚的色织经面斜纹棉布，多为靛蓝色。边缘及分割处常用明缉线加固和装饰，有一定的砂洗效果。如图7-37所示的托特包，用针管笔将铅笔底稿描一遍，褶皱的线条要比轮廓线条略浅；然后使用中号水彩笔蘸取灰蓝色水彩颜料进行整个包体的平涂，中间部位涂得稍浅一些，边缘可适当加深；涂好的底色干透之后，用

图7-37 牛仔面料托特包

小号水彩笔刻画包袋表面的褶皱肌理；最后再用勾线笔进行适当调整，将牛仔面料不均匀的砂洗效果表达完整。

5. 压纹面料

图7-38　鳄鱼纹手袋

图7-39　石头纹手袋

压纹是指使用带有凹凸纹路的模具，在一定的压力和温度作用下使材料产生变形，从而形成一定的花纹。经过压纹处理后的面料表面会呈现出深浅不同的图案和纹理，具有明显的浮雕立体感，增强了面料本身的装饰性。例如仿鳄鱼皮纹、豹纹、水波纹、荔枝纹、格纹、蜥蜴皮纹、石头纹等，表现力较为丰富，绘制时建议使用水彩颜料或者与其他绘画工具搭配使用。如图7-38所示的手袋的表面压有鳄鱼纹肌理，为了凸显鳄鱼纹路，可以利用油性与水性材料不相溶的特性，首先用蓝紫色油画棒按照包袋的起伏感画出交错的鳄鱼纹线条，然后用深蓝色的水粉颜料直接涂在鳄鱼纹线条上面，这样油画棒经过的地方就不会被水粉覆盖住，最后再用勾线笔蘸取少许白色颜料勾勒出两面的高光以及其他细节。

如图7-39所示半月型的手袋表面有石头压纹，为了突出纹路，采用水彩技法中的湿画法结合干画法。先用湿画法大面积铺底，再在铺好底色的包面上用干画法画出皮革的肌理，持续晕染直到手袋表面纹路的虚实关系处理完毕。

6. 褶皱面料

褶皱是材料表面纹理和装饰中的一种形态，当面料表面具有一系列波状的弯曲变形时，就形成了褶皱。褶皱面料表面具有凹凸不平的绉缩外观，使面料富有弹性和线条美，舒适灵动。通常较为柔软、轻薄的面料容易产生褶皱，偏软质的女性化包袋里经常利用褶皱来体现轻盈的浪漫美感。

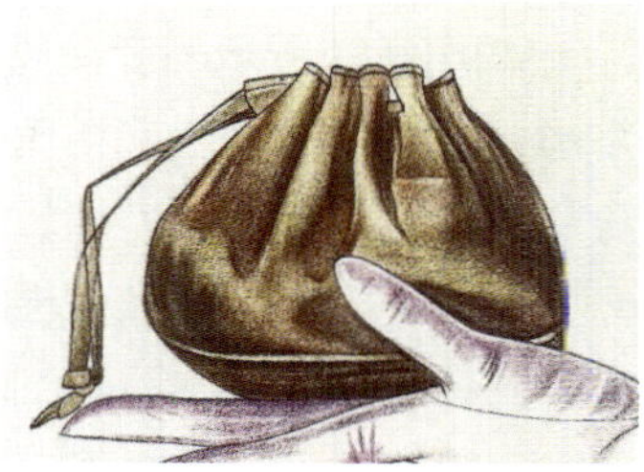
图7-40　带褶皱的抽绳水桶包

如图7-40所示，此款软质水桶包上的褶皱是由包口的抽绳抽紧而形成的，为圆弧形褶皱。又因其是亚光型材质，所以选用彩色铅笔层层叠加的方式进行塑造。凹进去的部位努力加深，凸出来的部位尽量浅淡，过渡部位使用铅笔排线的方式进行自然转折。

7. 绗缝面料

绗缝面料在包袋上的运用也十分广泛。面料内层通常填充定性海绵、羽绒等材料，使得面料外观呈现一定程度的泡鼓状。绘画时应着重表现其蓬松的质感，并注意透视变化和凸显立体感。

图7-41　绗缝面料手袋

如图7-41所示的经典款绗缝手袋，铅笔打好型后用浅褐色针管笔勾线，因为包身颜色为淡淡的水红色，所以不建议使用黑色针管笔，会过于突兀。整体用水彩铺大色块，确定底色。包盖在包面上的投影和转折需要加深压下明度，然后刻画每个绗缝格子的转折块面，绗缝线用细毛笔压深暗面。最后处理包链条的明暗面，绗缝线交界处加深，使边缘轮廓线利落、清晰。

8. 印花面料

印花面料的画法一般分为涂底留花法和画花空底法两种。涂底留花法是针对底花型箱包的画法，先用铅笔画出花样位置及形状，然后用尖头毛笔涂满花样周围的底色，将画纸本身的颜色作为花色；画花空底法则是在画纸上画出印花纹样。

图7-42 印花面料手袋

如图7-42所示，先使用黑色针管笔将勾画好的铅笔稿描摹一遍，并画出包身上的装饰纹样；接着用棕黄色马克笔画出包带及装饰花边，再用彩色马克笔画出表面的装饰性花朵、字母纹样；最后再使用深棕色马克笔加强包体与花边的立体感，并用白色高光笔绘制虚线状的缝制线迹。

详细绘制过程可扫描二维码观看视频。

9. 木质面料

除了软质的皮革材料以外，近些年来，箱包设计者开始挖掘一些天然的材料进行创新设计，木头就是其中一种。棕黄色系的木头带着自然形成的颜色和纹理，通常适合用来制作箱型包袋，款式接近小尺寸的木箱。因其简洁的造型，适合搭配自然派、复古风的服装。原木的颜色对环境光源的反映十分明显，在绘制时应格外注意。

图7-43 木质面料箱包

如图7-43所示的木质小箱子，箱型硬挺。绘制时使用的绘图工具比较简单，铅笔和棕色彩色铅笔即可，但是需要一层层地用笔触进行叠加，耗时比较久。先用铅笔绘制出箱子的外轮廓、提手和五金配件线条；接着使用深棕色的彩色铅笔排线，给箱体铺上底色，然后逐渐加深，找出木材表面的光泽变化（色彩变化），暗部加深，亮部留白；最后再塑造金属提手、锁扣和铆钉。

详细绘制过程可扫描二维码观看视频。

10. 棉麻材质

棉麻材质包括各种纱织厚薄棉布、亚麻布、帆布等，多用于休闲类箱包的设计。由于不同的编织规律，织物可以分成横纱、直纱、斜纱和横竖纱等。织物表面通常带有组织纹路和颗粒感，因此可使用偏干性的绘制工具，如铅笔、油画棒、色粉笔等。如图7-44和图7-45所示，使用深色彩铅进行块面的塑造，由于棉麻材质的包体大多偏软，需要通过线条的疏密来表现明暗变化，强调饱满的感觉。

图7-44　棉麻材质单肩包

图7-45　亚麻材质包袋

11. 透明面料

透明面料在包袋中一般以点缀局部的方式出现，比如荷叶边、薄纱、PVC（聚氯乙烯）塑料壳等。透明面料在绘制时要注意外层包面的透明感对内容物的反映规律，不能只画出白色或者灰色。一般先画好内容物的色彩和明暗关系，再处理表面覆盖的透明面料，通过反复叠加淡彩来表现层次错落的透明感。

图7-46　带透明荷叶边装饰的手袋

图7-47　带透明花边装饰的硬箱

如图7-46和图7-47所示，透明的荷叶边和花边都将箱包主体的颜色透出，使用马克笔和彩铅塑造褶皱的透明面料，高光提亮，暗部加深，并用高光勾线笔勾勒出褶皱反复转折的线条。

12. 装饰元素

箱包产品上除了具有实用功能的包身主体外，各种装饰性元素也会在一定程度上吸引观者的眼球。如常见的绳结、绑带、拉链、环扣、宝石等，虽然体积不大，但可以增加箱包的美感和视觉冲击力。但装饰元素种类繁多，需要根据材质特性选择不同的绘制工具进行表现。如图7-48所示水桶包的提手设计，其是由缎带穿过包身上的孔，并打结制成。包身简洁，位于前方的打制好的结反而成了视觉中心，因此需要把绘制重心放到此结上。在用黑色针管笔描好的线稿上，先使用红色和棕色彩色铅笔淡淡地为包身和提手铺一层底色，然后逐渐深入。刻画绳结时，用铅笔将缎带上的若干条褶皱线绘制出来并加深，增加提手的分量感。绳结交叉的地方注意前后层次的顺序。

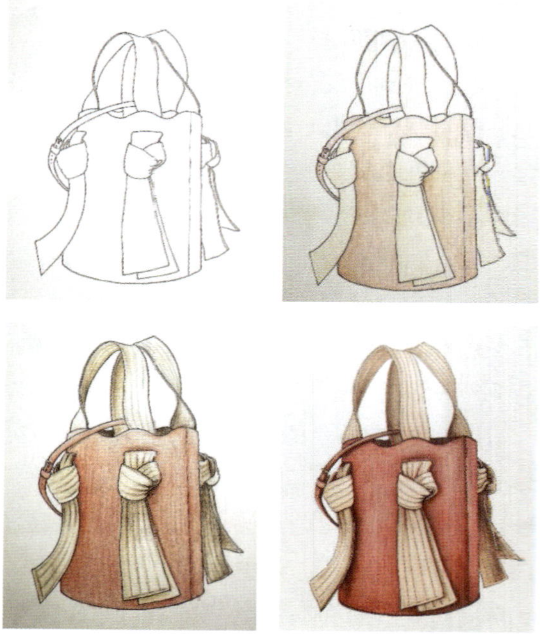

图7-48　绳结式提手

如图7-49和图7-50所示，虽然均为蝴蝶结，但所处位置、材质、形状、尺寸都不一样，因此根据两款包袋主体面料的肌理质感，分别选择了彩色铅笔和马克笔进行绘制。蝴蝶结的打结处会因为扭转而形成褶皱，需要用勾线笔画出褶皱阴影面的线条并加深，再使用和底色对比度较大的颜色在亮部提亮，突出蝴蝶结的立体感。

如图7-51所示的交叉型皮质绑带，材质硬挺且有厚度。因为处于包身的前方，所以横跨在包面上时会形成阴影，用深色马克笔沿着绑带的底部线条压上一条笔触，再用白色高光笔勾画出几笔亮面，即可有效地增加绑带的立体感。

如果遇到一些相对复杂的特殊材质，无法用画笔进行表现时，也可以直接使用装饰性的材料实物，将它们粘贴在已经绘制好的箱包效果图上。如图7-52所示，运用了装饰性的细小水钻颗粒，将其沿着效果图上装饰扣的外轮廓线，用胶水拼合、排列、粘贴起来。当光线照在效果图上时，水钻的亮度可以很好地增加效果图的层次感和美感。

图7-49 蝴蝶结（1）

图7-50 蝴蝶结（2）

图7-51 装饰性绑带

图7-52 实物材料拼贴的装饰扣

四、箱包艺术型效果图的表现方法

掌握了使用不同的工具绘制出各种风格的箱包款式效果图后，可以通过一定程度的加工，将其转化为艺术型效果图。艺术型效果图相比款式效果图而言，更注重欣赏价值和艺术感染力，突出箱包的形式美感。通常将箱包款式与场景、人物、动态进行搭配，表现形式也比款式效果图更加丰富，可以适当夸张或装饰，也可以刻意强调包袋的某一显著特征，而不必过分关注款式和细节的真实性，颜色和技法的选择范围也更宽，使其具备强烈的视觉冲击力。

艺术型效果图具有表达箱包设计者的创新思维和渲染箱包艺术效果的作用，有一定的宣传效果，因此非常适合在设计比赛中运用，能够引起比赛评委对箱包审美的认同，给他们留下深刻印象，从而在比赛中脱颖而出。

在进行箱包艺术型效果图的表现时，可以从构图选择、背景设置、艺术风格美感添加等几个方面进行。

1. 箱包艺术型效果图的构图形式

构图，即效果图各元素的组织形式。箱包艺术型效果图的构图比一般绘画作品的构图更加规范，具有较强的形式感。通常采用的构图形式有以下几种。

（1）横竖构图

横构图和竖构图是箱包艺术型效果图中最常使用的两种形式。这两种构图在使用上没有限制，相对自由。箱包设计者可以根据自己的意愿和想要表达的产品风格来选择，如图7-53和图7-54所示。

因为人眼的结构使人们看到两边的空间比较多，上下看到的比较少，所以横构图比较符合人眼的习惯，因此横构图是看上去最自然且使用最多的构图形式。将同系列的各款箱包横向均匀排列在效果图中，视觉感官相对整齐，也最具稳定性，如图7-55所示。

竖构图则是现代社会比较习惯的一种构图方式，因为很多电子设备都是竖长形的。竖画幅适合将若干个偏扁长型的箱包款式按照从上到下或者从下到上的顺序排列在竖直的画纸上，这样可以很好地表现画面垂直方向上的纵深感和空间感。如图7-56所示，与背景同色系的3款比较扁形的包袋分布在画面中心位置，再添加上主题名称，即得到了完成度较高的系列箱包效果图。

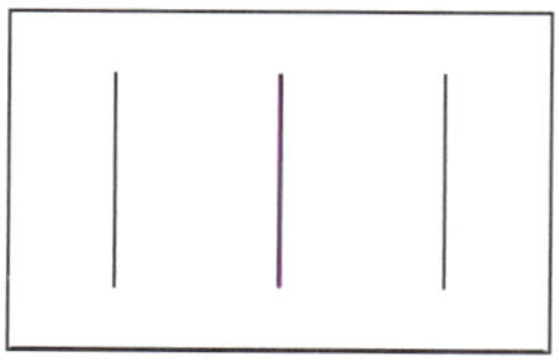

图7-53　横构图示意图

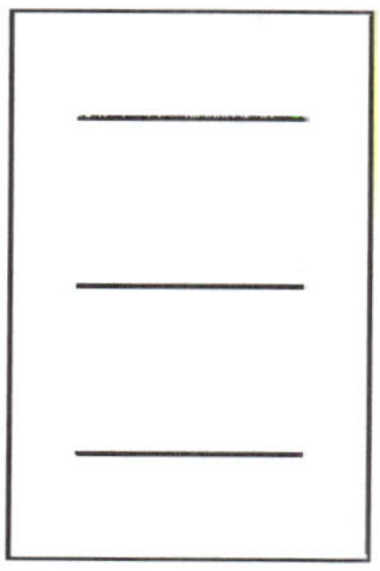

图7-54　竖构图示意图

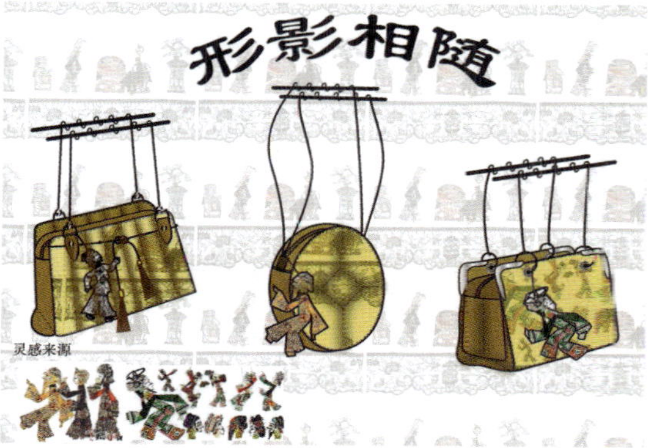

图7-55　横构图的箱包效果图

（2）单品构图（单点构图）

单点就是整个画面的视觉焦点或趣味点，也是最吸引人眼球的点。单个箱包产品进行构图时，一定要注意箱包主体在画面上的大小比例，注意画面虚实关系的处理，同时合理安排视觉重点在画面中的所处位置，如图7-57所示。

除此之外，整个效果图的画面上不能仅仅只有一个箱包产品图存在，要防止视觉感受过于单调，可根据情况适当配合添加工艺图线稿、说明文字、灵感来源图、多角度细节图等面积较小的元素，从而获得视觉上的平衡感。如图7-58所示的参赛效果图，在黑色背景中间略靠左的位置上粘贴了绘制好的彩色箱包主体，左上角放置了系列名称，使用白色高光笔在空白处画上了包袋各细节的线稿并标注了说明文字。这样的参赛效果图比较充实，很好地展现了设计者的创意和绘制水平。

图7-56　竖构图的箱包效果图

（3）双产品构图（两点构图）

两点构图中的每个点依然能吸引相当的注意力，但当画面上出现两个可以相媲美的点时，观者的视线开始在两个点之间徘徊，他们比较两个点，并想要在两个点中选出偏好的那一个。

当一幅效果图上有两个箱包产品时，需要注意产品之间的相互联系，可以通过区分主次、大小、远近、动静的方式，也可根据产品各自在效果图上所处的位置进行分配。不求构图绝对对称，但在视觉分量感上要达到平衡。如图7-59所示，无论如何安排，观者并不一定能选出更偏好的那个产品。如果两款箱包非常相似，会导致观者犹豫不决。因此，越相似的两个箱包，画面张力也越强。画面的张力保存下来，就会形成画面的主题，这个主题下的两款箱包也就成了系列箱包产品。

如图7-60和图7-61所示的两幅效果图，每幅画面上均有两款箱包，虽然主题元素相同，但每款包的细节设计、大小、方向都有着些微的差别。将画面的空间进行分配，当两点分布在斜线上时，根据人们的观察习惯，习惯从左到右观察，“左下—右上”的分布往往带来一种上升趋势，而“右上—左下”的分布则相反。相比之下，前者更容易给人带来正向的观看情绪。所以，这两幅效果图在视觉感官上都比较协调，加上背景色和设计创意元素的加持，完成度很高。

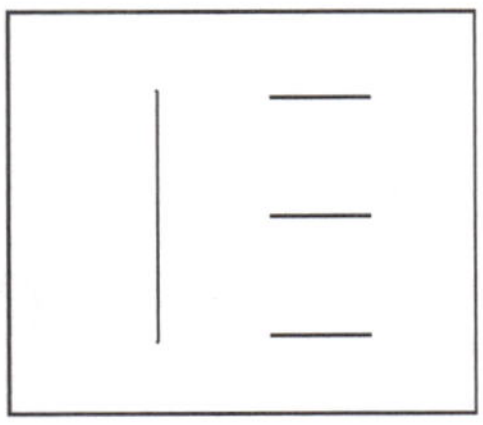

图7-57　单点构图示意图

图7-58　单点构图的箱包效果图

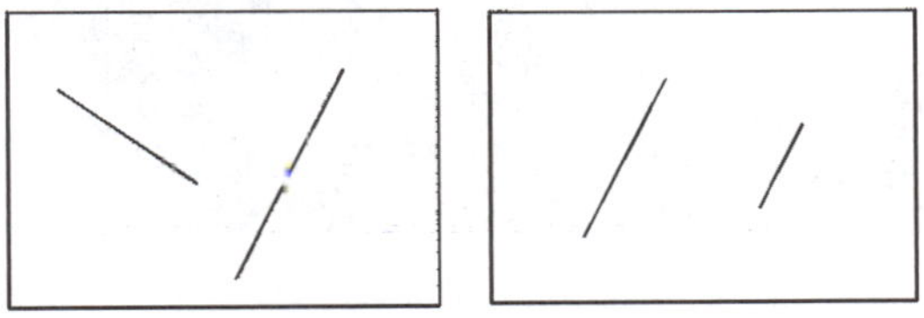

图7-59　两点构图示意图

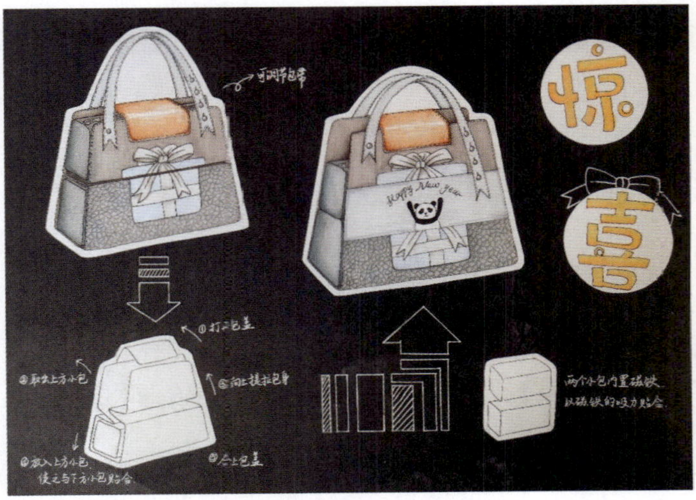

图7-60　两点构图的箱包效果图（1）

图7-61　两点构图的箱包效果图（2）

（4）多产品构图（多点构图）

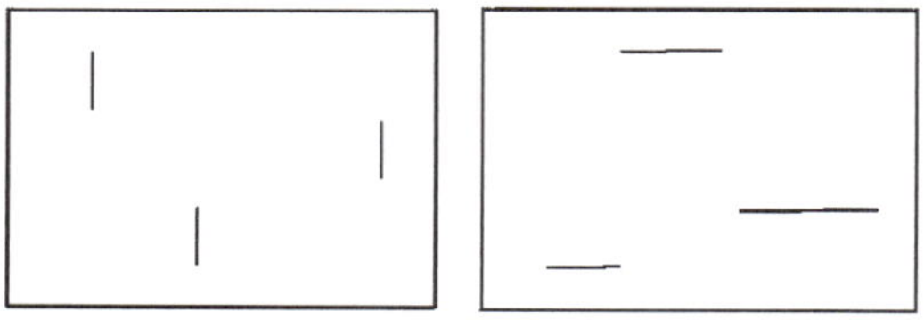

图7-62　多点构图示意图

多点构图即画面全部或部分区域有多个主体存在，且大小、形状不同的物体的排列有章可循。多点构图的特点在于“散而不乱”，自由但又具有内在的联系。当效果图里具有多款箱包时，要通过箱包之间的动态一致性、协调性和组合方式来表现，使画面疏密有致，具有层次感，避免让画面结构变得松散和凌乱，如图7-62所示。

如图7-63和图7-64所示箱包效果图均采用了多点构图，每个系列里的3款箱包散落在画面的各个方向，但是都带有与主题相关的共同元素，箱包之间相互连接后可以形成一个三角形，由于三角形的稳定性，排版后的效果图画面较为充实，视觉感官平衡。效果图配合添加了美术字的主题名称、灵感来源图、工艺说明和工艺图，增加了画面的层次感和装饰性。箱包和箱包之间联系紧密，与效果图的整体风格和谐统一。

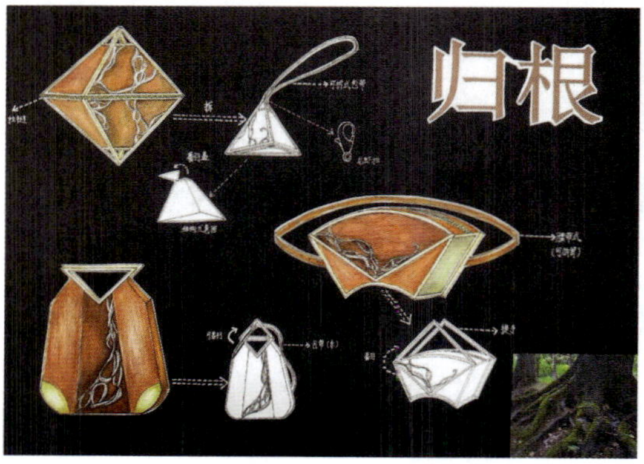

图7-63　多点构图的箱包效果图（1）

图7-64　多点构图的箱包效果图（2）

2. 箱包艺术型效果图的背景处理方法

效果图的背景处理可以在一定程度上增加效果图的装饰性美感。通常，箱包设计者可以根据其设计主题来添加背景内容，例如选用素材（花纹、图形、文字、人物等），使其与箱包设计的造型、纹样、工艺、色彩相得益彰。但仍旧要以突出箱包产品的设计为目的，背景部分的元素不能喧宾夺主。

（1）添加与箱包同色系的纹样

效果图里所有元素的整体色调统一，看上去才舒适。如图7-65所示的箱包效果图，因为该系列包款的主体色调由粉色、米色和棕色组成，因此提取了占包身比例较大的粉色，并在效果图的空白处添加了与之相匹配的部分粉红色桃花的纹样，将其点缀在左下角和右上角的角落里。包袋的设计灵感来源于燕子的造型，燕子栖息在桃花枝头，也符合设计逻辑。背景中大量的留白也给效果图增加了呼吸感，兼具创意与美感。

（2）将背景填充色设置成与箱包同色系的颜色

如图7-66所示，因为该系列箱包的造型是从老式煤油灯的形状中提取的灵感，设计出的

图7-65 添加纹样的箱包效果图背景

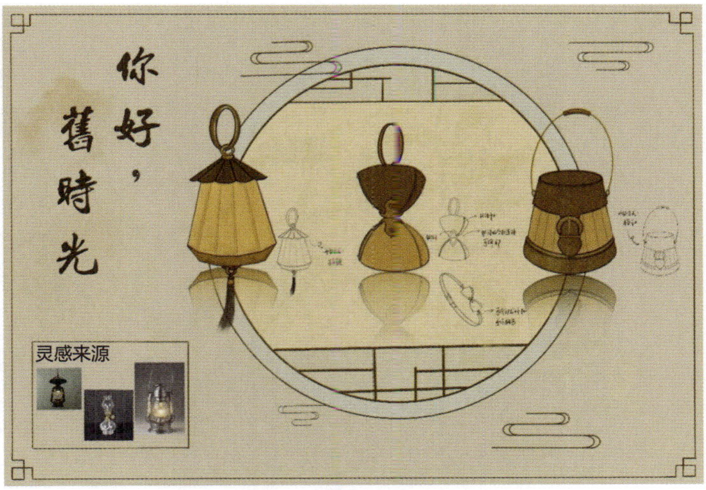

图7-66 同色系的箱包效果图背景

3款包袋的颜色也以棕黄色系作为主要颜色，造型和配色都体现了曾经旧时光的复古和朦胧感。因此直接将背景色填充成了与棕色、黄色同色系的卡其色，与主题灵感和箱包设计都十分契合，卡其色的明度也很低，可以很好地烘托出箱包效果图的氛围感。

图7-67 与灵感内容相关的箱包效果图背景

（3）添加与灵感内容相关的元素

如图7-67所示，设计的重点是3款箱包的表面带有的窗格造型的镂空纹样，因此直接提取窗格的线条作为边饰纹样。放置在效果图背景的边缘处，颜色选用了与灰色背景色对比强烈的银白色，可以有效地突出纹样。

（4）添加展示箱包的人物（模特）

箱包属于服饰品的范畴，也具有收纳物品的实用功能，因此必须放到人体上进行穿戴。所以可以借鉴服装效果图的形式，在效果图背景里添加可以穿戴箱包产品的人物形象，也就是所谓的模特。如图7-68所示，人体造型的添加除了可以展示箱包的功能性（背、提、拎、拿）外，还能凸显箱包主体。模特穿着的打底衣物越简单，身上装配的箱包就越明显。

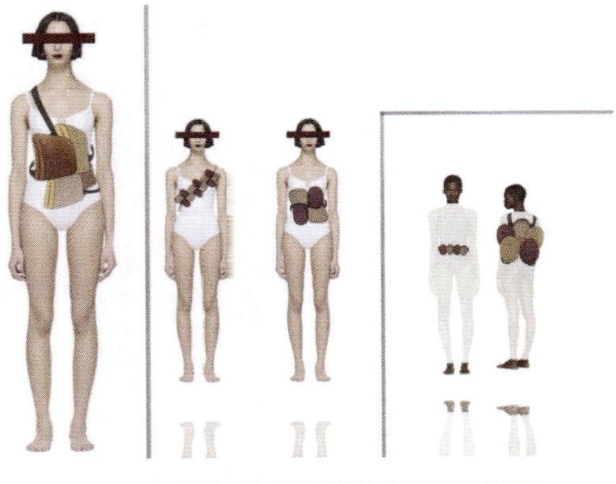

图7-68 添加人物的箱包效果图背景

（5）添加分割画面的几何形色块

在效果图背景里添加几何形的色块，可以用来分割画面，并将系列里的每款箱包对应放

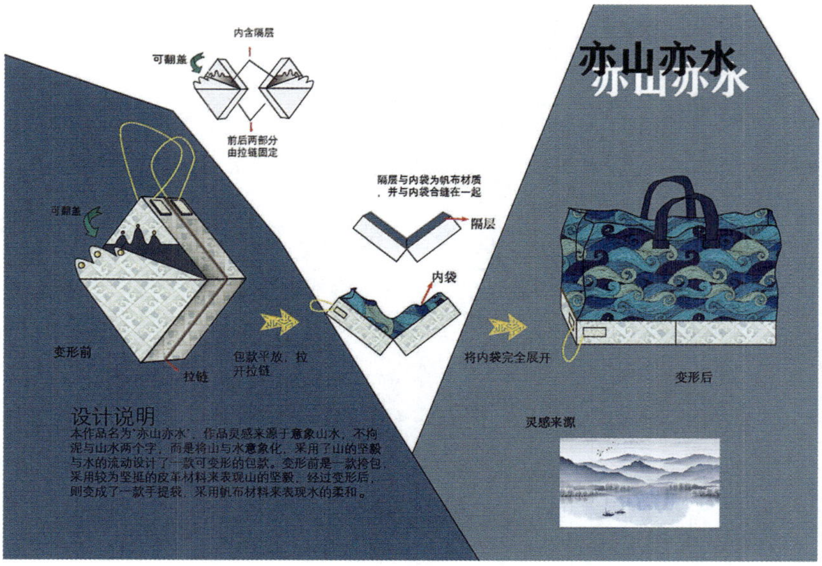

图7-69　添加几何形色块的箱包效果图背景

置在每个色块上，区分款式的同时又方便添加其他与效果图主题相关的信息。如图7-69所示，分割好画面后，再往色块上填充色系相同但深浅不同的颜色，也可以在一定程度上增加层次感，让箱包效果图看上去更加充实。

3. 箱包艺术型效果图的风格

（1）写实型

写实是实用类箱包艺术型效果图的基础表现技法之一，它要求画面结构严谨，描绘的箱包对象具体、真实，绘画笔法准确，虚实关系处理得当，注重刻画细腻、逼真的箱包面料材质，如皮革、丝绸、亮片、金属件、皮毛等。

写实型效果图将重点放在包袋主体的细致刻画上，背景应尽量简洁甚至直接留白。如图7-70所示，4款箱包的包型都是日常生活中能够经常见到的实用款式，箱包表面的厚牛皮材质和装饰性配件的质感描绘非常逼真，绘制好后仅使用绘画软件在底层添加了一层包体阴影，背景没有设置任何颜色，力求突出包体本身。

图7-70　写实型箱包效果图

（2）速写型

速写型箱包效果图有点类似于高级版的"灵感版"，设计者根据寻找到的灵感，通过思维创造方法，提取灵感来源里的造型、色彩、材质等要素，并迅速使用最简练的线条绘制成草图。在草图旁边用文字或者线稿标注设计构思，必要时也可以附上灵感来源图片、面料小样和参考配色图。

如图7-71所示，选择适合快速表

现的绘画工具尤为重要，这里推荐使用马克笔。用马克笔寥寥几笔快速绘制出多功能户外双肩包的效果图，然后直接在双肩包主体旁边的空白处手绘出箱包多角度的黑白线稿，添加手写文字说明，并安插色块小样。笔触利落简洁，效果图呈元素丰富，有视觉冲击力的同时也清楚阐述设计构思。

（3）夸张型

箱包设计者在绘制效果图时，会为了增加视觉冲击力和结合个人画风，增加一些夸张、超脱的成分。特别是一些超越现有制作工艺的概念型包袋产品，多采用夸张手法，忽视箱包的实用价值，只从外形上的独特性来吸引注意。

如图7-72所示的箱包创意，模仿了海洋中的软体动物造型，运用“仿生”手法进行效果图的绘制。效果图色彩鲜艳，造型夸张，具有强烈的视觉冲击力，就连拉链、提手、扣环等五金配件也是夸张的形状。效果图主题性明确，突出了这3款箱包的典型特征。

图7-71 速写型箱包效果图

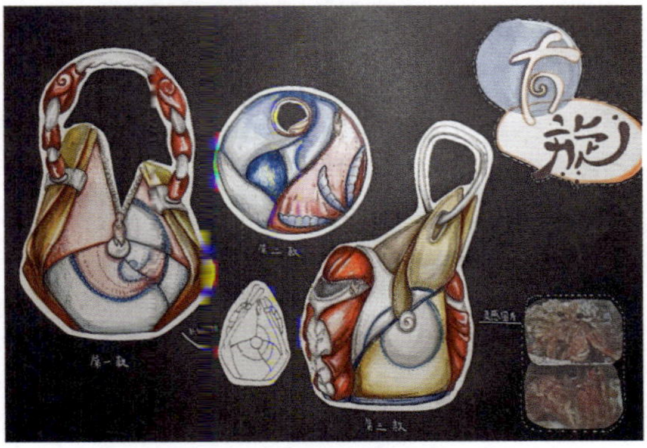

图7-72 夸张型箱包效果图

第八章 计算机辅助设计与制图基础

Rhino是工业设计中应用广泛的通用三维设计软件，具有非常强大的绘图和渲染功能。本章以一款由前后扇面和包底组成的时尚女包为例，探讨包袋在Rhino中的分解建模及三维效果渲染的技术要点和难点。

第一节 用Rhino软件绘制女包三维效果图

女包渲染后最终的正面效果图，如图8-1所示，从图中可以看出，此包袋为前后扇面和墙子组成的结构，包体为硬结构，包的颜色为白色与黑色拼配。包体侧部包口上有两个固定包带用的金属环，正中放置产品的商标标识，为黑色英文字母与商标图案。包袋的开关方式为带拉链条的拉链结构，这种结构比只有拉链开关的结构要复杂一些，更具有探讨分析的代表性。

图8-1 女包渲染图

下面详细论述和探讨应用Rhino软件绘制上述硬体女包三维效果图的程序和技术关键。

一、包体的制作

1. 在Rhino中新建一个模板

单击 （打开新文件）按钮或在命令栏中输入“New”，按回车键，系统显示模板文件对话框，在此对话框中选择Centimeters（cm）为单位的模板，如图8-2所示。

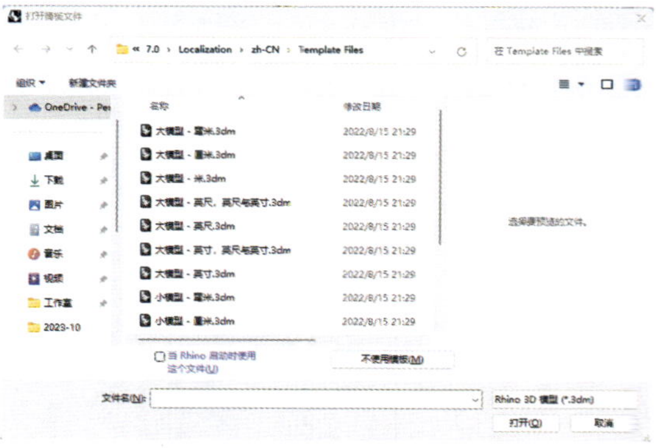

图8-2 模板文件对话框

2. 画包体轮廓

绘制效果如图8-3（a）所示，在绘制截面线的时候一定要考虑到它的比例，单击命令，在Front视图中绘制一条曲线，并用命令进行调整，调整后右击命令去掉编辑点，在XY面绘制出三条截面线，然后依次向上平移一段距离，其线间距如图8-3（b）和图8-3（c）所示。

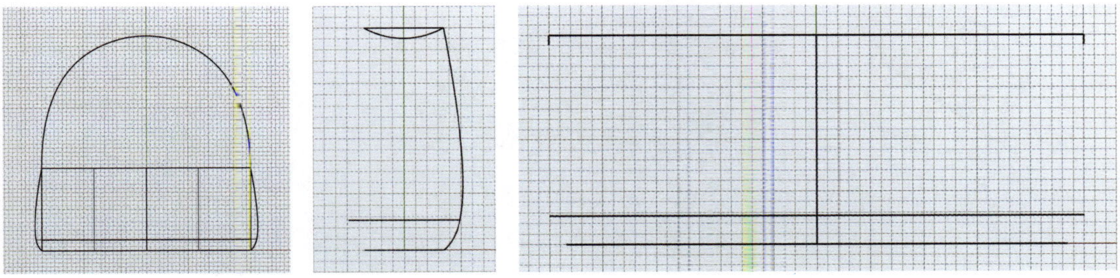

（a）　　（b）　　（c）

图8-3 包体外形的绘制

3. 绘制包上口褶边、包扇面成型

用命令调整最上一条曲线的两边，绘制出包褶的感觉，如图8-4（a）和图8-4（b）所示，主要的截面线就做出来了。成体有两种方法，一是用放样出形体；二是绘制出它侧面的截面线，用命令扫出形体，效果如图8-5所示。

4. 绘制包上口宽度

绘制出如图8-6（a）所示形状后，用命令或复制后用命令绘制出它的内层，如图8-6（b）所示。

5. 绘制倒角

剩下的补面用命令将其补上，在弹出的参数框中自行调整一下，直到满意为止。结合所绘制成的面，用或命令对其作倒角（Fillet），效果如图8-7所示。

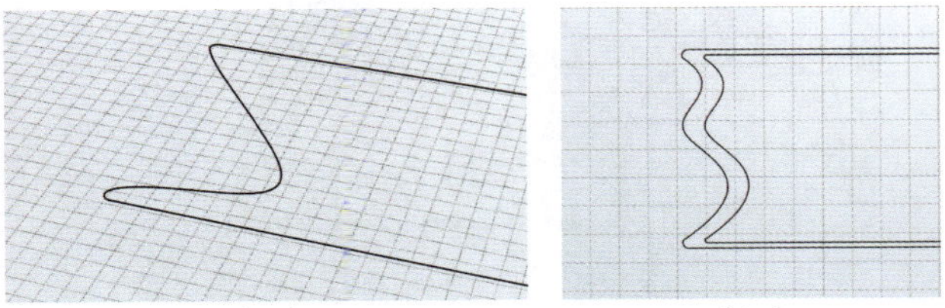

（a）　　（b）

图8-4 绘制包上口褶边

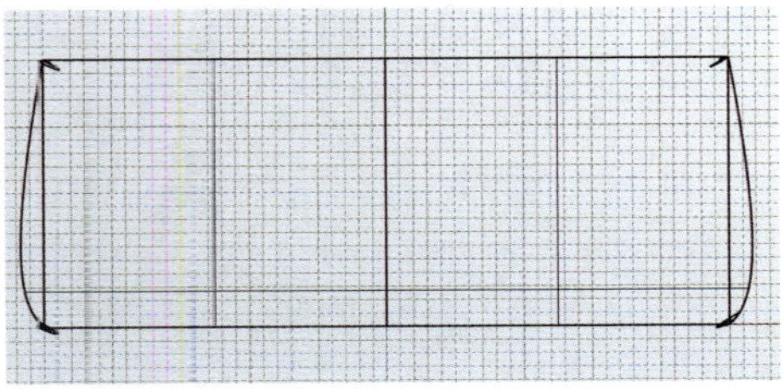

图8-5 包体扇面成型

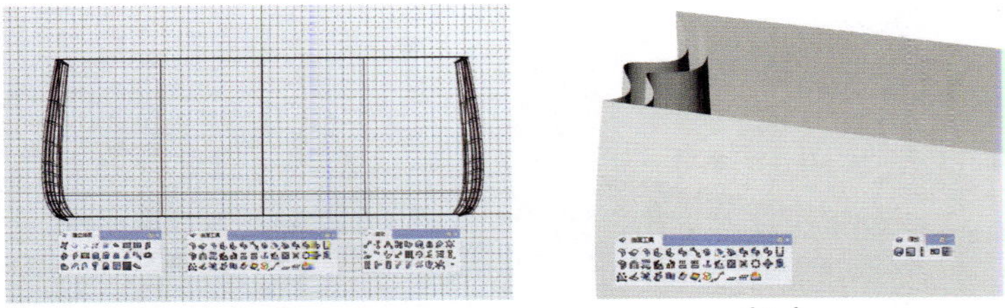

（a）　　（b）

图8-6 绘制包上口宽度

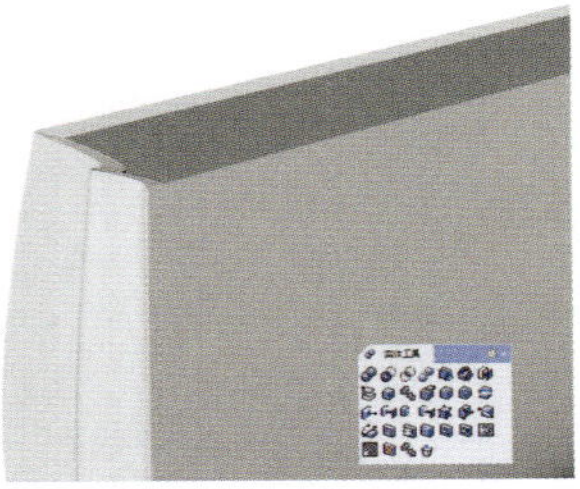

图8-7 绘制倒角

6. 绘制出包口上部的拉链条

提取内面的边线，捕捉两边的中点绘制一条直线，用命令将其切断，用命令结合，再用命令扫出面，将此面和上层的补面用Match Surface命令适配，如图8-8所示。

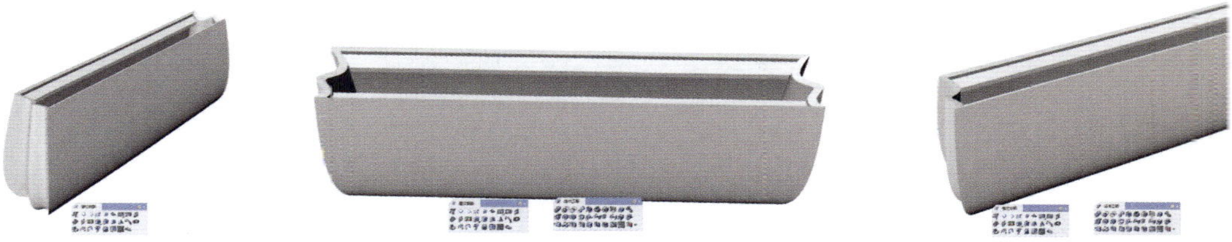

（a）　　　　（b）　　　　（c）

图8-8　绘制包口上部的拉链条

7. 修顺曲线

在绘制过程中，如果曲线不太圆顺时，如图8-9所示，可以用（Patch）或命令对其进行修补，修补的效果非常好，如图8-10和图8-11所示。

8. 绘制包的底部和侧部

包的下底面处是黑色的，与包的主体白色形成对比，需要把包体切割分离，如图8-12所示，在Top视图里画一个平面，平移到一定高度，用命令把包体切割，然后把平面删云，并把包的上下部分重新归类图层。效果如图8-13所示。至此，画出包体部分。

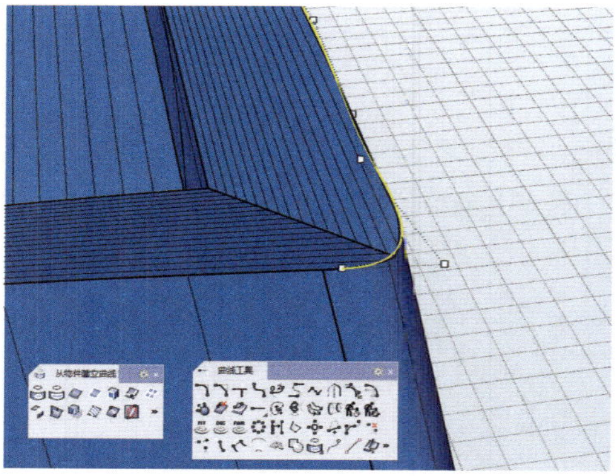

图8-9　不圆顺的侧部上口曲线

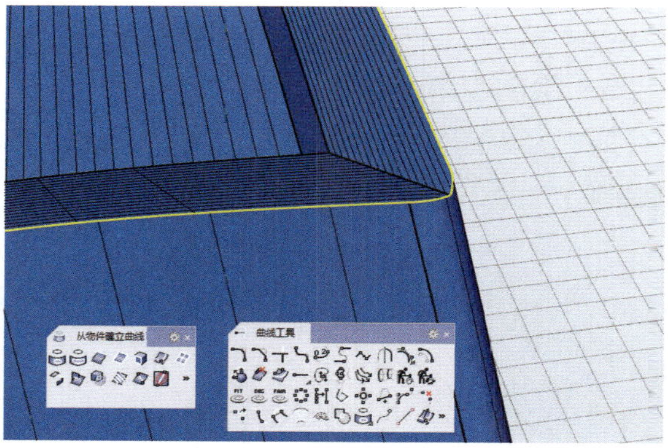

图8-10　包上口侧部不圆顺曲线的修顺

图8-11　包上口及拉链条曲线的修顺

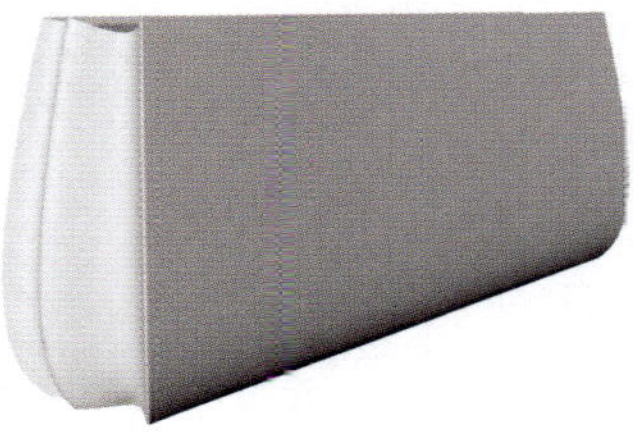

图8-12 绘制包的下部、侧部

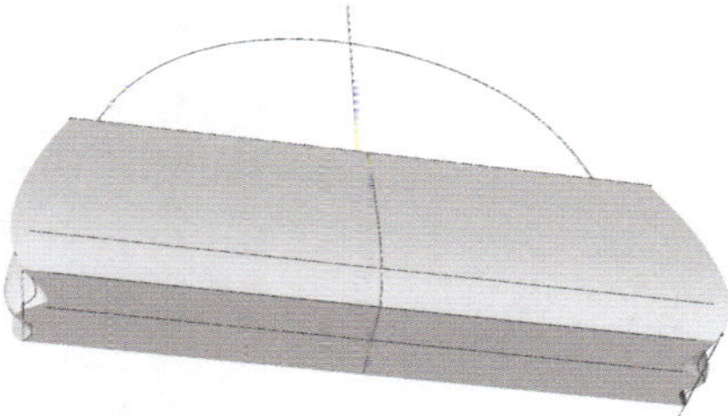

图8-13 绘制包底部结构

二、包带的制作

1. 绘制包带各方向轮廓

在Front视图里绘制轮廓线，然后复制、平移，绘制出包体的正面和斜侧部，如图8-14和图8-15所示。

在Front视图绘制出与这两线共面的面，用命令找出它与包体的交线，绘制出包体的侧部图，如图8-16所示。删除两个面，分别连接四条线。单击，然后逐次单击上下两根线，接着会生成与两条线的曲率都匹配的曲线，重复此命令把两条轮廓线连接完全，用命令把它们结合到一起，如图8-17所示。

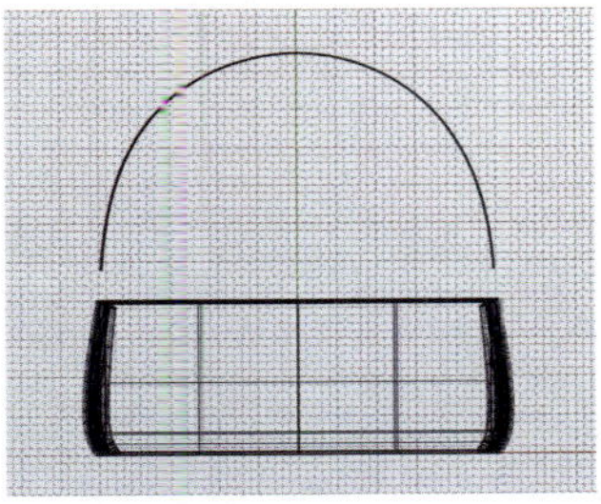

图8-14 包带正面图的绘制

图8-15 包带斜侧图的绘制

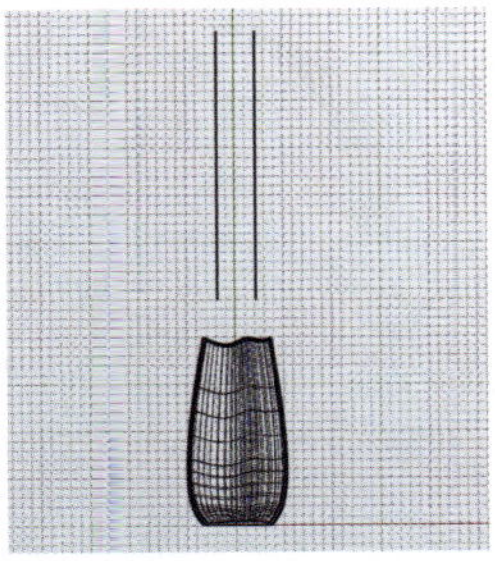

图8-16 包带侧部图的绘制

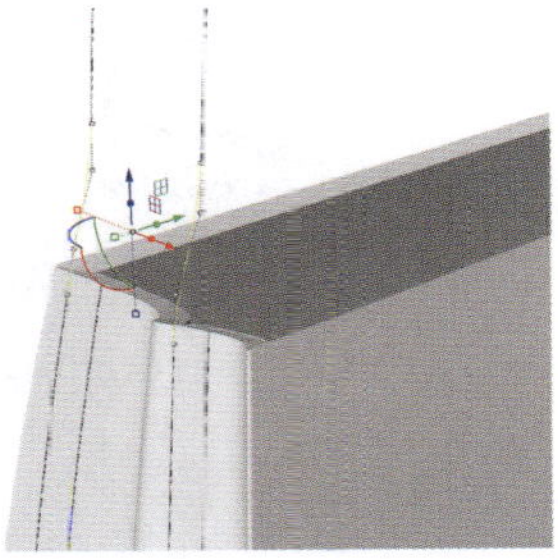

图8-17 包带侧部曲线的绘制

2. 包带侧部曲线的调整

如图8-18所示，把底面部分隐藏，单击刚才绘制的曲线，并用命令进行调整，让曲线一些部分向包外偏移一些，调整后右击命令去掉编辑点，也可以把下面的线打断让它的末端“消失”在包底。

3. 绘制包带侧部的转角弧线

用命令绘制两面的曲面，绘制包体侧部和正面的包带弧线。效果如图8-19和图8-20所示。

4. 包带轮廓的绘制

把绘制好的面用命令向内平移一定距离，如图8-21所示，然后提取另一面的曲线，用命令结合捕捉命令绘制出两曲线侧面的过渡线，如图8-22所示。用命令将同侧两条轮廓线和过渡线扫出侧面的面，同理绘制出另一个面，结合四个面，用或命令绘制倒角，如图8-23所示。

5. 绘制包带的立体效果

取消隐藏，单击All－Curve，选中所有曲线，将其隐藏，然后调整包体、包带的效果直至满意，如图8-24和图8-25所示，这样包体的包带部分就完成了。

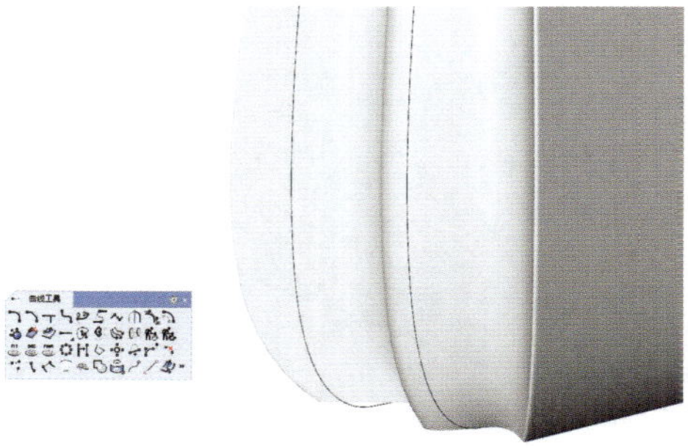

图8-18　包带侧部曲线的调整

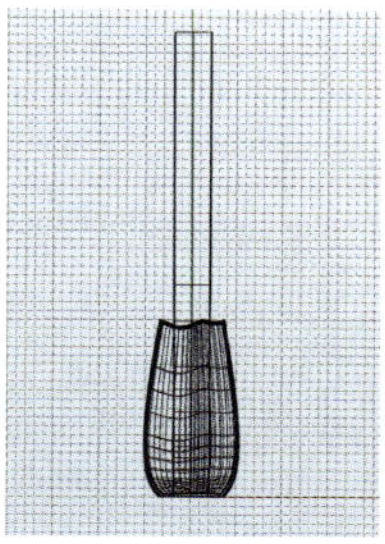

图8-19　包侧包带的绘制

图8-20　包斜侧部包带弧线的绘制

图8-21　斜侧部包带、包体凸点绘制

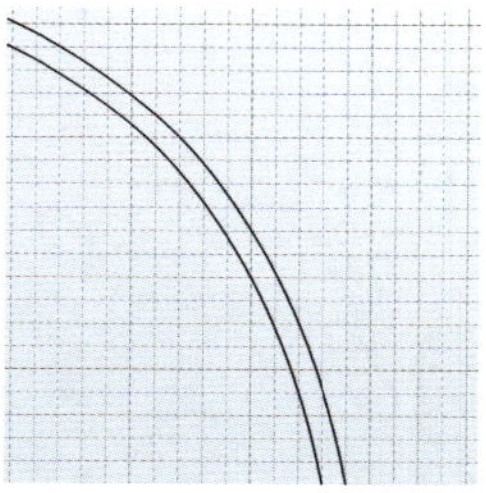

图8-22　过渡曲线的绘制

图8-23　绘制倒角

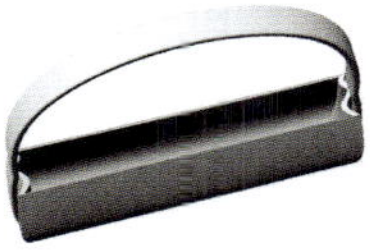

图8-24　包体、包带立体效果的绘制

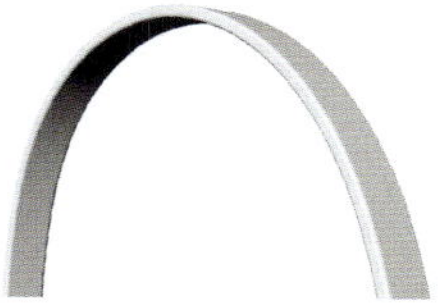

图8-25　包带立体图放大效果

三、带扣的制作

带扣处由三部分组成，金属扣、固定扣和带子的金属环、被扣固定的带子。

1. 绘制带扣

用Line工具绘制一个对称的截面线，用（Fillet）命令绘制该线倒角，用命令结合起来，再用命令拖出如图8-26（a）所示的形状。在Front视图用命令画一条弯曲曲线，如图8-26（a）中黄线所示，再用命令拉出一个平面，用命令，使其与之相切，把环扣以上的部分都剪去，如图8-26（b）所示。

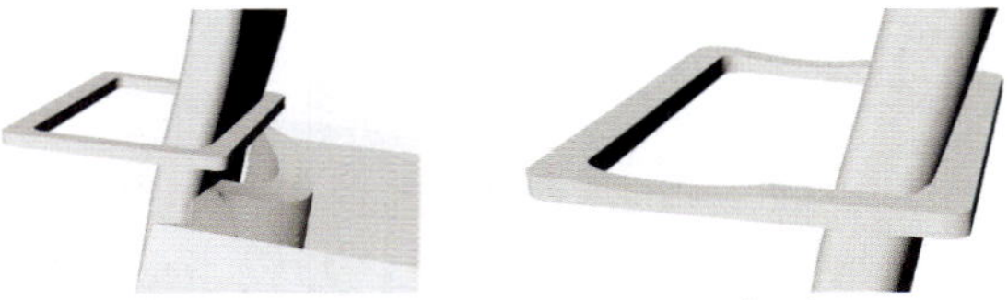

（a）（b）

图8-26 带扣的绘制

2. 绘制金属环

把内侧面删去，留着外侧面与扣的上下面结合并倒角，内侧利用边线结合命令补上面，如图8-27所示右边的内侧需要另绘制一个大弧度的面，用命令结合捕捉工具绘制出中线处的曲线，然后用命令扫出如图8-28所示的面。

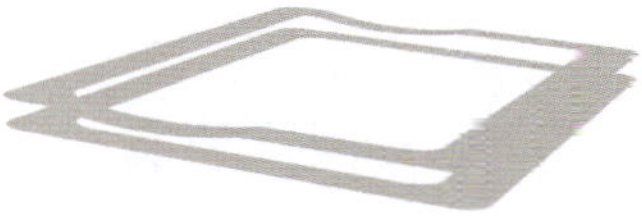

图8-27 金属环上下面的绘制

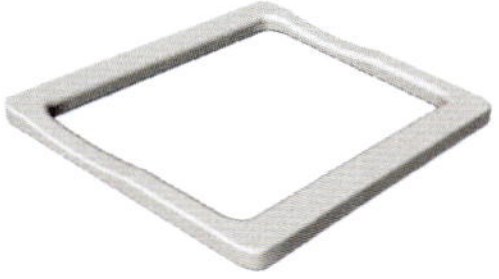

图8-28 金属环立体效果的绘制

3. 绘制带扣与包带的固定

同理绘制出环扣、袋扣和带扣的别针，如图8-29所示，将它们的位置搭配合理，三个部分就完成了。

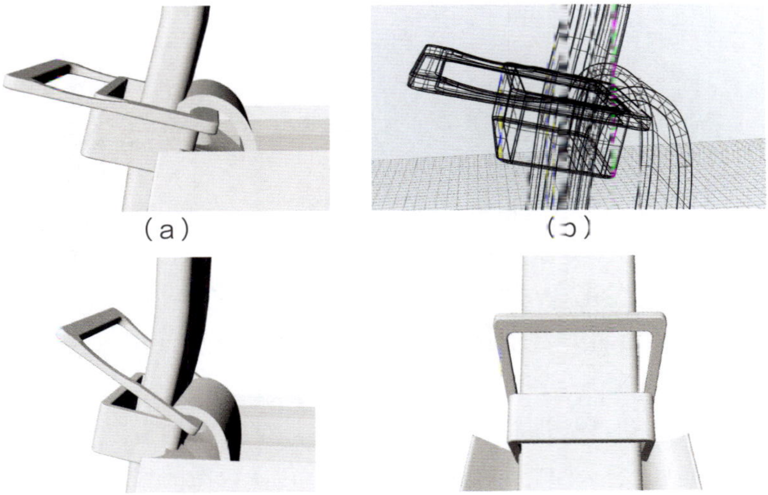

（a）（b）

（c）（d）

图8-29 带扣与包带的固定状态绘制

四、商标的绘制

把商标处单独“抠”出一个矩形，然后单击投影到面上，用命令把它们分离，再用命令拉伸一定距离，如图8-30所示，这个部分留着在3D max里贴图就可以了。

至此，包袋图形的制作完成，单击命令把相应的部分分类归于不同的图层，改变一下图层的颜色，把多余的线隐藏或删除。

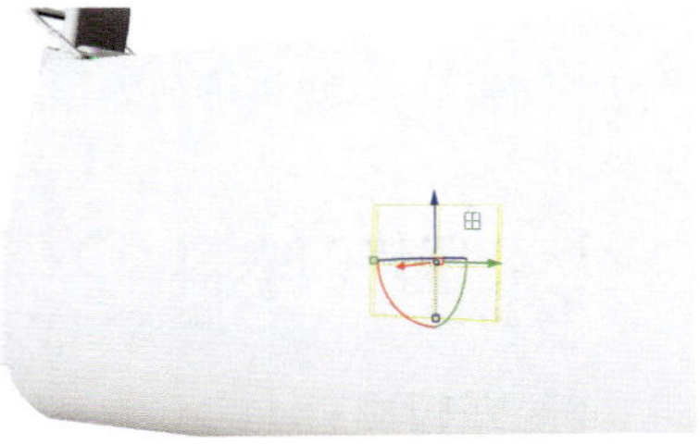

图8-30 商标的绘制

五、渲染

在Rhinoceros里看看效果如何，如图8-31（a）~（d）所示，如果满意，则可进行渲染工作。用3D max渲染，把包模全部选中，然后用Export Select命令存成3DS格式，精度选默认即可，也可以按部位分开保存，这样更具条理性。在3D max中打开图形，赋上材质，用自带渲染器渲染，效果如图8-31（e）所示。

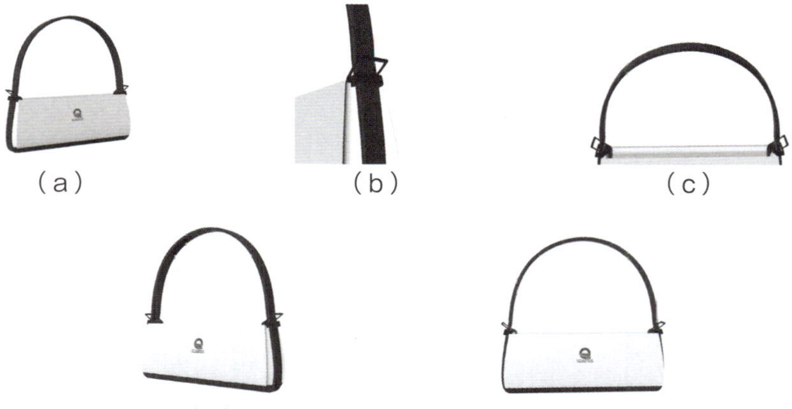

（a）（b）（c）（d）（e）

图8-31 渲染图

第二节 用CorelDRAW软件绘制女士手提包效果图

CorelDRAW是一款非常强大且全面的平面绘图软件。在标志、文字排版、海报、宣传画、工业产品等设计方面，更是游刃有余。该软件绘制出的作品为边界清晰利落、颜色表现出众的矢量图。因此，CorelDRAW非常适合用于绘制各类箱包产品的效果图。本节以一款可变形款女士手提包为例，探讨箱包在CorelDRAW中的轮廓绘制及面料、色彩塑造时的知识点和技术难点。

观察此款女士手提包，如图8-32所示，对其造型和结构进行分析。这款手提包可变形，材质为软硬皮结合；包体包括前后扇面、包底、墙子以及提手，配合耳仔和龙虾扣，包面上有车缝线迹。

用CorelDRAW绘制箱包效果图，首先要确定箱包的基本外轮廓，接着绘制内部的结构分割线、口袋、开合部件、提手、背带等，最终根据面料质感要求填充颜色。在绘制时，还需要具备一定的箱包工艺常识，以便将箱包效果图中的结构和工艺特征交代清楚。

图8-32 女士手提包正面效果图

一、包体的绘制

1. 新建文件

打开CorelDRAW软件，执行菜单栏中的【文件】/【新建】命令，将作品命名为“女士手提包”，并将纸张大小设置为A3，横向摆放，如图8-33所示。

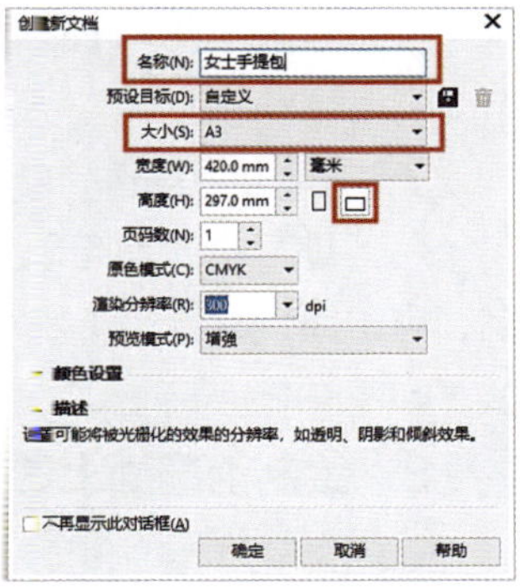

图8-33　新建文件对话框

2. 绘制一半的包体外轮廓

选择工具箱中的【手绘工具】/【手绘】，绘制一半的包体基本呈几何形状，在绘制过程中按住Ctrl键可绘制垂直线段，如图8-34所示。

3. 将外轮廓中的部分直线段调整成曲线

单击工具箱中的【形状工具】，在外轮廓形状的部分直线段上单击鼠标右键，选择【到曲线】，将原本的直线调整成有一定弧度的曲线，如图8-35所示。

4. 复制出另一半的包体形状

单击工具箱中的【选择工具】，用鼠标左键选中左半边包体，接着按住左中部的黑色小方块不放手，往右边拖动，拖动出一个与左半边包体大小和形状相同、但方向正好相反的右半边包体后，按下鼠标右键，再同时释放左右键，复制出另外一半的包体形状，如图8-36所示。

5. 将两个一半的包体合并

单击工具箱中的【选择工具】，用左键同时框选两个一半的包体轮廓形状，单击属性栏上的【合并】，将其合并成一个包体形状，如图8-37所示。

6. 绘制墙子部分的四边形

选择工具箱中的【手绘工具】/【手绘】，绘制左半边墙子部分的四边形形状，并用【形状工具】选中该四边形，在四边形的部分直线段上点击鼠标右键，选择【到曲线】，把原本四边

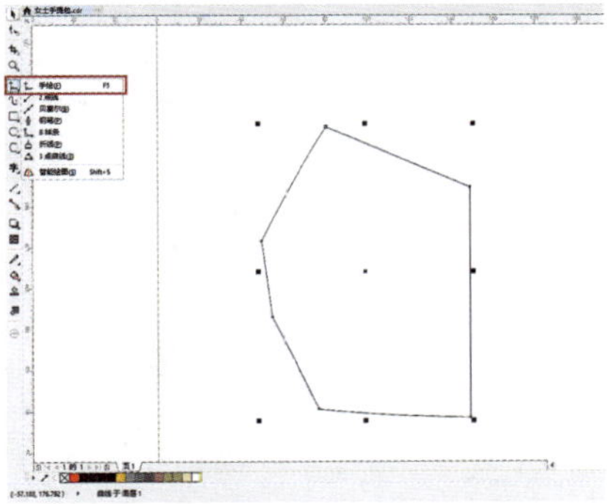

图8-34　绘制包体一半的几何形状

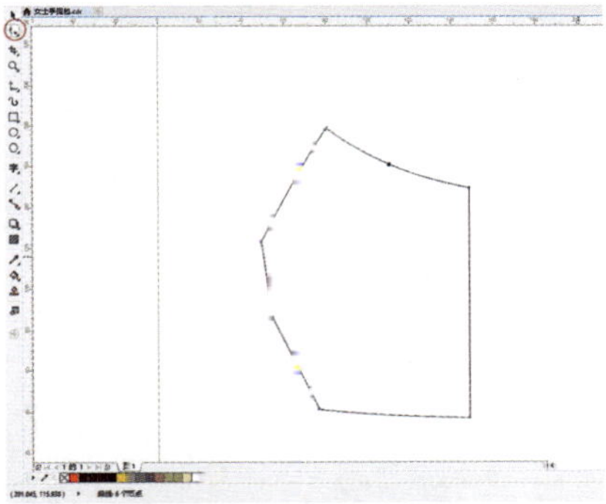

图8-35　将部分直线调成带弧度的曲线

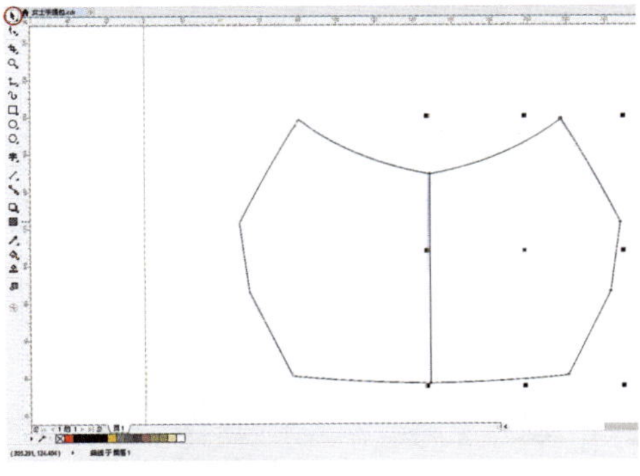

图8-36　复制出另一半的包体

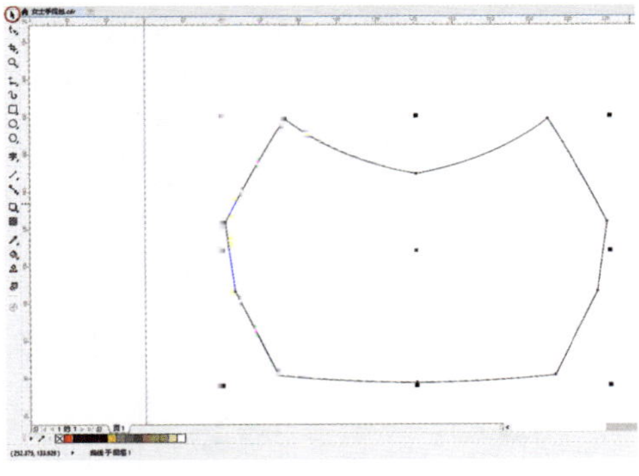

图8-37　合并两个一半的包体

上的一条直线调整成有一定弧度的曲线，并将变形后的四边形移动到包体的合适位置，如图8-38所示。

7. 复制四边形

用工具箱中的【选择工具】选中左边的四边形，鼠标右键【复制】、【粘贴】，复制一个之后，点击属性栏上的【水平镜像】，将复制后的四边形水平翻转后并移动到包体右侧合适的位置，如图8-39所示。

8. 绘制前扇面上的五边形

选择工具箱中的【手绘工具】/【手绘】，绘制前扇面中间的五边形，并用【形状工具】将该五边形的部分直线段转换成曲线，放置于图中合理位置，如图8-40所示。

9. 绘制前扇面上的两个三角形

选择工具箱中的【手绘工具】/【手绘】，绘制前扇面中上部的两个三角形，先绘制其中一个，绘制好后，用【形状工具】将该三角形的部分直线段根据包体外轮廓的弧度转换成曲线，放置于图中合理位置。紧接着，鼠标右键【复制】、【粘贴】，复制一个大小和形状相同的三角形，单击属性栏上的【水平镜像】命令，将复制的三角形水平翻转，并将两个三角形的其中一条边紧贴。再将这两个摆好位置的三角形同时移至包体形状上部轮廓线处，如图8-41所示。

10. 同比例缩小复制墙子上的四边形和扇面上的五边形

用工具箱中的【选择工具】选中墙子左边的四边形，弹出8个黑色小方块，鼠标左键按住其中一个小方块，并用Shift键配合，向四边形内部同比例缩小复制出一个同样形状的四边形。右侧墙子上的四边形和前扇面上的五边形执行同样的操作，如图8-42所示。

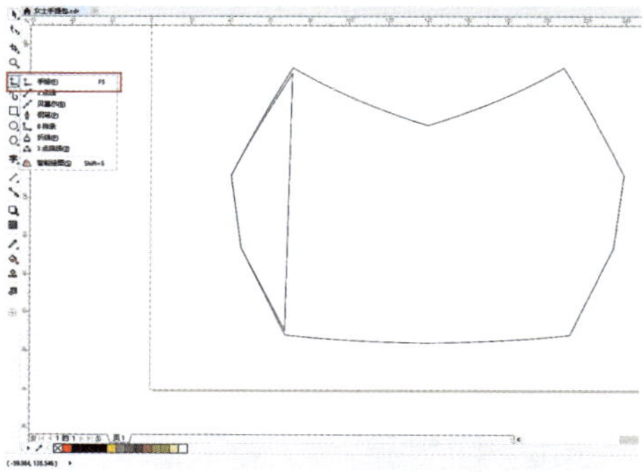

图8-38 绘制墙子部分的四边形

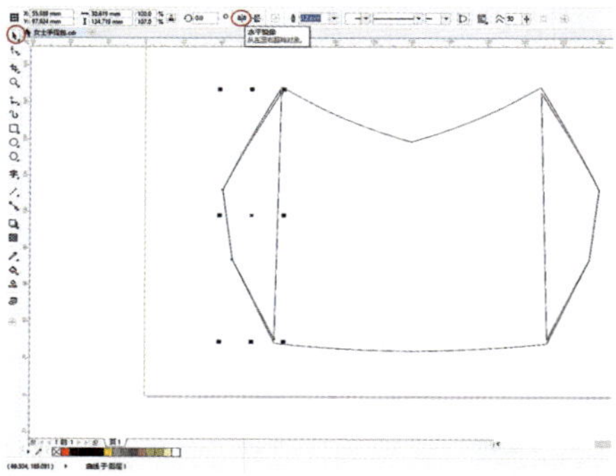

图8-39 复制四边形并翻转

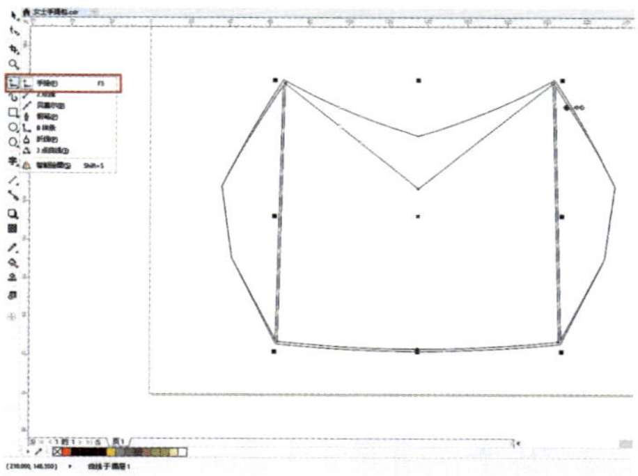

图8-40 绘制五边形

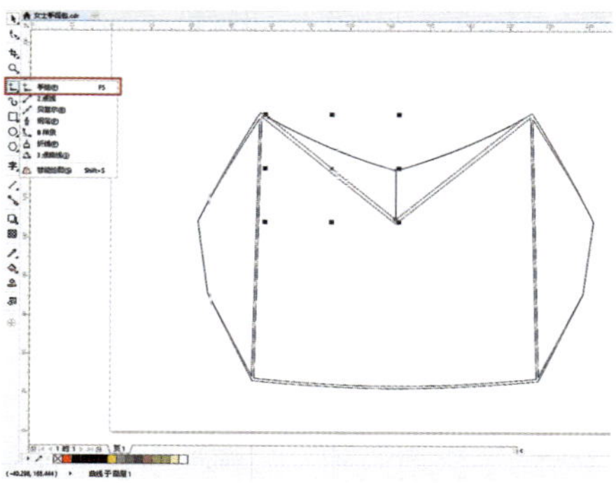

图8-41 绘制两个三角形

11. 绘制包面上的车缝线迹

用工具箱中的【选择工具】配合Shift键，同时选中缩小后两侧的四边形和中间的五边形，接着在属性栏中将图形的【轮廓宽度】设置成1.0pt，【线条样式】设定成第三种虚线的样式，即绘制出包面上的车缝线迹效果，如图8-43所示。

12. 绘制扇面三角形上的车缝线迹

先用工具箱中的【手绘工具】/【手绘】，根据扇面上两个三角形的形状绘制两段折线。选中这两段折线，在属性栏中将折线的【轮廓宽度】设置成1.0pt，【线条样式】设定成第三种虚线的样式，绘制成两段带转折的虚线，并将这两段虚线移至合理位置。这样，三角形上的车缝线迹也绘制好了，如图8-44所示。

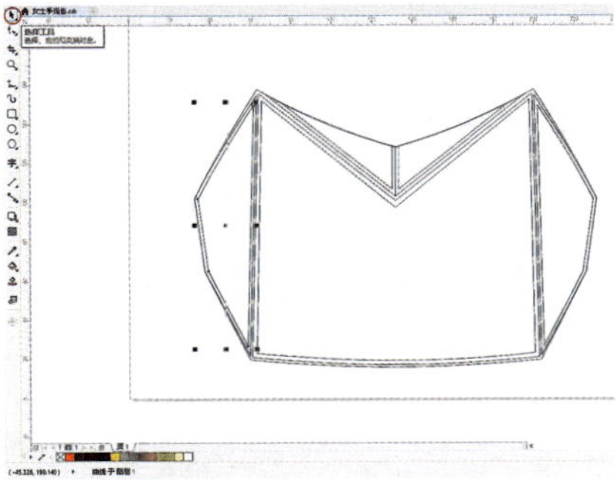

图8-42 同比例缩小复制图形

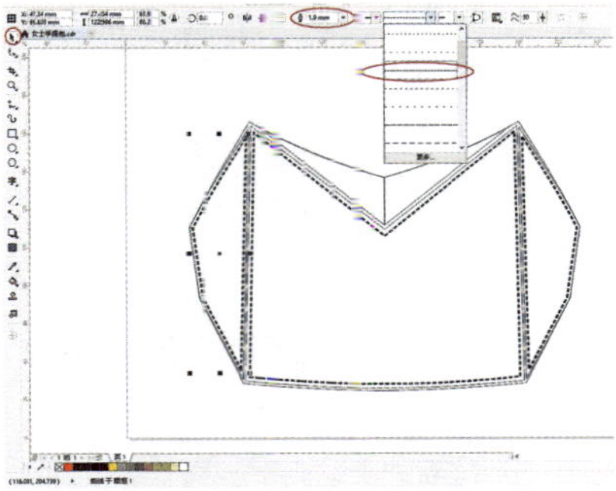

图8-43 绘制车缝线迹

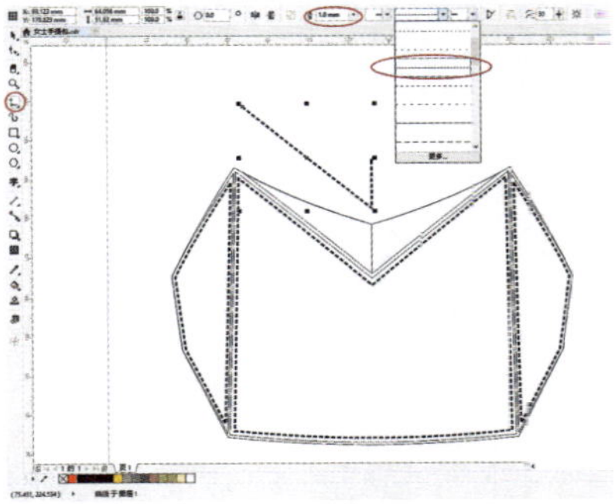

图8-44 绘制车缝线迹

二、提手的绘制

1. 绘制左侧提手

选择工具箱中的【钢笔】，在图纸上绘制出左侧提手的基本形状，如图8-45所示。

2. 镜像复制左侧提手并调整位置

用工具箱中的【选择工具】，选择左侧提手图形，按小键盘上的【+】键进行复制，然后单击属性栏上的【水平镜像】，将复制的左侧提手形状水平翻转，从而得到右侧提手的基本形状，然后调整它们之间的位置，将这两个提手图形相互连接成拱桥状，如图8-46所示。

3. 绘制另一组提手

使用工具箱中的【选择工具】，选中左侧提手，按住Shift键，同比例缩小复制成另一组的左侧提手，然后使用同样的方法绘制出另一侧提手。将两组提手放置到合理位置，接着调整这两组提手的前后层次关系。通过执行菜单栏上的【排列】/【顺序】里的一系列子菜单进行顺序排放，将缩小后的提手置于原先提手的底层，如图8-47所示。

4. 绘制提手阴影部分

选择【钢笔】，在图纸上绘制出提手阴影部分的基本拱桥形状。选中该形状，通过菜单栏上的【排列】/【顺序】里的子菜单，将阴影部分夹在两组提手的中间，如图8-48所示。

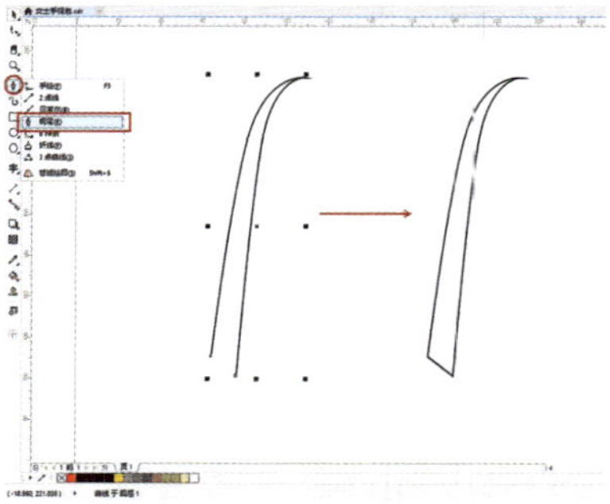

图8-45　绘制左侧提手的基本形状

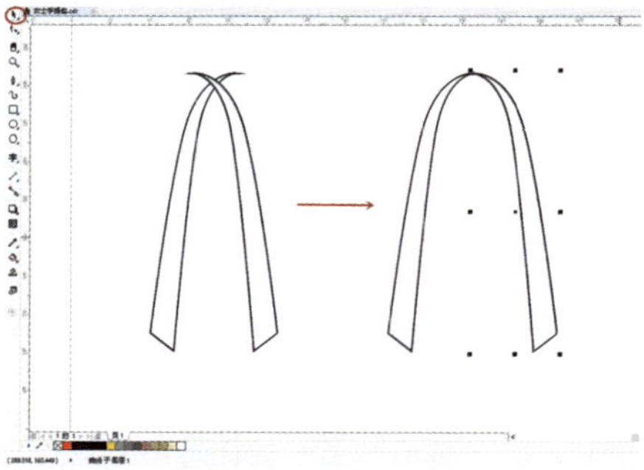

图8-46　镜像复制左侧提手并调整位置

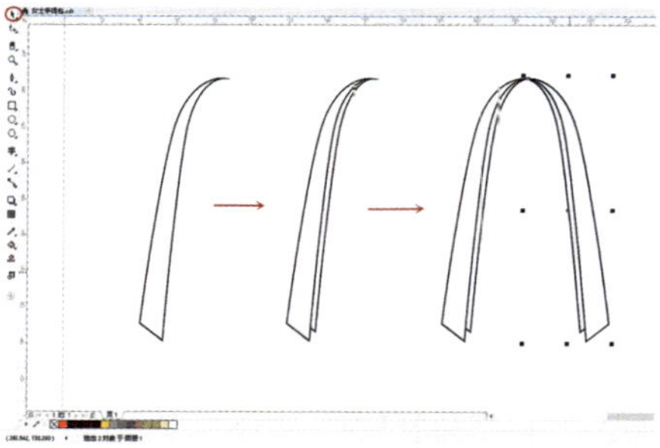

图8-47　另一组提手的绘制

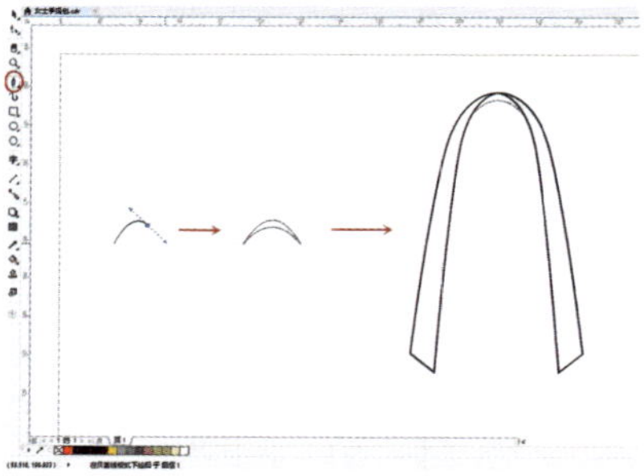

图8-48　绘制提手阴影部分

三、五金件的绘制

1. 绘制龙虾扣的弯曲部分

使用工具箱中的【矩形工具】，先拖动绘制出一个矩形，接着单击属性栏上的【转换为曲线】，再单击工具箱中的【形状工具】，选中该矩形的任意线段，接着鼠标右键【到曲线】，经过反复调节，将形状调整成龙虾扣中弯曲部分的样子，如图8-49所示。

2. 绘制龙虾扣的搭扣和扣底部分

用同样的方法将剩余的方块、搭扣和扣眼部分的圆点绘制完毕，弯曲部分按照合适的位置拼好，并通过菜单栏上的【排列】/【顺序】里的子菜单调整各零部件的层次顺序，调整好后如图8-50所示。

3. 绘制龙虾扣的圆环部分

用工具箱中的【椭圆形工具】拖动绘制出一个椭圆形，再用钢笔工具绘制出两个小半圆，并调整大小和倾斜程度。将两个小半圆放置在圆形中央，进行修剪操作，用Shift键同时选中其中一个半圆和椭圆形，单击属性栏上的【修剪】，修剪之后将被修剪的半圆删除，对另一个半圆也执行同样的修剪操作。做好后即成修剪好的龙虾扣上的镂空圆环，如图8-51所示。

4. 组装龙虾扣

将圆环和龙虾扣主体拼在一起，调整位置，进行组合，如图8-52所示。

5. 绘制耳仔

用【钢笔】绘制耳仔上不规则的椭圆形和水滴形，按小键盘上的【+】键进行复制，通过属性栏上的【轮廓宽度】，将其中一个耳仔形状的轮廓线加粗，并将这两组耳仔拼在一块，调节位置，叠加摆放，再整体进行旋转，如图8-53所示。

6. 绘制另一边耳仔

用同样的方法绘制另一边的耳仔，造型略有不同，绘制好后调整层次顺序并组合，如图8-54所示。

7. 绘制扣袢

用工具箱里的【矩形】绘制两个矩形，单击属性栏上的【转换为曲线】进行转曲，再切换

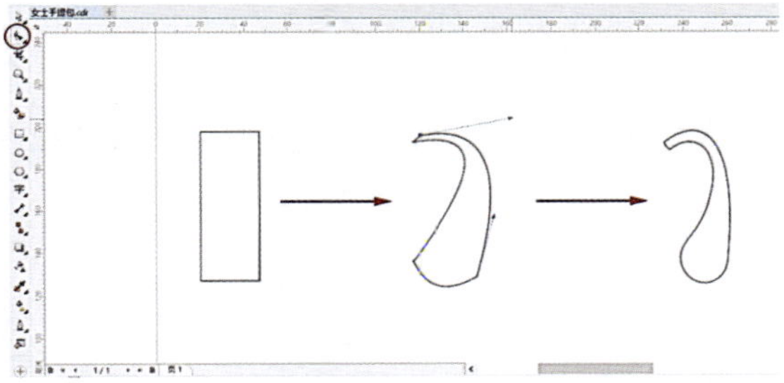

图8-49 绘制龙虾扣的弯曲部分

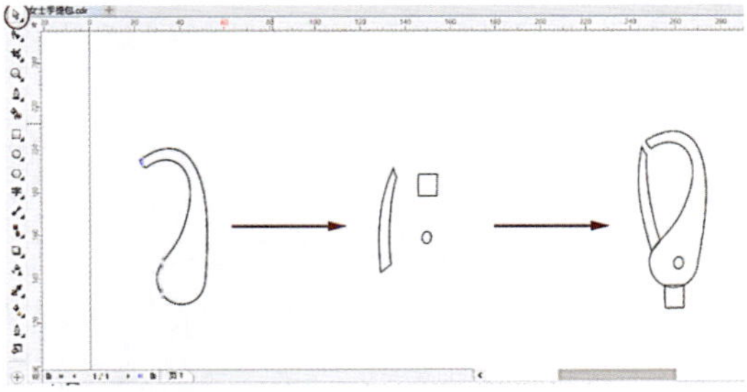

图8-50 绘制搭扣和扣底

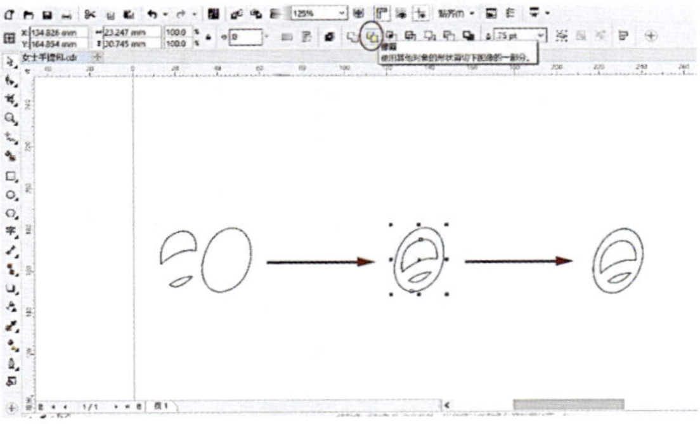

图8-51 绘制圆环部分

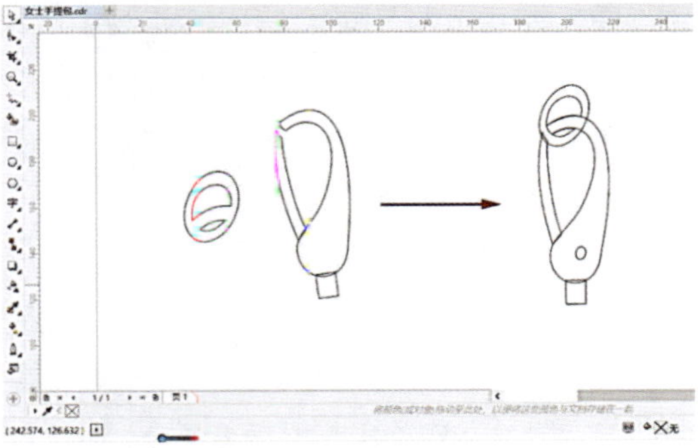

图8-52 组合龙虾扣各部分

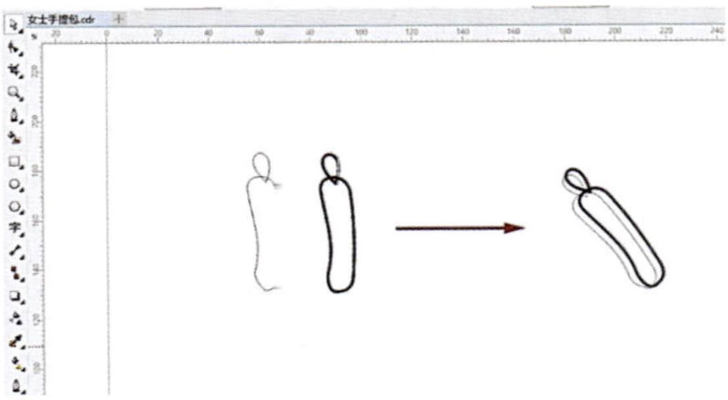

图8-53 绘制耳仔

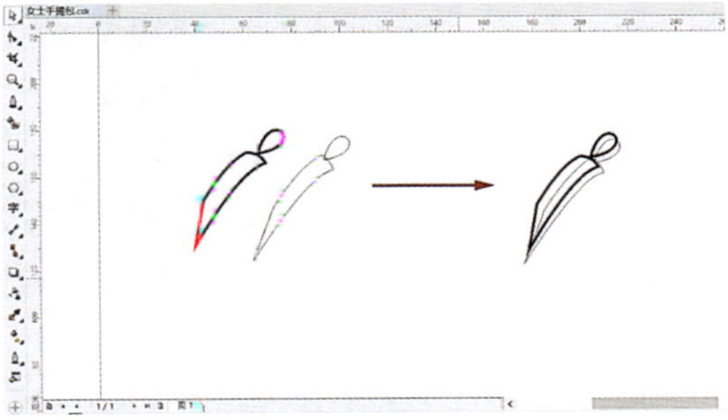

图8-54 绘制另一边耳仔

到【形状工具】，鼠标右键单击矩形的其中两条直边，选择【到曲线】，将直边拉成有一定弧度的曲线，调好后按小键盘上的【+】键进行矩形复制，再调整方向，将两个矩形以相反的方向互相贴合，即成扣袢形状，如图8-55所示。

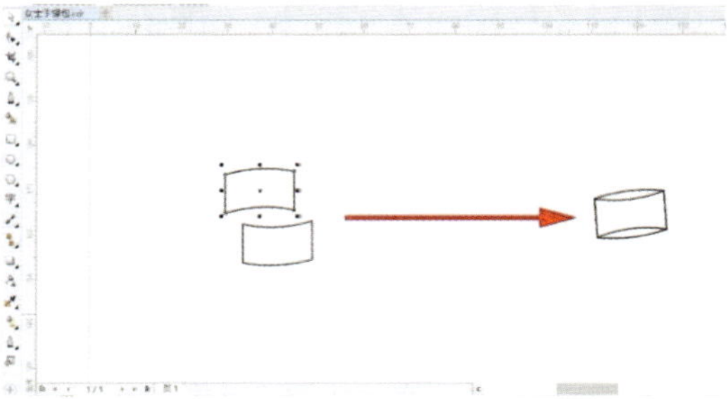

图8-55 绘制扣袢

四、各部件的组合

绘制好各部件（包体、提手、五金件）之后，将所有部件都拖至图纸中央，根据比例关系调整大小、方向和线条粗细，并进行组合，即完成女士手提包的黑白线稿，如图8-56所示。

图8-56 将各部件组合成女士手提包黑白线稿

五、填充颜色

1. 为手提包主体部分填色

除去五金件，先对手提包主体部分进行填色。单击工具箱里的【交互式填充工具】，接着在属性栏单击【均匀填充】，将填充的黄色色彩模式数值输入下拉框（C:2；M:34；Y:95；K:0），进行色彩填充。分割线部分则填充纯正黑色，内侧提手部分填充灰色，提手阴影部分填充深灰色，如图8-57所示

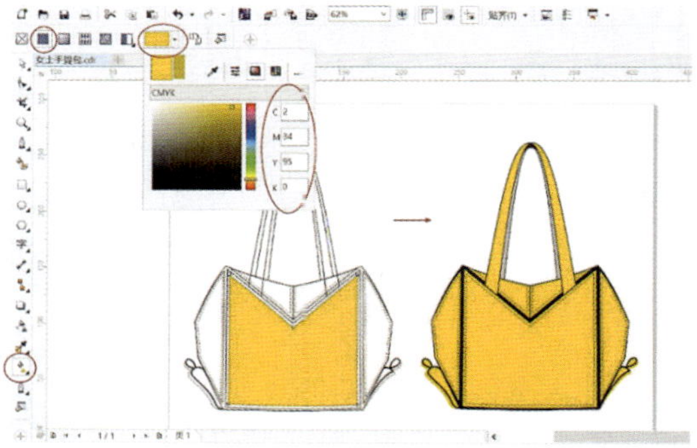

图8-57 主体填色

2. 为龙虾扣部分填色

用【选择工具】选中龙虾扣需要填渐变色的部分，单击工具箱里的【交互式填充工具】，接着在属性栏依次单击【渐变填充】和【线性渐变填充】。在颜色条上分别选择渐变转折的米黄、米白、米黄、橘色4个颜色结点，为龙虾扣进行填色。龙虾扣的其余部分则均使用【均匀填充】填充米白色，扣眼部分填充银灰色。各部分颜色填充完毕后，将其进行位置移动和组合，即成一个完整的龙虾扣，如图8-58所示。

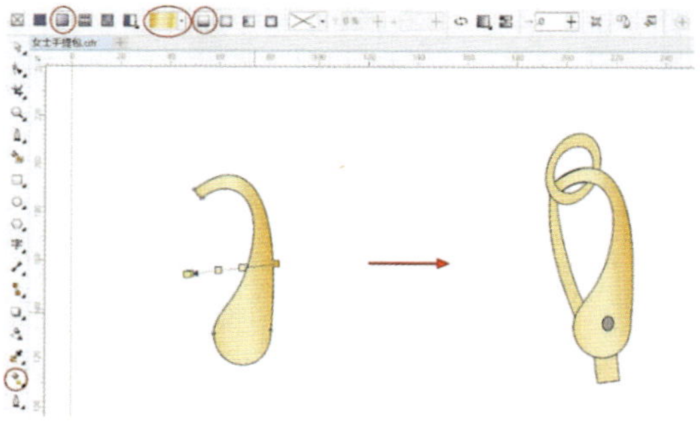

图8-58 龙虾扣部分的渐变填充

3. 为扣袢部分填色

选中组成扣袢的两个形状，单击工具箱里的【交互式填充工具】，接着在属性栏单击【均

匀填充】，将填充的墨绿色色彩模式数值输入下拉框（C:90；M:51；Y:95；K:23），进行色彩填充，另一片则填充与包主体一样的黄色。填充完成后，将两片进行组合，并移至龙虾扣上方，如图8-59所示。

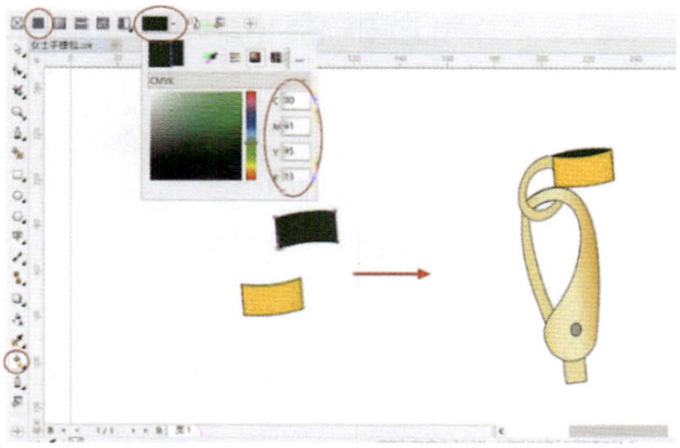

图8-59 扣袢部分的填色

六、整合

将填充好颜色的各部分移动到合适的位置进行组合，最终完成女士手提包效果图，如图8-60所示。

详细绘制步骤可扫描二维码观看视频。

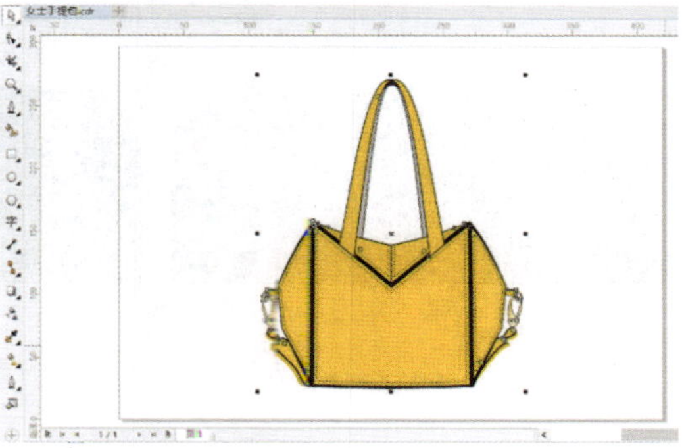

图8-60 完成效果图

第三节 AutoCAD软件绘图基础知识

应用AutoCAD绘制箱包部件结构图，在一定程度上可以取代手工绘制部件结构图，并且便于后期的结构变化和制板，是目前设计师和制板师都需要掌握的计算机技术。与之相关的重要制图基础命令有线段、角度、矩形、分解、圆角、倒角、圆弧、圆形、复制、移动、拉伸、镜像等，本节主要介绍这些基础绘制知识。

一、绘制直线线段

首先，以水平线段的绘制为例，设定直线的长度为10cm，其绘制过程如下：

①单击正交图标，如图8-61（a）所示，再单击直线图标，如图8-61（b）所示。

②在屏幕中任意选中一点，向水平方向移动鼠标，并输入数字10，如图8-61（c）所示。

③双击回车键，一条长为10cm的水平线段即绘制完成，如图8-61（d）所示。

（a）正交图标　（b）直线图标　（c）输入长度　（d）完成长10cm的水平线段绘制

图8-61 绘制定长的水平线段

二、绘制任意角度的角

首先，设定角度为15°，角边长都为10cm，绘制过程如下：

①作一条长10cm的水平线，并打开对象捕捉图标，如图8-62（a）所示。

②再选中直线图标，以指定水平线的左端点为角的顶点，输入<15°，如图8-62（b）所示。

③按回车键，输入10，如图8-62（c）所示；再按回车键，该角就绘制完成了，如图8-62（d）所示。

（a）对象追踪图标

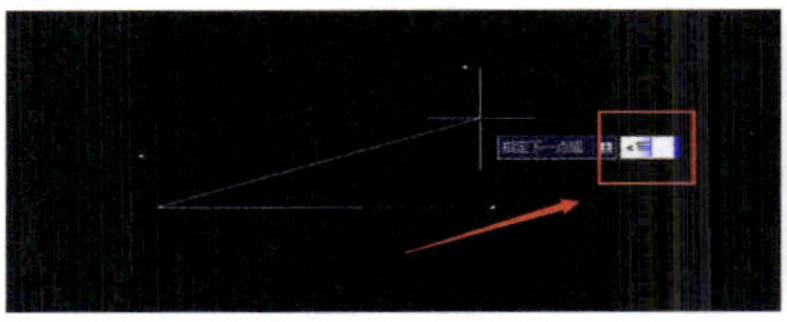

（b）输入角度

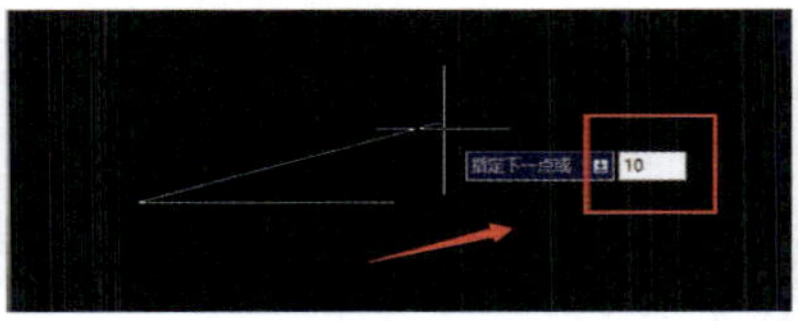

（c）输入长度

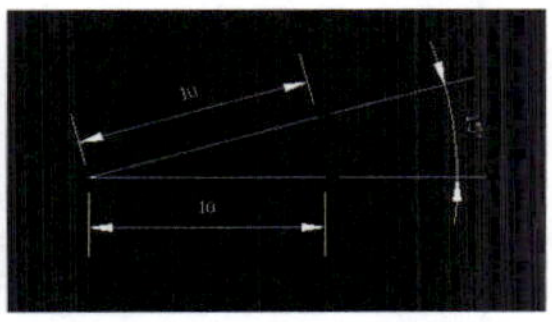

（d）完成15°角的绘制

图8-62　绘制边长10cm的15°角

三、绘制长方形

首先，设定长方形的长为20cm，宽为10cm，绘制步骤如下：

①选择矩形图标，如图8-63（a）所示，在屏幕中选择任意一点为指定的第一点。

②输入字母d，如图8-63（b）所示，然后按回车键，输入指定长度20，如图8-63（c）所示；再按回车键，输入指定宽度10，如图8-63（d）所示。

③按回车键，长方形就绘制完成了，如图8-63（e）所示。

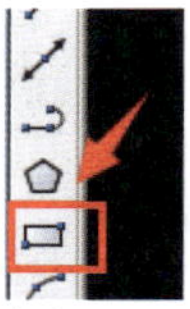

（a）矩形图标

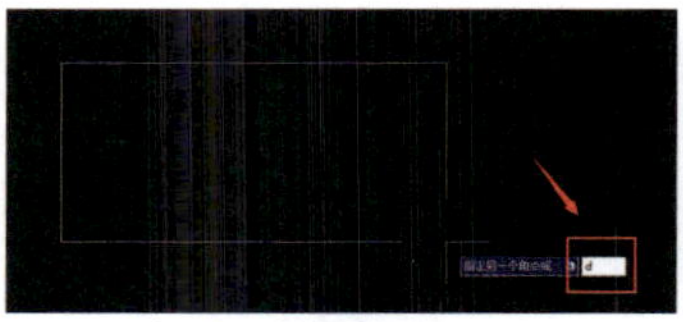

（b）选择指定尺寸

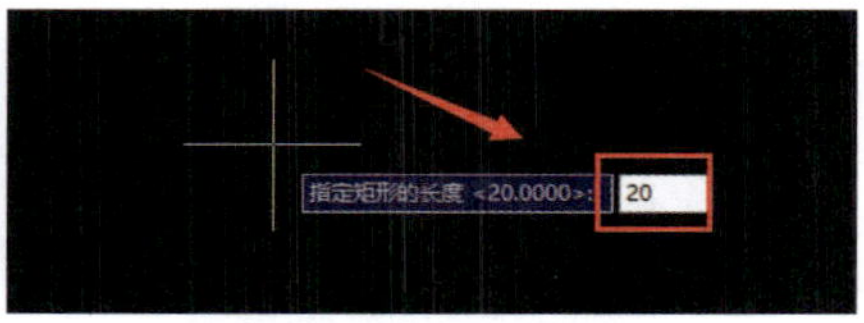

（c）输入长度数值

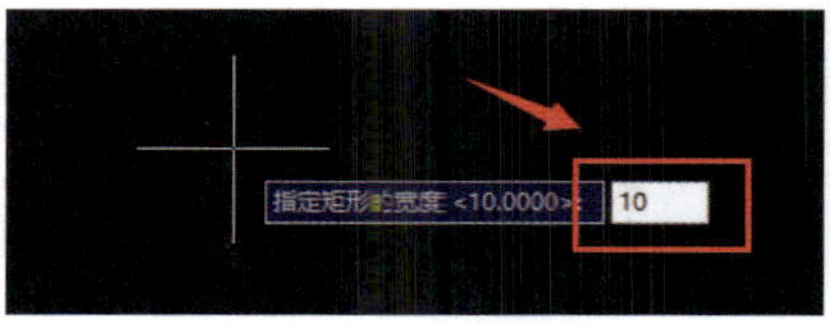

（d）输入宽度数值

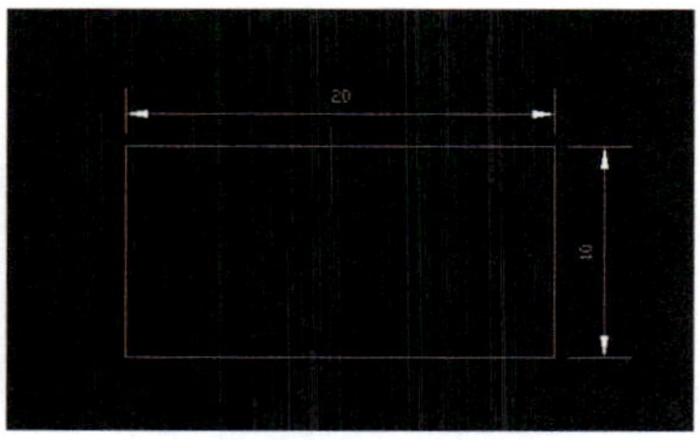

（e）完成长方形的绘制

图8-63　绘制20cm×10cm的长方形

四、分解指定图形

某图形绘制完成后，会出现图形为一整体不能分开的现象，比如前面绘制的长方形，此时长方形的每个边是相连的，选中一个边就是选中整个矩形。在实际绘图时，有时需要对图形的某边进行单独处理，这时就需要对图形进行分解以利于后续操作。在将图形进行分解时，以长方形分解为例，其分解步骤如下：

①如图8-63所示，按步骤绘制一个预定尺寸的长方形。

②选中该长方形，如图8-64（a）所示，然后点击分解图标进行分解，如图8-64（b）所示。

③完成分解后的长方形每个边都可以单独选中，可以进行下一步操作，如图8-64（c）所示。

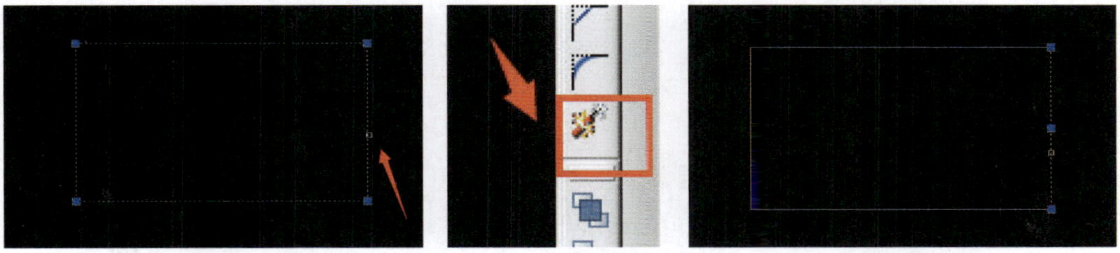

（a）选中长方形　（b）分解图标　（c）选中某一边

图8-64　分解图形

五、绘制圆角与倒角

首先绘制一个角，通常以直角为多，然后设置圆角半径或倒角距离尺寸，之后进行绘制。设定圆角半径为2cm，倒角距离为2cm。

1. 绘制圆角

圆角的制图过程如下：

①作两条相交线段，形成某一角度。

②选择圆角图标，如图8-65（a）所示，输入半径*r*，如图8-65（b）所示，然后按回车键，再输入指定的圆角半径数值2，如图8-65（c）所示，再按回车键。

③选中要设置为圆角所对应的两条线段，这样半径为2cm的圆角就绘制完成了，如图8-65（d）所示。

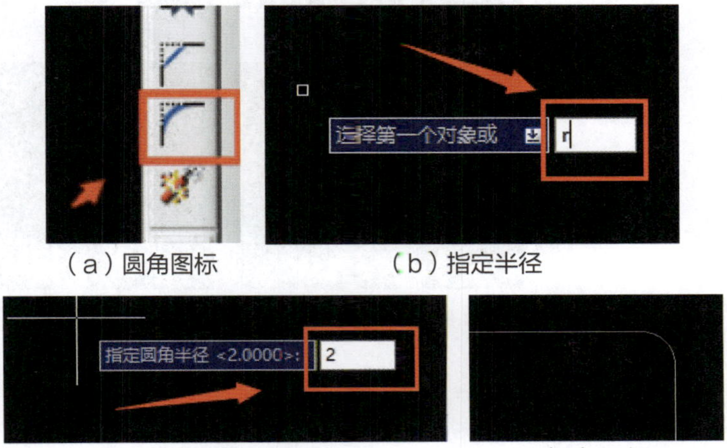

（a）圆角图标　（b）指定半径　（c）输入半径　（d）圆角

图8-65　绘制圆角

2. 绘制倒角

倒角的绘制与圆角的绘制相似。首先将图8-65绘制中的第二步改为选择倒角图标，如图8-66（a）所示；输入字母d，如图8-66（b）所示；然后按回车键，再指定第一个倒角距离为2，如图8-66（c）所示，指定第二个倒角距离为2，按回车键；绘制完成的倒角，如图8-66（d）所示。

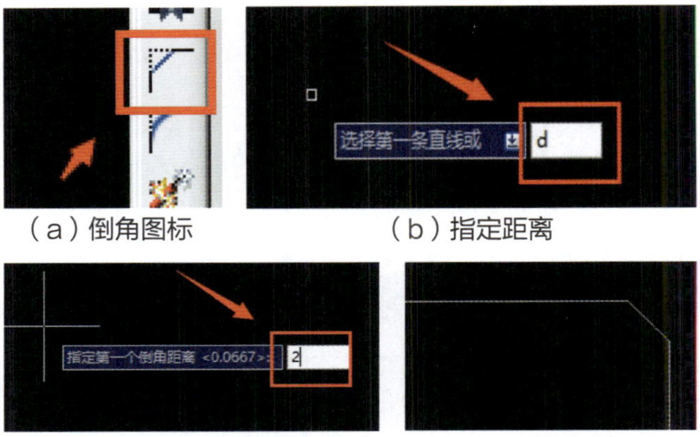

（a）倒角图标　（b）指定距离
（c）输入倒角距离　（d）完成倒角

图8-66　绘制倒角

六、绘制圆弧线段

要求绘制以点A、点B为两个端点，点O为圆心的圆弧，设线段OA与OB不等长，如图8-67（a）所示。其绘制步骤如下：

①依次选择【绘图】/【圆弧】/【起点、圆心、端点】，如图8-67（b）所示。

②依次选定A、O、B三点，绘出的圆弧如图8-67（c）所示。由于起点与圆心确定了圆弧的半径，点B只是确定圆弧的另一端点所在圆心的方向，$OA \neq OB$，所以圆弧与点B没有相交。

③依次选择B、O、A三点，绘出圆弧，如图8-67（d）所示。

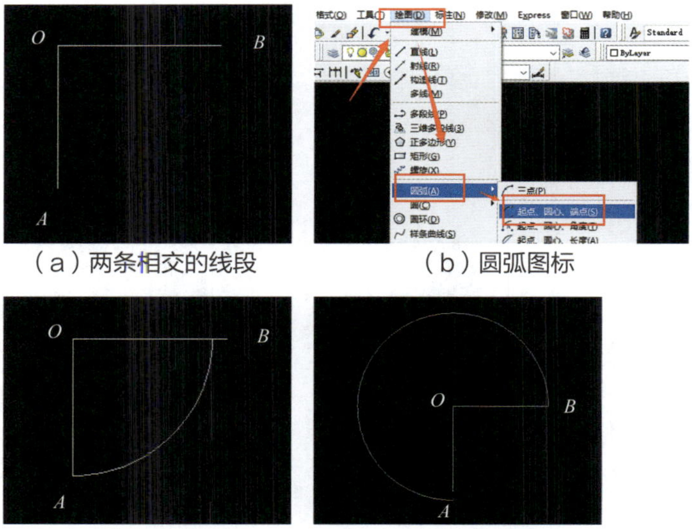

（a）两条相交的线段　（b）圆弧图标
（c）A为起点的圆弧　（d）B为起点的圆弧

图8-67　绘制圆弧

七、绘制圆形

首先，设定圆形半径为5cm，其制图过程如下：

①选择圆形图标，如图8-68（a）所示。

②再选定某点为圆形的圆心，输入半径数值5，如图8-68（b）所示；之后按回车键，半径为5cm的圆就绘制完成了，如图8-68（c）所示。

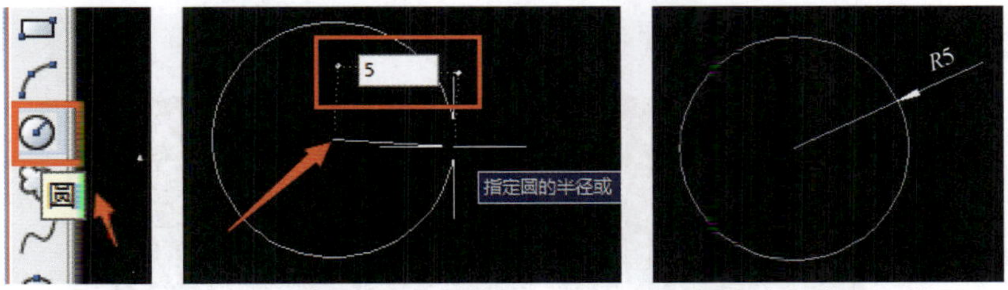

（a）圆形图标　　（b）输入半径　　（c）半径为5cm的圆

图8-68　绘制圆形

八、复制指定图形

复制指定图形是指将选定的图形在水平、垂直或某一特定方向进行复制的过程，复制时，不但要有复制的方向，还要有复制图形的距离尺寸。以将图8-68中的圆形水平向右方向距离原图形0.5cm复制为例进行讲解，其图形复制过程如下：

①首先选中圆形，单击复制图标，如图8-69（a）所示。

②之后选取一个基点，基点可选择屏幕内任一点，在这里选择了圆心，如图8-69（b）所示。

③开启正交，将鼠标指针水平向右移动，再用键盘输入复制距离0.5，如图8-69（c）所示。

④单击回车键，由此复制的圆形就绘制完成了。两圆的圆心相距0.5cm，如图8-69（d）所示。

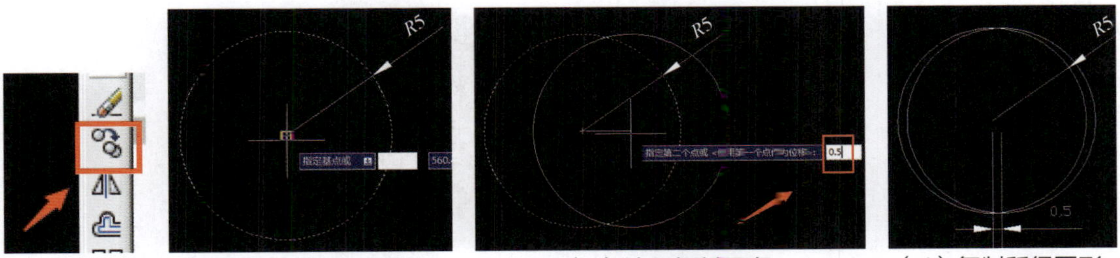

（a）复制图标　　（b）选定基点　　（c）输入复制距离　　（d）复制所得圆形

图8-69　复制图形

九、移动和拉伸图形

在绘制图形时，有时需要将现有图形进行一定的移动或拉伸。首先设计移动或拉伸的尺寸，然后进行操作。以将线段向左平移10cm，并将左端拉长3cm为例进行讲解，其制作步骤如下：

①左端拉长3cm：打开正交，将需拉长的线段选中，然后单击左端点并将鼠标向左移动，

输入拉伸数值3，如图8-70（a）所示，按回车键，这样该线段的左端即拉长了3cm，如图8-70（b）所示。

②向左平移10cm：选中线段，单击移动图标，如图8-71（a）所示，指定基点后将光标向左移动，并输入移动数值10，如图8-71（b）所示。

③最后，按回车键，线段向左平移10cm就完成了，如图8-71（c）所示。

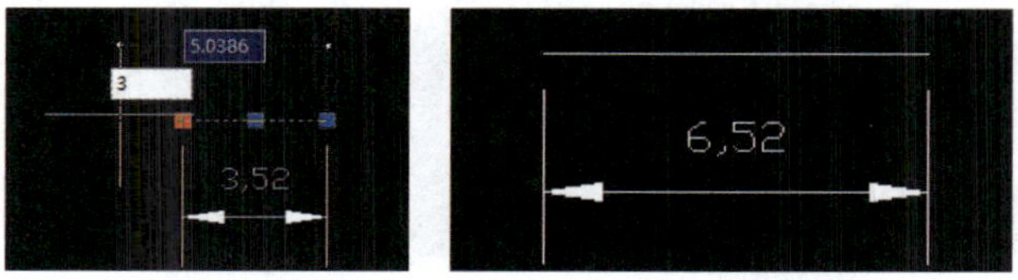

（a）输入拉伸距离　（b）拉伸后线段

图8-70　拉伸图形

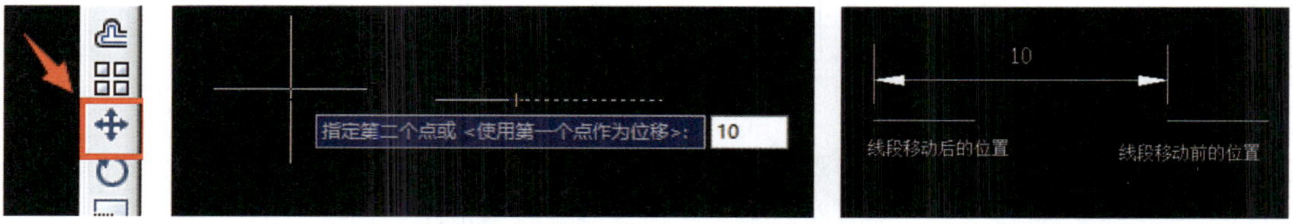

（a）移动图标　（b）指定移动距离　（c）移动后线段

图8-71　移动图形

十、镜像命令

在图形绘制时，有时需要绘制某图形的对称图形，这时就需要用到镜像命令。一般来讲，镜像命令使用得非常多，其操作步骤如下：

①首先绘制某一个图形，以长方形为例。

②选中要作镜像的长方形，并在菜单栏中选中镜像图标，如图8-72（a）所示。

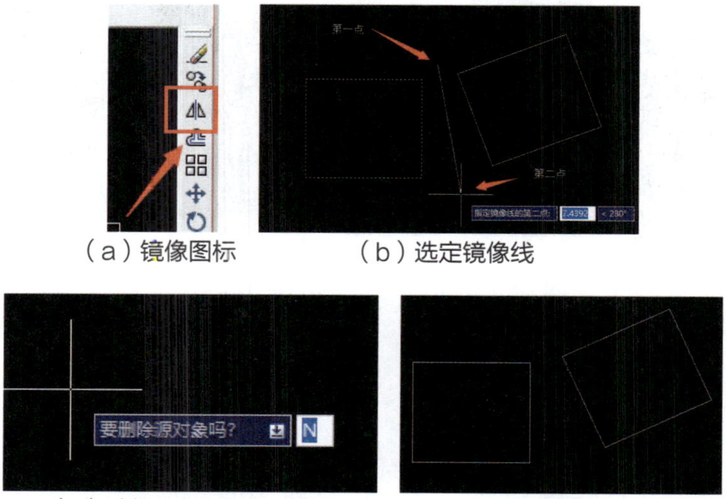

（a）镜像图标　（b）选定镜像线

（c）选择是否删除源对象　（d）镜像完成

图8-72　镜像命令

③按照提示指定镜像线的第一点与第二点，形成镜像对称轴线，如图8-72（b）所示，之后按回车键，形成对称轴对侧的长方形镜像。

④此时，软件提示是否要删除原对象，选择“否”（输入N），如图8-72（c）所示，之后按回车键，镜像后的长方形就绘制完成了，如图8-72（d）所示。

绘图时，应注意以下几点：

①在输入数字或字母时应将输入法设置为英文。

②在绘制水平线或竖直线时应打开正交。

③对象捕捉的设置中应选定中点、端点、圆心、垂直、延伸以及交点。

④绘制圆弧时，起点与圆心确定圆弧的半径，端点只是确定圆弧的另一点所在圆心的方向，圆弧并不一定与端点相交。

⑤在进行复制时，向那个方向复制就应将光标放置于被复制图形的那个方向。

02 第二篇 包袋结构制图与制板

第九章

包体基本结构及其设计

在箱包设计与制作工作中，设计人员需要涉及的工作有很多，既有美术范畴的彩色款式样稿，也有反映结构和部件真实构成的结构图，反映其各个侧面实况和主要制图数据的施工投影图，还有根据以上各种设计图绘制的由立体到平面的部件基础图和加工余量施工图，以及在此基础之上的各种样板及样品的试制等。这些图片和样板是款式设计到产品制作生产之间的桥梁和无声的语言。

第一节　结构设计与制图基础

一、包袋尺寸的分析与设定

在结构制图时，首先确定箱包产品的尺寸。包体的尺寸变化非常大，随着包体用途的不同可以制成大大小小一系列产品。箱包一般属于平面几何形体，也有一些属于几何曲面立体，因此它和其他有容积的制品一样，有3个基本尺寸，即长度、宽度和高度，计算单位以mm计，测量的时候，应按其在正常盛放物品的情况下能自由开关的状态为标准。

包体的长度是指前扇面在水平方向的最大尺寸，标注为L，这一点对于那些不规则包体尤其要注意，前扇面在水平方向上的最大尺寸有可能并不在包体的底部或上部，而可能在包体中间的某一部分；包体的高度是指前扇面在垂直方向的最大尺寸，标注为H，一般情况下高度尺寸在正面和侧面投影图上基本一致；包体的宽度是指包的侧部在水平方向的最大尺寸，标注为W，包体的侧部上下尺寸不等时，以最大的数值计，但应在投影图上分别标明。

在实际情况下，大部分包体采用下列基本尺寸数据。其中长度为150～800mm，高度为80～500mm，宽度为300mm以内。在这个数字范围内有许许多多的组合，不同的长宽高组合体对外显示的风格有很大的不同，例如旅行包、公事包、背包、手包等。对于某些特殊形状的包体，应给予特殊的说明，例如设计梯形提包时，应将包体上部和下部的长度和宽度全部加以设计，还有就是包体的部件尺寸，也必须要加以详细的标注。

1. 尺寸确定的美学基础

在日常生活中，当你接触任何一件事物，在判断它的存在价值和美丑时，由于人们所处的经济地位、文化素质、思想习俗、价值观念等的不同而有不同的审美追求，然而单从形式条件来评价某一事物或某一造型设计时，对于美或丑的感觉在大多数人中间存在一种相通的共识，这种共识的依据就是客观存在的美的形式法则。

在人们的视觉经验中，帆船的桅杆、工厂的烟筒、高楼大厦的理论轮廓都是高耸的垂直线，因而垂直线在艺术上给人以上升、高大、严格之感；而水平线则使人联想到地平线、平原、大海等，因而产生开阔、缓慢、平静等形式感。这些源于生活的共识，使人们逐渐发现了形式美的基本法则，正如西方自古希腊时代从数的度量中发现的"黄金分割比例"被应用于一切艺术作品的领域，在构成设计的实践中，更具有重要意义。

对于单独的一种线条和颜色无所谓和谐，几种要素具有基本的共性和融合性即为和谐。和谐的组合中也保持部分的差异性，但当这种差异性表现为强烈的显著时，和谐就向对比的格局转化，而转化是把质或量反差很大的两个要素成功地排列在一起，使人感觉到鲜明强烈的感触而仍具有统一感，它能使主题更为鲜明，作品更为活跃。对比关系主要是通过色调的明暗冷暖，形状的大小粗细、长短、方圆，方向的垂直、水平、倾斜，数量的多少等方面的因素来完成。

因此，在箱包设计中无论是长短还是高度的各种变化上，都应按设计意图加以完善的体现。例如，强调包体的某一方向或高或低，或胖或瘦，上宽下窄还是上窄下宽等，既可能存在某一种强烈的对比，也可能均衡表现，但一定要配比平衡、统一和谐。

一般而言，多数箱包设计遵循对称的原则，存在左右或上下对称轴线。当然某些不对称的设计可赋予包体更为灵活的生命。对于包体上的部件设计除了要遵循上述要素以外，更要注意部件与部件和部件与全体之间的数量关系，而且要考虑视觉重心的影响。

2. 尺寸确定的客观依据

在箱包的尺寸设计中，同样要考虑包体与人体身高胖瘦的比例关系以及春夏秋冬四季服饰的尺寸配比。因为服装与包袋都是服饰整体的一部分，单一的美需要和谐来进一步烘托。

当然包袋的尺寸确定还应符合人体生理的要求，尤其是对于学生包和公事包来讲更为重要。它们的外廓尺寸根据人体体型测量数据和所盛物件的尺寸而定，应能容纳所需书籍、纸张、文具和其他物品的盛放（保证单排或双排并行码放的尺寸），并根据目的需要符合正常的负重标准；对于学生包来讲，还要符合该年龄时期的生长要求，以免由于超荷负而影响少年儿童的正常生长速度。

公事包根据其使用目的不同有不同的款式设计。例如简易公事包，个体较小，内设1~2个空腔，可以盛放少量的办公用品和私人用品。依据书籍文件纸张的尺寸限定，其长、宽、高尺寸通常分别在300、70和200mm以内；办公用公事包，个体适中，而且内部分割较多，可以盛放日常用办公用品和随身文件资料，其长、宽、高尺寸通常在350、120和250mm左右；再有就是旅行用公事包，不但个体较大而且内部结构比较复杂，甚至有的包底还加设轱辘以备推拉方便，它的尺寸要大得多，甚至要参考旅行包的尺寸。这样，它们的个体就有了一系列的设计，除了美观上的因素以外，这些数据还与人体的正常负重有关。

对于公事包而言，存在一个不同年龄组的负重问题，其允许体力负重和公事包装满物品时的单位容积重量之比，即是这类公事包的最大容积。由于男女负重不同，其最大容积也不同。办公用的男女公事包应按轻体力负荷值进行计算，因为这类公事包每天都需要提拿，而旅行用公事包应按中等体力负荷计算，以保证旅途工作和生活的需要。在盛放物品时，公事包应能在包内轻松码放两排物品为宜，以最大限度地利用包的容积，当然那种简易型公事包可更灵活一些。

除此之外，要想使提拿公事包与本人的服饰身高甚至周围环境更为和谐美观，公事包的尺寸还应与周围的物品和环境具备一定的比例关系。例如，提包站立行走时，包底距地面应大于20cm，因为在上楼梯时，一般一级楼梯的高度是14～18cm，而且包底应与第一级台阶还要有一定距离。如将公事包或公文箱放在地上，其尺寸应在长为400～540mm，高为320～360mm变动，才能与办公桌和座椅相协调。也就是说，与人体的身高、体型如肩宽和指点距地面的高度有关。

通过实际观察，包的底边至地面的高度在320～380mm时，公事包的高度是250～290mm，从美观和力学的角度而言是最佳配比尺寸，如果包的高度增加，则包底距地面的距离变小，而包底距地面的距离越大，包提拿起来越省力。因此人的身高与包高之间的比例关系是不容忽视的因素。

学生包的尺寸确定更重视的是同龄学生的生理特点，根据少年儿童的生长规律，可将学生包大体分为三类，即小学低年级、小学高年级和中学低年级、中学高年级，学生包的设计有许多种，根据其生理特点，第一类学生包的最大容积为4400cm^3，第二类学生包的最大容积为5400cm^3，第三类学生包的最大容积为6800cm^3，根据其最大容积可以计算出这三类学生包的合理尺寸范围。学生包既可以设计成高圆造型的软体双肩背式，包体上加设多个立体贴袋以分放不同的书本，也可以设计成长方造型的半硬结构双腔式，通过内部的分割增加其用途。

总之，在包体尺寸的确定上，有关人体的生理负重依据、所盛装物品尺寸、应用季节和环境以及与人体身高胖瘦的比例关系等，都具有十分重要的实际意义。

图9-1　包袋效果图

二、结构图的绘制

结构图以效果图为基础进行绘制，设计效果图如图9-1所示。

结构图要求对产品的外形结构进行清晰的描述，并注明产品的规格，标明产品上需要特别说明的事情。比如，在材料的选择上要说明主体材料、配饰材料、金属材料等，如有比较特殊的材料也需要特别注明，如图9-2所示。

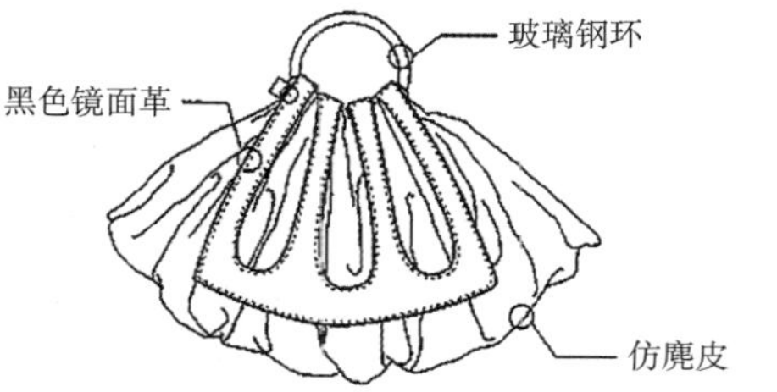

图9-2　款式结构图（材料说明）

有时，为了更清楚地说明部件之间的配合关系，需要绘制工艺装配关系结构图和内部结构图。部件配合关系结构图如图9-3所示。有时，也要说明相关的尺寸确定数据。通常，结构图需要兼顾结构配合、材料选择、色彩搭配关系，有时也要对尺寸加以特殊说明。

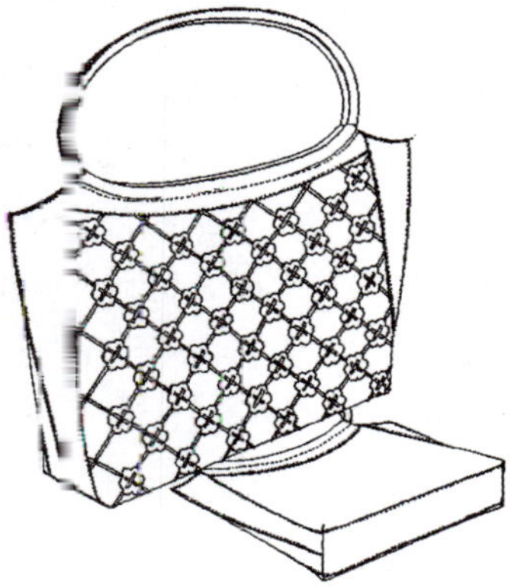

图9-3 结构图（部件配合关系）

三、施工投影图的绘制

施工投影图是根据款式图而绘制的墨线图，一般来讲，包体可以通过两个方向的投影图来表现，即正面投影图和侧面投影图，如有必要，还可以绘制底部或局部投影图进行个别展示。

在款式图或款式图片中往往没有给出包体各个部分的具体尺寸，而且某些具体细节也可能会有些模糊，因此绘制施工投影图也是最终确定包体尺寸的关键。在此过程中不但要确定包体和部件的尺寸，而且要论证其设计的合理性和制作的合理性，当然也要考虑产品的制作成本。所以，投影图是款式图到部件图之间的桥梁，施工投影图比款式图更注重严谨性和精确性。

绘制施工投影图时，不但要注明包体长、宽、高的尺寸，而且要注明各个部件的位置和尺寸，甚至包括圆角部分的半径，如遇到异型部件更要注明其位置和大小。在计算部件尺寸时，必须考虑包袋的容量、式样、结构特点和材料变形等因素，为下一步的结构制图打好基础。

绘制施工投影图时，一般可选择适中的比例来进行，如1∶2或1∶3等，如果包体的尺寸较大，比例也可以随之变化，保证绘制出来的投影图大小适中。在本章后面的讲解中会涉及各种款式结构的施工投影图。

四、有关部件图的绘制

1. 部件基础图

绘制部件基础图的过程实际就是从立体设计到平面材料制作之间的转换过程，即平面制图过程，在此时不加任何缝制用量，即是所谓的净量制图。

包体的部件有外部部件、中间部件和内部部件三大部分，要分别一一绘出。首先绘制外部主要部件图，遇到对称的部件，如扇面、袋盖、墙子、包底等，应严格控制两边的尺寸，避免出现直角不直、两边尺寸大小不一等现象。然后绘制外部次要部件，如把托、背带鼻、背带等，将外部全部部件绘制完成后，以此为依据进一步完成中间部件和内部部件的轮廓，如里料、内袋、内衬纸板、海绵等，为了节省材料或合理缝制，内部部件的分割不一定与外部部件完全一致。

包体的结构制图以六大不同结构为主线，不同的结构在绘图中的处理也有所不同，而且每一种不同的结构又各自具备独特的代表特征。

2. 加工余量（缝份量）

加工余量是指在包体进行加工时，部件边沿部分因加工造成的超出部件轮廓线以外的所需余量，缝制余量是其中最为重要的一部分，还有就是不需缝制时边缘折边需要量等。缝制时的加工余量是非常重要的数据，它的确定直接影响成品的劳动生产率、加工质量、使用质量、产品的加工成本和企业的经济效益。

在对各个部件进行加工余量的计算时，应考虑的因素有部件的连接固定方式、缝制方法、缝制工艺因素（包括线距边缘的距离、线迹密度、衬垫的应用情况等）、皮革材料本身因素（包括材料的厚度、材料的强度等）、缝制用针和线的影响、缝纫机操作的限制等。部件的连接固定方式是指部件的组合方式，最常用的方式是缝合式，当然还有纯黏合式、高频焊接式等。我们主要讨论缝合式。

那么对于缝制方法而言，有正面缝制法和反面缝制法的区别。

一般来讲，正面缝制法所需的加工余量要比反面缝制法所需的加工余量要少，正面缝制法的加工余量如无特殊情况时，毛边缝制多数在3.0～5.0mm；单折边缝制时，折边部件应再加上折边用量，其加工余量在6.0～8.0mm；双折边缝制时，两部件均应加放折边余量，如果是在包口的双折边缝制，其加工余量可能要更大一些才行，可选择8.0～12.0mm的需要量。反面缝制法的加工余量多数在3.0～12.0mm，变化范围比较大，应根据具体的加工工艺来仔细的选择。

缝制工艺对加工余量的影响相当大，不同的工艺对加工余量的要求不同，应加以区别对待，以免引起加工质量的缺陷或材料的不必要浪费。

做反面拼缝法时，两部件的缝制用量相等，可根据材料的情况尽量小，在5.0～8.0mm为宜，皮革薄取下限，皮革厚取上限。做压茬缝拼接时，两部件的需要量不同，最好给以区别对待，上部件的加工余量由弯折变形量、内衬材料厚度、缝线距边沿的距离和毛边距缝线的距离等需要量相加而得，而下部件的加工余量由线距边距离、线间距和毛边距线的距离相加而得，一般线距边沿的距离为1.5～3.0mm，线间距多为5.0～6.0mm，毛边距线的距离设定为1.5～2.0mm，弯折变形量约为1.0mm，这样单明线的加工余量为4.0～8.0mm，双明线的加工余量为8.0～12.0mm，上部件以略小于下部件为好。如果内衬材料较厚时，加工余量应给以适当的增加。当然在各个影响因素中，它们并不是孤立存在的，而是互相有连带影响的，如果材料的强度高、厚度薄的话，可适当地减小加工余量数值。

当然，缝纫机对缝制加工余量也有很多的限制，例如做扇面与堵头的正面缝合时，在包底部的拐角处，必须加设一个4.0～10.0mm的凹进量才能保证缝纫机压脚的通过；做带拉锁条的包的扇面与拉链条的缝合时，用正面缝制法同样需要留有压脚通过的量。

3. 部件施工图

在部件基础图的基础上，根据所选材料和制作工艺来计算工艺加工余量，即缝制其他加工用量，经过加放加工余量的部件图即是部件的施工图，施工图是裁料的依据。

施工图是在基础图的轮廓线外直接加放得出的，根据各个部件的某一部位的具体加放数值统一加放，只是在堵头料片的底部或遇到扇面与侧部部件的尺寸由于加放而产生不一致的变化时，才需要进行适当的调整。例如，角形堵头料片的底部应做一小豁口，在做正面缝制时，保证缝纫机压脚顺利通过，豁口的长宽值为12～18mm。在做反面缝制时，为了减小由于突然转折引起的过多余量积聚在包体底部拐角处，影响此处的造型而设置小豁口，豁口的长宽值为8mm左右。而当某一料片的轮廓弧度的变化与另一相合料片加放余量以后的总量不同时，应根据所用材料的延伸性加以适当的修正，以保证缝制时不会出现料片长短不齐的情况。

五、结构设计与制图

在结构设计中，首先，根据效果图确定包体的基本结构，从包体的基础部件入手进行制图。基础部件是指根据它们可以确定与其相连接的其他部件尺寸的部件。基础部件的尺寸和形状影响着其他部件及包体的造型，是制作包体的基础。

其次，绘制包体的施工投影图，即包体视图，一般包括主视图、侧视图，有些皮具还需补充底视图或其他辅助图，目的是便于理清和确定各部件的相互关系和尺寸。在实际设计中，绘制包体视图需借助坐标纸，利用坐标纸可以明确和保证各部件间的比例关系，为标准样板的制作奠定基础。

制图时基础部件一般以简单的相应几何图形表示，图中部件的对称轴线用粗点划线表示，辅助线用细实线表示，翻折线用细点划线表示。按照包体视图确定曲线半径，并标出部件的结构特征，同时基础图用粗实线标出，施工图用虚线标出，加工余量以相等的距离标在基础图旁边。绘制对称部件图时做出一半图形即可，图中应标明配件和辅助部件的固定位置和需要装饰的部位，箭头表示材料的纵向方向。

下面以六大关键结构变化为基础，分别介绍不同结构包体的部件制图方法及其变化规律。

第二节　不同结构包体的制图原理

一、由大扇和两个堵头构成的包体

由大扇和两个堵头构成的包体非常常见，是女式包袋的主要结构，如图9-4和图9-5所示。

图9-4　由圆形堵头和大扇构成的包

图9-5　梯形堵头与大扇构成的包

（一）堵头

1. 梯形堵头

梯形堵头是指包的堵头形状呈梯形，它的展平形状有上底加宽、上底收窄两种。上底加宽的梯形堵头常用在半硬或软质结构中，而上底收窄的梯形堵头常用在硬质结构中。这两种结构的堵头制图方法相似，只是上底部分不同。上部带软褶的堵头可以由倒梯形堵头和长方形堵头来形成。

在绘制堵头样板时，首先确定它的基础尺寸。堵头的基础尺寸根据成品包的宽度、长度和高度而定。通常堵头的高度取决于扇面的高度，而其上底宽度取决于成品包上口宽度及扇面上长尺寸。若要知道它的尺寸需作包体的施工投影图，包括主视图和侧视图，如图9-6所示。

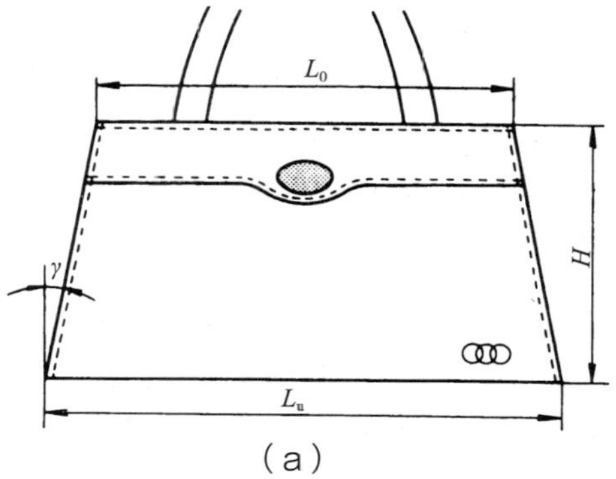

图9-6　包体视图

（1）通过主视图和侧视图确定部件尺寸

扇面下底长L_u，扇面上底长L_0，堵头下宽W_u，堵头成品上宽W_0，包体高度H，测面与垂直方向形成的夹角γ，扇面与垂直方向形成的夹角β。而堵头样板上部宽度W_p未知，须计算得出。

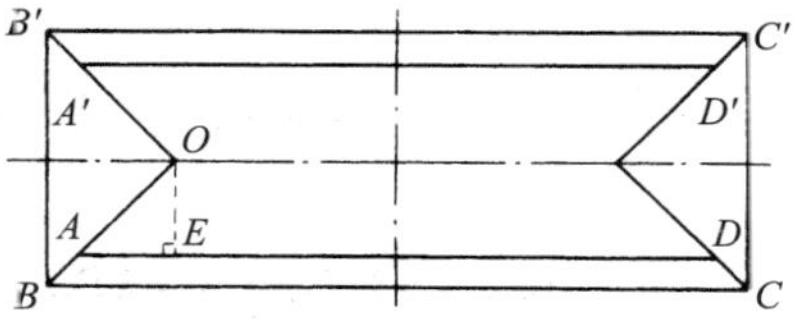

图9-7　包体的水平投影图

下面以上底加宽的梯形堵头为例进行制图，如图9-7所示。

梯形堵头上底加宽，目的是保证包口开关自如，有足够的开启度和有效容积。包在盛放物品即成品状态下，堵头的形状为下底较宽的普通梯形，堵头上部的中央呈软褶朝里折进。通常朝里弯折的深度约为包体上部长度的1/4。在成品状态下从包体水平投影图的结构分析得知，堵头成品上底宽度和扇面上部长度是决定堵头样板上部尺寸的关键因素。

先作两条相互垂直的对称轴线，沿水平对称轴线作两条平行线，其距离等于成品堵头上底宽度的1/2，分别确定线段AD、$A'D'$等于扇面上部长度。

经过点A截取线段AE等于扇面上部长度的1/4，过点E作垂线与水平轴线相交于O点，连接AO、$A'O$，$AO+A'O$即是堵头样板上部宽度尺寸。

在三角形AOE中，AE等于$L_0/4$，OE等于$W_0/2$，则AO等于$\sqrt{\left(\frac{L_0}{4}\right)^2+\left(\frac{W_0}{2}\right)^2}$，所以堵头样板上部宽度为$AOA'$，即

$$W_p=2\sqrt{\left(\frac{L_0}{4}\right)^2+\left(\frac{W_0}{2}\right)^2} \quad (9-1)$$

（2）堵头的基础图及施工图

求出堵头的基础尺寸后，即可着手绘制堵头的基础图和施工图。

如图9-8所示，其制作过程如下：

①作一条垂直对称轴线，截取堵头高度$OO_1=H$；

②分别过O、O_1点作两条垂直轴线的平行线，截取$OB=OB'=\frac{W_u}{2}$，$O_1A=O_1A'=\frac{W_p}{2}$，得A、B、A'、B'点，连接AB、$A'B'$。

由于成品包堵头上部折有朝里的软褶，因此堵头的上端低于扇面水平线形成折线而影响包的美观和有效容积。而且随着γ角和β角的增大，折线的顶端越低，下降的深度越大，如图9-9所示。所以堵头的基础图须修正，但又根据γ角和β角的是否存在而稍有不同。

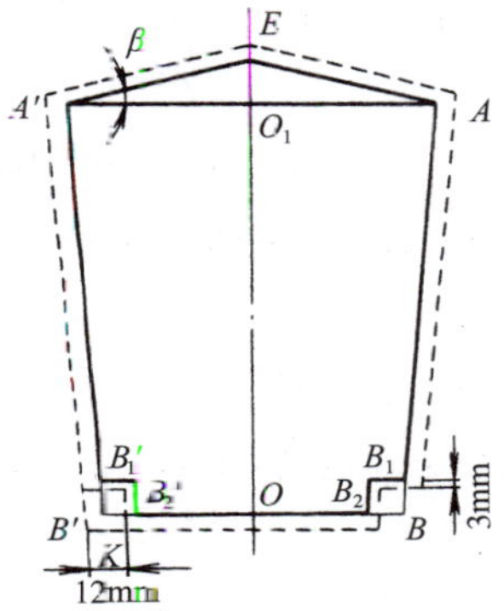

图9-8　正面缝制的梯形堵头图

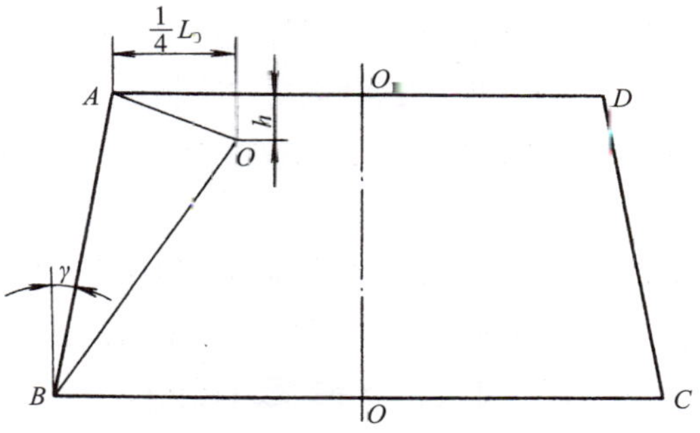

图9-9　包的正面投影图

若扇面为长方形，即γ角不存在，β角存在，则补夹角β，堵头的基础图如图9-8所示。

若扇面为梯形，即γ角存在，β角也存在，则补夹角$\gamma+\beta$，堵头的基础图如图9-10所示。

为了使堵头上部线段平滑，稍切去$\angle AEA'$。在实际的工业样板中，增补的夹角通常都省去了，一方面由于尽量减少工艺的复杂程度，另一方面$\gamma+\beta$角相对较小可以忽略不计。

考虑到工艺制作的要求，在放出加工余量后，堵头底部拐角处需作切口，以便于压脚通过，防止皱褶产生，而切口尺寸K根据缝制工艺的不同而不同。

若采用正面缝制法，切口尺寸K约为12mm，切口越大，堵头弯入包内越深，如图9-8所示。

若采用反面缝制法，切口尺寸K应比加工余量的宽度小约1mm。切口太大，则包体翻折后堵头拐角处线迹露出，影响美观。切口太小，包体翻折余量不足容易产生褶皱。

用粗实线完成堵头的净样板，虚线完成堵头的施工样板。如图9-10所示。

为了满足功能细化的需要，有些包体容积较大，所以常利用隔扇或隔扇袋将包的内腔分隔成两部分。一般隔扇安装在堵头的中央部位，在堵头上部1/4~1/3处与隔扇缝合固定。

随着时代发展，包体的基本结构相互组合，表现出具有时尚特征的结构美。如大、小双堵头同时运用在一个包体中，小堵头构成的腔体套在大堵头构成的包体内，添充了硬质中间部件的小堵头起着支撑包体的作用，而大堵头起着两个腔体的连接作用。

长方形堵头样板的处理方法同梯形堵头相似，这里从略。

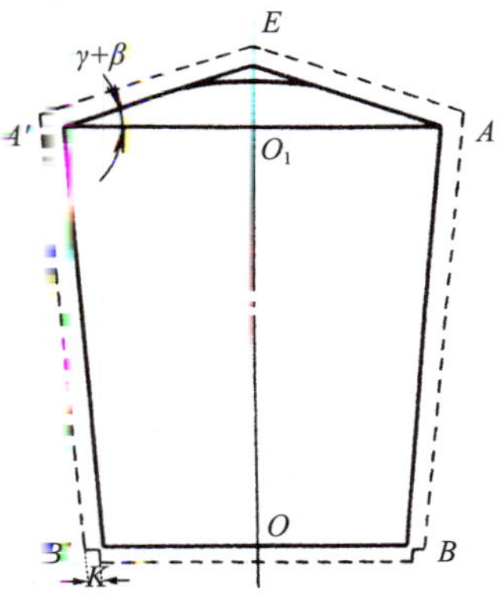

图9-10　反面缝制的梯形堵头图

（3）用AutoCAD绘制梯形堵头

以正面缝制的梯形堵头（图9-8）为例，设包袋堵头下底宽为8cm，上底宽为12cm，高为18cm，K=12mm，β=15°，加工余量为3mm，制图过程如下：

①首先，在【对象追踪】的设置中选定中点、端点，并启动【对象捕捉】；之后开启【正交】，绘制一条长度为12cm的线段AA'，得到A、A'点；取线段AA'的中点为O_1点，并过O_1点绘制一条垂直对称轴线，在轴线上向下截取堵头高度OO_1=18cm，得到O点。

②由O点向左作长度为4cm的线段OB'，得到B'点，关闭【正交】，连接B'与A'两点；以A'点为顶点作角度β=15°的角，交对称轴线于点E。

③打开【正交】，以B'为端点向右绘制长度为1.2cm的线段，端点为B_2'，再由B_2'向上绘制长度为1.2cm的线段，端点为C，再向左绘制一条与$A'B'$相交的线段，相交点为B_1'，连接点B_1'与点C。

④复制线段CB_2'，以点C作为基点，复制至左侧0.3cm的位置，复制线段$B_1'C$，以点C作为基点，至下方0.3cm的位置，移动CB_2'复制线的上端点至两条复制线段的交点处，将另一条复制线段的右端点移动至两条复制线段的交点处。

⑤以对称轴上一点作与$B_2'C$的复制线段的下端点相交的水平线段，并超过下端点1.2cm，复制线段$A'B'$，使B'作为基点，复制至水平虚线的左端点处，再复制至复制线段的上端点，连接第一次复制线段的上端点与第二次复制所得线段与AA'延长线的交点，并删除第二次复制的线段，延长$B_1'C$的复制线段使其与$A'B'$的复制线段相交，连接$B_1'C$的复制线段的左端点与交点并删除延长线。

⑥复制线段$A'E$，以A'作为基点，复制至倾斜虚线的上端点，再复制至复制线段的上端点，连接第一次复制线段的上端点与第二次复制所得线段与对称轴的交点，并删除第二次所复制的线段；选中复制所得线段与最下方的水平线，线型设置为虚线，所得图形如图9-11（a）所示。

⑦将所得图形沿对称轴作镜像，从而制得上底加宽的正面缝制梯形堵头图，如图9-11（b）所示。

详细制图步骤可扫描二维码观看。

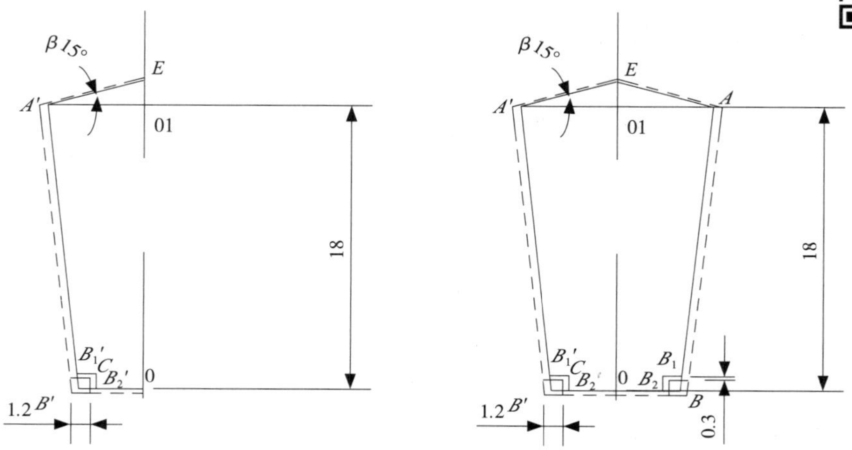

（a）半个梯形堵头图　　（b）正面缝制的梯形堵头图

图9-11　上部带软褶梯形堵头图

2. 多褶堵头

多褶堵头一般应用在正面缝制的带隔扇的包体中，多使用一个或两个隔扇形成两褶或三褶堵头。其内部结构如图9-12所示。男式公事包常用这种结构，它的外形和结构主要体现严谨、理智、大方、有力的特点。

在这种结构中，堵头的形状一般为长方形，所以堵头样板宽度和隔扇安装部位的确定是制图的关键。

根据设计的包体效果图，绘制施工投影图，包括主视图和侧视图，如图9-13所示。

图9-12 多褶堵头

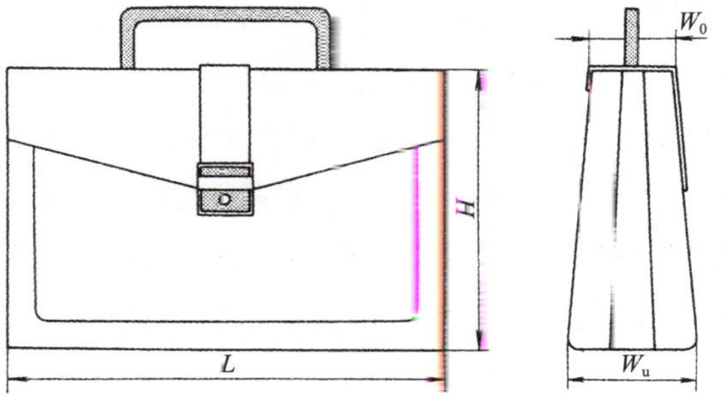

（a）主视图 （b）侧视图

图9-13 多褶堵头的包体视图

（1）确定部件尺寸

扇面长度L，堵头高度H，堵头成品状态下上底宽度W_0和堵头的褶数n。在设计和制作过程中，还需引入一些未知量：设堵头样板宽度为W_p，在展平状态下一个褶子宽度为f'，成品状态下一个褶子宽度为f，褶深系数为N，它等于在展平状态下一个褶子宽度f'与成品状态下一个褶子宽度f之比，为1.3～3.5，一般常取2。它表示褶子的平展程度，N越小，褶子越浅。当堵头成品上宽W_0较小时，褶子较深，N值稍取大。

（2）堵头的基础图及施工图

堵头样板宽度尺寸可以用两种方法求出。一是利用褶深系数N，通过给出的已知和未知的参数，可以得到下面这个公式：

$$W_p=n\cdot f' \qquad (9-2)$$

而

$$N=\frac{f'}{f}=1.3\sim3.5，f=\frac{W_0}{n}$$

则

$$f'=N\cdot f=N\cdot\frac{W_0}{n} \qquad (9-3)$$

考虑到这种结构隔扇和正面缝制对包体成品效果的影响，通常堵头两侧需加双倍的加工余量，一般为10mm左右。

将f'的值代入式（9-2），得堵头样板宽度W_p为：

$$W_p=N\cdot W_0+2\times10 \qquad (9-4)$$

二是利用经验法。在实际样板制作中，展平状态下一个褶子的宽度f'一般为60~80mm。但是随着人们对包体轻便、舒适性的要求，尺寸的取值在逐渐变小。f'已知，直接代入式（9-4）即可。

根据堵头的基础尺寸作出基础图，在基础图中用细实线标出隔扇的位置，用点画线标出褶线的位置，如图9-14所示。

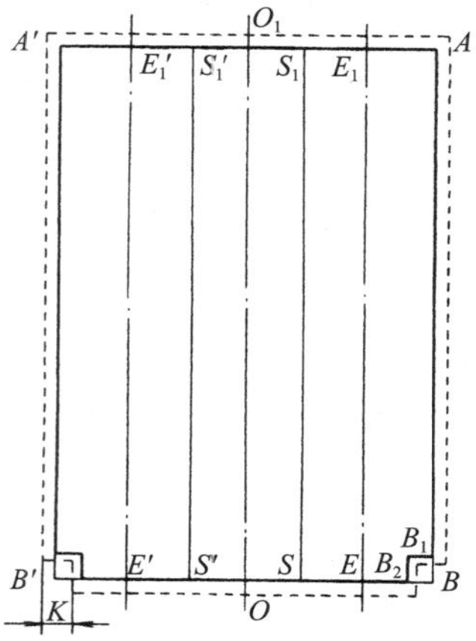

图9-14　多褶堵头图

其制作过程如下：

①作长方形堵头的基础图$ABB'A'$，其中AB等于堵头高度H，BB'等于堵头样板宽度W_p。

②从B和B'点截取线段BE和$B'E'$，使$BE=B'E'=\frac{f'}{2}+10$。

③在线段EE'上标出隔扇和褶子的位置。因褶子数为n，则隔扇数等于$n-1$，线段EE'除以$n-1$，则得f'。所以把线段EE'可分成下列等份：$ES=SO=OS'=S'E'$。

④分别从点E、S、O、S'和E'作垂线，与直线AA'分别相交于点E_1、S_1、O_1、S_1'和E_1'。其中直线EE_1、OO_1和$E'E'_1$构成朝向包内的褶背，而直线$S'S_1'$和SS_1是缝制隔扇的位置。

根据不同的工艺要求放出加工余量，在堵头底部拐角处作切口，处理方法同梯形堵头相似。

（3）用AutoCAD绘制多褶堵头

设包袋成品堵头宽度为12cm，高度为20cm，展平状态下的褶宽f'=2cm，切口尺寸为8mm，加工余量为3mm，如图9-15所示为多褶堵头图，制图过程如下：

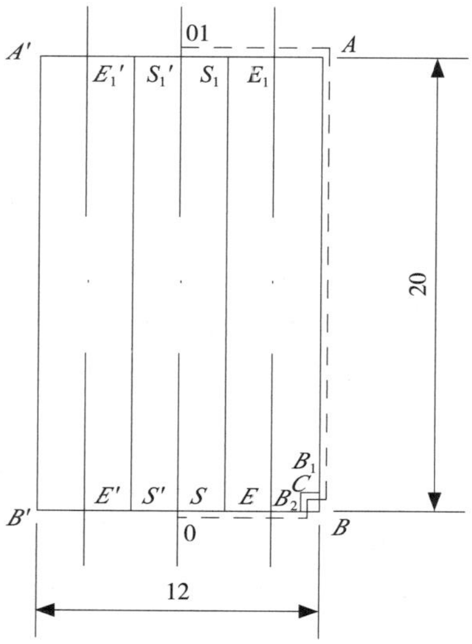

图9-15　多褶堵头图

①在【对象追踪】的设置中选定中点、端点，并启动【对象捕捉】；作长方形堵头的基础图$ABB'A'$，其中AB等于堵头的高度为20cm，BB'等于堵头宽度为12cm，并将长方形分解。

②复制线段$A'B'$，以B'点作为基点，向右复制至距点B'为（$f'/2+1$）cm的位置，并将线型设置为点划线，与$B'B$相交于点E'，与$A'A$相交于点E_1'；复制线段AB，以B点作为基点，向左复制至距点B为（$f'/2+1$）cm的位置，剩余操作同上，与$B'B$相交于点E，与$A'A$相交于点E_1。

③复制线段EE_1，以E点作为基点向左移至一个展平状态下的褶宽、两个展平状态下的褶宽、三个展平状态下的褶宽，复制3条线段，分别交$A'A$为点S_1、O_1、S_1'，交$B'B$为点S、O、S'，构成线段S_1S、O_1O、$S_1'S'$，并将线段E_1E、O_1O、$E_1'E'$的线型设置为点划线，上线拉伸，其中线段EE_1、O_1O和EE'构成朝向包内的褶背，而线段$S'S_1'$和SS_1是缝制隔扇的位置。

④以点B为顶点绘制一个镶嵌在长方形$AA'B'B$中的正方形BB_1CB_2，其边长为0.8cm，并将正方形分解，删除与长方形重合的边；以点C作为基点，复制线段CB_2'，复制至右侧0.3cm的位置，复制线段$B_1'C$，至下方0.3cm的位置，移动并使两条复制线段相交。

⑤作一条水平线段，使其以线段B_2C的复制线段下端为右端点，和线段O_1O相交交点为左端点，然后作线段CB_1复制线段右端点为下端点的复制线段，上端点高于线段$A'A$为0.3cm，

再由上端点为右端点作与线段O_1O相交的水平线，交点为该线段的左端点，将本步骤绘制的线段全部设为虚线。

⑥将图中的虚线以及线段B_2C、B_1C的复制线段，沿线段O_1O所处的直线作镜像，从而完成多褶堵头图的绘制。

多褶堵头的详细绘制步骤可扫描二维码观看。

3. 底部呈圆形的梯形堵头

底部呈圆形的梯形堵头与椭圆形堵头的处理方法相似，关键在于圆弧长度及堵头与扇面缝合部分的周边长度的确定。堵头的上底可大可小，如果上底朝内折进，堵头上部处理方法与梯形堵头相同。

下面以上部收窄的底部呈圆形的梯形堵头为例，介绍堵头样板制图的方法。

（1）确定部件尺寸

根据设计的包体效果图，绘制施工投影图，如图9-16所示。确定包体的部件尺寸：扇面下底长L_u，扇面上底长L_0，堵头下宽W_u，堵头成品上宽W_0，包体高度H，圆弧半径R。

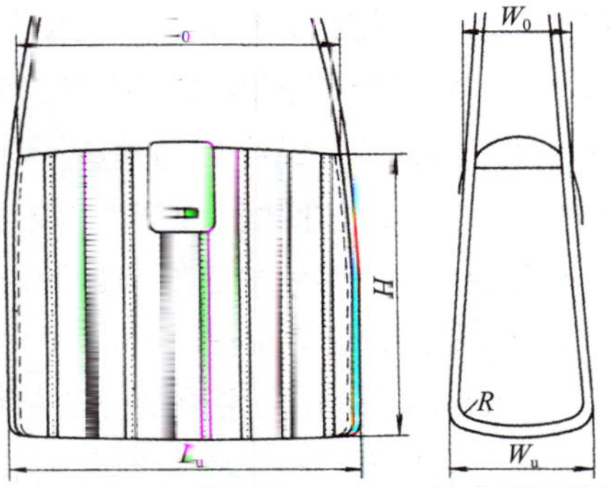

（a）主视图　（b）侧视图

图9-16　包体视图

（2）堵头的基础图及施工图

作图方法如图9-17所示。

①作一条垂直对称轴线，截取$OO_1=H$，分别过O、O_1点作两条垂直轴线的平行线，截取$O_1A=O_1A'=\frac{W_0}{2}$，$OB=OB'=\frac{W_u}{2}$，得A、B、A'、B'点，分别连接AB、$A'B'$。

②分别以B、B'点为中心，以R为半径画圆并与AB和BB'相交，过交点分别作AB和BB'的平行线，两线相交处即是半径为R的圆弧的中心。

③从中心点向AB边和BB'边作两条垂线，分别得点B_1和B_2，这两点即为圆弧和直线的共轭点，弧线连接点B_1和B_2。

④以OO_1线为对称轴作出堵头的另一半图形，即得底部呈圆形的梯形堵头的基础图，其中$AB_1B_2B_2'B_1'A'$是堵头的周边长。

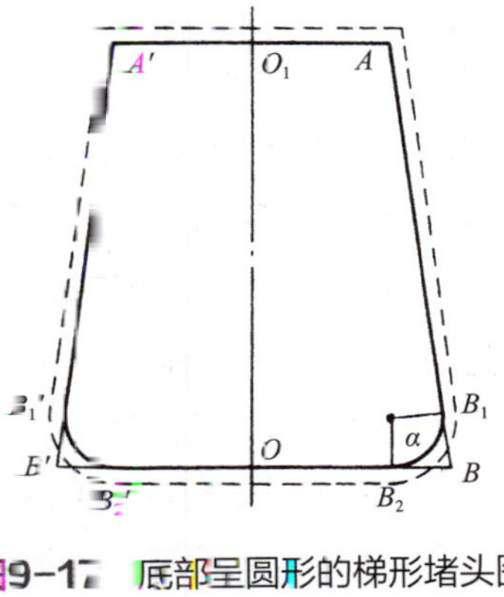

图9-17　底部呈圆形的梯形堵头图

若圆弧半径R较大，则堵头底部的宽度W_u与线段BB'的长度不相等，用上述方法作出的圆弧与侧视图有较大的误差。所以它的制图可以参照中底部为圆角的扇面的制作方法来确定。

根据不同的工艺要求放出相应的加工余量，用虚线表示。在堵头样板中，点B_1、B_2、B_2'、B_1'处需作标志点，以确定与扇面的准确对位，避免包的底部出现不对称的现象。

（3）用AutoCAD绘制底部呈圆形的梯形堵头

设包袋堵头下底宽为16cm，上底宽为12cm，高度为20cm，圆弧半径为2cm，如图9-18

所示为底部带圆角的梯形堵头图，制图过程如下：

①在【对象追踪】的设置中选定中点、端点、垂足，并启动【对象捕捉】，开启【正交】，绘制一条长度为12cm的线段AA'，得点A、A'；取中点O_1绘制一条对称轴线，向下截取堵头高度OO_1=20cm，得点O；由O点向右作长度为8cm的线段OB，关闭【正交】，连接B与A两点。

②以点B为圆心，以2cm为半径绘制圆形，并与线段AB、BB'相交，过交点分别作线段AB和BB'，以点B为基点的复制线段，两线交点处即为圆弧的圆心；由圆心点向线段BB'与线段AB作垂直线段，分别相交于点B_2、B_1，这两点即为圆弧的起点和端点，弧线连接B_1点与B_2点；删除以点B为圆心的圆与两条复制所得的线段。

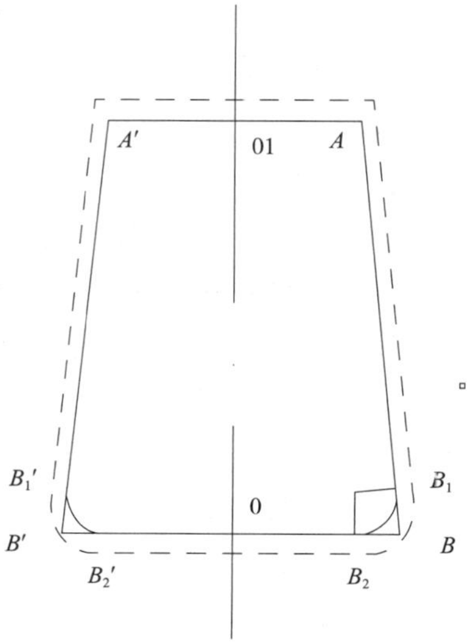

图9-18　底部带圆角的梯形堵头图

③以线段OO_1的中点为基点，对圆弧与线段AA'进行复制性缩放，缩放比例为1.05，以缩放后的圆弧的下端点为右端点作水平线段，与对称轴的交点为左端点，并将缩放后的圆弧上端点与点A对应的缩放后的点连接，将此步骤所形成的线设置为虚线。

④沿对称轴将以上所得图形作镜像，从而完成底部带圆角的梯形堵头图。

底部带圆角的梯形堵头详细绘制步骤可扫描二维码观看。

4. 中间加有圆锥形软褶的梯形堵头（小行李箱式堵头）

中间加有圆锥形软褶的梯形堵头多用在小行李箱中，但女式的架子口包也常采用这种结构。堵头一般为半硬结构，两边有纸板加固，中间部分有伸向包体内的圆锥形软褶，而堵头样板的形状呈梯形，它制作的关键是梯形堵头上底宽度的确定。

（1）确定部件尺寸

通过包体的侧视图可以确定堵头上底硬质部分的宽度，而伸入包体内软褶部分宽度的确定可以借助梯形堵头中的公式（9-1）。

由于成品状态下软褶部分的宽度很小，即$W_0/2$接近于零可以忽略不计。所以$W_p=\frac{L_0}{2}$，也就是说堵头软褶部分的宽度近似等于1/2扇面上长，而褶入深度约为1/4扇面上长。堵头的关键尺寸已经得出，其他尺寸可以通过包体的施工投影图确定，如图9-19（a）、（b）所示。

（2）堵头的基础图及施工图

作堵头图时，先绘制它的软褶部分，如图9-20所示。

①作一条垂直对称轴线，截取$OO_1=H$，过O_1点作一条垂直轴线的水平线，并截取$O_1E=O_1E'=\frac{W_p}{2}$，连接OE、OE'即得堵头的软褶部分。

②从线段OE、OE'开始作堵头的硬质部分。过点O作OE和OE'的垂线，并截取线段$OB=OB'=\frac{W_u}{2}$，得B、B'点。

③过点E、E'作EO、$E'O$的延长线并截取$EA_1=E'A_1'=\frac{W_0}{2}$，得$A$、$A'$点，连接$AB$、$A'B'$即得堵头基础轮廓线。

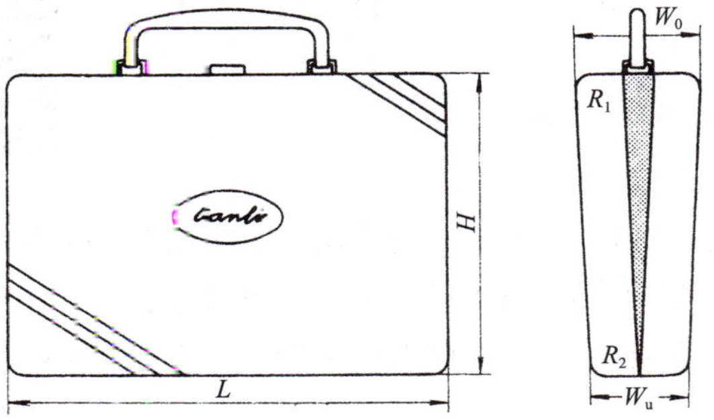

（a）主视图　（b）侧视图

图9-19　小行李箱式堵头

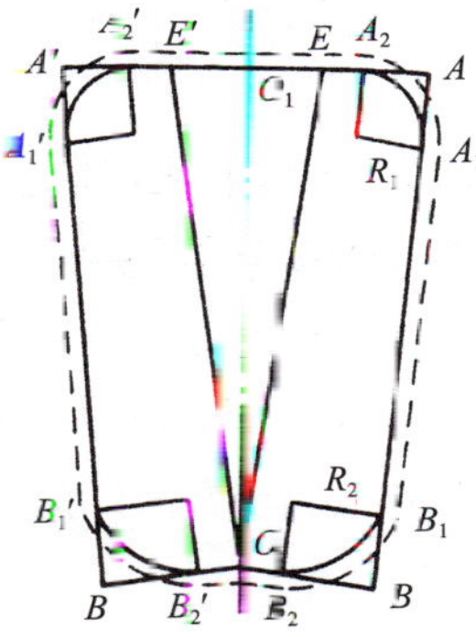

图9-20　中间加有圆锥形软褶的梯形堵头图

由于这种堵头的角一般呈圆弧形，因此必须求出直线与圆弧的共轭点，并用弧线连接起来，其他的制作方法与前面介绍的内容相同，这里不再赘述。

（3）用AutoCAD绘制小行李箱式堵头

设包袋堵头上底宽为16cm，下底宽为12cm，高为20cm，软褶宽为6cm，上部圆弧半径为2.5cm，下部圆弧半径为4cm，如图9-21所示为中间加有软褶的梯形堵头图，制图过程如下：

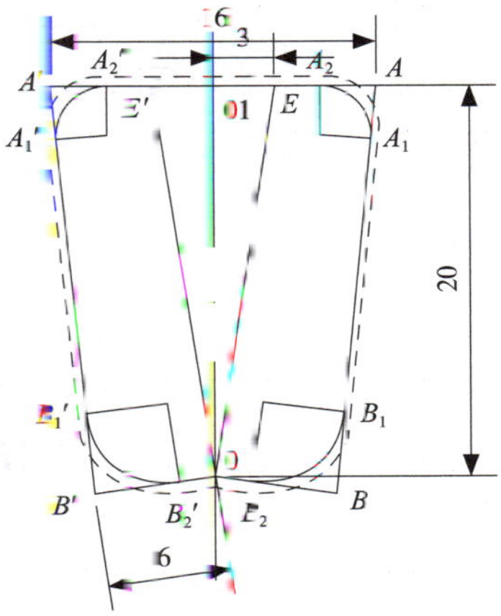

图9-21　中间加有圆锥形软褶的梯形堵头

①在【对象追踪】的设置中选定中点、端点、垂足，并启动【对象捕捉】；开启【正交】，绘制一条长度为16cm的线段AA'；取中点绘制一条对称轴线，截取堵头高度CO_1=20cm；由点O_1作为左端点绘制长度为3cm的水平线段O_1E，关闭【正交】连接EO，作长6cm垂直于线段OE的垂线段OB，连接AB。

②以点B为圆心，以4cm为半径绘制圆形，并与线段AB、BO相交，过交点分别作线段AB和线段BO，以点B为基点的复制线段，两线交点处即为圆弧的圆心；由圆心点向线段BO与线段AB作垂直线段，分别相交于点B_2、B_1，这两点即为圆弧的起点和端点，弧线连接B_1点与B_2点；删除以点B为圆心的圆和两条复制所得的线段。

③以点A为圆心，以2.5cm为半径绘制圆形，并与线段AB、AO_1相交，过交点分别作线段AB和线段AO_1，以点A为基点的复制线段，两线交点处即为圆弧的圆心；由圆心点向线段AO_1'与线段AB作垂直线段，分别相交于点A_2、A_1，这两点即为圆弧的起点和端点，弧线连接A_1点与A_2点；删除以点A为圆心的圆与两条复制所得的线段。

④以线段O_1C的中点为基点，对圆弧A_1A_2与圆弧B_1B_2进行复制性缩放，缩放比例为1.05，连接A_1点与B_1点所对应的缩放点；以A_2点缩放后对应的点为右端点绘制水平线段，与对称轴相交的点为线段的左端点；以点B为基点，复制线段OB_2，连接B_2缩放后的点与复制所得线段与对称轴的交点，删除复制所得线段；将该步骤所得线段设置为虚线。

⑤将上述步骤所得部分沿对称轴作镜像，制得中间加有软褶的梯形堵头图。

小行李箱式堵头详细绘制步骤可扫描二维码观看。

5. 加有堵头条的堵头

有些堵头借助堵头条直接固定在包的大扇上，其目的一方面可以包住毛边、加固部件，另一方面可以起到装饰和美化作用。这种包体一般为半硬结构，堵头条可以是毛边，也可以折成光边。它的样板制作方法同前，但是加堵头条这一部分的部件只需加放对针缝余量，一般为4mm。

堵头条的形状是长方形，它的长度等于堵头的周边长。

若是梯形或长方形堵头，则堵头条的长度等于2（$AB+BO$），若采用正面缝制法还需减去$2K$，K为切口尺寸，如图9-8所示。

若是底部呈圆形的梯形堵头，则堵头条的长度等于2（$AB_1+0.018\alpha R+B_2O$），其中$0.018\alpha R$是$\widehat{B_1B_2}$的长度，如图9-17所示。

有时堵头的周边长度也可以直接用软尺测量。

堵头条的宽度一般为15～35mm，堵头条越宽，堵头伸入包体的部分就越多。

（二）大扇

大扇是包体的主要部件，它的主要尺寸和形状是由基础部件——堵头决定的。为了提高材料的利用率，增加包体的外形变化，常把大扇进行分隔，分隔的位置和形状因包体所表现的风格和内涵而不同。但在现代的包袋设计中，由于人们对产品的单纯化和抽象化的审美要求，对包体的分隔日益趋向简洁化，有的甚至不进行任何分隔和装饰以体现时代特征。

由于堵头的形状不同，所以大扇的制图方法不完全相同。大扇制图的关键在于侧边长度的确定，它的尺寸由堵头的周边长度决定。

（1）大扇的基础图及施工图

底部呈圆形的梯形堵头的包体，其大扇的制图方法如下，如图9-22所示。

①作一条垂直对称轴线，截取$MM'=H$，得M、M'点。

②分别过点M、M'作两条垂直轴线的平行线，截取线段$M'A=M'D=\frac{L_0}{2}$，$MB=MC=\frac{L_u}{2}$，得点A、D、B、C，连接AB、DC。

③过点B、C作两条垂直于BC的直线。

④考虑到工艺制作的要求及与堵头的准确对位，修正B、C点的折线成弧线。

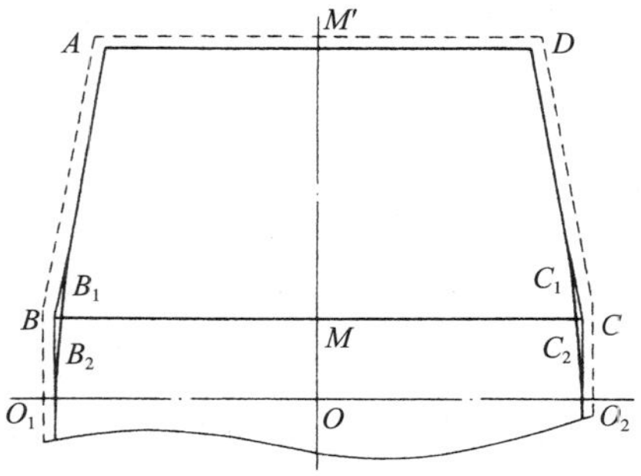

图9-22 堵头底部呈圆弧形的包的半片梯形大扇图

⑤在大扇的侧边上重新截取AB_1等于堵头中相对应的线段AB_1，线段B_1B_2等于堵头中B_1B_2的弧线长，线段B_2O_1等于堵头中相对应的B_2O_1，得B_1、B_2、O_1点。

⑥同理可确定C_1、C_2、O_2点，用点划线连接O_1O_2。

⑦由于大扇以直线O_1O_2为对称，所以绘制一半图形即可。根据不同的缝制方法放出加工

余量，在大扇样板上B_1、B_2、C_1、C_2点作标记，以便于与堵头准确对位。

对于长方形或梯形堵头来说，大扇的制图方法同底部呈圆弧形的梯形堵头相似，但是需考虑堵头拐角处切口的尺寸对大扇侧边长度的影响，这里不再赘述。

（2）用AutoCAD绘制大扇

设包袋上口长为30cm，下口长为34cm，高为20cm，如图9-23所示为图9-20所示堵头对应的半片梯形大扇图，制图过程如下：

①在【对象追踪】的设置中选定中点、端点、垂足，并启动【对象捕捉】；开启【正交】，绘制一条长度为30cm的线段AD；取中点M'向下绘制一条对称轴线，截取堵头高度MM'=20cm，得点M。

②由点M作为左端点，绘制长度为17cm的水平线段MC，得点C，关闭【正交】连接DC，以D为端点，在线段DC上截取长度等于图9-23（a）中AB_1长度的线段DC_1，得点C_1。

③以C为端点，向下作MC线段的垂直线段，然后将C点处尖角去掉并修顺成弧线连接，该弧线的具体画法如图9-27所示，选定C_1点与C_2点，绘制弧线即可。之后在弧线上截取与图9-23（a）中B_1B_2长度相等的线段C_1C_2，得点C_2，以C_2为端点作与图9-23（a）中B_2O长度相等的竖直线段C_2O_2。

④选定线段AD、DC_1、C_2O_2与弧线C_1C_2，以MM'上的点为基点进行复制性缩放，缩放比例为1.05，并将缩放所得线段的线型改为虚线；选中所有已作出的线段，沿对称轴作镜像，作经过点O_2的水平线，线型设置为点划线，交镜像所得线段于点O_1。

由于大扇以水平中轴线O_1O_2为对称，所以绘制一半图形即可。如图9-23（b）所示。

详细绘制步骤可扫描二维码观看。

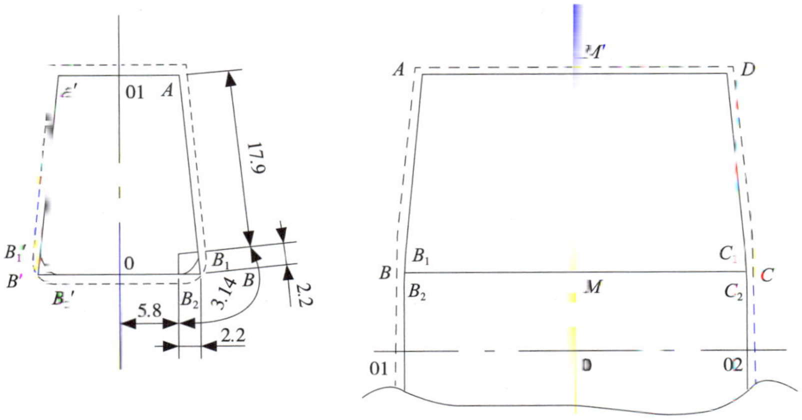

（a）底部呈圆弧形的堵头　　（b）半片大扇图

图9-23　大扇图

二、由前后扇面和墙子构成的包体

在六种基本的结构中，由前、后扇面和墙子构成的包体运用较多，无论是男包、女包、童包都较常见，体现的风格也因加工工艺的不同、硬质中间部件的有无而各异。有的明线清晰、均匀，显得粗犷大方；有的干净利索、清秀，显得细腻柔和。

由这种结构构成的包体，基础部件是扇面，扇面的尺寸和形状决定了墙子的尺寸和形状，所以首先进行扇面的设计与样板的制作过程。它的缝合工艺常采用反面缝制或偏压缝。

墙子的种类较多，主要分为五大类：下部墙子（通常分为上部加宽的下部墙子、上部收窄的下部墙子、整体宽窄一致的下部墙子）；上部墙子；环形墙子；多褶墙子；侧边呈曲线的墙子。

墙子的种类不同，设计及制作过程不完全相同。

（一）扇面

扇面的形状通常由长方形、梯形、圆形等基本的几何形构成。随着时代发展，扇面的造形变化愈加丰富，在基本形的基础上作一些外形线的变化如边缘、拐角处采用一些圆角、内弧、外弧、不对称等形式，使得其造型新颖别致。常见的有下列几种，如图9-24所示。

下面就以底部呈圆形的梯形扇面为例介绍扇面的制图方法。

根据设计的包体效果图，如图9-25和图9-26所示，绘制施工投影图包括主视图、侧视图，如图9-27所示。

（1）确定包体的部件尺寸

扇面上底长L_0，下底长L_u，高H，圆弧半径R，墙子成品上宽W_0，下宽W_u。

（2）扇面的基础图及施工图

其制作过程如下，如图9-28所示：

①作一条垂直对称轴线截取$MM'=H$。过M、M'点作两条垂直轴线的平行线，确定扇面上长$AM'=M'D=\frac{L_0}{2}$，得A、D点。

②过M点，在垂直轴线上截取$MM_1=R$得M_1点，过M_1点作一条垂直于对称轴的水平线，并截取$EM_1=M_1E'=\frac{L_u}{2}$，得E、E'点。

③分别连接AE、DE'并延长，与过M点的水平线交于点B、C，这样就得到了基本轮廓线$ABCD$。

④作距B点距离为R、平行于AB和BC的平行线，两线交于O点，过O点作OB_1垂直于AB，OB_2垂直于BC，得共轭点B_1、B_2。

⑤以O点为圆心，以OB_1为半径画弧。同理得$\overset{\frown}{C_1C_2}$，$AB_1B_2C_2C_1D$即是所求扇面的基础图，而它的长度决定着墙子的长度。

⑥根据不同工艺的要求，分别放出加工余量。

（二）墙子

1. 下部墙子

（1）上部加宽的下部墙子

由上部加宽的下部墙子构成的包体与梯形堵头相似。在成品状态下，包体侧面朝里折进呈梯形结构，打开包体则呈倒梯形，目的在于满足包体有足够的容积。所以常采用软质或半硬结构，呈现随意大方、柔和的一种视觉效果，如图9-29所示。它的侧视图如图9-27（b）所示。

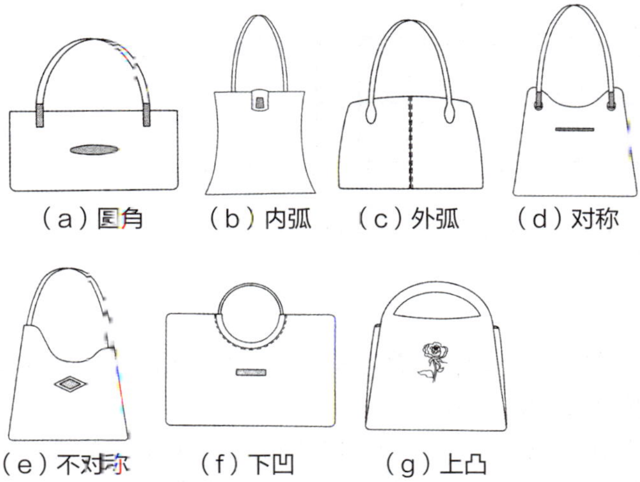

图9-24 扇面常见的几何外形

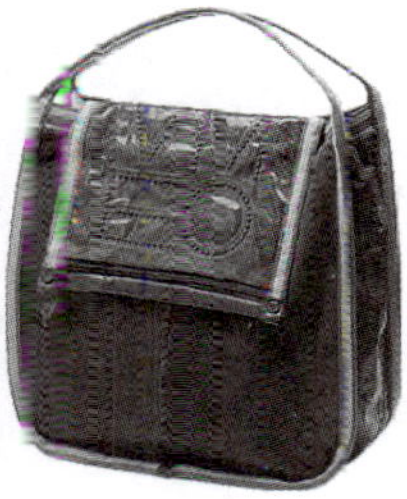

图9-25 下部墙子包（1）

图9-26 下部墙子包（2）

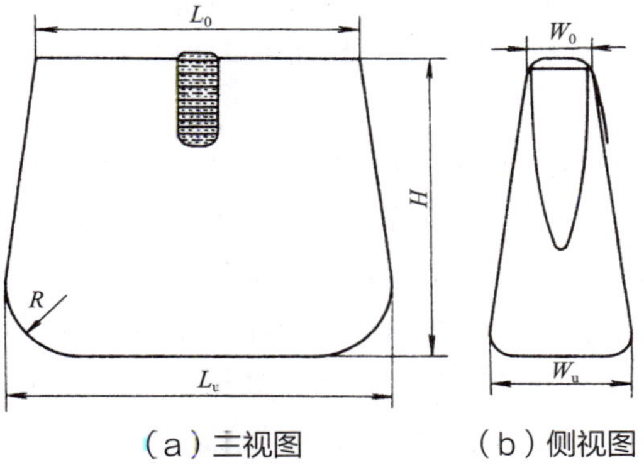

图9-27 包体视图

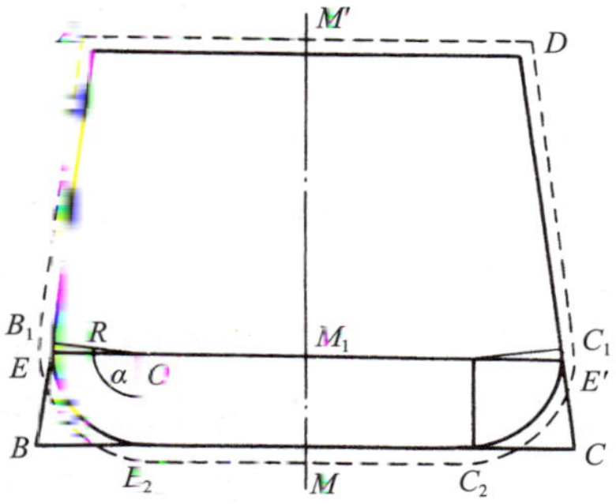

图9-28 底部呈圆形的扇面图

这种结构的关键在于墙子上宽尺寸的确定，其计算方法与上底变宽的梯形堵头相同。

墙子的基础尺寸已知，其制作过程如下，如图9-30所示：

①绘制两条相互垂直的对称轴线交点为O_1，在垂直的轴线上截取$AO_1=O_1A'=\frac{W_p}{2}$，得到点A、A'。

②分别作两条距离水平对称轴线为$\frac{W_u}{2}$的平行线。以A、A'为圆心，以扇面样板中线段AB_1的长度为半径画弧，交两直线于B_1、B_1'点，连接AB_1、$A'B_1'$，即为墙子的加宽部分。

③在水平直线上分别截取线段$B_1B_2=B_1'B_2'$=扇面中的B_1B_2弧，其中$\widehat{B_1B_2}=\frac{\pi}{180°}$，$\alpha \cdot R=0.018\alpha \cdot R$，截取线段$B_2M=B_2'M'$=扇面中的$\widehat{B_2M}$。由于墙子以$MM'$为对称，所以另一半图形对称绘制。

根据不同的缝制工艺，放出加工余量并标明标志点。由于扇面中$\widehat{B_1B_2}$加放余量后长度增加，而与它相吻合的墙子中的直线长度B_1B_2没有变化，若要使它们的标志点对位，需在墙子样板中的线段

图9-29 上部加宽的下部墙子包

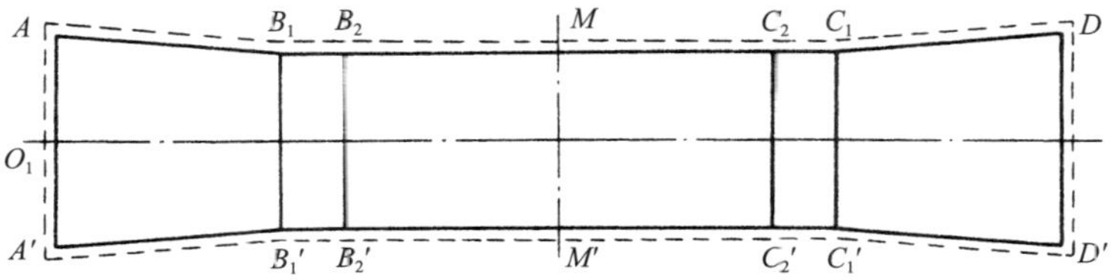

图9-30　上部加宽的下部墙子图

B_1B_2上打剪口，以补充差量。

如果扇面是长方形，为了保证扇面与墙子的顺利吻合，并得到一个长方形的断面形状，则需在墙子图上侧面与包底的分界处作约5mm的切口。

用AutoCAD绘制上部加宽的下部墙子图。设包袋上口长为30cm，下底长为36cm，高为20cm，扇面圆弧半径为5cm，墙子下部宽为8cm，上部宽为12cm，加工余量为3mm，如图9-31（a）所示为上部加宽的下部墙子图，制作过程如下：

①在【对象追踪】的设置中选定中点、端点、垂足，并启动【对象捕捉】；开启【正交】，绘制一条长度为12cm的线段AA'；取线段AA'的中点绘制一条对称轴线，并将对称轴线复制至上方4cm处。

②以点A为圆心，以图9-31（b）中AB_1的长度为半径绘制圆形，与对称轴的平移所得线相交于点B_1，连接AB_1；由B_1点水平向右作线段B_1B_2，其长度等于图9-31（b）中弧线B_1B_2的长度，再由B_2点水平向右作线段B_2M，其长度等于图9-31（b）中B_2M的长度。

③删除圆形和对称轴的复制所得的线，将线段B_1M向上复制至3mm处，将线段AA'向左复制至3mm处，以点B_1为基点，将线段AB_1复制至线段B_1M复制后点B_1所对应的点，并拉长AB_1复制所得线段，使其与线段AA'复制所得线段的延长线相交，将该步骤所得线段设置为虚线。

④将以上所得线段沿对称轴作镜像，B_1点对应为点B_1'，B_2点对应为点B_2'，M点对应为点M'，连接B_1B_1'，B_2B_2'，过点MM'作对称轴线。

⑤将以上所做图形沿MM'所在的对称轴作镜像，从而制得上部加宽的下部墙子图。

详细绘制步骤可扫描二维码观看。

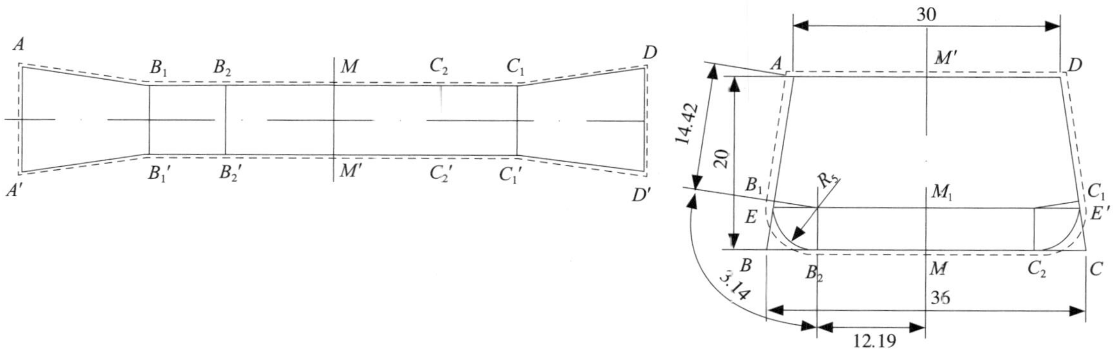

（a）上部加宽的下部墙子　　（b）扇面

图9-31　上部加宽的下部墙子绘制图

（2）上部收窄的下部墙子

由上部收窄的下部墙子构成的包体，多为硬质结构。包体棱角分明、外形饱满、弧线流畅自然，是上班族时尚的选择。

它的制作方法如下：绘制侧视图并确定部件尺寸，墙子上宽W_0，下宽W_u，高H，如图9-32所示。

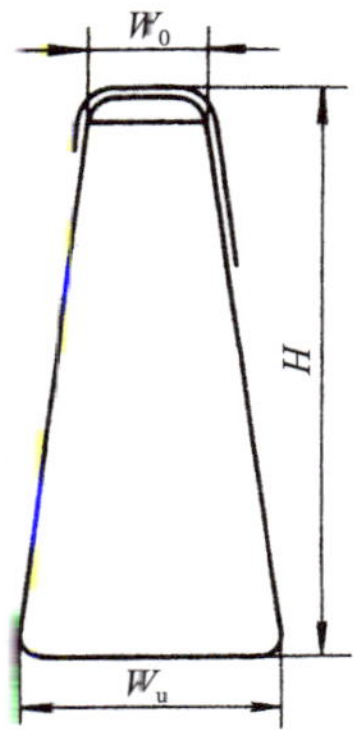

图9-32　上部收窄的墙子包体侧视图

制作方法如下，如下图9-33所示：

①绘制两条相互垂直的对称轴线交点为O_1，在垂直轴线上作$AO_1=A'O_1=\frac{1}{2}W_0$，得$A$、$A'$点。

②分别作两条距离水平对称轴线为$\frac{W_u}{2}$的水平线，以A、A'点为圆心，以扇面样板中的线段AB_1的长度为半径画弧，交两条平行线于B_1、B_1'点，分别连接AB_1、$A'B_1'$，即为墙子的收窄部分。

③截取线段$B_1B_2=B_1'B_2'$=扇面中的$\widehat{B_1B_2}$，$B_2M=B_2'M'$=扇面中的线段B_2M，以MM'为对称作出另一半图形并放出加工余量，即得墙子的基础图和施工图。与前面内容相同，需在墙子样板中B_1B_2、$B_1'B_2'$上打剪口，以满足工艺需要，如图9-33所示。

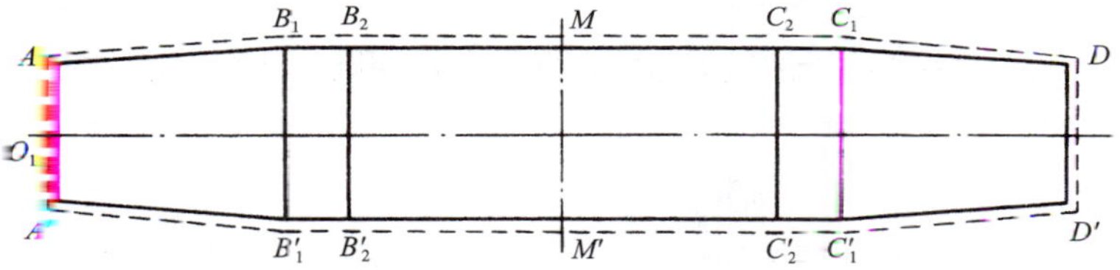

图9-33　上部收窄的下部墙子图

用AutoCAD绘制上部收窄的下部墙子图。设包袋扇面上口长为30cm，下底长为36cm，高为20cm，扇面圆弧半径为5cm，墙子下部宽为12cm，上部宽为8cm，加工余量为3mm，如图9-34（a）所示为上部收窄的下部墙子图，制作过程如下：

①在【对象追踪】的设置中选定中点、端点、垂足，并启动【对象捕捉】，开启【正交】，绘制一条长度为8cm的线段AA'；取线段AA'的中点绘制一条对称轴线，并将对称轴线复制至上方6cm处。

②以点A为圆心，以图9-34（b）中AB_1的长度为半径绘制圆形，与对称轴的平移所得线相交于点B_1，连接AB_1；由B_1点水平向右作线段B_1B_2，其长度等于图9-34（b）中弧线B_1B_2的长度，再由B_2点水平向右作线段B_2M，其长度等于图9-34（b）中B_2M的长度。

③删除圆形与对称轴的复制所得的线，将线段B_1M向上复制至3mm处，将线段AA'向左复制至3mm处，以点B_1为基点，将线段AB_1复制至线段B_1M复制后点B_1所对应的点，并拉长AB_1复制所得线段，使其与线段AA'复制所得线段的延长线相交，将该步骤所得线段设置为虚线。

④将以上所得线段沿对称轴作镜像，B_1点对应为点B_1'，B_2点对应为点B_2'，M点对应为点M'，连接B_1B_1'、B_2B_2'，过点MM'作对称轴线。

⑤将以上所做图形沿MM'所在的对称轴作镜像，从而制得上部收窄的下部墙子图。

详细绘制步骤可扫描二维码观看。

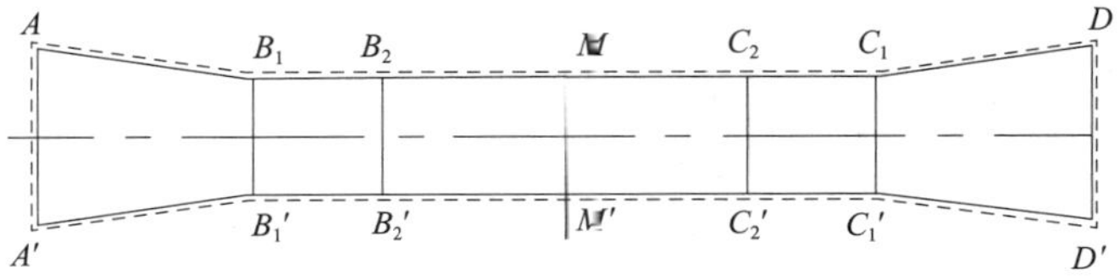

（a）上部收窄的下部墙子

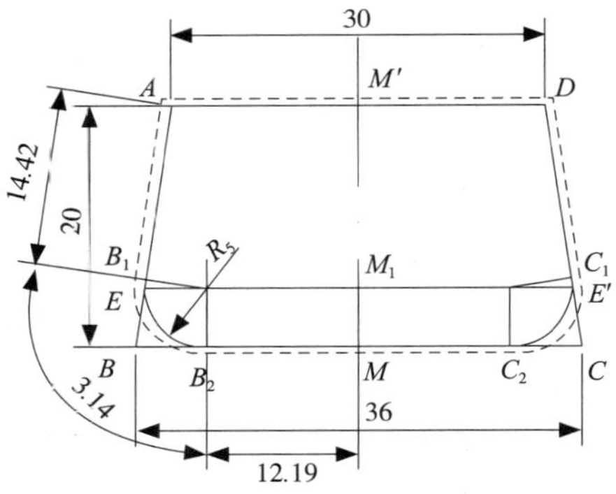

（b）扇面

图9-34　上部收窄的下部墙子绘制

（3）整条宽窄一致的下部墙子

由整条宽窄一致的下部墙子构成的包体，既可以是硬质、软质，也可以是半硬结构，形式较自由，呈现的风格也各有千秋。

它的制作方法如下，如图9-35所示：

①作两条相互垂直的对称轴线交点为O，在水平对称轴线上截取$OO_1=OO_1'=\frac{1}{2}L$，L为扇面$AB_1B_2C_2C_1D$的长度。

②过O_1、O_1'点，作垂直于O_1O_1'的两条直线，分别截取$O_1A=O_1A'=\frac{1}{2}W_0$，$O_1'D=O_1'D'=\frac{1}{2}W_0$，得$A$、$D$、$A'$、$D'$点，连接$AD$、$A'D'$，即得墙子的基础图。

③为了使扇面与墙子能准确吻合，需标注标志点B_1、B_2、B_1'、B_2'，使AB_1=扇面$\widehat{AB_1}$，B_1B_2=扇面$\widehat{B_1B_2}$，并在线段B_1B_2、$B_1'B_2'$上打剪口，以满足工艺加工的需要。以MM'为对称作出标志点C_1、C_2、C_1'、C_2'，并根据工艺要求放出加工余量。

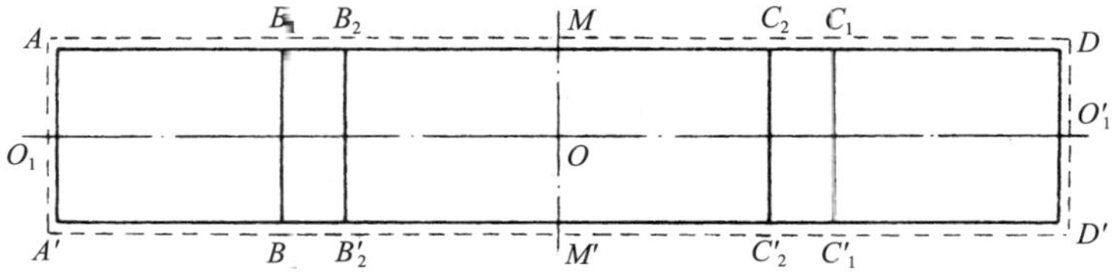

图9-35　整条宽窄一致的下部墙子图

用AutoCAD绘制整条宽窄一致的下部墙子图。设包袋扇面上口长为30cm，下底长为36cm，高为20cm，扇面圆弧半径为5cm，墙子宽度为10cm，加工余量为3mm，如图9-36（b）所示为整条宽窄一致的下部墙子图，制作过程如下：

①在【对象追踪】的设置口选定中点、端点、垂足，并启动【对象捕捉】，开启【正交】，

绘制一条长度为10cm的线段AA'；取线段AA'的中点绘制一条对称轴线；以点A为端点，绘制长度等于图9-36（b）中AB_1长度的线段AB_1；由B_1点水平向右作线段B_1B_2，其长度等于图9-36（b）中弧线E_1B_2的长度，再由B_2点水平向右作线段B_2M，其长度等于图9-36（b）中B_2M的长度。

②将线段AM向上复制至3mm处，将线段AA'向左复制至3mm处，并拉长AM复制所得线段，使其与线段AA'复制所得线段的延长线相交，将该步骤所得线段设置为虚线。

③将以上所得线段沿对称轴作镜像，B_1点对应为点B_1'，B_2点对应为点B_2'，M点对应为点M'，连接B_1B_1'、B_2B_2'，过点MM'作对称轴线。

④将以上所做图形沿MM'所在的对称轴作镜像，从而制得整条宽窄一致的下部墙子图。

详细绘制步骤可扫描二维码观看。

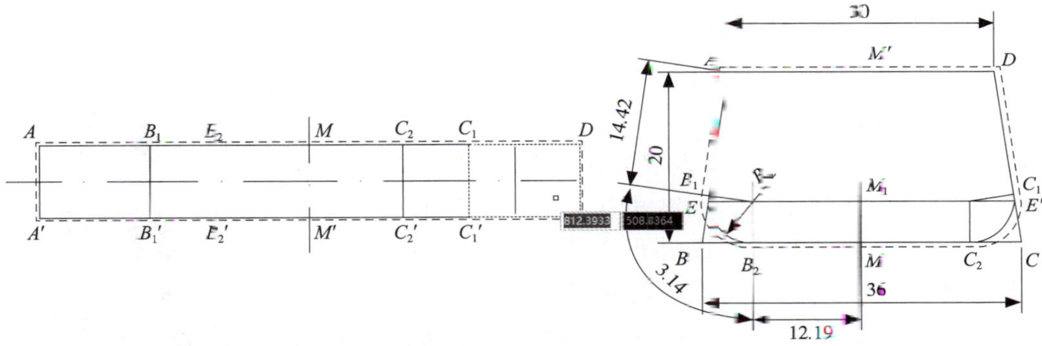

（a）整条宽窄一致的下部墙子　　（b）扇面

图9-36　长方形下部墙子绘制

2. 上部墙子

由上部墙子构成的包体，前后扇面常组合成一块大扇，整个墙子借助嵌条嵌入扇面中，体现出精巧、细致、含蓄的一种风格。墙子的宽窄根据设计者的意图及包的用途可宽可窄，而它的长度取决于大扇与其相连接的周边长度。此类包体多以拉链作为包的开关方式，其施工投影图如图9-37所示。

包体大扇的制图方法可以参照第一节内容，它的样板如图9-38所示。

墙子和嵌条的样板制作如下：

（1）上部墙子的样板制作

从大扇的样板中可以确定墙子的长度为$BA_1'+\widehat{A_1'A_2'}+A_2'D_2'+\widehat{D_2D_1'}+D_1'C$，其中$\widehat{A_1'A_2'}$小于$\widehat{A_1A_2}$，且$\widehat{A_1'A_2'}$=0.018（$R-h$）·$\alpha$，而$\widehat{A_1A_2}$=0.018$R$·$\alpha$，$h$为嵌入扇面的深度，约20mm。

上部墙子的基础尺寸都已得知，其样板制作的方法与下部墙子类似，这里不再赘述。通常上部墙子被拉链分割成两部分，所以墙子的基础图制作完成后，以水平对称轴线为界，把墙子分割成对称的两部分，并加放相应的加工余量。其中线段B_1E_2、C_1C_2上需打剪口，以确保与扇面标志点的准确对位。如图9-39所示为所求的墙子样板，拉链的安装部位及长度根据设计需要而定。

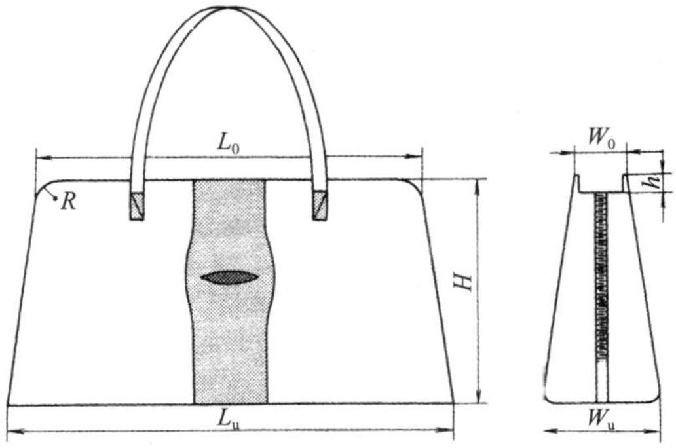

（a）主视图　　（b）侧视图

图9-37　上部墙子构成的包体视图

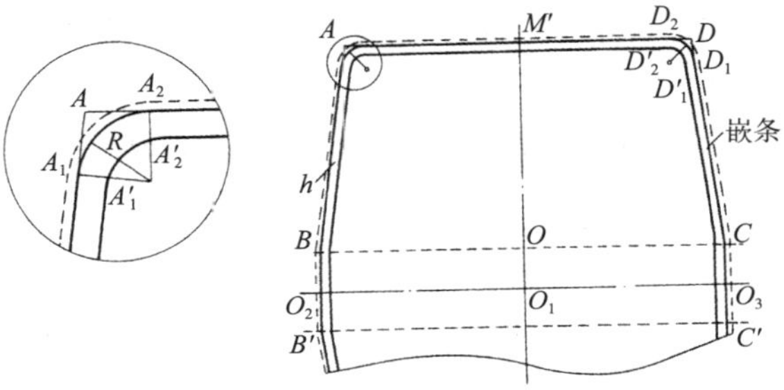

图9-38　大扇的样板图

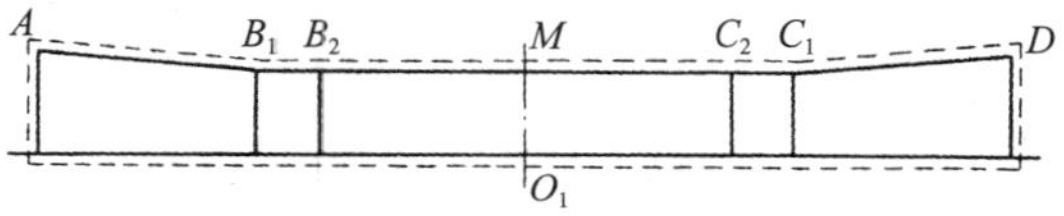

图9-39　上部墙子图

（2）嵌条的样板制作

嵌条的作用是使上部墙子嵌入扇面中。它的形状和尺寸与大扇的外边缘重合，它可以直接从大扇中取样，如图9-38所示。由于大扇整个边缘较长，常在嵌条拐角处进行分割并加放相应的加工余量。上部墙子与嵌条反面缉缝后，再与大扇正面缝合而成。

上部墙子的包体多以拉链为开关方式，有时，墙子需要借助嵌条嵌入扇面中，如图9-40所示。

此包的做法与上面的那款包大部分相似，只是此包在制作样板时需要制作协助墙子嵌入扇面的内贴皮。内贴皮的形状与大扇的外边缘重合，所以可直接从大扇中取样。另外，由于大扇整个边缘较长，在贴皮拐角处需进行分割，而贴皮的宽度根据实际需要而定。

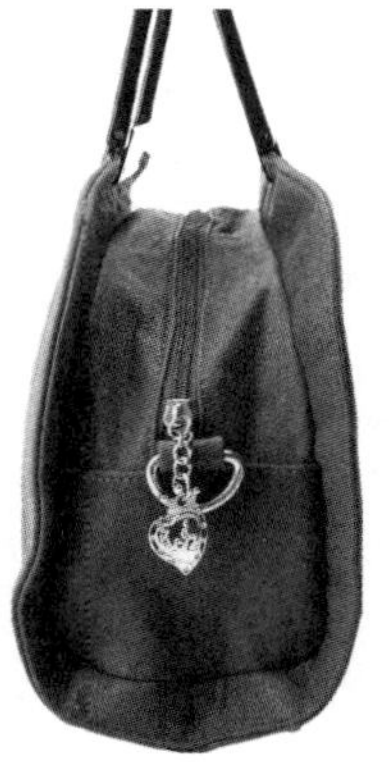

图9-40　带有嵌条的上部墙子

3. 环形墙子

环形墙子由上部墙子和下部墙子围合而成。上、下同宽的环形墙子在公事包、工具包、学生用包中较常见。有的上部墙子由拉链取代而与下部墙子直接围合侧面，使包体容积较小，显得小巧、清秀，如图9-41所示。

它的样板制作与上、下部墙子的方法相同，这里不再赘述。

图9-41　环形墙子包

若由拉链取代上部墙子，则下部墙子的上部宽度应与拉链的宽度相同，通常为$a+2s$（a为锁紧状态时咪牙的宽度，s为拉链咪牙至扇面边缘所能达到的最大距离）。在缝制过程中，拉链先与下部墙子缉缝成环形，再与前后扇面反面缝合。这种包体结构边缘通常加埂条，作用是支撑包体的外形，使其饱满、挺括。

4. 多褶墙子

多褶墙子的包体多使用在男式公事包中，其中双褶和三褶的墙子较多。作用是用隔扇将包内腔体完全分割成几个空间，以便装盛各类物品、文件等。

其样板制作的方法同多褶堵头相似，这里不再赘述。不同的是在多褶堵头的包体中，隔扇只是与包内腔体的侧面缝合，与包底没有固定。而多褶墙子与隔扇缝合是将包内腔体完全分开，所以多褶墙子宽度的确定还需要考虑缝合隔扇时所需的加工余量。

假设在展平状态下，一个褶子的宽度为f'，墙子的褶数为n，则隔扇数为$n-1$，所以墙子样板宽度为$n \cdot f'+2\times10$（边缘双倍的加工余量）+（$n-1$）×缝合隔扇的加工余量（约20mm）。墙子的长度从大扇中可以确定，墙子样板如图9-42所示。其中EE'、FF'是隔扇的安装部位，SS'、OO_1、S_1S_1'是褶背。根据不同的工艺要求放出加工余量，即得墙子的施工图。

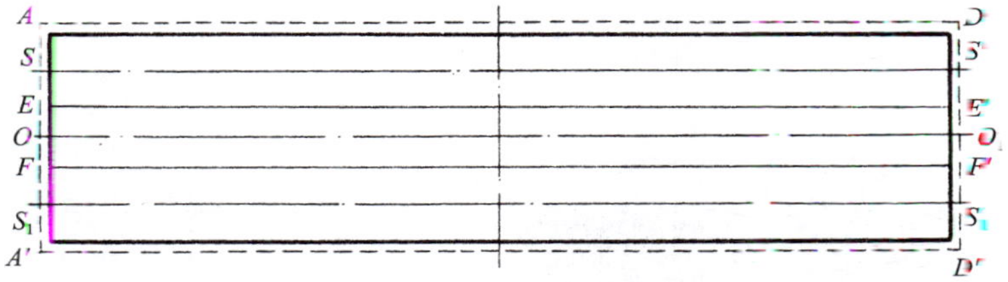

图9-42 多褶墙子

5. 侧边呈曲线的墙子

侧边呈曲线状的墙子，它的曲线部分是由扇面侧边的曲线决定的。在绘制墙子的曲线部分时，可以采用多点定位的方法使它的形状与扇面主视图中的曲线部分相同。而其他部分的作图参照前面的内容，如图9-43所示，这里不再赘述。

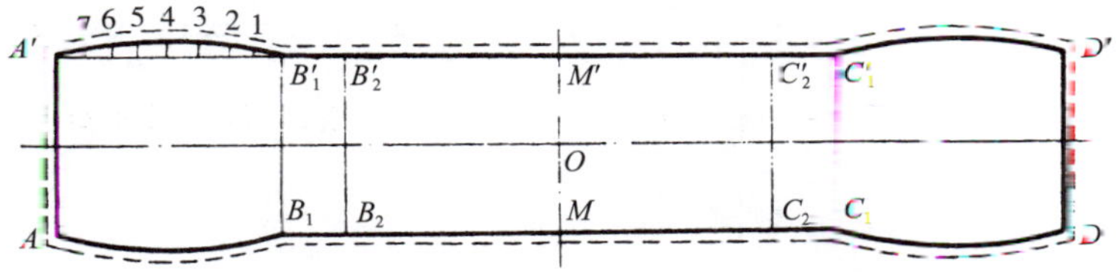

图9-43 侧边呈曲线的墙子

三、由前后扇面和包底板构成的包体

由前后扇面和包底板构成的包体，无论是软质还是硬质，在女包中运用都较多。常见的软质结构，包的体积较大，显得随意大方，休闲味十足；而硬质结构体积相对较小，线条简洁流畅，充分体现新材料的光亮感和材质感，时尚感很浓。

由这种结构构成的包体，其基础部件是包底板，即包底板的形状、尺寸决定着扇面的形状和尺寸。

通常包底板的形状有以下5种：长方形包底板；四角略圆的长方形包底板；椭圆形包底板；圆形包底板；两头弯入包体侧面部分的包底板。

随着人们对人与产品之间协调程度要求的提高，包底板的形状由规则的几何形逐渐趋向于不规则形变化，以满足与人体接触面形状的吻合。

（一）长方形包底板的包体制图

1. 包底板和扇面

长方形包底板（图9-44和图9-45）是最简单的包底板，绘制包底板部件基础图时，长方形的长为包袋的长度数值，长方形的宽为包袋侧部底部宽度数值，由此形成的长方形包底板如图9-49所示。长方形扇面制图时，长方形的宽度是包袋高度数值，而长方形的长度等于包底板长度加上包底板宽度值（扇面每边向侧部延伸包底板宽度的一半），扇面制图如图9-46所示。

图9-44　长方形包底板图（1）

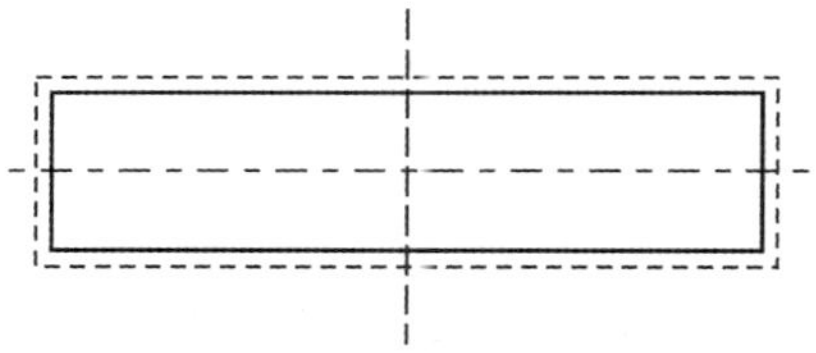

图9-45　长方形包底板图（2）

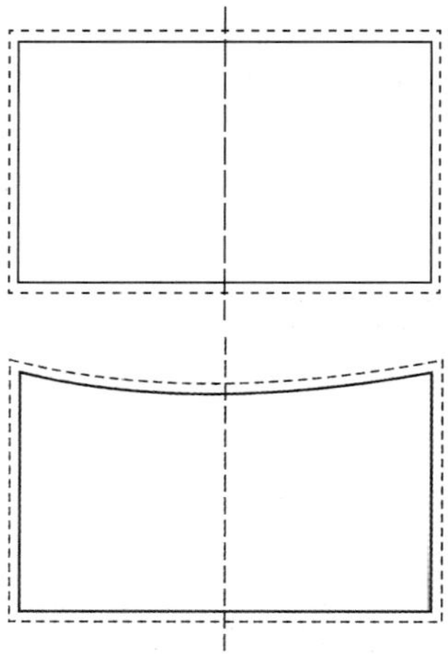

图9-46　扇面图

2. 用AutoCAD绘制长方形包底板和扇面图

如图9-47（a）所示为长方形包底板图，如图9-47（b）所示为其对应的扇面图。设该包袋的长为35cm，高为20cm，宽度为12cm，加工余量为5mm，制图过程如下：

①在【对象追踪】的设置中选定中点、端点，并启动【对象捕捉】。

②绘制长方形包底板图：打开【正交】，作长为35cm，宽为12cm的长方形，并将长方形分解，将长方形各边都向外方向复制5mm的距离，并将复制所得线段延长至两两相交，再将其线型设置为虚线。

③绘制扇面图：

a. 打开【正交】，作长为35cm，宽为20cm的长方形$AA'D'D$，将长方形分解；以点A为右端点，向左作长为6cm的水平线段AB，再以点B为下端点，向上作长为20cm的竖直线段BC，连接点C、D。

b. 以点A'为左端点，向右作长为6cm的水平线段$A'B'$，再以点B'为下端点，向上作长为20cm的竖直线段$B'C'$，连接点C'、D'。

c. 将线段CC'向上复制至5mm处，线段BC向左复制至5mm处，线段BB'向下复制至5mm处，线段$B'C'$向右复制至5mm处，并将复制所得线段拉伸延长，使它们两两相交。以上步骤完成后将复制所得线段的线型设置为虚线。

至此，包袋的包底板图与扇面图就完成了。

详细绘制步骤可扫描二维码观看。

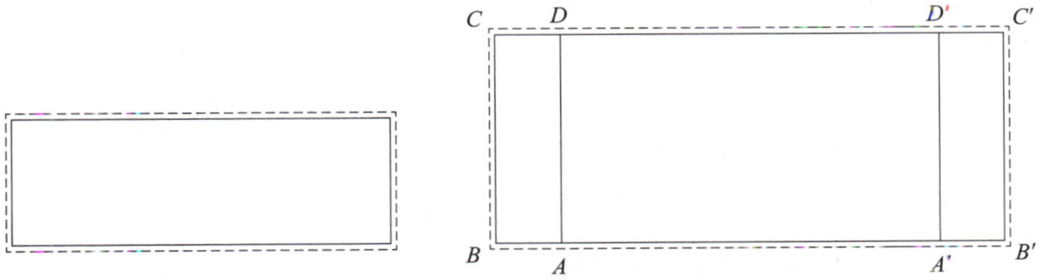

（a）长方形包底板　　（b）长方形扇面

图9-47　长方形包底板和扇面绘制

（二）四角略圆的长方形包底板的包体制图

1. 包底板

绘制包体的施工投影图即主视图、侧视图和底视图，如图9-48所示。

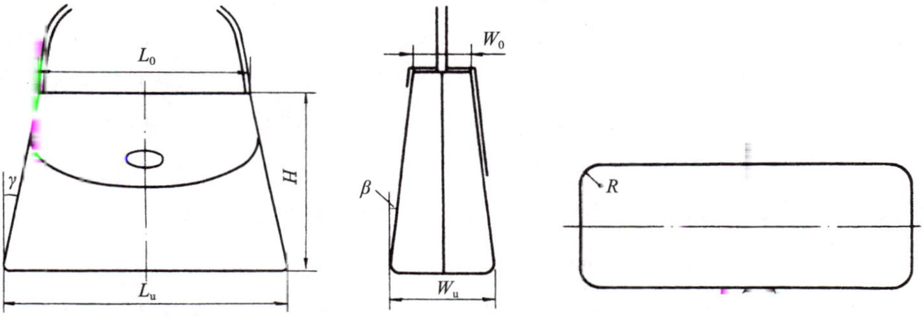

（a）主视图　　（b）侧视图　　（c）底视图

图9-48　四角略圆的长方形包底板的包体视图

包体下底长L_u，包体上底长L_0，包体高度H，包体侧面下宽W_u，包体侧面上宽W_0，包底圆弧半径R，包体侧面样板上宽W_p。

其制作过程如下，如图9-49所示：

①绘制两条相互垂直的对称轴线交点为O，以O为中心在垂直对称轴线上截取$OM=OM'=\frac{W_u}{2}$，得点M、M'。

②过M、M'点作两条水平对称轴线的平行线，在水平对称轴线上截取$OO_1=\frac{L_u}{2}$，得O_1点。

③过O_1点作一条水平对称轴线的垂线，分别交上、下平行线于B、B'点。

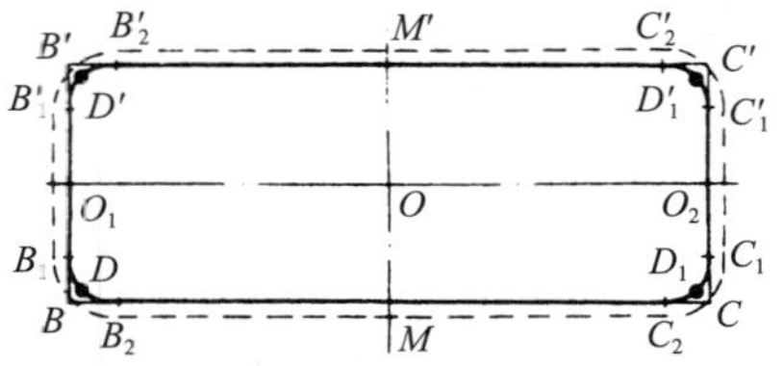

图9-49　长方形包底板图

④以R=20mm为半径作出圆弧部分，分别交于切点B_1、B_2、B'_1、B'_2。

⑤D、D'分别是圆弧的中点，即扇面与侧面的分界点。

⑥以MM'为对称轴作出另一半图形并放出加工余量。

2. 扇面

制作过程如下，如图9-50所示：

①作一条垂直对称轴线，截取$MM'=H$。

②分别过M、M'点作垂直轴线的两条平行线，截取$M'K=\frac{L_0}{2}$，MK_1=包底板中的MB_2+B_2D，其中$B_2D=\frac{\pi R}{4}$，得K、K_1点。

③过点K、K_1作$KA=\frac{W_0}{2}$，K_1D=包底板中的$O_1B_1+B_1D$，得点A、D。

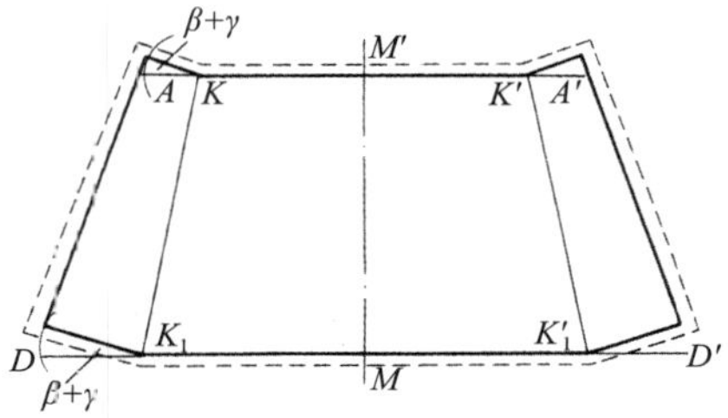

图9-50　长方形包底板的包的扇面图

由于包体侧影轮廓为梯形，即包体侧面与垂直方向呈γ角，扇面与垂直方向呈β角，所以在扇面底部与侧面的分界点K_1处作切角$\gamma+\beta$。由于底部切角使侧面高度变小，前、后扇面缝合后，包体侧面上部形成折角而影响美观，所以侧面上部也需补夹角$\gamma+\beta$，但上部、下部宽度不变。以MM'为对称轴作出另一半图形并加放加工余量。

3. 用AutoCAD绘制四角略圆的长方形包底板和扇面

设包袋下口长为30cm，上口长为26cm，高为20cm，包底宽为12cm，包底圆角半径为2cm，包体侧面与垂直方向呈角γ=5°，扇面与垂直方向呈角β=8°，侧部上口宽W_o=8cm，加工余量为5mm，如图9-51（b）所示为四角略圆的长方形包底板图，如图9-51（a）所示为其对应的扇面图，制图过程如下：

①在【对象追踪】的设置中选定中点、端点，并启动【对象捕捉】。

②绘制四角略圆的长方形包底板图：

a. 打开【正交】，作长为30cm，宽为12cm的长方形$BB'CC'$，并将长方形分解，以点C'为基点，将边CC'向右侧复制至距离5mm处，以点C为基点，将边$B'C'$向上复制至距离5mm处，并拉伸两条复制线段使其相交。

b. 将长方形$CC'B'B$的4个角都设置为半径2cm的圆角，角C'对应的圆角与边$B'C'$相交于点C_2'，与边$C'C$相交于点C_1'，以角C'对顶的圆角圆形作为圆弧的圆心，边$C'C$的复制线段与点C_1'水平方向的交点为起点，边$B'C'$的复制线段与点C_2'竖直方向的交点为端点作圆弧，删除两条复制所得线段。

c. 将圆弧沿边$D'D$的中点O所在的水平线作镜像，再将两个圆弧沿边BC的中点M所在的竖直线作镜像，后将4个圆弧以线型为虚线的水平线及竖直线两两相连，并将圆弧的线型设置为虚线，即完成包底板图。

③绘制扇面图：

a. 作水平线段MK_1，其长度等于图9-51（b）中线段MB_2的长度与弧线B_2D长度的和，作过点M的竖直对称轴，截取高为20cm的线段MM'，由M'向左作长为13cm的水平线段$M'K$，连接K、K_1两点，过点K_1、K分别作水平线段KA、K_1D，KA的长度为$W_o/2$cm，K_1D的长度等于图9-51（b）中线段O_1B_1长度与弧线B_1D长度的和。

b. 以点K_1为顶点，K_1D为一边作角度为13°的角，该边长度与K_1D相等。上部同样作K为顶点，KA为一边，角度为13°，所作边与KA长度相等的角，连接这两条边的左端点。

c. 将线段MK_1向下复制5mm，线段$M'K$向上复制5mm，将K为顶点的角的上边向上复制5mm，将K_1为顶点的角的上边向下复制5mm，将两角边的连线向左复制5mm，拉伸这几条复制的线段，使它们两两相交，并将线型设置为虚线。

d. 将所有线段沿MM'所在的对称轴作镜像，完成扇面制图。

详细绘制步骤可扫描二维码观看。

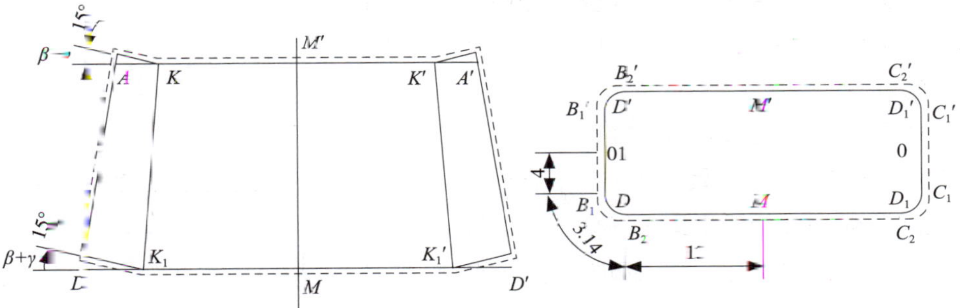

（a）扇面图　（b）四角略圆的长方形包底板图

图9-51 四角略圆的长方形包底板与扇面图

（三）椭圆形包底板的包体制图

1. 包底板

椭圆形包底板效果图如图9-52所示。绘制包体的施工投影图即主视图、侧视图和底视图，如图9-53所示。确定部件尺寸同前。

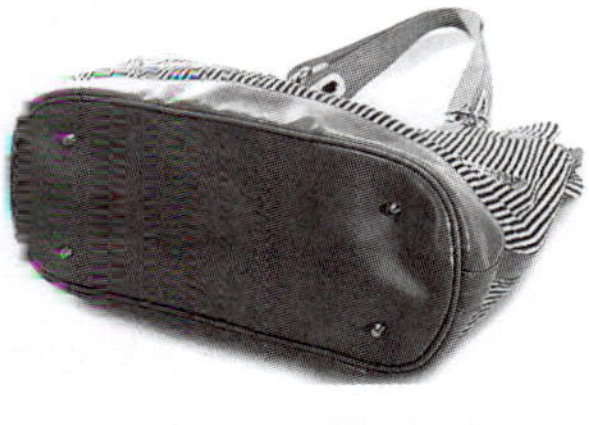

图9-52 椭圆形包底板

其制图过程如下，如图9-54所示：

①绘制两条相互垂直的对称轴线交点为O，在垂直轴线上截取$M'O=OM=\frac{W_u}{2}$，得M、M'点。

②分别过M、M'点作两条水平对称轴线的平行线。

③在水平轴线上截取$OE=\frac{L_u}{2}$，得E点，距离E点为R确定点O_1，以O_1为圆心，以$\frac{W_u}{2}$为半径画圆弧，交于切点B_1、B'_1。

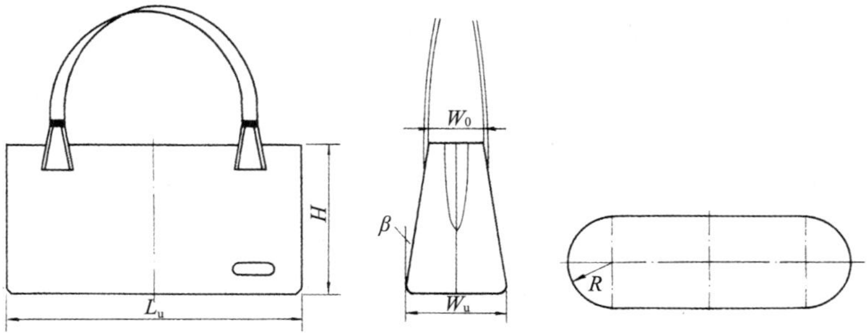

（a）主视图　（b）侧视图　（c）底视图

图9-53　椭圆形包底板的包体视图

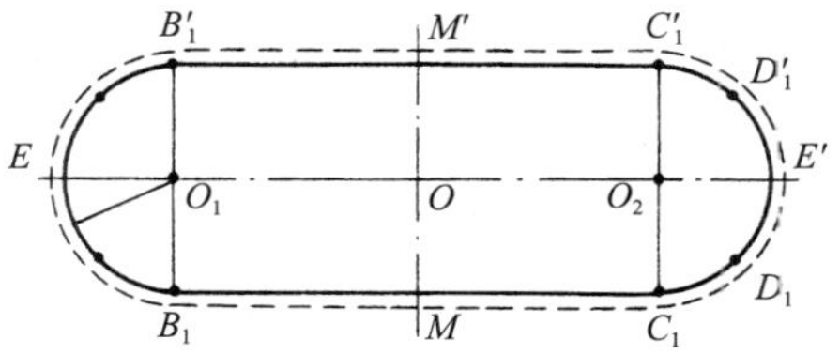

图9-54　椭圆形的包底板图

④D、D'点分别是圆弧的中点即扇面与侧面的分界点。

⑤以MM'为对称轴作出另一半图形并放出加工余量。

2. 扇面

扇面制作过程如下，如图9-55所示：

①作一条垂直对称轴线截取$MM'=H$，得M、M'点。

②过M、M'点作两条垂直于MM'的平行线。并截取MK_1=包底中的MB_1+B_1D，其中$B_1D=\frac{\pi R}{4}$，$M'K=\frac{L_0}{2}$，得K_1、K点。

③以细实线连接KK_1，即得扇面的外形轮廓线。

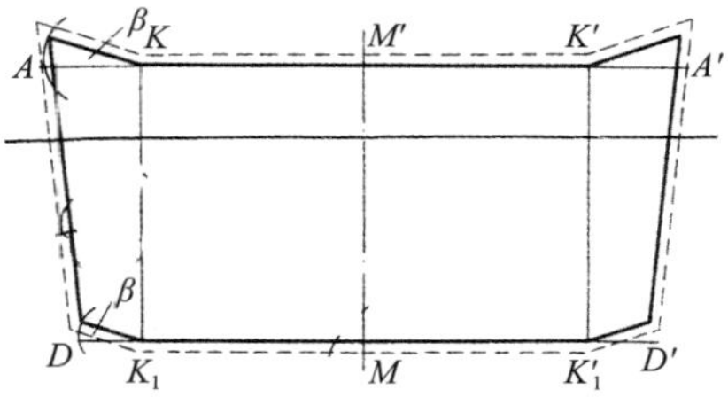

图9-55　椭圆形包底的包的扇面图

④过K_1点作K_1D，与包底板中DE的弧线长度相等，长度为$\frac{\pi R}{4}$，得D点。

⑤过K点作$KA=\frac{W_0}{2}$，得A点，连接AD，即得包体侧面的外形轮廓线。

⑥由于包体侧影轮廓为长方形即γ角不存在，而扇面与垂直方向形成的夹角为β，所以扇面下底边在K_1点处作切角β。与前面所述相同，上底需补切角β以满足工艺需要，但侧面上、下宽度不变。

⑦以MM'为对称轴作出另一半图形并放出加工余量。

3. 用AutoCAD绘制椭圆形包底板与扇面图

设包袋下口长为30cm，高为20cm，包底板宽为12cm，包底板圆弧半径为2cm，扇面与垂直方向呈角β=10°，侧部上口宽W_o=12cm，加工余量为5mm，如图9-56（b）所示为椭圆形的包底板图，如图9-56（a）所示为其对应的扇面图，制图过程如下：

①在【对象追踪】的设置中选定中点、端点，并启动【对象捕捉】。

②绘制椭圆形的包底板图：

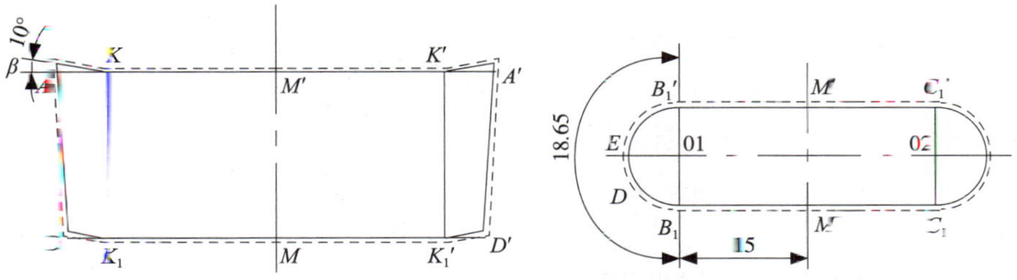

（a）扇面图　　（b）椭圆形包底板图

图9-56 椭圆形包底板与扇面图

a. 打开【正交】，作长为30cm、宽为12cm的长方形$B_1B_1'C_1C_1'$，并将长方形分解，以点B_1为起点，边B_1B_1'的中点O_1为圆心，点B_1'为端点作圆弧，圆弧的中点为点E，点D为弧线B_1E的中点，边C_1C_1'处圆弧的起点为C_1点，端点为点C_1'，剩余步骤相同。

b. 将边$B_1'C_1'$复制至上方5mm处，边B_1C_1复制至下方5mm处，绘制两侧圆弧时，其圆心与绘制的包底板中圆弧的圆心相同，起点、端点为复制后所对应的点作两个圆弧，将绘制的加工余量的线型设置为虚线。

③绘制扇面图：

a. 作水平线段MK_1，其长度等于图9-56（b）中线段MB_1的长度与弧线B_1D长度的和，作过点M的竖直方向的对称轴，截取高为20cm的线段MM'，由M'向左作长与MK_1相等的水平线段MK，连接K、K'两点。过点K_1、K分别作水平线段KA、K_1D，KA的长度为$W_o/2$cm，K_1D的长度等于图9-56（b）中弧线DE的长度。

b. 以点K_1为顶点，K_1D为一边作角度为10°的角，该边长度与K_1D相等，上部同样作K为顶点，KA为一边，角度为10°，所作边与KA长度相等的角，连接这两条边的左端点。

c. 将线段MK_1向下复制5mm，线段$M'K$向上复制5mm，将K为顶点的角的上边向上复制5mm，将K_1为顶点的角的上边向下复制5mm，将两角边的连线向左复制5mm，拉伸这几条复制的线段，使它们两两相交，并将线型设置为虚线。

d. 将所有线段沿MM'所在的对称轴作镜像。椭圆形包底板和扇面图就完成了。

详细绘制步骤可扫描二维码观看。

（四）圆形包底板的包体制图

1. 包底板

由底部呈圆形的包底板构成的包体，结构较简单，其中圆半径的确定是制图的关键。通过包体的加工投影图，可以确定包体的高度H、宽度W，而底圆半径等于包体宽度的一半即$R=\dfrac{W}{2}$。

绘制两条对称轴线交点为O，以O为圆心，以R为半径画圆即得圆形包底板的基础图，根据不同的工艺要求加放余量。

2. 扇面

由圆形包底板构成的包体，通常扇面样板呈长方形，它的长度等于底圆周长的一半即πR，高度为H，绘制长方形$KK_1K_1'K'$，即得扇面的基础图并放出加工余量，如图9-57所示。

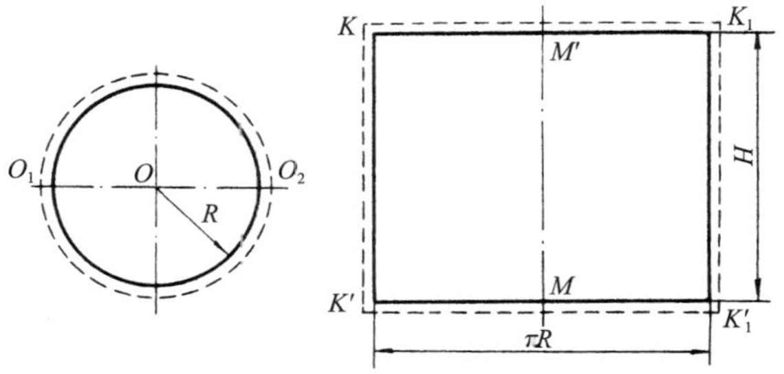

（a）圆形包底　　（b）扇面

图9-57　圆形包底和与其相连接的扇面图

3. 用AutoCAD制图绘制圆形包底板与扇面图

设包袋包底板半径为6cm，高为20cm，加工余量为5mm，如图9-58（a）所示为圆形包底板图，如图9-58（b）所示为其对应的扇面图，制图过程如下：

①在【对象追踪】的设置中选定中点、端点，并启动【对象捕捉】。

②绘制圆形的包底板图：画半径为6cm的圆；作半径为6.5cm的同心圆，并将线型设置为虚线。

③绘制扇面图：绘制长方形$KK_1K_1'K$，底边$K'K_1'$长为图9-58（a）中圆形周长的1/2，边KK'高为20cm，将长方形分解，每个边都向外复制5mm，并拉伸复制所得线段，使它们两两相交，再将线型设置为虚线。

至此，包袋圆形包底板和扇面制图就完成了。

详细绘图步骤可扫描二维码观看。

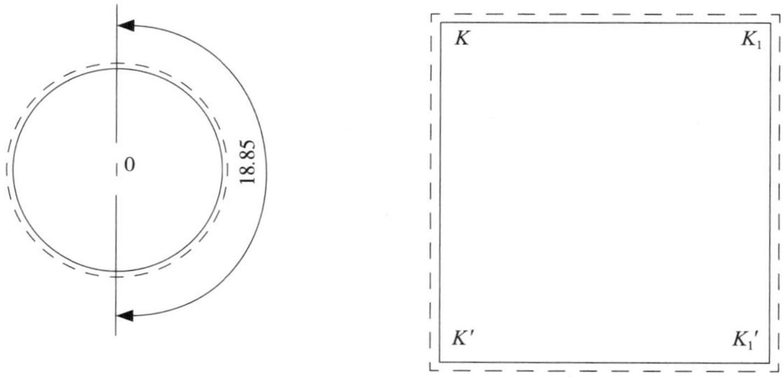

（a）圆形包底板　　（b）扇面

图9-58　圆形包底板的包体制图

（五）两头弯入包体侧面部分的包底板的包体制图

1. 包底板

由前、后扇面和两头弯入包体侧面部分的包底板构成的包体外观效果如图9-59所示。只需作两个投影图，即主视图和侧视图，如图9-60所示。通过侧视图可以确定弯入侧面部分的形状和高度，并以此为基础制作包底板，所以这种结构弯入侧面部分的形状是制作包底板部件的关键。

图9-59 呈尖角弯入包体侧面的包底

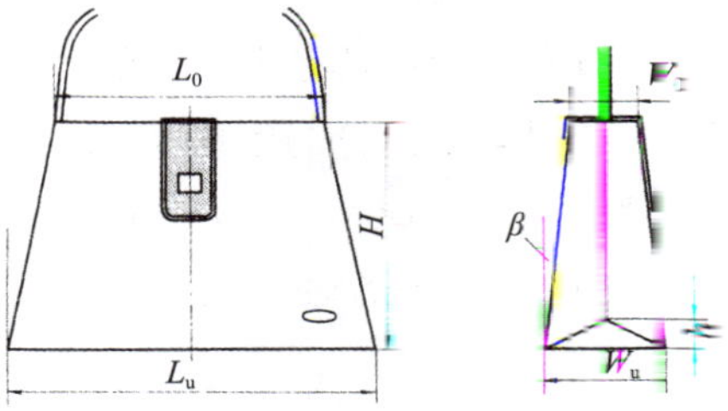

（a）主视图 （b）侧视图

图9-60 弯入包体侧面部分的包体视图

其绘制过程如下，如图9-61所示：

①作两条相互垂直的对称轴线交点为O，在垂直轴上以O点为中心作$MM_1=W_u$。

②分别过M、M_1点作两条水平对称轴线的平行线，截取$M_1B_1=MB=\frac{L_u}{2}$，得B、B_1点，连接BB_1与水平对称轴线相交于O_1点。

③在水平轴线上截取$O_1E=h$（弯入包体侧面部分的高度），确定E点。若弯入部分的形状为三角形，则分别直线连接EB_1、EB。若弯入侧面部分的形状为圆弧形，则用曲线连接B_1EB与侧视图的形状相似。以MM_1为对称作出另一半图形并放出加工余量即得包底板的基础图与施工图。

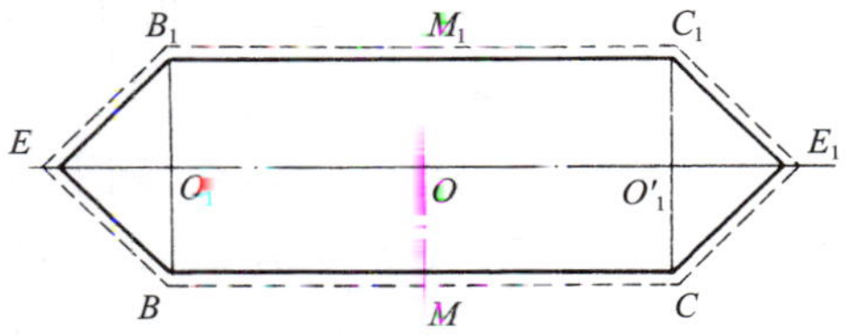

图9-61 弯入包体侧面部分的包底板图

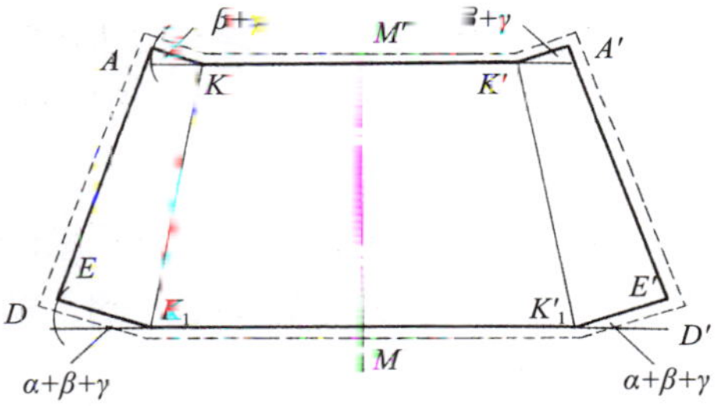

图9-62 弯入包体侧面的包的扇面图

2. 扇面

扇面的绘制过程如下，如图9-62所示：

①作一条垂直对称轴线，截取$MM'=H$，得M、M'点。

②分别过M、M'点作两条垂直对称轴线的平行线，截取$MK_1=\frac{L_u}{2}$，$M'K=\frac{L_0}{2}$，得K_1、K点，细实线连接KK_1，即得扇面的外形轮廓线。

③过K_1点作线段K_1D=包底板中的EB，过K点作$KA=\frac{W_0}{2}$。

④由于包底板弯入侧面形成α角，而包体侧影轮廓呈梯形，扇面与垂直方向呈β角，所以在扇面与侧面的分界处K_1点作切角，使$\angle DK_1E=\alpha+\beta+\gamma$，过$K$点在侧面上部补夹角$\gamma+\beta$，但上部、下部宽度不变。

⑤以MM'为对称作出另一半图形并加放加工余量。

若侧影轮廓为长方形即γ角不存在，而β角存在，则在扇面下部作切角$\alpha+\beta$，上部补夹角β。若弯入侧面部分的形状呈圆弧形，则相对应的扇面部分应作成凹形曲线，与包底板的形状相吻合。

3. 用AutoCAD绘制弯入包体侧面的包底板和扇面图

设包袋扇面上口长为26cm，下底长为30cm，高为20cm，包底板宽为12cm，弯入包体侧面部分的高度为5cm，包体侧面与垂直方向呈角$\gamma=5°$，扇面与垂直方向呈角$\beta=5°$，包底板弯入侧面形成角$\alpha=5°$，侧部上口宽度$W_0=8$cm，加工余量为5mm，如图9-63（b）所示为弯入包体侧面部分的包底板图，如图9-63（a）所示为其对应的扇面图，制图过程如下：

①在【对象追踪】的设置中选定中点、端点，并启动【对象捕捉】。

②绘制两头弯入包体侧面部分的包底板图：

a. 打开【正交】、作长为30cm，宽为12cm的长方形BB_1CC_1，并将长方形分解，以边BB_1与边CC_1的中点O_1、O作水平对称轴，以边B_1C_1与边BC的中点M_1、M作竖直对称轴，两对称轴相交于点O。

b. 以O_1为端点在水平对称轴上向左截取长度为5cm的线段O_1E，连接点E与点B。

c. 将边BC与线段BE向下复制至5mm处，并拉伸线段BE复制所得线段，使其与水平对称轴相交，并将这两条线段的线型设置为虚线；将线段BE及两条复制所得线段沿水平对称轴作镜像，后将线段B_1E与线段BE及其对应的虚线沿竖直对称轴作镜像。完成包底板图的绘制。

③绘制扇面图：

a. 作水平线段MK_1，其长度等于图9-63（b）中线段MB的长度，作过点M的竖直方向的对称轴，截取高20cm的线段MM'，由M'向左作长为13cm水平线段$M'K$，连接K、K_1两点。过点K_1、K分别作水平线段KA、K_1D，KA的长度为W_o/2cm，K_1D的长度等于图9-63（b）中线段BE的长度。

b. 以点K_1为顶点，K_1D为一边作角度为15°的角，该线段K_1E的长度与K_1D的长度相等，上部同样作K为顶点，KA为一边，角度为10°，所作边长度与KA长度相等的角，连接这两条边的左端点。

c. 将线段MK_1与线段K_1E向下复制5mm，线段$M'K$与K为顶点的角的上边向上复制5mm，将两角的上边的连线向左复制5mm，拉伸这几条复制的线段，使它们两两相交，并将线型设置为虚线。

d. 将所有线段沿MM'所在的对称轴作镜像，完成扇面的绘制。

详细绘制步骤可扫描二维码观看。

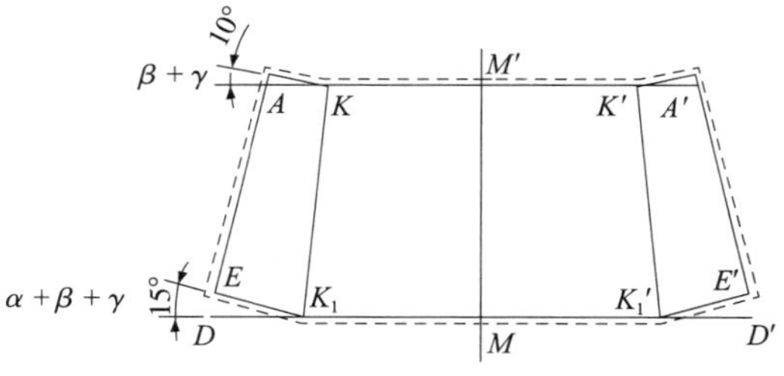

（a）扇面

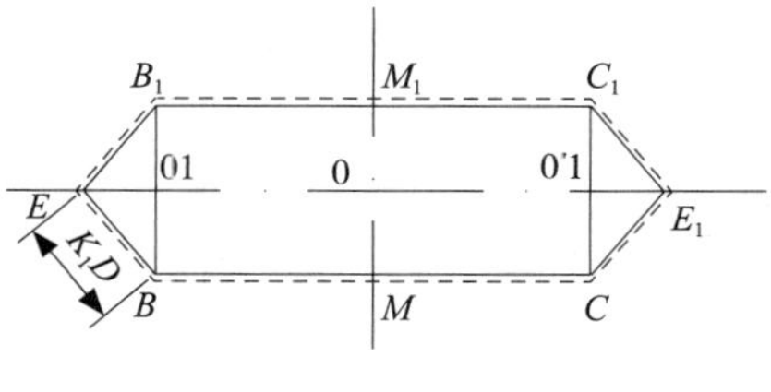

（b）包底

图9-63　两头弯入包体侧面的扇面和包底板图

（六）向上延伸成方形（带圆角）的包底板的包体制图

包底板部分呈长方形时，包体效果如图9-64所示。绘图原理与前面所述相同，只是在包底板的两端进行了形状上的修改，如图9-65所示。

首先，设包底板宽度L，包体高度H，扇面与垂直方向呈β角，包体侧面下宽W，侧面上宽Z，包底端头延入侧面的高度h，包底两端圆弧半径R。

图9-64 呈长方形弯入包体侧面的包底板

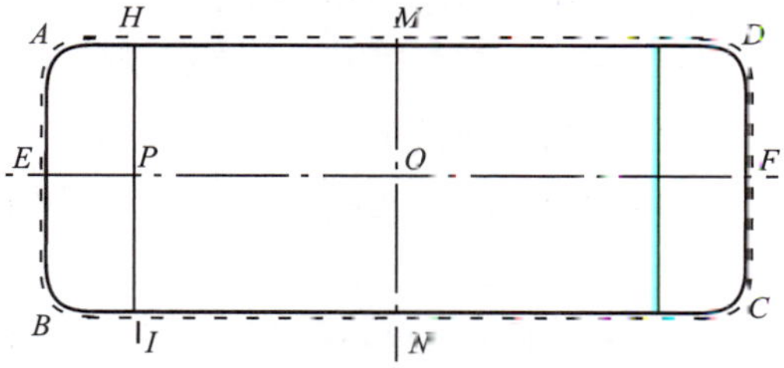

图9-65 呈长方形弯入包体侧面的包底板图

绘制步骤为：

①作两条相互垂直的对称轴线，交于点O，以O点为中心，在垂线上截取$MN=W$，得M、N点。

②过M、N点分别作与水平轴线平行的两条平行线，截取$MH=NI=\frac{L}{2}$，得H、I点。

③分别过点H、I在平行线上向外截取$HA=IB=h$，得A、B点，连接AB。

④长方形$ABNM$即为包底板一半的外轮廓线，同理得另外一部分。

⑤根据半径为R将四角作成圆弧（方法与前面的圆弧处理相同，这里不再赘述）。

⑥根据工艺加放加工余量，同时注意标明标志点，以便于后续工作的进行。

包底板部分呈圆形时，结构如图9-66所示。对于扇面制作方法与前面相似，只需要在扇面上相应部位减去多出的包底板即可。

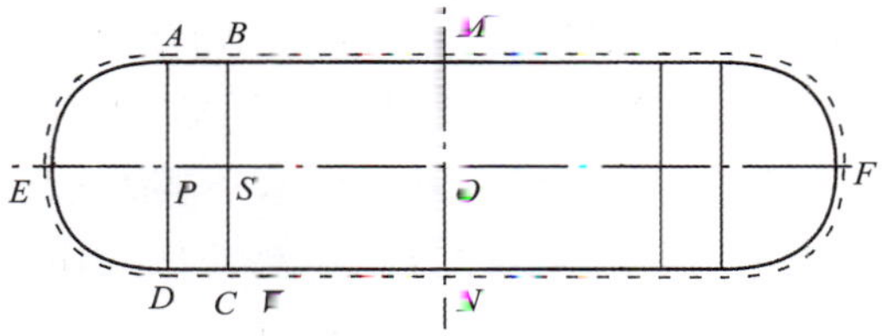

图9-66 包底板部分呈圆形的结构图

四、整体下料的包体

由整体下料结构制作的包体在实际运用中较少，主要由于这种结构不便于天然材料的合理套裁和有效利用。对于合成材料来说，这种结构却是一种简洁、单纯的体现。在某些里部件样板的制作中使用较多。

整体下料包是指用一个整体大扇制成的包，即包底板、前后扇面和堵头设计成一个整体，其特点是整个包体由一个部件构成。设计整体下料的大扇时，需用细实线标出弯折线，以区分包体的前后扇面、包底板和堵头的位置。

整体下料包设计和制图的关键在于包体的侧影轮廓线和包底板的侧面特征。所以绘制施工投影图时，首先确定包体的侧影轮廓和包底板的侧面特征。

（一）侧影轮廓为长方形、包底板侧面部分为直线状的包体

绘制包体的施工投影图，如图9-67所示。

（1）确定部件的尺寸

扇面长度L，包体高度H，包体侧面宽度W。

（2）绘制整体下料结构的包体的基础图时，首先是绘制包底板部分，其次是扇面部分，最后是侧面部分

其绘制过程如下，如图9-68所示：

①作两条相互垂直的对称轴线交点为O，在水平轴线上截取$EO=OE'=\frac{L}{2}$，得E、E'点。

②过点E、E'作与垂直轴线平行的垂线，截取$ED=E'D'=\frac{W}{2}$，得D、D'点，连接DD'，即得包底板在整体大扇上的外形轮廓线。

③水平延长DD'，使$DC=DE=\frac{W}{2}$，$D'C'=D'E'=\frac{W}{2}$，得C、C'点。

④作一条与线段CC'距离为H且平行于CC'的直线，与垂直轴交于M'点。

⑤过M'点作一条水平对称轴线的平行线，在平行线上截取$M'K=M'K'=\frac{L}{2}$，得K、K'点，连接KD、$K'D'$，则$KDD'K'$即为整体大扇上扇面的外形轮廓线。

⑥在KK'的延长线上截取$KB=K'B'=\frac{W}{2}$，得B、B'点，连接BC、$B'C'$即得堵头在整体大扇上的外形轮廓线。

⑦以EE'为对称作出另一半图形并放出加工余量。

（3）用AutoCAD绘制整体下料的大扇

设包袋长为L=30cm，高为H=20cm，宽度为W=12cm，加工余量为K=5mm，如图9-69所示侧影轮廓为长方形、包底板侧面为直线的包袋的大扇图，制图过程如下：

①在【对象追踪】的设置中选定中点、端点，并启动【对象捕捉】；绘制长L，宽H的长方形$KDD'K'$，并作边KK'中点M'的竖直对称轴。

②以点K为端点，向左作长度为W/2的水平线段KB；由B点为端点作长度为H的竖直线段BC，连接CD；由D点向下作长度为W/2的竖直线段DE，过点E作水平对称轴。

③复制线段BK至上方5mm处，复制线段BC至左侧5mm处，复制线段CD至左侧5mm处，并向下移动5mm；以该复制所得线段的右端点作水平对称轴的垂直线段；拉伸复制所得线段，使它们两两相交，并将该步骤所得线段的线型设置为虚线。

④将除长方形以及对称轴以外的线段沿竖直对称轴作镜像；再将除对称轴以外的所有图形沿水平对称轴作镜像；由此，完成大扇图的绘制。

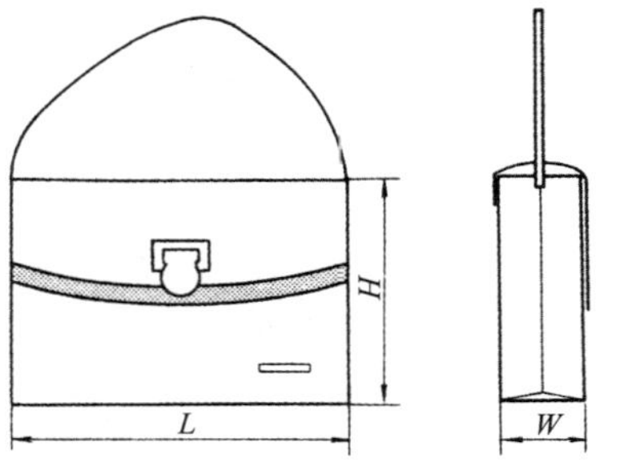

（a）主视图　　（b）侧视图

图9-67　侧影轮廓为长方形、包底侧面部分为直线状的包体视图

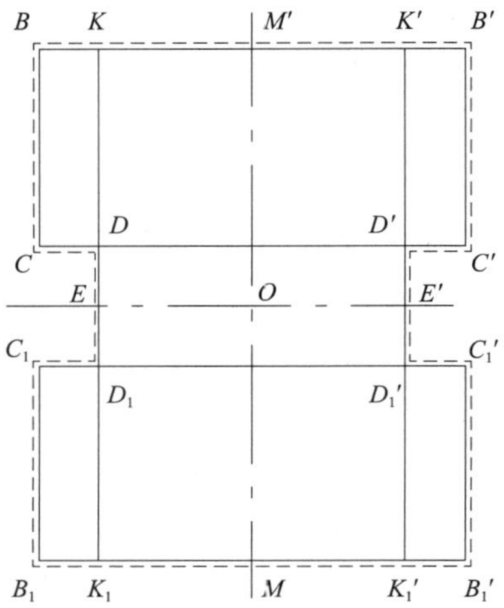

图9-68　侧影轮廓为长方形、包底侧面呈直线的包的大扇图

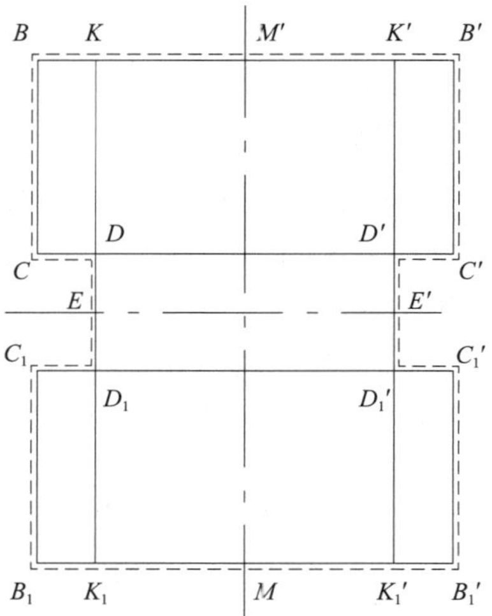

图9-69　侧影轮廓为长方形、包底板侧面呈直线的包袋大扇图

详细绘制步骤可扫描二维码观看。

（二）侧影轮廓为梯形、包底板侧面部分为直线状的包体

这种结构与侧影轮廓为长方形、包底板侧面呈直线状的包体大扇的制图方法相似，不同之处在于包体的侧面与垂直方向呈γ角。由于存在γ角，扇面的两侧边轮廓线由直线旋转γ角成斜线而形成梯形结构，且线段KK′等于扇面上长。

为了满足包体结构的稳定性和工艺要求，在堵头与扇面的分界点D、D′处作切角γ，使线段DC、D′C′的长度不变。由于这种结构的包体常为软质结构，而且γ角较小，所以堵头上底不需补夹角，如图9-70所示。

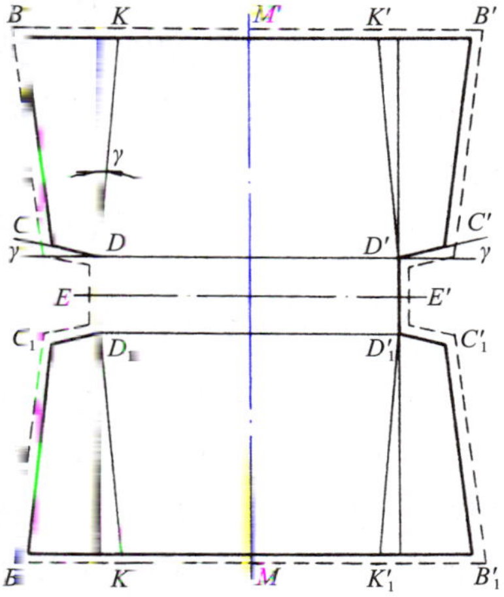

图9-70 侧影轮廓是梯形、包底板侧面呈直线的包的大扇图

（三）侧影轮廓为长方形、包底板侧面呈折线的包体

首先绘制施工投影图，如图9-71所示确定部件的尺寸：包体长度L，包体高度H，包体侧面下宽W_u，包体侧面上宽W_0。包底呈折线弯入侧面的高度h，包底折线与水平线呈α角。

其绘制过程如下，如图9-72所示：

①作两条相互垂直的对称轴线交点为O，在水平对称轴线上截取$OO_1=OO_1'=\frac{L}{2}$，得O_1、O_1'点。

②过O_1、O_1'点分别作水平对称轴的垂线，截取$O_1D=O_1'D'=\frac{W_u}{2}$，得$D$、$D'$点并连接。

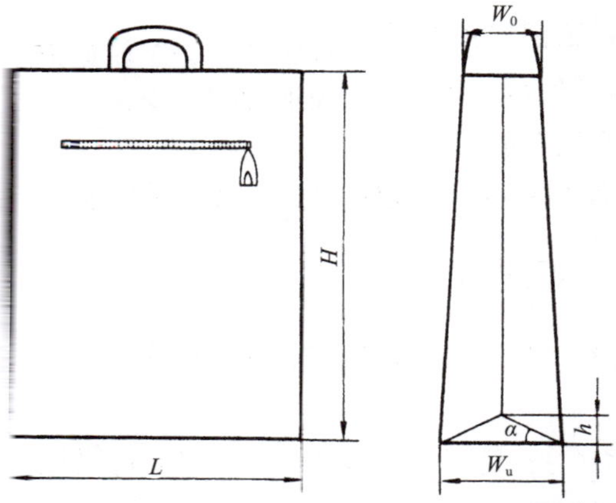

（a）主视图　（b）侧视图

图9-71 侧影轮廓为长方形、包底板侧面呈折线的包体视图

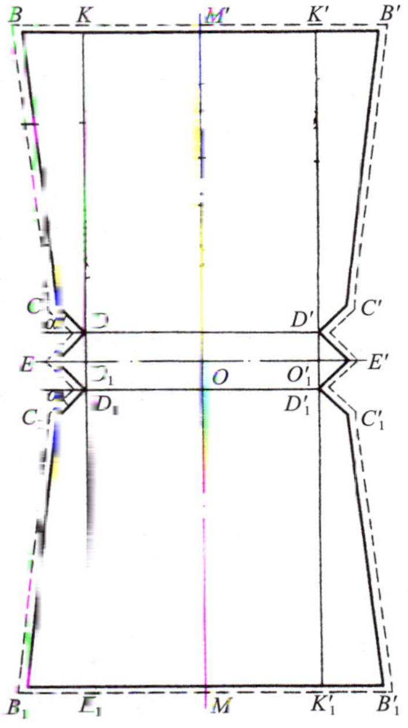

图9-72 侧影轮廓是长方形、包底板侧面呈折线的包的大扇图

③在水平对称轴线上截取$O_1E=O_1'E'=h$，得E、E'点，分别连接ED、$E'D'$即得包底的外形轮廓线。

④在垂直对称轴线上作距离线段DD'为H的一条水平线，交垂直对称轴于M'点。

⑤分别过D、D'点作两条垂直于水平对称轴线的直线，与经过点M'的水平线分别交于K、K'点，$KDD'K'$即是扇面的外形轮廓线。

⑥过K、K'点作$KB=K'B'=\frac{W_0}{2}$，得B、B'点。

⑦过D、D'点作$DC=DE$，$D'C'=D'E'$，并且使DC、$D'C'$向DD'线倾斜α角，连接BC、$B'C'$即得堵头的外形轮廓线。其中堵头样板的上宽尺寸与梯形堵头的确定方法相同，需要计算得出。

⑧以EE'为对称作出另一半图形并放出加工余量。

（四）侧影轮廓是梯形、包底板侧面呈折线的包体

这种结构与侧影轮廓为长方形、包底侧面呈折线的包体大扇的制图方法相似，如图9-73所示。不同之处在于侧影轮廓呈梯形即包体侧面与垂直方向呈γ角，扇面两侧边分别向垂直方向倾斜γ角，使$KK'=L_0$，而大扇两侧底边DC、$D'C'$向线段DD'倾斜$\alpha+\gamma$角。若同时扇面与垂直方向呈β角，则DC、$D'C'$向线段DD'倾斜$\alpha+\gamma+\beta$角，但堵头部分侧面下底宽度不变。若$\gamma+\beta$角度较大，则侧面上底需补夹角$\gamma+\beta$。

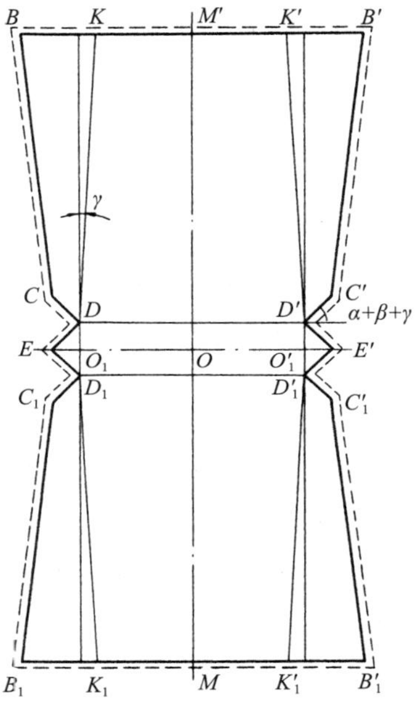

图9-73 侧影轮廓是梯形、包底侧面呈折线的包的大扇图

五、由前后扇面和堵头构成的包体

由前后扇面和堵头构成的包体在女包中运用较多，通常包的堵头和包底部分分别由两个扇面的侧部和底部来构成，这种结构容积相对较小。若要增大其容积，一方面可以把两扇面进行不对称分割，即把包底和堵头部分分担到一个扇面上而与另一扇面缝合。另一方面可以在扇面上作褶缝来增加包底的宽度以增大其容积。与整体下料包相同，在大扇的基础图中需用细实线标出堵头、包底和扇面的外形轮廓线。

（一）扇面下底为圆角、底部为弧线的包体

这种结构的特点是包底板由大扇底部较小的球冠部分构成，包内容积主要依靠折入扇面中的锥形堵头。

根据包体的施工投影图，确定部件尺寸：扇面上长L_0，下长L_u，高H，圆弧半径R，侧面成品上宽W_0，下宽W_u，侧面的样板上部宽度W_p。

其绘制过程如下，如图9-74所示：

①作一条垂直对称轴线，截取$OM'=H$。

②过O、M点作两条垂直于对称轴线的平行线，截取$AM'=M'D=\frac{L_0}{2}$，得A、D点。

③在垂直轴线上截取$OO_1=R$，过O_1点作一条水平线，截取$O_1E=O_1E'=\frac{L_u}{2}$，得E、E'点。

④连接AE、DE'并延长，与底边线分别交于点B、C，这样就得到了基本轮廓线ABCD。

⑤作距B点距离为R的平行于AB和BC的直线，两线交于O_2点，过O_2点作O_2B_1垂直于AB，O_2B_2垂直于BC，得共轭点B_1、B_2。

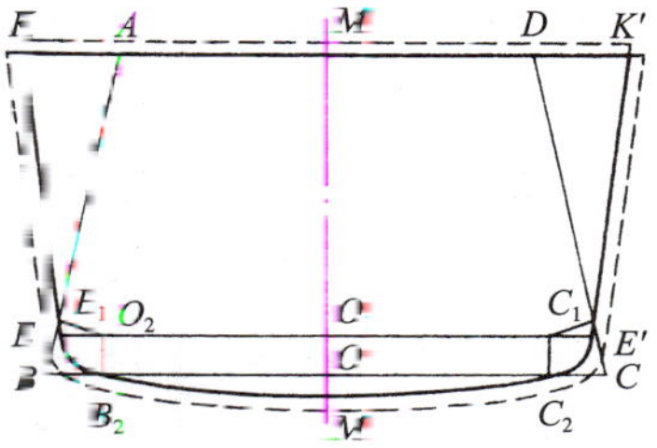

图9-74 扇面下底为圆角、底部为弧线的包体扇面图

⑥以O_2为圆心，以O_2B_1为半径画弧。同理得$\widehat{C_1C_2}$，则$AB_1B_2C_2C_1D$即是扇面的外形轮廓线。

⑦过O点在垂直轴线上截取$OM=\frac{W_u}{2}$，得M点，弧线连接B_2MC_2，则B_2MC_2O即是包底板的外形轮廓线。

⑧由于包体侧面结构为锥形堵头，根据前面介绍的内容，它折入的深度约为1/4扇面上长，上部宽度近似等于1/2扇面上长。在线段AD的延长线上取$AK=DK'=\frac{W_p}{2}$，得K、K'点，连接$KB_1B_2MC_2C_1K'$，即得大扇的基础图，并放出相应的工艺加工余量。

这种结构的包体通常采用反面缝制法。

（二）由不对称的前后扇面构成的包体

这种结构的外观效果如图9-75所示，包体制图可以参照整体下料包，在它的基础上把整个堵头和包底板部分与前扇面合为一体，制作成一个部件，而后扇面不包含包体的其他部分即进行不对称分割，如图9-76所示。这种结构常采用正面缝制法。为了丰富包体的造型，突出线型的性格特征，前、后扇面的分界线还可以根据需要发生位移，而线型变化随着体现的风格而不同。

图9-75 由不对称的前后扇面构成的包体

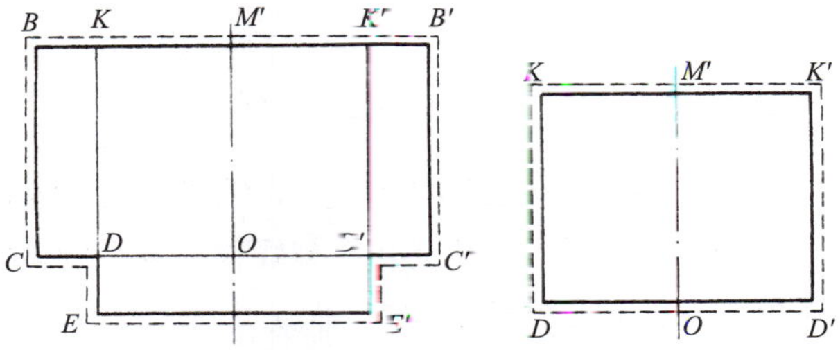

（a）前扇面　（b）后扇面

图9-76 不对称的前、后扇面图

用AutoCAD绘制前后不对称包体的扇面。设包袋长为L=30cm，高为H=20cm，宽度为W=12cm，加工余量=5mm，如图9-77所示为不对称的前、后扇面图，其中图9-77（a）为前扇面图，图9-77（b）为后扇面图。绘制步骤如下：

①在【对象追踪】的设置中选定中点、端点，并启动【对象捕捉】；作长为30cm，宽为20cm的长方形$KDK'D'$，并作边KK'中点M'的竖直对称轴。

②以点K为端点，向左作长度为12cm的水平线段KB；由B点为端点作长度为20cm的竖直线段BC，连接CD；由D点作长度为12cm的竖直线段DE，以点E为端点作竖直对称轴的垂线段。

③复制线段BK至上方5mm处，复制线段BC至左侧5mm处，复制线段CD至左侧5mm处，并向下移动5mm，复制线段DE至左侧5mm处，并向下移动5mm；以点E复制后所对应的点作垂直于竖直对称轴的垂直线段；拉伸本步骤所绘制的线段，并将线型设置为虚线。

④将除长方形的外所有线段以对称轴作镜像，从而制得前扇面图9-77（a）。

⑤作长为30cm，宽为20cm的长方形$KDK'D'$，并将长方形分解；将各个边向长方形外侧各复制5mm，并将复制所得线段拉伸至它们两两相交，线型设置为虚线；后扇面就绘制完成了如图9-77（b）所示。

详细绘制步骤可扫描二维码观看。

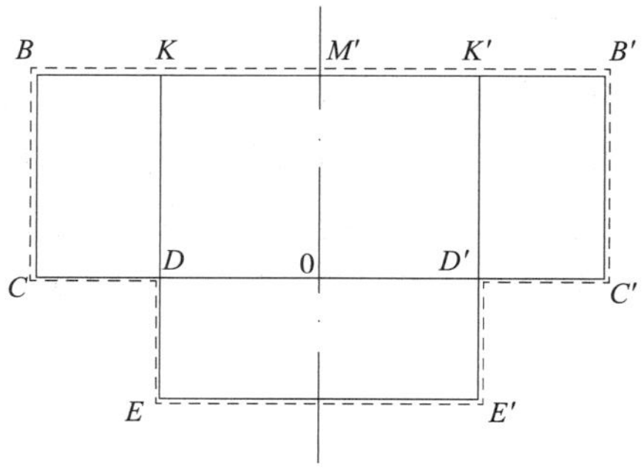

（a）前扇面

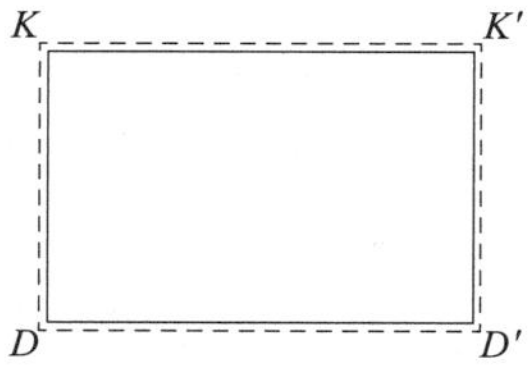

（b）后扇面

图9-77　不对称的前、后扇面

（三）扇面底部作褶缝的包体

在前、后扇面的底部作褶缝，目的是增加包体的容积。通常这种结构要求使用材料较软，所以纺织材料运用较多。外观效果如图9-78所示。

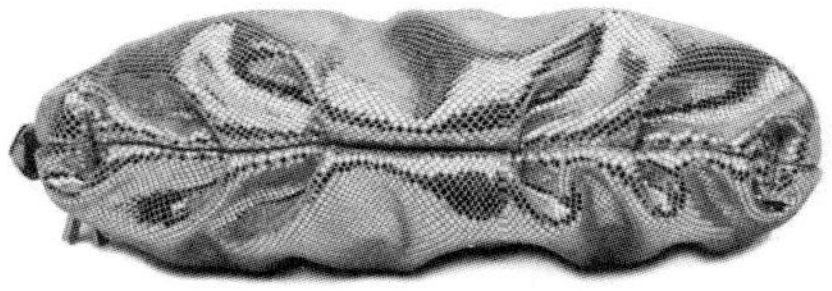

图9-78　扇面底部作褶缝的包体

首先绘制施工投影图，如图9-79所示。确定部件尺寸：扇面上长L_0，下长L_u，包体高度H，手把宽度h_1，圆弧高度H_1，切口高度h_2，褶缝长度L，褶缝与水平线所形成的夹角α，褶缝上部至水平线的距离h，扇面侧边至褶缝的距离a。褶缝长度根据包体容积的需要而定，褶缝越长，α角越小，包的容积越大，通常褶缝长度为20~40mm。

其绘制过程如下，如图9-80所示。

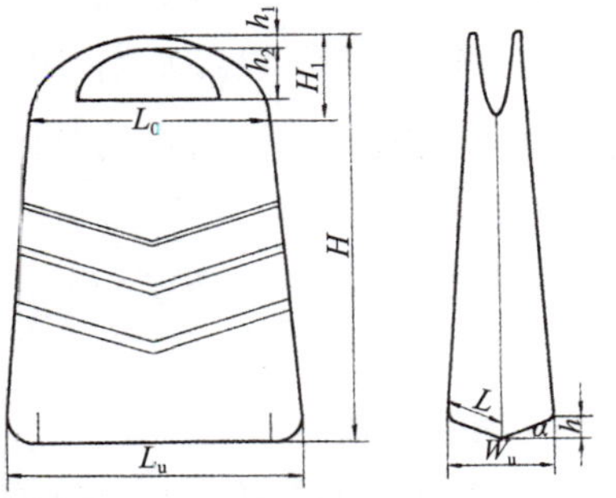

（a）主视图　（b）侧视图

图9-79　带褶缝的包的扇面图

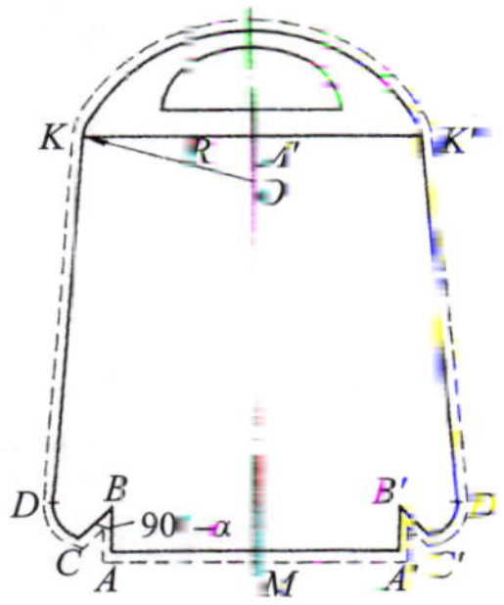

图9-80　带褶缝的包体扇面图

①作一条垂直对称轴线，截取$MM'=H-H_1+h$，得M、M'点，其中$h=L\cdot\sin\alpha$为缝合褶缝时扇面下降的高度。

②过M、M'点分别作垂直于对称轴线的平行线，截取$M'K=M'K'=\frac{L_0}{2}$，得K、K'点。

③在$M'M$上确定O点，使$KO^2=KM'^2+M'O^2$，即$R^2=(R-H_1)^2+\left(\frac{L_0}{2}\right)^2$，计算得出半径$R$。

④以O点为圆心，以R为半径画弧连接K、K'点，即得手把的外形轮廓线。

⑤过M点作$MA=MA'=\frac{L_u}{2}-a$，得A、A'点。

⑥从A、A'点作直线垂直于线段AA'，在垂线上截取褶缝长度$AB=A'B'=L$，得点B、B'。

⑦自然段AB、$A'B'$作旋转（$90°-\alpha$）角，得BC、$B'C'$。

⑧以褶缝顶端的B、B'点为中心，以L为半径作圆弧。

⑨从K、K'点向圆弧作切线交于D、D'点，粗实线连接$KDCBAA'B'C'D'K'K$，即为扇面的基础图。

在扇面的手把部分还需要绘制圆弧形切口，切口的长度为手把的宽度加10mm左右的宽余量，手把宽度h_1以手握较舒适的宽度为依据，一般约为30mm，切口高度h_2根据主视图中设计的需要量而定，而手把的切口部分可以采用折边或毛边再加后整饰处理。根据不同的工艺要求放出加工余量。

（四）底部和堵头向里缩进的包体

这种结构的特点是包底和堵头向包内缩进，包体容积小，适用于做女式拎包，但在实际运用中较少。下面分别介绍它的制作方法。

（1）侧影轮廓呈长方形，扇面垂直于包底板的包体

绘制过程如下，如图9-81所示：

①作一个长方形扇面$KEE'K'$，使底边$EE'=L_u$，高度$KE=L$。

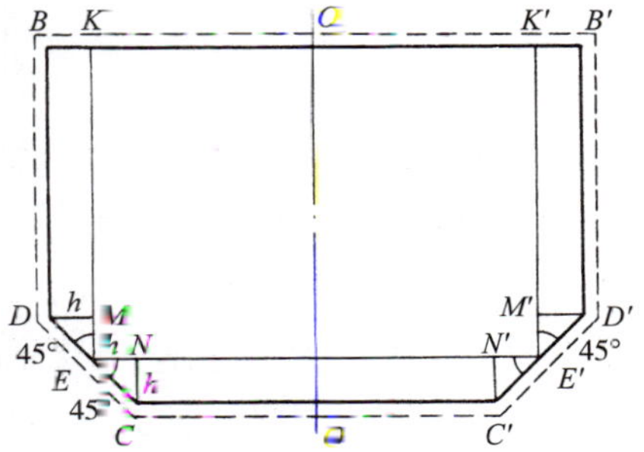

图9-81　侧影轮廓呈长方形的包的扇面图

②分别在线段KE、$E'K'$和EE'上截取$EM=EN=$

$E'M'=E'N'=h$，得M、M'、N、N'点，h表示堵头和包底板向包内缩进的深度。

③从这些点分别作垂直线，截取长度为h的线段得C、C'、D、D'点，用直线连接各点。

④从K、K'点作线段$KB=K'B'=\frac{W_0}{2}$，得B、B'点，连接BD、$B'D'$，即得大扇的基础图，并放出加工余量。

由于$\triangle DME$与$\triangle CNE$是等腰直角三角形，所以$\angle DEM=\angle CEN=45°$。在加工过程中$DE$与$EC$缝合使包底板和堵头向包内缩进。

（2）侧影轮廓呈长方形，扇面与垂直方向呈β角的包体

这种结构的制图方法与前面相似，但由于扇面与垂直方向呈β角使扇面倾斜，所以必须在大扇底部作切角，在如图9-82所示的基础上进行修正。从原图中的ED和$E'D'$处作切角β，使DE与水平线EE'之间的夹角调整为$45°+\beta$，但线段长度不变，如图9-83所示。

若包体侧影轮廓呈梯形即侧面与垂直方向呈γ角，且扇面与垂直方向呈β角，则与前面所介绍的内容相似，大扇基础图中的切角随之又将发生变化，切角的大小调整为$45°+\beta+\gamma$。如图9-83所示。

通过上面切角的不同对包底板宽度的影响，可以得知：包底的宽度是随着$\angle DEC$的大小而变化的。如果$\angle DEC=180°$，则包底板的宽度最小，包底板和堵头折入的较深。如果$\angle DEC=90°$，则包的宽度最大等于$2h$，所以包底板较平。

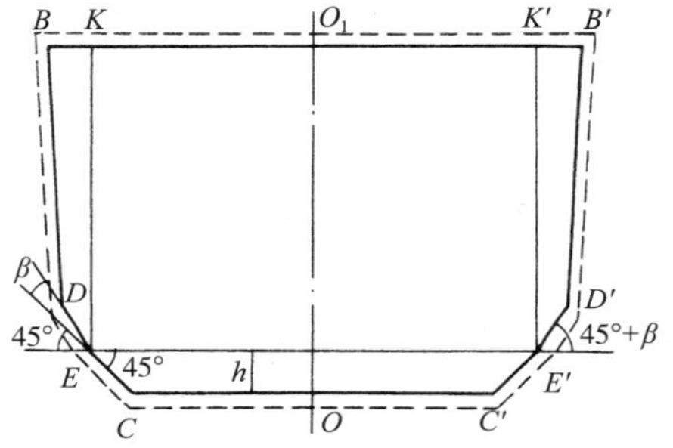

图9-82 侧影轮廓呈长方形，扇面与垂直方向呈β角的包的扇面图

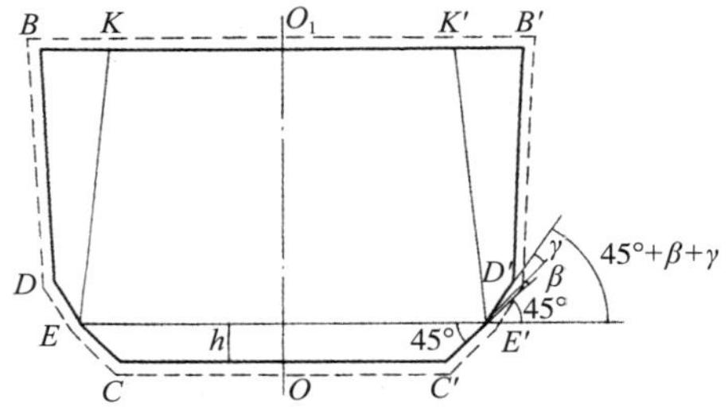

图9-83 侧影轮廓呈梯形，扇面与垂直方向呈β角的包的扇面图

六、由前后扇面、两个堵头和包底板构成的包体

由前后扇面、两个堵头和包底板构成的包体，可以采用正面缝制法和反面缝制法制作。包体线条简洁、棱角分明，体现了一种成熟、稳重、积极向上的精神风貌，因此受到职业女性的喜爱。其外观效果如图9-84所示。

以正面缝制法的硬结构包为例讲解。

这种结构的特点是堵头上有切口且包底板和堵头向包内缩进。其中切口a表示堵头缩

（a）软结构包

（b）硬（半硬）结构包

图9-84 正面缝制包

入包内、距离扇面边缘的深度，一般为5~20mm；切口b表示包底板缩入包内、距离包底板边缘的高度，一般为4~10mm。目的是保证缝纫机压脚从包底板与扇面缉线时能顺利通过，如图9-85所示。

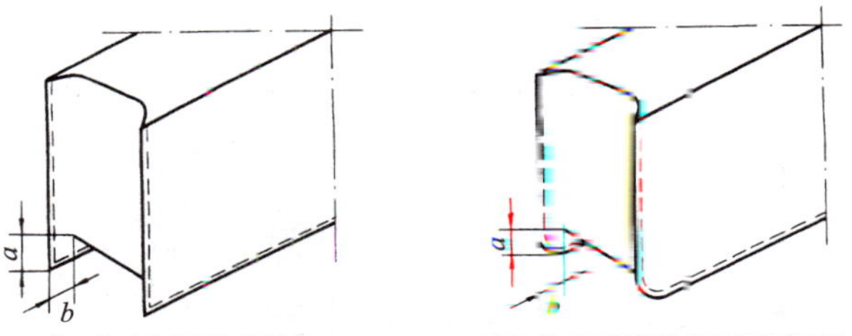

（a）长方形扇面　（b）底部呈圆弧形扇面

图9-85　包的部件连接图

这种结构的基础部件是扇面，扇面的形状和尺寸决定着包底板和堵头的尺寸。所以，首先绘制包体的施工投影图并确定部件尺寸，其方法与前面介绍的内容相同，如图9-86所示。

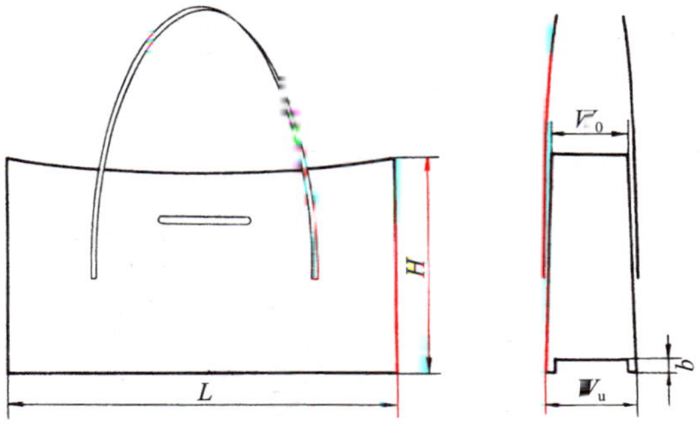

（a）主视图　（b）侧视图

图9-86　前后扇面、两个堵头和包底组成的包体视图

（一）扇面

作长方形扇面$ABCD$，使AB边长=包的高度，BC边长=包的长度。从B点起在BC边上截取线段$BE=a$，得E点。从B点向上在BA边上截取线段$BE_1=b$，得E_1点。同理可以确定E_2、E_3点，如图9-87（a）所示。

（二）包底板

包底板通常为长方形，它的长度应为扇面中的$BC-2a$，宽度为包底板宽W_u+2b，并分别在包底板的基础图上标出折线位置得E_4、E_5、E'_4、E'_5点。如图9-87（b）所示。

（三）堵头

堵头的上部宽度尺寸可以参照前面的方法确定。

绘制方法如下，如图9-87（c）所示：

①作一条垂直对称轴线，截取OO_1等于包体的高度。

②分别过O、O_1点，作两条垂直对称轴线的平行线，在O点的两侧各取线段$OB=OB'$，使其等于包底中的OE_4+a，得B、B'点。

③在O_1点的两侧截取$O_1A=O_1A'=\frac{W_p}{2}$，得A、A'点，连接AB、$A'B'$。

④在堵头下部作切口时，从B点向右截取线段a，确定E_6点。

⑤从E_6点向上与轴线平行截取b，确定E_7点。

⑥同理得出E_6'、E_7'点，并连接线段E_7E_7'即得堵头的基础图，根据工艺要求放出加工余量。

若包的扇面底部呈圆弧形，则应在主视图中选择圆弧半径，并在绘制扇面和堵头的基础图时，把它的底部作成圆弧形，其他的制作方法与前面相同，如图9-88所示，这里不再赘述。

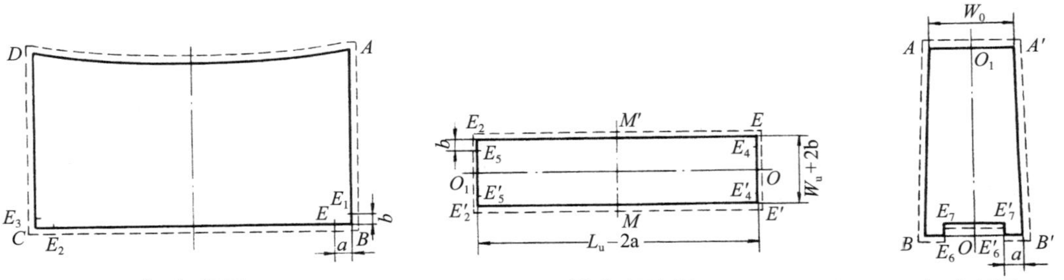

（a）扇面　（b）包底板　（c）堵头

图9-87　底部呈直角的包体部件图

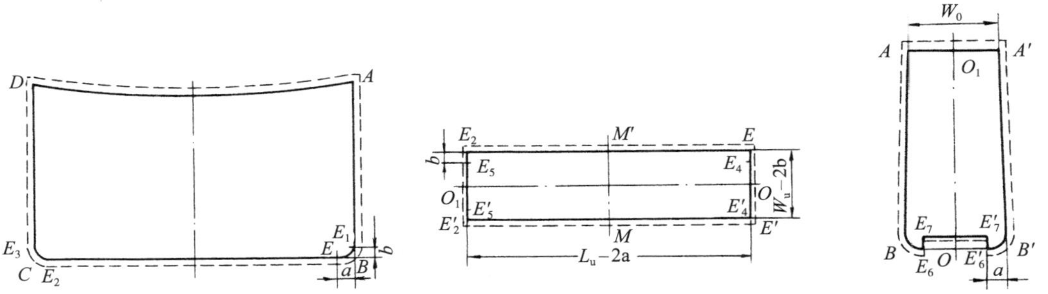

（a）扇面　（b）包底板　（c）堵头

图9-88　底部呈圆弧形的包体部件图

此结构还有反面缝制的包体，如图9-89所示。绘图方法与“由大扇和堵头组成的包体”类似，绘图时，先绘制堵头部件，再绘制大扇部件，再在大扇上将包底板部件分割出来即可。这里就不再叙述了。

图9-89　反面缝制包

（四）用AutoCAD绘制扇面、堵头和包底板部件图

1. 底部呈直角的包袋制图

设包袋扇面长为30cm，高为20cm，a=20mm，b=10mm，包宽为12cm，如图9-90所示为底部呈直角的包体部件图，制图过程如下：

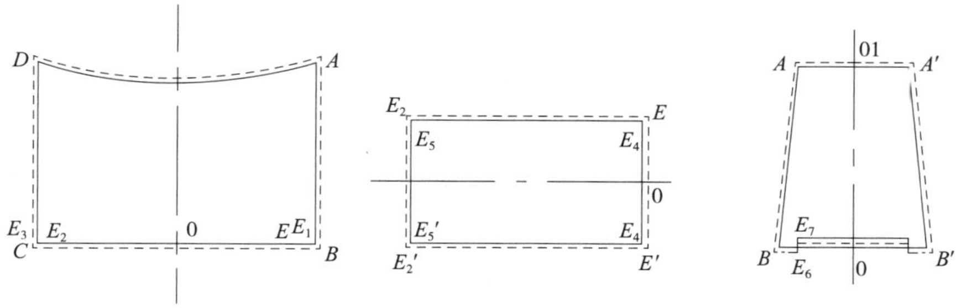

（a）扇面　（b）包底板　（c）堵头

图9-90　底部呈直角的包体部件图

（1）扇面制图

①打开【正交】，作长为15cm的水平线段OB；作过O点的竖直对称轴，以点B为下端点，作长为20cm的竖直线段AB；以点B为右端点作长为a的水平线段BE；以点E为下端点作长为b的竖直线段EE_1。

②复制线段BA至右侧5mm处，复制线段OB至下方5mm处，并将复制所得线段线型设置为虚线，拉伸它们使其相交；将以上线段以对称轴进行镜像操作，点A对称点为点D，点B对应点C。

③以点A为起点，点D为端点，用起点、端点、方向来确定圆弧（或直线）；将圆弧（或直线）向上复制至5mm处，拉伸复制所得圆弧（或直线），使其与线段AB、CD复制所得线段相交，并将线型设置为虚线；扇面图就绘制完成了。

（2）包底板制图

①作长为扇面中$BC-2a$，宽为包宽+2b的长方形$EE'E_2'E_2$；过边EE'的中点O作水平对称轴；将长方形分解，并将各边向长方形外复制5mm，并拉伸复制所得线段使它们两两相交，线型设置为虚线。

②以点E为上端点，绘制长为b的竖直线段EE_4，在各顶点处确定相同长度点，分别标注E_2E_2'、EE'线段；包底板图就绘制完成了。

（3）堵头制图

①作长为1/2包底板宽+a的水平线段OB；过点O作竖直对称轴，以点O为下端点在对称轴上截取长为20cm的线段OO_1，以点O_1为右端点作长为1/2包底板宽的线段O_1A，连接点A、B；以点B为左端点作长为a的水平线段BE_6，以点E_6为下端点作长为b的竖直线段E_6E_7，以点E_7为左端点作垂直于对称轴的垂线段。

②将线段AO_1向上复制5mm，线段BE_6、E_7所在的垂线段向下复制5mm，将线段AB向左复制5mm，连接E_6对应的点与点E_6，拉伸AB、AO_1、BE_6复制所得线段，使它们两两相交，并将复制所得线段的线型设置为虚线。

③将所有线段以对称轴作镜像，堵头图c就绘制完成了。

详细绘制步骤可扫描二维码观看。

2. 底部呈圆弧形的包袋制图

设包袋长为30cm，高为20cm，a=20mm，b=10mm，包宽为12cm，如图9-91所示为底部呈圆形的包体部件图，制图过程如下：

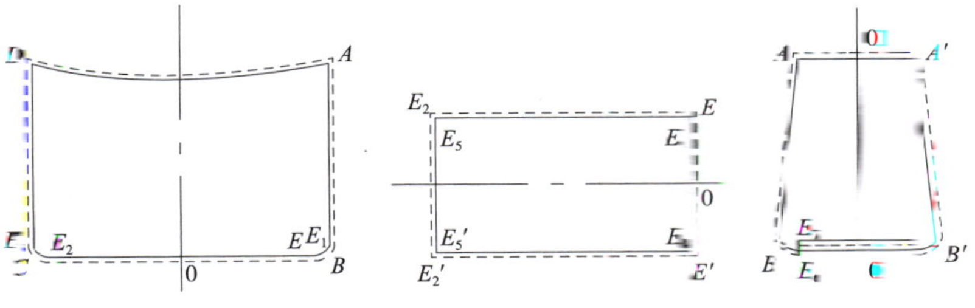

（a）扇面　（b）包底板　（c）堵头

图9-91　底部呈圆弧形的包体部件图

（1）扇面制图

①打开【正交】，作长为15cm的水平线段OB；作过O点的竖直对称轴；以点B为下端点，作长为20cm的竖直线段AB；以点B为右端点作长为a的水平线段BE；以点B为下端点作长为b的竖直线段BE_1，连接E_1、A，E、O，删除线段BE、BE_1、BO、BA；以起点为E、端点为E_1、方向为B点位置绘制圆弧。

②复制线段E_1A至右侧5mm处，复制线段OE至下方5mm处，以与步骤①同样方式的弧线连接复制线段的下端点和右端点，并将复制所得线段与连接复制线段的弧线线型设置为虚线。

③将以上线段以对称轴作镜像，点A对称点为点D，点B对应点C；以点A为起点，点D为端点，连接成直线，或用起点、端点、方向来确定圆弧；将圆弧向上复制至5mm处，拉伸复制所得圆弧，使其与线段AE_1、E_3D复制所得线段相交，并将线型设置为虚线；扇面图就绘制完成了。

如图9-91（b）所示包底板的绘制过程与底部呈直角的包体的包底绘制方法相同，不再赘述。

（2）堵头制图

①作长为1/2包底板宽+a的水平线段OB；过点O作竖直对称轴，以点O为下端点在对称轴上截取长为20cm的线段OO_1，以点O_1为右端点作长为1/2包宽的线段O_1A，连接点A、B；以点B为左端点作长为a的水平线段BE_6，以点E_6为下端点作长为b的竖直线段E_6E_7，以点E_7为左端点作垂直于对称轴的垂线段。

②以点B为下端点，沿线段AB的方向作长为1cm的线段，再将线段的上端点与点A相连；连接E_6、O两点；删除以点B为端点的所有线段；以起点为E_6、端点为A、方向为B点位置绘制圆弧。

③将线段AO_1向上复制5mm，E_7所在的垂线段向下复制5mm，将以A为上端点的线段向左复制5mm，以E_6为上端点作长为5mm的竖直线段，拉伸线段AO_1和点A为上端点复制所得线段，使它们相交，按同样的方式绘制圆弧，起点、端点、方向为复制后对应的点，并将复制所得线段与圆弧的线型设置为虚线。

④将所有线段以对称轴作镜像，堵头图就绘制完成了，如图9-91所示。

详细绘制步骤可扫描二维码观看。

第十章

包袋开关方式的结构与设计

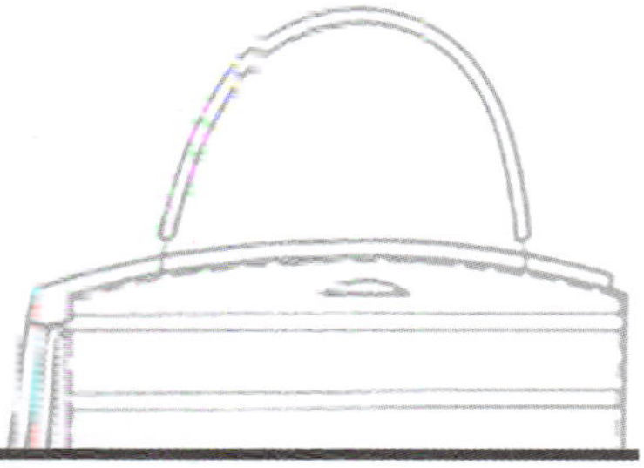

开关方式是包袋设计的关键，不同用途的包袋对开关方式的要求不同。有些包袋强调封口牢固、严密，如旅行包等；有些包袋要求开启方便、随意，如女式拎包等；而且不同开关方式体现的设计风格相差也较大。作为不同开关方式的金属配件，有的造型简洁、色泽凝重，突出成熟美，而有的造型新颖、光泽夺目，体现时尚美。

进行包体设计时，开关方式的选择与确定非常重要。开关方式不同，包体的结构设计各异，而且有些包袋同时采用两种开关方式，以满足不同的结构需要和体现不同的装饰风格。

通常包的开关方式有4种：架子口式，带盖式，拉链式，敞口与半敞口式。采用不同的开关方式，可以设计出不同结构和造型的包体，依据其类别依次可分为架子口包、带盖包、拉链包、敞口包和半敞口包。

第一节　架子口包

架子口是一种常见的开关方式，也是包袋重要的装饰配件。常见的架子口包如图10-1所示。

由于架子口结构的特殊性，在设计这种包体时，首先需选择成型的架子口，根据其不同形状和断面结构确定包体的结构及部件尺寸。

图10-1　架子口包

一、架子口的断面结构

架子口口框断面的基本形状有长方形、圆形、椭圆形和三角形等。口框还可以沿整个周边开槽，也可以只在上部开槽。口框断面的形状和开槽的位置不同，包体结构的设计与制作方法也不同。

在架子口包的设计中，确定塞入口槽的部件尺寸需要引入下列参数，如图10-2所示。

L——口长，即口框两侧外棱面之间的距离；

H——口高，即口框水平部分外棱面至铰链之间的距离；

M——口宽，口框外棱面之间的距离；

R——内径，口框内棱面曲线的半径；

m——口框宽度，等于口宽M的一半；

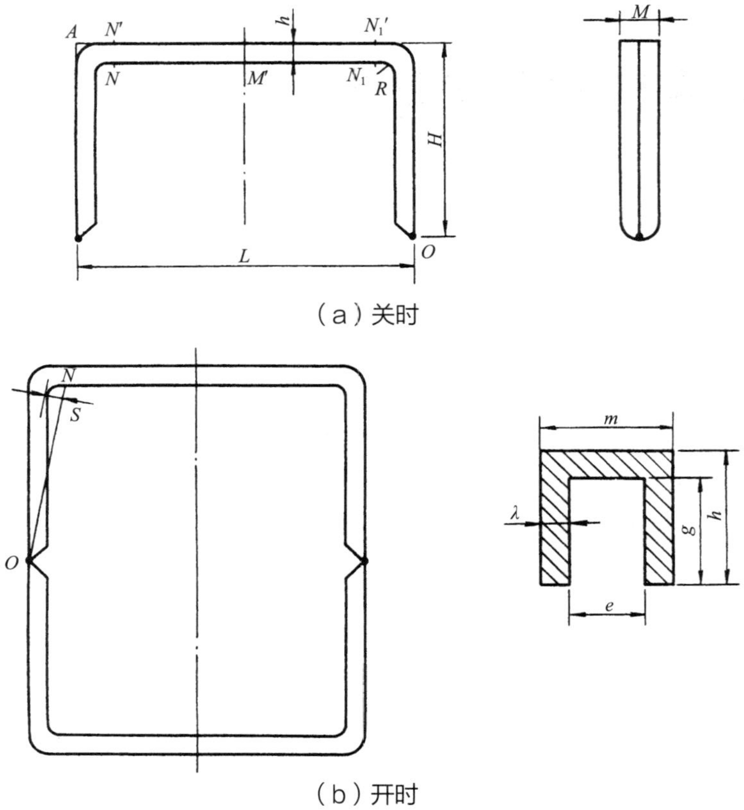

图10-2　架子口开关参数

h——口框断面高度，口框内外棱面之间的距离；

λ——口框材料的厚度；

g——塞材料的沟槽深度，决定塞入部件的加工余量；

e——口框沟槽宽度，决定塞入材料的厚度。

还需要确定下列特殊的点、线：

N——位于口框水平部分内棱面上，该点随着扇面倾斜角度α的变化而沿着内棱面移动；

S——扇面侧部与口弯曲部分之间的缝隙，它是保证扇面和堵头在口角两头能正确活动所需的余量，一般为2~5mm；

N_1——口框水平部分内棱面上N点的对称点；

A——口框水平外棱线与垂直外棱线的交点；

M'——口框水平部分的中心点；

AN'——口框侧部外棱面A点至水平部分外棱面N'点的距离；

α——扇面侧边与水平线所形成的倾斜角度，根据包体效果图确定。

二、不同结构的架子口包设计

随着金属饰件的发展，精巧亮丽、结构迥异的架子口随处可见。根据开槽的位置不同，架子口通常可分为下部塞料、侧部塞料和顶部塞料三种。塞料方式不同，包体的结构制图不同。

同时，采用三个铁口条制成的架子口在实际运用中也较多。下面分别介绍它们的设计原理及制作方法。

（一）下部塞料架子口包

下部塞料架子口包的特点是整个金属框架的上部露在外面，装饰效果明显，是架子口包常采用的一种形式。

1. 由大扇和两个堵头组成的架子口包

（1）堵头的基础图与施工图

堵头是包体的基础部件，所以首先制作堵头的基础图与施工图。而堵头上部塞入口槽部分的制作方法与前面不同。

这种结构的堵头上部宽度主要取决于架子口的侧边长度，下部宽度根据包体容积而定。在实际的包体设计中，架子口的两个口框并不是完全打开，而是根据设计需要确定其开关幅度。

架子口的开关幅度可分为两种情况：一是架子口的开关幅度为180°；二是架子口的开关幅度小于180°。

若架子口的开关幅度为180°，其制作方法如下：

①作两条相互垂直的直线交点为O_1，以O_1点为中心在水平线上截取长度等于$H-h$的线段得N、N_2点，线段NN_2即决定了架子口的开关幅度；在NN_2的延长线上分别截取线段$NN_1=N_2N_1'=h$。

②过N_1、N_1'点作两条垂直于N_1N_1'的直线，截取$N_1A=N_1'A'=$口框上的AN'。

③过A、A'点作$AE=A'E'=4\sim5$mm得E、E'点，这部分余量是保证材料严实地塞入各个拐角处，以提高架子口对扇面的咬紧强度。其中，$NN_1EE'N_1'N_2$是堵头塞入架子口的侧面部分。

④在垂直对称轴线上截取O_1O等于包体的高度得O点，过O点作$OB=OC$得B、C点，连接NB、N_2C即得堵头的基本轮廓线，其他部分的作图与第九章内容相同，即根据包体的侧视图作出底部呈圆形的梯形堵头图并放出加工余量。其中塞入架子口的部分用阴影表示，如图10-3所示。

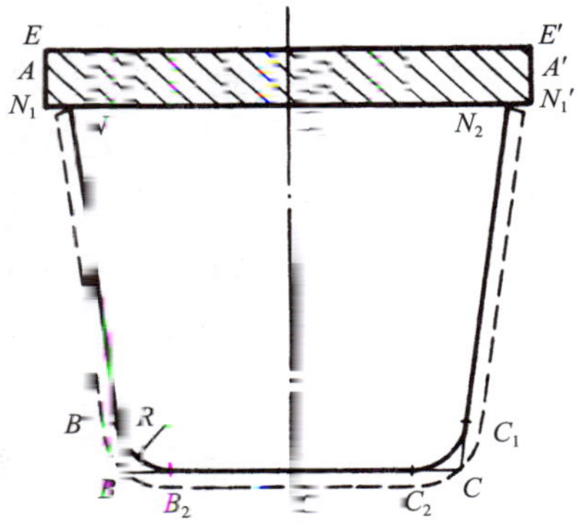

图10-3 下部塞料架子口包的堵头图

若架子口的开关幅度小于180°，其制作方法如下：

①确定塞入架子口的堵头上部宽度NN_2。

设两个口框打开的最大角度为γ，口的开关幅度NN_2的长度随着γ的变化而变化，所以堵头的上部宽度也随之变化。而包的开关幅度与口开关角度的变化存在着一定的比例关系，如图10-4所示。

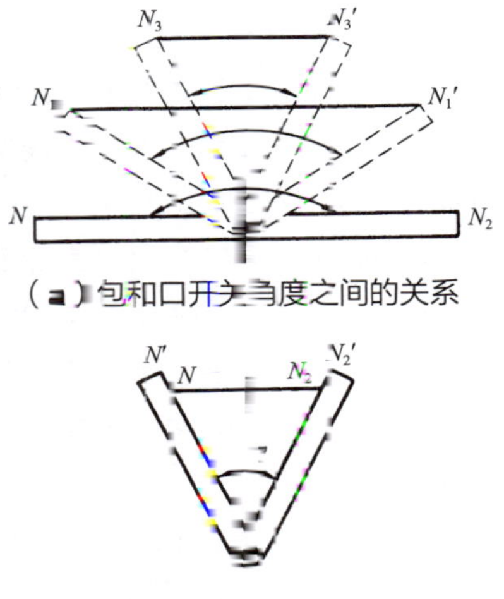

（a）包和口开关角度之间的关系

（b）当γ<180°时口的位置

图10-4 架子口开关图

$$\frac{N'N_2'}{2}=H\cdot\sin\frac{\gamma}{2}$$

而
$$\frac{NN_2}{2}=(H-h)\cdot\sin\frac{\gamma}{2}$$

所以
$$NN_2=2(H-h)\cdot\sin\frac{\gamma}{2}$$

②作两条相互垂直的对称轴线，交点为O，在水平对称轴线上截取$ON=ON_2=\frac{NN_2}{2}$，得N、N_2点，线段NN_2的宽度决定架子口的开关幅度。

③以N点为圆心，以$H-h$为半径画圆弧，与垂直轴线相交于O_1点，O_1点即为铰链中心，分别连接NO_1、N_2O_1。

④在O_1N的延长线上截取$NN_1=h$，得N_1点。

⑤以N_1点为中心，以N_1E为半径画弧，其中$N_1E=N_1A+AE$，N_1A为架子口侧边外棱面到水平外棱面之间的距离，AE为填塞余量，一般为4~5mm。

⑥以O_1为圆心，H为半径画弧作交会确定E点，连接N_1E、O_1E，同理得N_1'、A'、E'点。其中，$O_1N_1EO_1E'N_1'$即是堵头塞入口框侧面的部分。

⑦在垂直对称轴线上截取OO_2等于包体高度，得O_2点，过O_2点作一条水平线，截取$O_2B=O_2C$，得B、C点，连接NB、N_2C即得堵头的基本轮廓线，与前面内容相同，作出底部呈圆形的梯形堵头图并放出加工余量，如图10-5所示。其中，塞入架子口的部分用阴影表示。

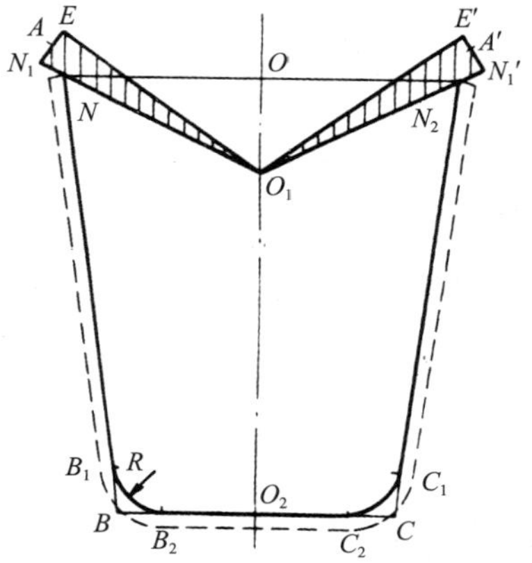

图10-5 γ<180°时下部塞料架子口包的堵头图

（2）大扇的基础图与施工图

大扇顶端塞入口槽部分长度的确定。

进行包体设计时，首先要确定包袋顶端塞入口槽部分的长度NN_1的距离，如图10-6所示。

确定方法如下：

①根据架子口的主要参数绘制外形轮廓图。

②确定架子口的内棱面曲线半径R，并以此为中心作半径为$r=R-S$的圆周。

③在口的框架结构上作出扇面的外形轮廓图，使扇面侧边向水平线倾斜α角与圆相切，使切线与架子口的水平部分的内棱面相交于N点，N点的位置随着倾斜角α的变化而变化，如图10-6所示N点的不同位置。

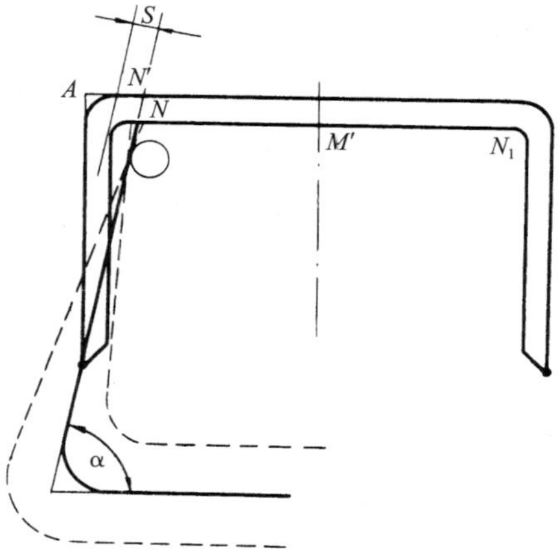

图10-6 下部塞料架子口包的扇面顶部长度的确定

④作出与垂直轴线相对称的点N_1，即得大扇顶部塞入口槽部分的长度NN_1，这部分的加工余量根据口框沟槽深度而定。

通过包体施工投影图确定扇面的上部、下部长度，而大扇侧边长度等于堵头的周边长，根据第九章第二节内容绘制半片大扇的结构图。其中塞入架子口的扇面上部放出余量δ后，用阴影部分表示，如图10-7所示，其中δ为沟槽深度。

为了使架子口与包体部件顺利、牢固地连接，通常架子口开关角度的设计不能太小，否则当包打开时在铰链中心会产生较大的应力，使塞入口槽内的材料脱出而影响包的质量。包的开关角度一般在120°~130°。

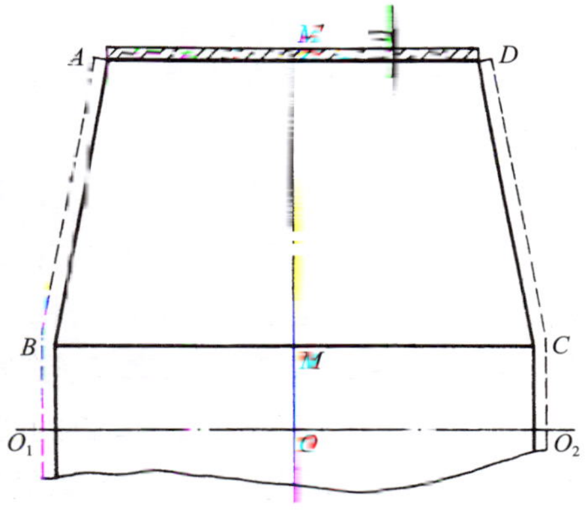

图10-7 下部塞料架子口包的大扇图

2. 由前、后扇面和墙子组成的架子口包

(1) 扇面的基础图与施工图

扇面是包体的基础部件，它的形状和部分尺寸根据效果图确定。扇面上长NN_1的距离取决于架子口口框水平部分的长度，具体确定方法与前面相同，如图10-7所示。扇面的基础图参照第九章第二节内容完成。在基础图中，扇面上部放出加工余量δ，以保证余量全部塞入沟槽内，并用阴影表示塞入口槽的部分，如图10-8所示。

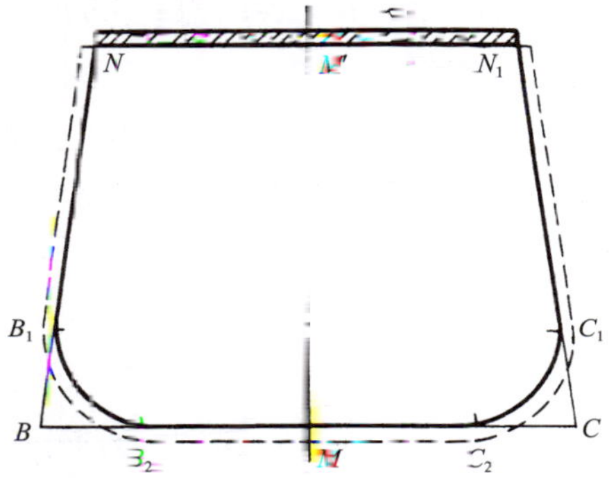

图10-8 下部塞料架子口包的扇面图

对于扇面顶部一部分塞入口框的正面缝制的包体来说，口框上部内棱面N点的确定与前面稍有不同。扇面顶部不塞入口槽的这一部分，与水平线形成夹角β（$\beta \geq 0$），在这种情况下，需作距离塞入的分界点为S的线段确定N点，S一般为3mm左右，目的是便于将扇面顶部顺利的塞入口槽。然后以N为基准点作夹角β，以垂直轴线为对称作出N_1点即得扇面顶部塞入口槽的长度，如图10-9所示。

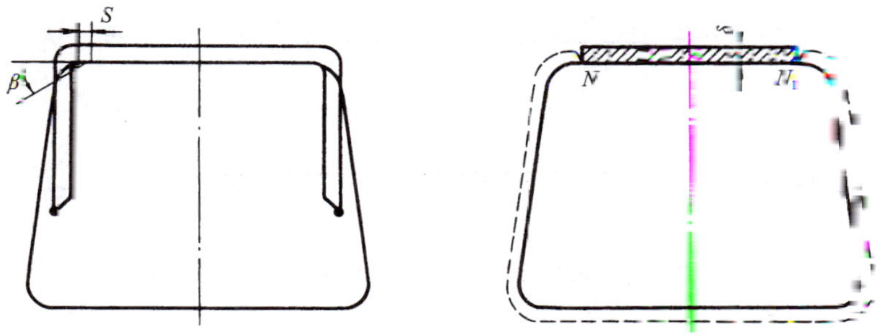

（a）包的透视图　（b）扇面图

图10-9 部分塞入口内的扇面图

(2) 墙子的基础图与施工图

墙子的上部宽度取决于口高H和架子口的开关角度γ。随着开关角度的变化，架子口的开关幅度不同，则塞入口槽部分的墙子宽度不同。而且它们之间存在着一定的比例关系$NN_2=2(H-h)\sin\frac{\gamma}{2}$，如图10-4所示。

若架子口的开关角度γ为180°，则$NN_2=2(H-h)$，其样板的制作方法如下：

①作两条相互垂直的对称轴线交点为O，以O为中心，上、下各截取$ON=ON_2=\frac{NN_2}{2}$，得N、N_2点。

②在NN_2的延长线上截取$NN_1=h$，得N_1点。

③过N_1点作垂直NN_2的直线并截取$N_1E=N_1A+AE$，得E点，其中$N'A$为架子口侧边外棱面到水平外棱面之间的距离，AE为填塞余量，一般为4~5mm。同理得N_1'、A'、E'点。$NN_1EE'N_1'N_2$即是墙子塞入口框侧面的部分。

④作两条与水平对称轴线距离为包底宽度一半的平行线，并分别以N、N_2点为圆心，以扇面中的线段NB_1为半径画弧，与平行线相交于B_1、B_1'点，连接NB_1、N_2B_1'。

⑤在平行线上截取线段B_1B_2与扇面中的B_1B_2弧相等，B_2M与扇面中的B_2M相等，同理可得B_1'、B_2'、M'点。

⑥以MM'为对称作出墙子的另一半图形，并放出相应的加工余量，塞入口槽的部分用阴影表示，如图10-10所示。

若架子口的开关角度小于180°，则墙子上部塞入口槽部分的宽度$NN_2=2(H-h)\cdot\sin\frac{\gamma}{2}$，其塞入部分的制图方法与堵头相似，而包体的制作方法参照第九篇内容，这里不再详述，如图10-11所示。

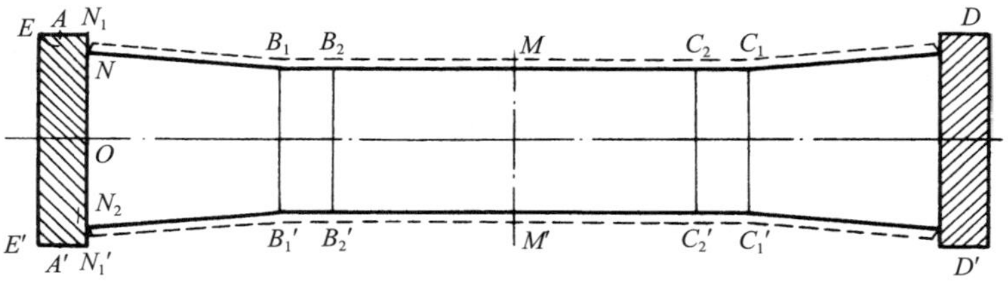

图10-10 下部塞料架子口包的墙子图

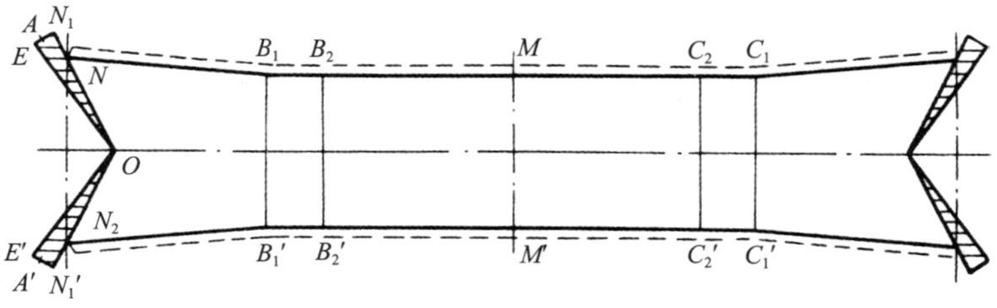

图10-11 γ<180°时下部塞料架子口包的墙子图

3. 整体下料的架子口包

整体下料的架子口包在实际设计中运用较少，这种包制作的关键是确定塞入的口槽部分。下面介绍具体的制作方法。

①确定扇面顶部塞入口槽部分的长度NN_1，方法同前面介绍的内容相同。

②作两条相互垂直的对称轴线，在水平轴线上截取线段NN_1。

③过N、N_1点作两条垂直于NN_1的线段，使$NN'=N_1N_1'=h$。

④连接N'、N_1'点，在直线上截取$N'B=N_1'B'=h$，得B、B'点。

⑤过B、B'点作两条垂直于$N'N_1'$的直线并截取线段，使$BE=B'E'=BA+AE'$，得E、E'点，其中$B'A$为架子口侧边外棱面到水平外棱面之间的距离，AE为填塞余量，一般为4～5mm。

⑥从点E、E'起，在与水平对称轴线相平行的方向，截取与口高相等的线段，得O、O'点，连接ON'、$O'N_1'$即得大扇塞入口框的部分。其中，$NN'BB'N_1'N_1$塞入架子口的水平部分，而$ON'BE$和$O'N_1'B'E'$塞入侧面部分。为了保证整体下料的扇面和堵头能顺利、严实地塞入口槽，需在线段$NN'B$和$N_1N_1'B'$上作切口。

⑦包体其他部分的制作方法详见第九章内容。大扇图完成后根据不同的工艺要求放出加工余量，并用阴影表示塞入口槽的部分，如图10-12所示。

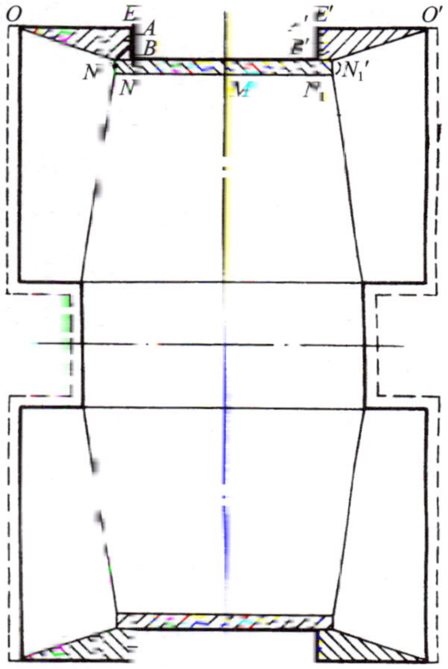

图10-12 下部塞料架子口包的整体大扇图

4. 口框固定在襟条上的架子口包

口框固定在襟条上的架子口包造型新颖、体积小而精致，材料多使用价格昂贵且具有特殊花纹的动物皮革，属于礼节性手包。其特点是口框向包内嵌入不外露。

下面以一扇和两个堵头组成的包体介绍它的设计与制作方法。

根据设计的包的效果图，如图10-13所示，绘制施工投影图，如图10-14所示，并确定部件尺寸：设口框上部棱面与扇面上部边缘之间的距离为b，口框侧部棱面与扇面侧部边缘之间的距离为a，扇面长为L，堵头下宽为W_u，圆弧半径为R。

图10-13 口框固定在襟条上的包的效果图

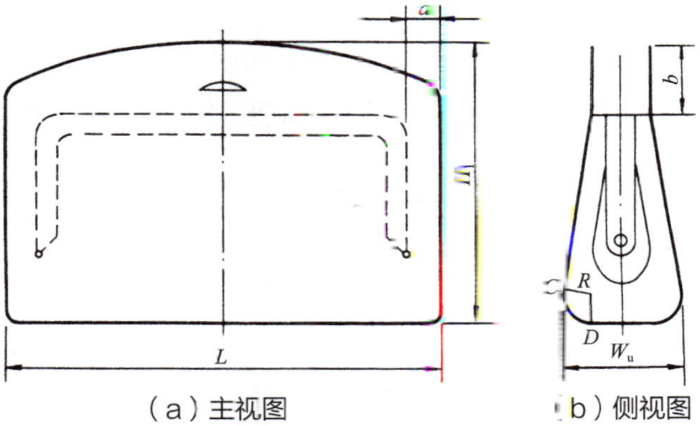

（a）主视图　（b）侧视图

图10-14 有襟条的包体视图

（1）堵头的基础图与施工图

①作两条相互垂直的对称轴线，交点为O，在水平轴线上截取$DD'=W_u$。

②从D、D'点作垂直于DD'的两条直线，在直线上各截取长度为R的线段，并以此为半径作圆。

③在垂直轴线上截取H_1-h的线段，得O_1点，其中H_1为包体高度。过O_1点作水平对称轴线的平行线并截取线段$NN_2=H-h$，得N、N_2点。

④从N、N_2点作圆的切线，得C、C'点。

⑤过点O_1在垂直轴线上截取$O_1M=NA+5\text{mm}$，得M点，NA为襟条头至口框外部棱面的距离。

⑥过M点作NN_2的平行线，与CN、$C'N_2$的延长线相交，并过N、N_2点在延长线上截取长度等于$h+b$的线段得E、E'点。

⑦从E、E'点以（$90°-\alpha$）角截取线段$EF=E'F'=h+a$，得F、F'点，连接FC、$F'C'$即得堵头的基础图，根据不同的工艺要求放出加工余量，塞入口槽的部分用阴影表示，如图10-15所示。为了保证堵头能顺利塞入口槽，需在线段EN和$E'N_2$处作切口。

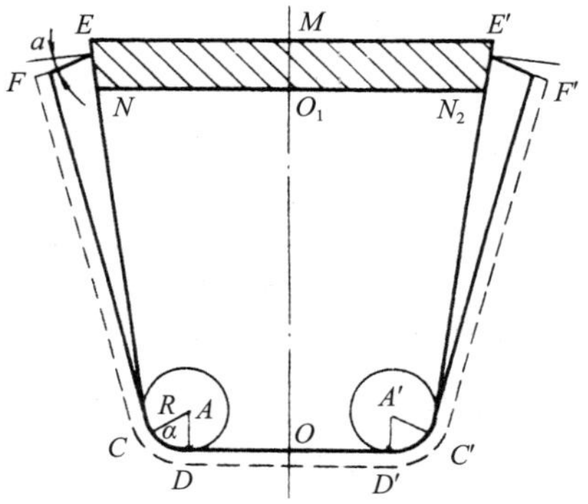

图10-15　有襟条的架子口包的堵头图

（2）大扇的基础图与施工图

①根据包体的施工投影图和已确定的部件尺寸，参照第九章内容作出大扇的基础图，如图10-16（a）所示。

②由于口框嵌入扇面中，且扇面上口线为弧线，所以根据其上口形状需单独制作高度为$b+h$的垫皮图并放出针迹余量，如图10-16（b）所示。

若包体的扇面上口线为直线，则垫皮可以与大扇连为整体一起下料，如图10-17所示，制图方法如下。

①以大扇图为基础，从BB'线向上在垂直轴线上作一条距离为$h+b+n$的水平线，其中n为边缘加工余量。并以BB'线为对称轴线，与扇面的上部形状对称，确定B_1、B_1'点，连接BB_1、$B'B_1'$。

②以B_1、B_1'为对称点，在线段BC、$B'C'$上确定A、A'点，其中线段B_1B_1'与AA'重合，是架子口的安装部位，而线段BB'为翻折线，用点划线表示，根据不同工艺要求放出加工余量。

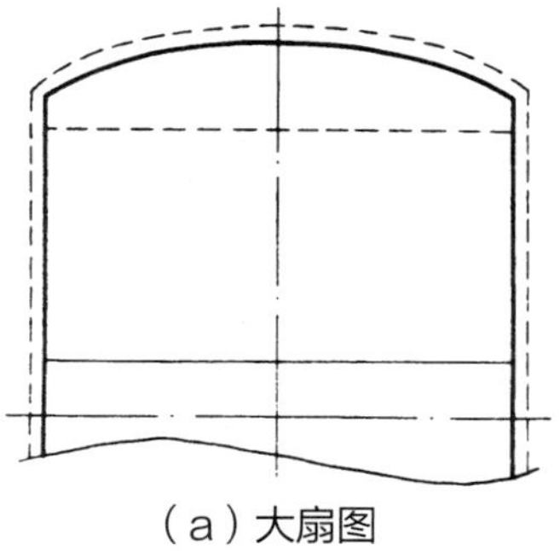

（a）大扇图

（b）垫皮图

图10-16　缝有襟条的大扇图和垫皮图

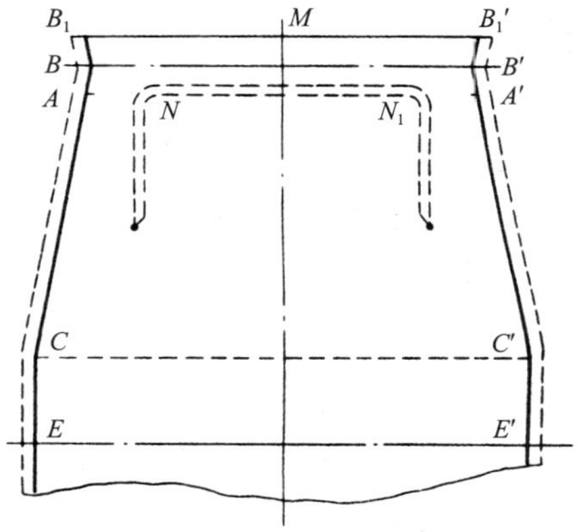

图10-17　缝有襟条上口线为直线的大扇图

（3）襟条的样板制作

襟条一般为长方形，其长度由口框水平部分决定，而宽度取决于口框高度。

①根据口框的基本尺寸，参照前面的内容确定架子口水平部分的长度AA'，如图10-6所示，它的长度即是襟条长。

②襟条的宽度等于口框断面高度h与针迹余量之和，根据已知尺寸作出襟条图。在制作过程中，襟条的一边与扇面顶部缝合，当扇面沿弯折线BB'翻折后，襟条的另一边翻转180°与口框的水平部分安装，而与扇面连在一起的下部边缘固定在中间部件上。

（二）顶部塞料的架子口包

顶部塞料的架子口包适合不同的包体结构，其特点是口框外部形状被大量遮盖，面料和里料均塞在位于口框顶部的沟槽内。这种结构的设计关键是架子口周边长度的确定。

1. 由大扇和两个堵头组成的架子口包

（1）口框长度的确定

根据口框的基本形状绘制外形轮廓图，如图10-18（a）所示，计算架子口的周边长度$L=2(OB+0.018\times R\alpha+N'M')$，$\alpha$为口框拐角处圆弧度数，$ON'$表示口框的侧面部分，而$N'M'$是口框的水平部分。

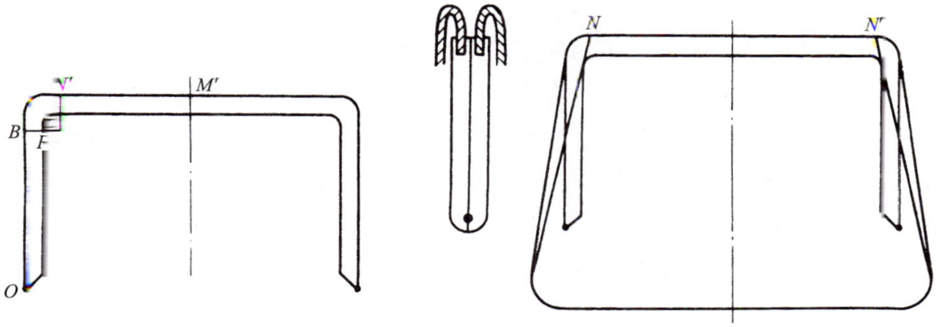

（a）口槽位置　　（b）包的形状

图10-18　顶部塞料的架子口包图

（2）堵头的基础图及施工图

堵头的上部宽度等于口框侧面长度即，$W_p=2(OB+0.018\times R\alpha)$，根据侧视图作出堵头图，并放出塞入口框的加工余量$h$和线迹余量，如图10-19所示。这种结构的架子口开关幅度为180°，但在实际设计中为了使用方便，通常在口框内部附加可伸缩性拉条，以满足包袋不同开关幅度的需要。

（3）大扇的基础图与施工图

大扇顶部的长度等于口框水平部分长度，即$L=2N'M'$，根据主视图及前面介绍的内容作出半片大扇图并放出相应的加工余量，如图10-20所示。

由前、后扇面与墙子组成的包体，制图方法与上面相似，这里不再详述。

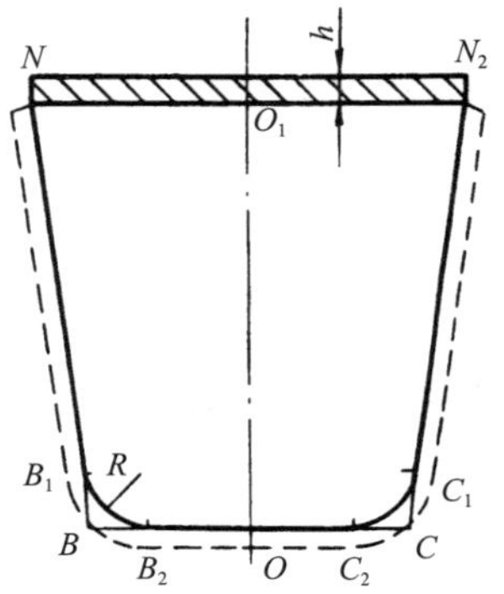

图10-19　顶部塞料架子口包的堵头图

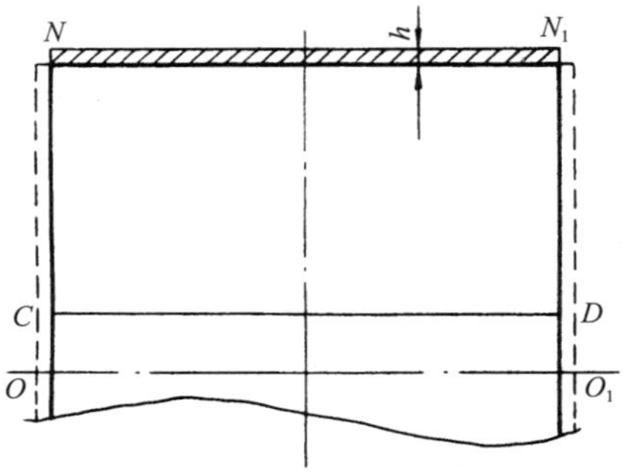

图10-20　顶部塞料架子口包的半片大扇图

2. 由前、后扇面和包底板组成的架子口包

这种结构在架子口包中运用较多，特点是口框的周边沟槽全部由扇面的水平和侧面部分填塞，其制图方法与前面略有不同。

①口框长度的确定。该方法与前面相同，即$L=2(OB+0.018\times R\alpha+N'M')$，$\alpha$为口框拐角处圆弧度数，其中$ON'$表示口框的侧面部分，$N'M'$是口框的水平部分。

②绘制包体施工投影图，确定部件尺寸，如图10-21所示。并根据第九章内容作出长方形的包底图。

③扇面顶部的长度与口框水平部分的长度相等，即$NN_1=2N'M'$，根据施工投影图确定的部件尺寸作出扇面图，其制作方法与第九章内容相似。但由于包体侧视图呈锥形，侧面上宽很小，所以在样板制作时，扇面顶点N直接与包底C点连接，在线段NC上截取$NA=OB+0.018\times R\alpha$作为塞入口框侧面部分的长度。

以MM'为对称轴作出相应的另一半图形，根据不同的工艺要求放出加工余量，并用阴影表示塞入口槽的部分，如图10-22所示。

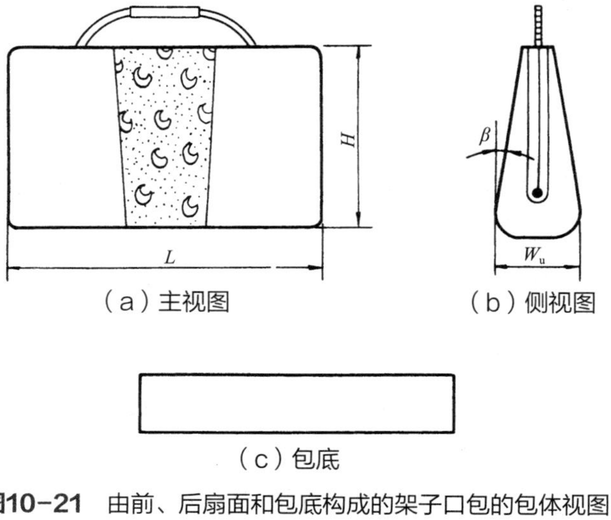

图10-21　由前、后扇面和包底构成的架子口包的包体视图

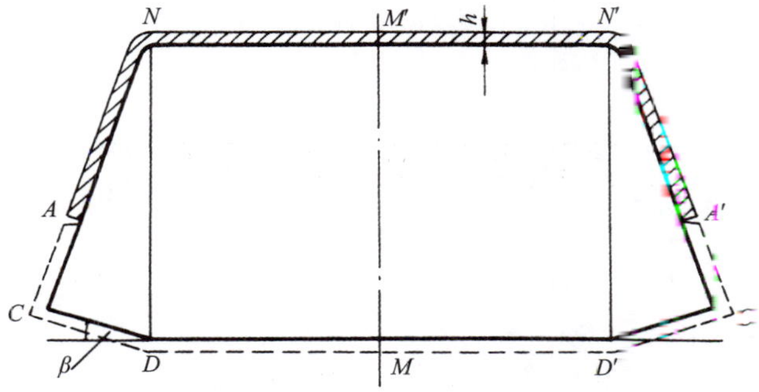

图10-22　由前、后扇面和包底构成的架子口包的扇面图

（三）侧部塞料的架子口包

侧部塞料的架子口包，口框长度$L=2[OB+0.018(R-\frac{m}{2})\alpha+N'M']$，按口框的中线计算，其中$m$为一个口框宽度。其他部分内容与顶部塞料的制作方法相同，这里不再详述。

（四）用两个铁口开关的架子口包

用铁口开关的架子口，适合各种结构的包袋，体现一种简洁、大方、稳当自然的风格。其结构特点是两个铁口被相同面料的材料包覆，借助铰链对接或套接在一起。对于对接口框而言，两个铁口条大小、形状相同，彼此毗邻对接在一起。而对于套接口框而言，上、下两个铁口条形状相同，大小不同，彼此相互套接在一起。

用铁口开关的包袋，其结构设计的关键是铁口条长度的确定及包皮样板的制作。通常铁口条的尺寸与扇面和堵头的尺寸相一致，但由于铁口条与包体连接的部件不同，所以其尺寸的确定方法不同。

1. 铁口条长度的确定

在计算铁口条长度时，首先绘制包体部件图，确定出扇面上长和堵头的上部宽度。通常铁口条与包体部件的连接方式有两种：

①铁口条的包皮仅与扇面连接，而与堵头不连，则下部铁口条的长度应为扇面上长与堵头宽度之和，即

$$L_1=L_0+W_p \tag{10-1}$$

式中　L_1——下部铁口条的长度；

L_0——与铁口条连接的扇面上部长度；

W_p——堵头上部宽度。

对于套接口框来说，上部铁口条的长度略大于下部长度，由于包皮材料的厚度和被包铁口条之间产生的空隙，而加大了铁口条拐弯处曲线部分的长度。通常铁口条之间的空隙量约2mm，目的是为了减小被包覆铁口条之间产生的摩擦力。

如图10-23所示，设包皮材料的厚度为λ_1，铁口条之间的空隙为c，下部铁口条的圆弧半径为R_1，上部铁口条的圆弧半径为R_2，则下部铁口条的圆弧长度为$\frac{1}{4}\times 2\pi R_1=\frac{1}{2}\pi R_1$，而上部铁口条的圆弧长度为$\frac{1}{4}\times 2\pi R_2=\frac{1}{2}\times\pi(R_1+2\lambda_1+c)$，这两部分的长度差为：

$\frac{1}{2}\times\pi(R_1+2\lambda_1+c)-\frac{1}{2}\pi R_1=\frac{1}{2}\times\pi(2\lambda_1+c)$，所以$L_2=L_1+\frac{1}{2}\times\pi(2\lambda_1+c)$。

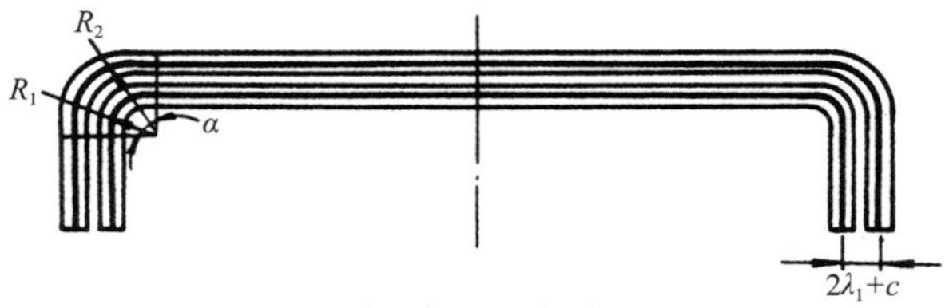

图10-23　前、后铁口条长度差的计算

②若铁口条的包皮既和扇面连接，又与堵头相连，则下部铁口条的长度为：

$$L_1=L_0+W_1+L_3 \qquad (10\text{-}2)$$

式中　W_1——两个半片堵头与铁口条包皮相连接的长度；

L_3——铁口条空端长度。

2. 包皮样板的制作

包皮样板的制作包括两部分，一是直接包住铁口条的包皮部分，二是与扇面和堵头连接的包皮部分。

（1）直接包住铁口条的包皮部分

这一部分的形状呈长方形，其长度等于铁口条的长度，宽度等于铁口条的宽度与厚度之和的两倍，即

$$W_2=2(W_3+W_4)\approx 2W_3+2\xi \qquad (10\text{-}3)$$

式中　W_2——包皮的宽度；

W_3——铁口条的宽度；

W_4——铁口条的厚度；

ξ——材料包覆铁口条一边的弯曲余量，一般为5mm左右。

（2）与扇面和堵头连接的包皮部分

在铁口开关过程中，为了避免在堵头面料的中间部分产生较大的应力而将材料撕裂，通常堵头上部的中间部分不与包皮连接。当包打开时，堵头的中间部分聚在一起，形成活褶。而当包关闭时，堵头材料的长度需满足绕过整个铁口条空端部分的开关余量，如图10-24所示。

铁口条的端头形状有圆形或矩形两种，如图10-25所示。若是圆形，则铁口条空端的周边长度$L_4=ab+\pi R+cd$。若是矩形，则空端的周边长度$L_4=ab+bc+cd$。所以与扇面和堵头连接的

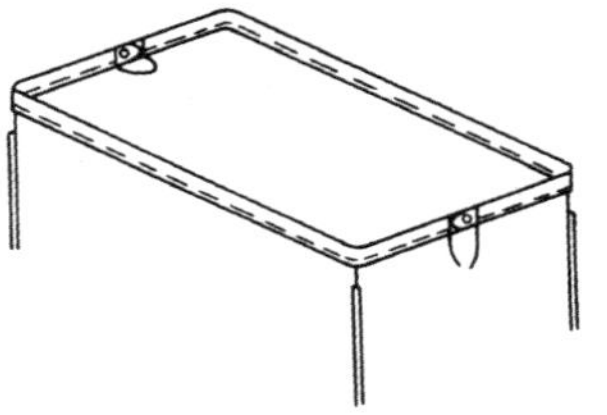

图10-24　铁口条与包体的连接方式

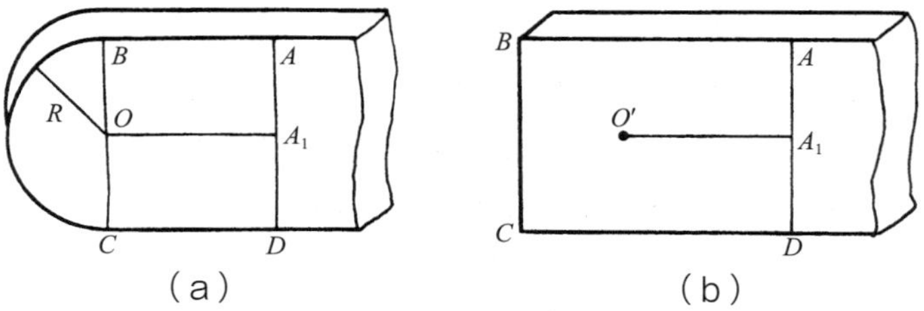

图10-25　铁口条端头的形状

包皮部分的长度$aa'=L_1-L_4$，其中L_1为铁口条的长度，L_4为铁口条空端的厚之长

根据确定的两部分尺寸即可制作包皮样板，如图10-26所示。具体方法如下：

①作一条水平对称轴线，在其两侧作距离为W_3+W_4的平行线，在平行线上分别截取长度为铁口条长度的线段并连接，$AA'B'B$即为直接包住铁口条的包皮部分。

②在线段AB、$A'B'$上作$aa'=dd'=L_1-L_4$，即为包皮与扇面和堵头连接的长度。

③作距离线段aa'为15mm的直线，并与a、a'点垂直相连。

④作距离线段dd'为10mm的直线，并与d、d'点垂直连接，即得与扇面和堵头连接的包皮部分。

当在铁口条上包皮时，材料沿对称轴线弯折，位于包体内部的包皮即上面部分，应遮蔽住包皮的下面部分，如图10-27所示。

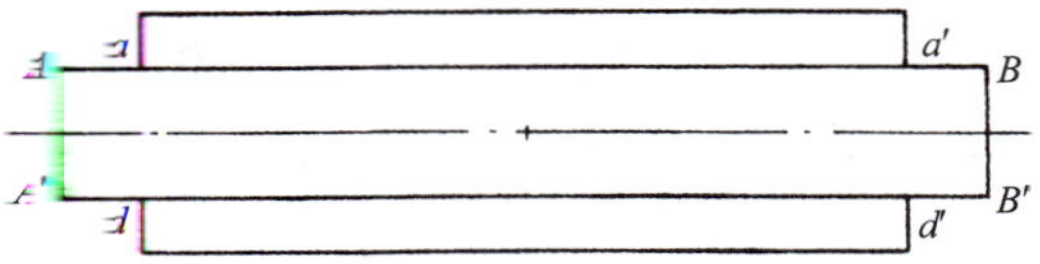

图10-26 包皮图

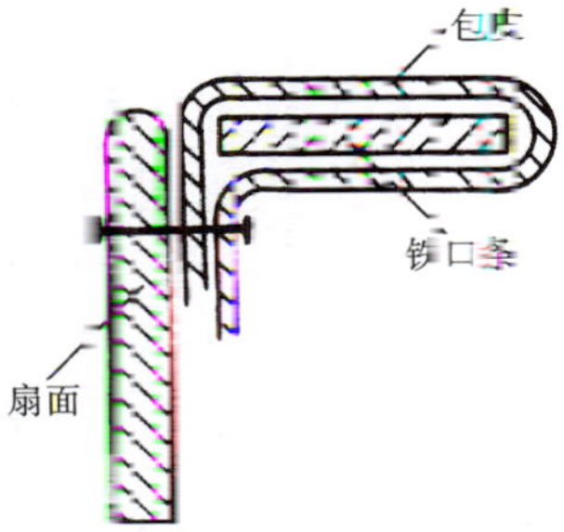

图10-27 部件的连接图

第二节 带盖包

带盖包在包类设计中占据着较大的比例，如各种男式公事包、童包、女式冷包等。带盖包中的盖子，最初的功能是防止物品遗失，而如今装饰功能已逐渐成为第一属性。如有些包用拉链封口后，仍设计有包盖作为装饰。不同造型的包体，需要不同外观形态的包盖与其相协调。如棱角分明的长方形包体适合选用直线与小圆弧组合的包盖，曲线自然的梯形包体适合选用直线与大圆弧组合的包盖，而弧线流畅的椭圆形、圆形包体则适合小圆弧与大圆弧组合而成的包盖。

随着个性化需求的不断提高，包盖的造型打破了常规的设计思路，由规则的几何形向不规则形变化，追求一种自然美，如有些包盖的形状直接采用天然皮革的外轮廓造型。包盖的尺寸主要取决于主体的尺寸、结构、使用场合、当前的流行趋势和设计风格等。但不论包盖的造型与尺寸如何变化，其结构与工艺的设计方法是相同的。

一、包盖的组合及与扇面的连接方式

1. 包盖的组合

在包体设计中，包盖既可以设计为一个单独部件，也可以与其他部件组合而成。包盖的组合方式一般有四种：

①与主扇面一起下料，组合成一整体，如图10-28（a）所示。

②与大扇一起下料，使前后扇面、包底组合成一整体，如图10-28（b）所示。

③与大扇一起下料，使后扇面和堵头组合成一整体，如图10-28（c）所示。

④与大扇一起下料，使前后扇面、包底和堵头组合成一整体，如图10-28（d）所示。

由于考虑天然皮革纤维的方向性要求，提高材料的有效利用率及满足不同工艺的制作需要，包盖常设计为一个单独部件。如果使用的是合成或纺织材料，则包盖多与其他部件组合为整体一起下料。

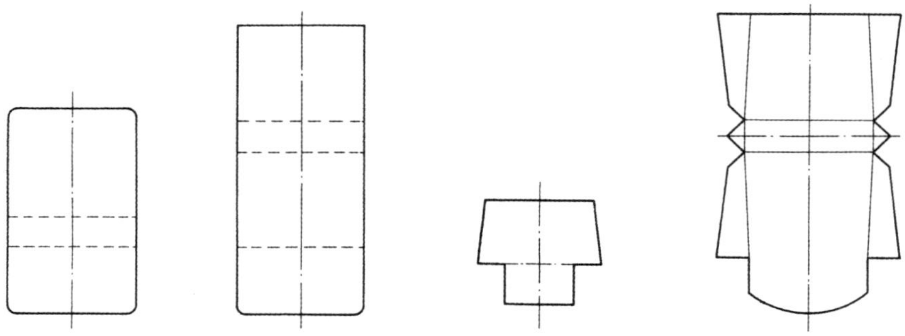

（a）　（b）　（c）　（d）

图10-28　包盖的组合方式

2. 与扇面的连接方式

作为单独下料的包盖，与后扇面的连接方式一般有三种：

①从正面采用线缝法、高频焊接法或铆接法缉缝，而边缘为毛边或折边的包盖。

②从反面采用线缝法缉缝，边缘用单侧折边或双侧折边的包盖。

③从里面采用线缝法缉缝，夹在后扇面与里子之间的包盖。

单独下料的包盖如图10-29所示。从与后扇面的连接方式可以看出，采用正面和反面缝制法的包盖较多，而从里面缉缝的包盖较少。

与包体部件一起下料的包盖，可以采用正面缝制法或反面缝制法制作，如图10-30所示。

图10-29　单独下料的包盖

（a）　（b）

图10-30　与后扇连为一体的包盖

二、包盖的基本结构

包盖是一个整体部件，但为了设计需要，常把它分为三部分，如图10-31所示。

前面部分：盖住包前扇面的部分；中间部分：盖住包上部敞口即包盖开口的部分；后面部分：固定在包后扇面上的部分。

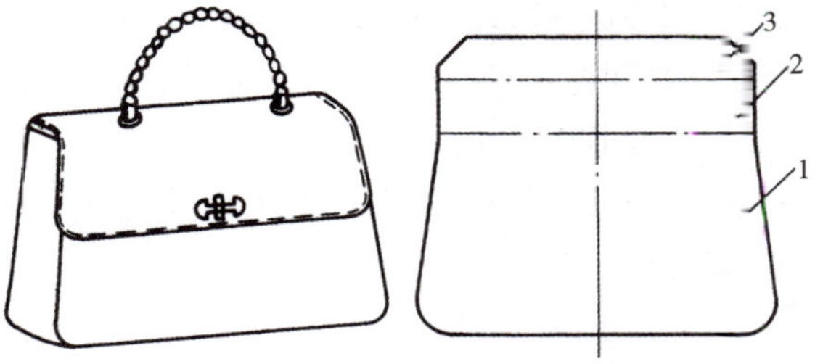

1—前面部分；2—中间部分；3—后面部分

图10-31 包盖的基本结构

1. 包盖前面部分

（1）前面部分的形状

包盖的前面部分可设计成长方形、椭圆形或不对称的其他几何图形，如图10-32所示。

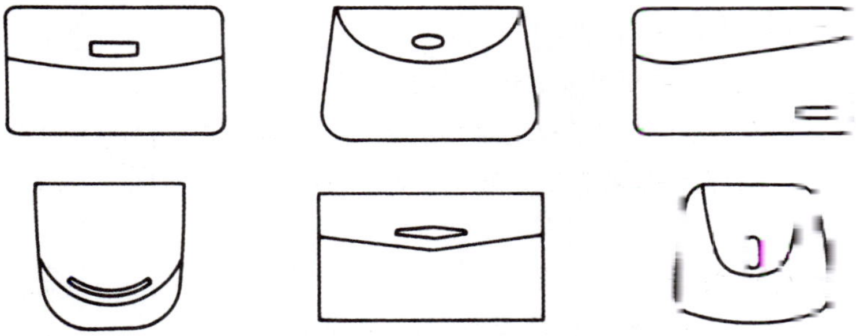

图10-32 包盖前面部分的形状

（2）前面部分的尺寸

①包盖的高度：包盖前面部分的高度应与包的前扇面高度相协调，两者之比$h=\frac{H_0}{H}$，其中H_0表示包盖前面部分的高度，H表示包的扇面高度。h值越小，包盖越短。根据h值的大小，包盖前面部分的高度可以分为3类：短盖：h=0.10~0.34，中盖：h=0.34~0.67，长盖：h=0.67~1.00。

②包盖的长度：包盖前面部分的长度一般与扇面长度相等，或略长4~5mm。而有些包采用小于扇面长度的小盖进行封口，以突出其设计特点。

2. 包盖中间部分

中间部分的确定是整个包盖制作的关键。其中包盖中间即开口部分的长度与前面部分的长度相同，而开口宽度与堵头宽度、硬质中间部件的有无相互联系。

对于硬质结构包来说，包盖开口宽度与堵头或墙子的上部宽度相同。

图10-33 包盖开口宽度与堵头上、下宽度之间的关系

对于软质或半硬结构包来说，包盖开口宽度与堵头上部和下部宽度有密切的联系，如图10-33所示。为了确定开口宽度与堵头宽度之间的比例关系，对大量的软结构包和半硬结构包进行实际测量，发现包盖的开口宽度在很大程度上取决于堵头的下部宽度，只有当开口宽度与包的下部宽度比例合适时，才能保证包的整个容积在装满的情况下使包盖充分闭合。

对测量的大量数据进行统计分析，得出在堵头上部宽度一定的情况下，开口宽度和堵头下部宽度之间存在着以下的相互关系，即

$$W_x=0.7W_u+6\text{mm} \quad (10-4)$$

式中　W_x——包盖的开口宽度；

W_u——堵头下部宽度。

上述公式表示出包的下部宽度和开口宽度之间较适用的比例关系，可供设计者参考应用。

3. 包盖后面部分

包盖后面部分的尺寸和形状与包盖和包体的连接方式有关。如果包盖是从扇面内侧即在后扇面与里子之间缉缝，则包盖后面部分距离开口线的高度h_1一般为10~15mm。如果包盖从后扇面以正面或反面缉缝在包体上，则包盖后面部分的高度h_2为25~60mm，一般为40mm，以便于扇面与堵头顺利缉缝和易于操作。

与后扇面连接的包盖，后面部分的长度小于开口长度，包盖后面两侧裁成斜角，斜切线距开口线约5mm，与包盖两侧呈45°角，目的是便于扇面和堵头的装配，如图10-34所示。

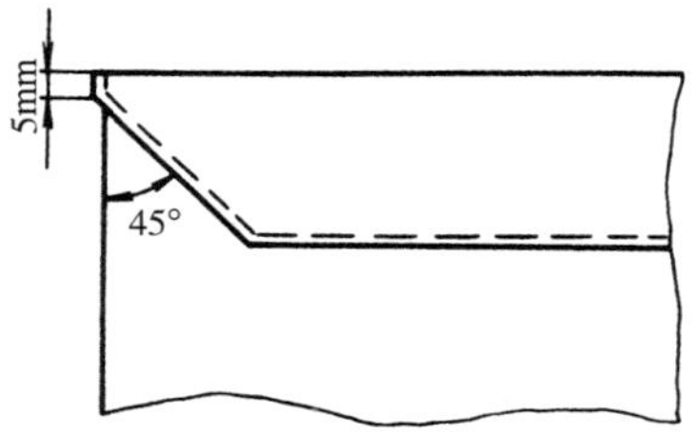

图10-34　包盖后面部分在扇面上的位置

4. 包盖样板的制作

包盖基本尺寸确定后，即可绘制包盖图。具体过程如下：

①作两条相互垂直的对称轴线交点为O，其中水平对称轴线为包盖前面部分与中间部分的分界线。

②在水平对称轴线上截取$AO=A'O=$包盖开口部分长度的一半。

③在垂直轴线的下方截取$OK=$包盖前面部分的高度，其形状参照包的效果图绘制。

④在垂直轴线的上方作一条与AA'距离为开口宽度W_x的平行线DD'，并垂直连接AD、$A'D'$，则DD'即为包盖中间部分与后面部分的分界线。

⑤在距离DD'为5mm处作一平行线，得长度与DD'相等的线段CC'。

⑥作一条与CC'距离为包盖后面部分高度h_2-5mm的平行线，并过C、C'点作两条斜线与垂直方向呈45°角，与平行线交于E、E'点，即得用正面或反面缉缝在后扇面上的包盖图，如图10-35所示。

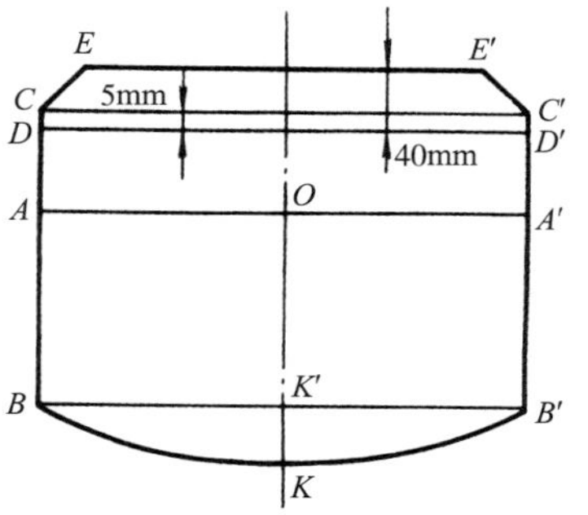

图10-35　以正面或反面缉缝在后扇面上的包盖图

若包盖缉缝在后扇面与里子之间，如图10-36所示。由于要考虑线缝的加工余量，直线EE'应距离直线DD'10~15mm，如图10-37所示。

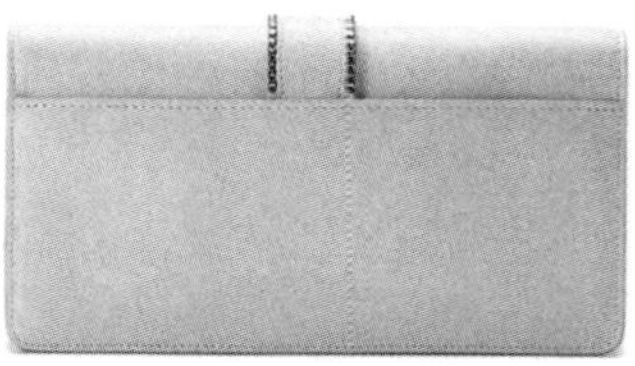

图10-36　包盖缉缝在后扇面与里子之间

若包盖与后扇面或整个大扇一起下料，则先作包盖的后扇面图，再从直线DD′处开始绘制包盖中间和前面部分，如图10-38所示。

用AutoCAD绘制单独下料包盖的部件图。设包盖前面部分长为30cm，高为14cm，下部呈高为2cm的圆弧状，包袋上口开口处宽度为6cm，如图10-39所示为单独下料的包盖图，其绘制过程如下：

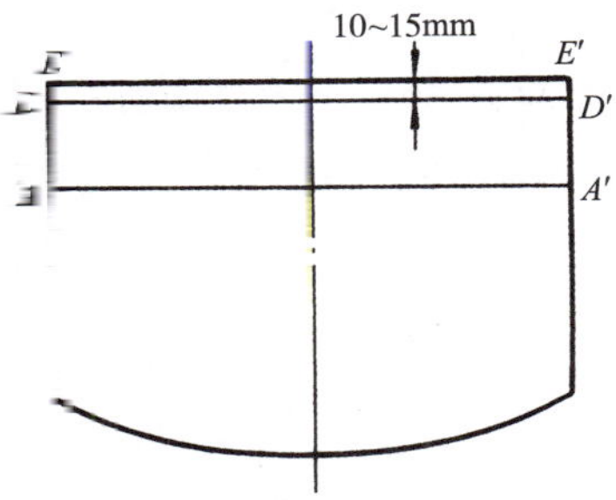

图10-37 从内侧缝在后扇面上的包盖图

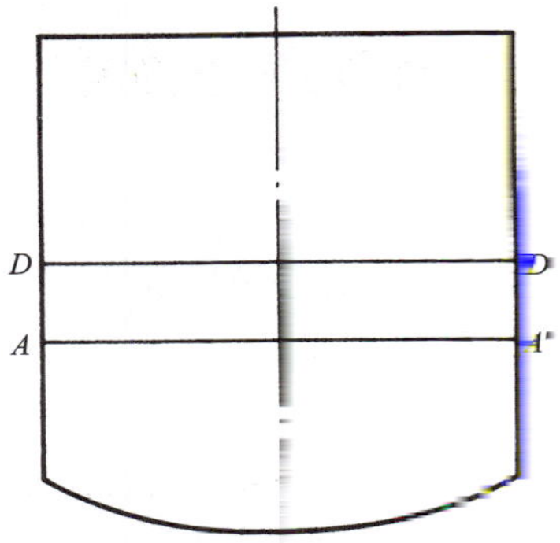

图10-38 和后扇面一起下料的包盖图

①在【对象追踪】的设置中选定中点、端点、垂直，并启动【对象捕捉】，绘制长15cm的水平线段，该线段为包盖盖住前扇面上口位置，左端点为点A，过右端点作垂直对称轴。

②将步骤①绘制的线段复制3条，分别至上方6.0cm（包上口开口宽度）、6.5cm（包盖在后扇面下0.5cm处作斜线）、10cm处（包盖在后扇面向后延伸4cm），再复制一条至下方12.0cm处，上方6.0cm与6.5cm处的复制所得线段的左端点分别为点D、C，下方复制所得线段的左端点为点B，连接CB。

③沿点A所在水平线段的右端点，在对称轴上向下方截取长为14cm的线段，下端点为点K。

④以点C为顶点，作一个45°角，与上方水平线段交于点E，过E点作对称轴的垂线段。

⑤将所有线段以对称轴作镜像，点B对应的为点B′，以B、K、B′三点作三点确定的圆弧，如图10-40所示，该图就绘制完成了。

详细绘图步骤可扫描二维码观看。

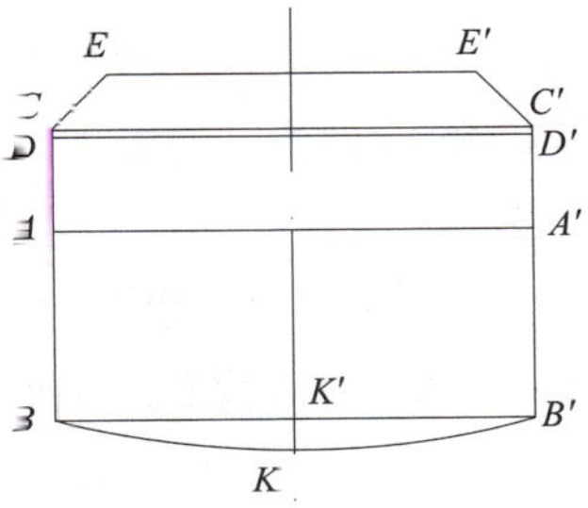

图10-39 单独下料的包盖图

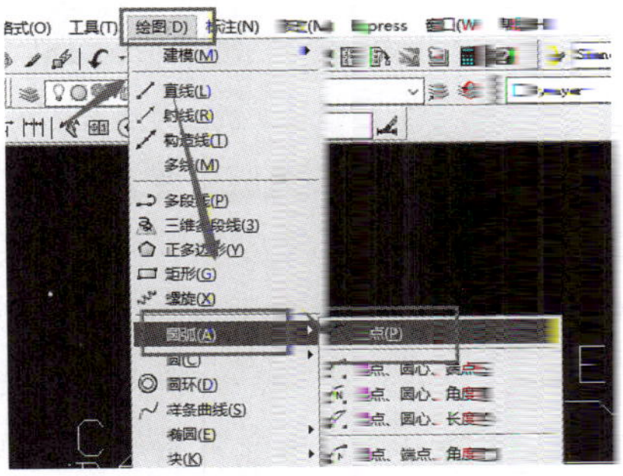

图10-40 圆弧图标

第三节　拉链包

拉链是包类设计中采用最多的一种开关方式，它不仅使用方便、封口严密，而且各式精美的拉链与拉链头为现代包袋平添了几分活泼和生气，颇受人们的喜爱与青睐。无论在男包还是女包中都非常多见。

一、拉链的种类及长度确定

拉链的种类很多，但基本结构是相同的，即由前铆、锁头、咪牙、后脚和带子5部分组成，如图10-41所示。在箱包制品中，常采用后脚不分开的拉链，或者在未成形拉链的末端设计不同形状的皮块作为后脚。

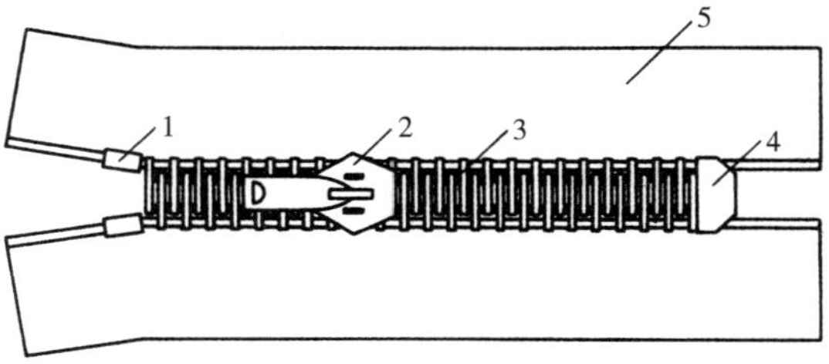

1—前铆；2—拉链头；3—咪牙；4—后脚；5—带子。

图10-41　拉链的基本结构

1. 拉链的种类

从拉链咪牙的大小来分，有大拉链、中型拉链和小拉链。大拉链一般使用在旅行包及其他大型皮具制品上，锁紧后咪牙宽度为7~9mm；中型拉链多使用在靴鞋、上衣及较小的皮件上，锁紧后咪牙宽度为5~7mm；小拉链常使用在针织品、薄连衣裙及小皮件上，锁紧后咪牙宽度为3~5mm。

从拉链的用途来分，有成型的专用拉链和未成型拉链。成型的专用拉链是指有前铆、后角，用在特定部位的拉链，如裤装和裙装中的拉链；未成型拉链是指没有前铆、后角，而根据实际需要选择锁头和长度的拉链，这部分拉链使用形式自由，适用性强，在皮件设计中较常采用。从拉链的材质上讲，拉链又有金属拉链、尼龙拉链、聚酯拉链的不同。

2. 拉链长度的确定

在设计中，拉链的长度应与整个制品的基本尺寸相适应，也应和拉链缝在一起的其他部件的尺寸相适应，所以拉链的长度是由与其相连接的部件长度及包体侧面上部宽度决定的。

对于绢缝在由大扇和堵头组成的包体上的拉链，其长度为L_0+L_1，L_0为扇面上长，L_1为空带长度，它的大小与堵头上部宽度相等。拉链的后脚一边留出一段空带，目的是保证拉链打开时堵头能充分开启，取放东西方便，如图10-42所示。但对于某些包体结构，在确定拉链长度时可不加空带部分，其确定依据是拉链的开关幅度不影响包体的开启程度，如使用在由前、后扇面组成的包体上的拉链，其长度不需加空带部分。

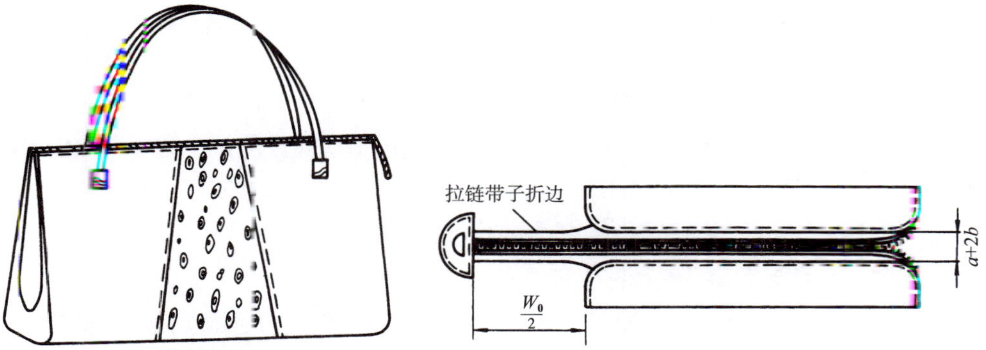

（a）缝在包上口的拉链　　（b）缝在拉链条上的拉链

图10-42　拉链长度的确定

二、不同结构的拉链包设计

在拉链包的设计中，拉链与包体部件的连接方式一般有4种：

①直接缝合在包的前、后扇面上。

②缝在有拉链切口的整体墙子或由两个部件组成的墙子上。

③缝在前、后扇面的拉链条上。

④缝在扇面和堵头或下部墙子上。

1. 直接缝合在前后扇面上的拉链包

这种结构多适用于软质或半硬结构、堵头为梯形或长方形的包体，在女式手包、背包中较常见，属于一种休闲包。

下面以二扇和两个堵头组成的包体为例：

根据包的效果图，绘制施工投影图并确定部件尺寸，如图10-43所示。

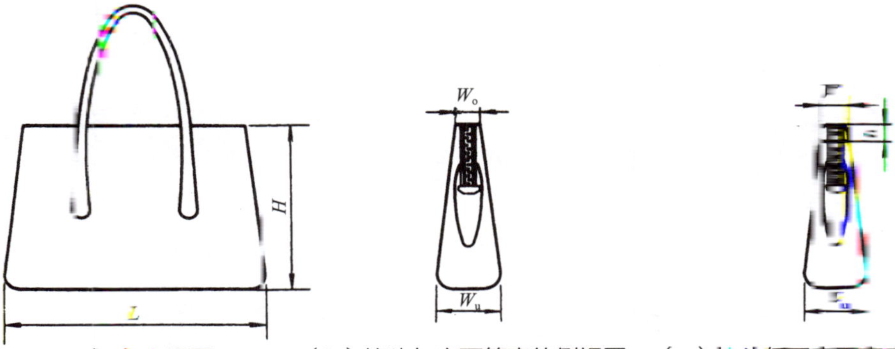

（a）主视图　　（b）堵头与扇面等高的侧视图　　（c）堵头低于扇面高度的侧视图

图10-43　拉链缝在前后扇面上的包体视图

采用这种缝法的拉链包，堵头成褶叠状向包内深入，堵头高与扇面相等或小于扇面的高度。通过侧视图可以看出，包在关闭状态下，侧面上宽是由拉链的咪牙和带子宽度决定的。即

$$W_0=a+2b \tag{10-5}$$

式中 a——锁紧状态时咪牙宽度；

b——拉链咪牙至扇面边缘所需要的距离。

为了保证拉链顺利开关，使拉链头拉动平滑，b值应不小于3mm。否则缝有拉链带子的材料和锁头之间就会产生摩擦，使拉链拉动困难，制品过早损坏。而带子宽度是定值，除去加工余量，则剩余部分宽度约7mm，所以3mm≤b≤7mm。堵头高度不同，其尺寸的确定方法不同。

（1）与扇面高度相等呈折叠状并向包内深入的堵头

如图10-43（b）所示，在包关闭状态下，堵头成品上宽W_0与包体侧面上宽相等，则样板上部宽度可以参照第九章第二节内容确定，即$W_p=2\sqrt{\left(\frac{a+2b}{2}\right)^2+\left(\frac{L_0}{4}\right)^2}$。由于在实际设计中$W_0$较小，其长度可近似等于扇面上长的一半，即$W_p=\frac{L_0}{2}$。

（2）低于扇面高度h而呈折叠状向包内深入的堵头

如图10-43（c）所示，这种结构的堵头成品上宽W_1大于包体侧面上宽，确定W_1的宽度时应从低于扇面h处开始计算，所以堵头样板上部宽度$W_p=2\sqrt{\left(\frac{W_1}{2}\right)^2+\left(\frac{L_0}{4}\right)^2}$。

包体部件图绘制完成后，需考虑扇面与拉链的缝制方法，根据不同的工艺要求放出相应的加工余量。

2. 缝在上部墙子上的拉链包

这种结构常使用在男式公事包、公文箱及学生用包中，扇面形状多为长方形或正方形。若整个侧面部分由上部墙子构成，这样既增加了包体的新颖性，又体现了它的时代性，所以深受职业女性的喜爱。

制作包的部件图时，首先确定上部墙子的长度，该长度由包的扇面决定。而拉链长度取决于上部墙子的长度和宽度。

通常墙子可以设计成一个带拉链切口的整体，如图10-44（a）所示，也可以由两部分组成，如图10-44（b）所示。

绘制包体施工投影图，确定部件尺寸，如图10-45所示。

上部墙子的长度$L_1=2（AB+0.018\times R\alpha+CO）$，若墙子为带拉链切口的整体，则拉链长$L_x=L_1-2h_1$，其中$h_1$为切口与上部墙子边缘之间的距离约15mm，切口为毛边，且最小宽度为$a+2b$，如图10-46所示。

若墙子由两部分组成，则拉链长$L_x=L_1+\frac{1}{2}W_0+20$，其中$W_0$为墙子上部宽度，目的是便于墙子的充分开启。而一块墙子的宽度$W_2=\frac{1}{2}[W_0-（a+2b）]$，与拉链缝合的部位通常折边，根据工艺要求放出折边和线迹余量，如图10-47所示。

3. 缝在拉链条上的拉链包

这种结构适合各种风格的包袋，是拉链包中所占比例较大的一类。借助拉链条封口，目的是隐藏拉链，以突出包体的简洁造型和体现天然皮革的纹理效应，如图10-48所示。

而有些拉链条，根据设计需要使用在扇面上部，使整个拉链显露，表现出一种直爽、豁达的风格，如图10-49所示。

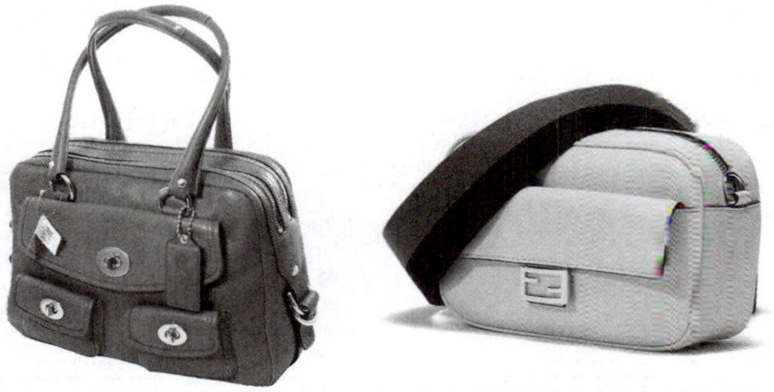

（a）带拉链切口的包　　（b）上部墙子由两部分组成的包

图10-44 与上部墙子缝合的拉链包

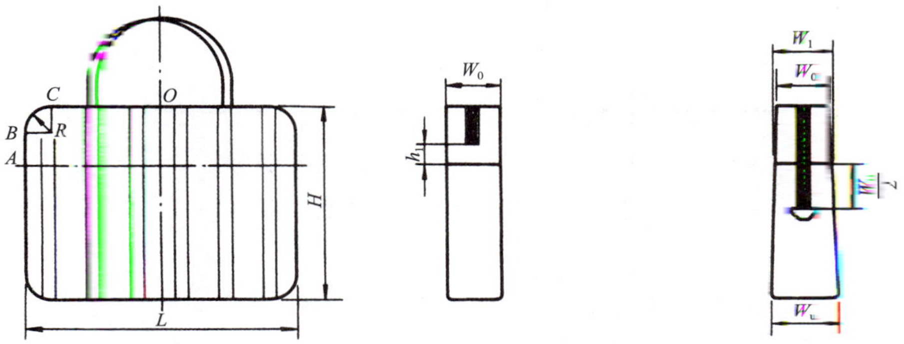

（a）主视图　　（b）带拉链切口的墙子侧视图　　（c）分为两部分的墙子侧视图

图10-45 拉链缝在上部墙子上的包体视图

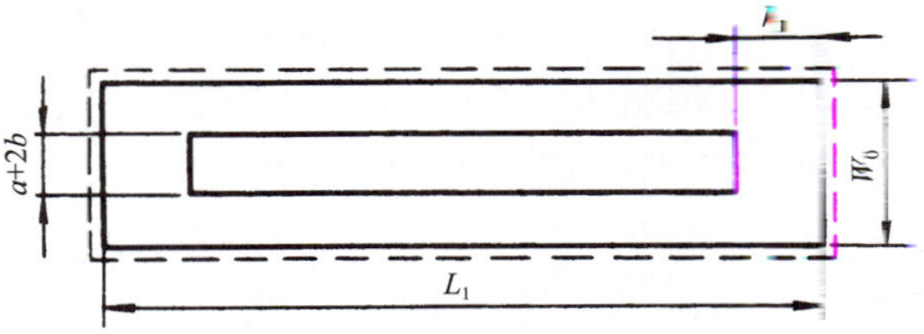

图10-46 带拉链切口的墙子图

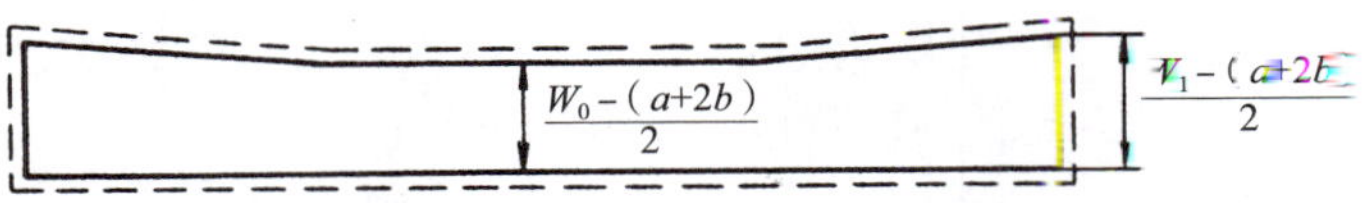

图10-47 由两部分组成的墙子图

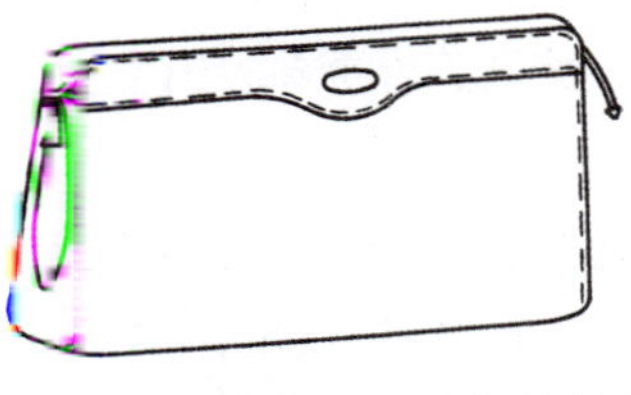

图10-48 拉链条嵌入的包的效果图

图10-49 拉链条缝在扇面上部的包的效果图

通常情况下，拉链条的形状与包的扇面上部轮廓线一致，其高度以不影响包的正常开关为依据。成品包拉链条的高度一般约40mm，高度越大，拉链在前、后扇面之间埋得越深。

除此之外，拉链条的高度还与包体的制作方法有关。如由大扇和两个堵头组成的包，若采用正面缝制法，拉链条的位置应与堵头对接，以便于工艺制作。若采用反面缝制法，则拉链条的位置应低于堵头上部边缘15mm左右，以尽量封住包敞口部分，如图10-50所示。

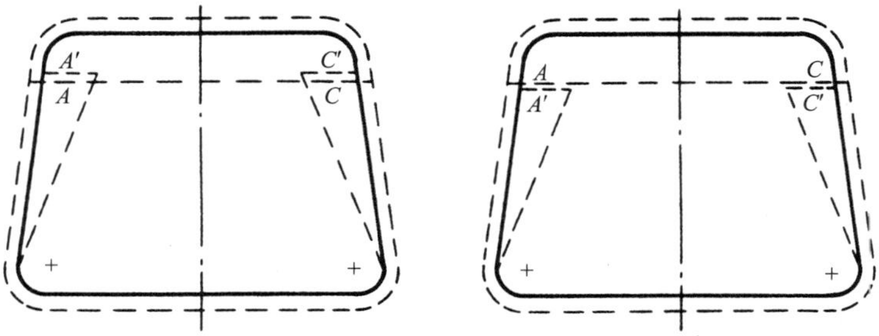

（a）反面缝制法　　（b）正面缝制法

图10-50　用不同方法制作时拉链条的高度

根据包体结构和对容积的不同需求，拉链条可分为三种形式。

（1）普通拉链条

①拉链条的形状：这种拉链条与扇面缝合后，拉链条自然嵌入包体中，使侧面上部宽度减小，所以较适合容积稍小的包。在设计中，若扇面拐角呈圆弧形并需要增大包的容积，则拉链条上部的弧度半径可大于扇面15~20mm，但与扇面缝合部分的长度不变。根据确定的形状和尺寸作出拉链条图，如图10-51所示。

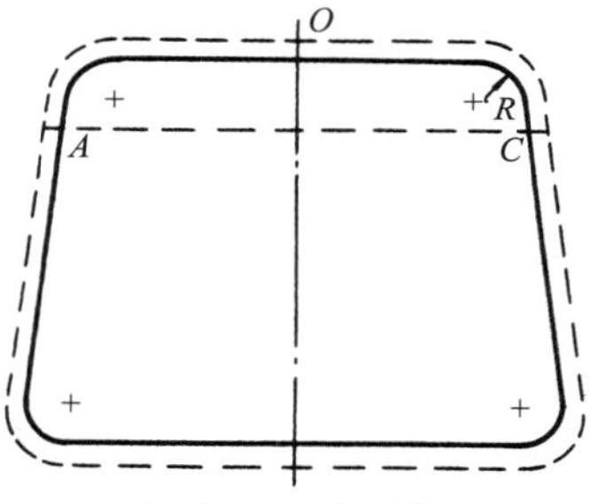

（a）扇面的形状

（b）拉链条

图10-51　拉链条图

②拉链长度及缝缉部位的确定：为了制作需要，拉链的锁头和锁尾应与成品包边缘有一定距离，即需要确定拉链缝缉起止点的位置。同时其位置还与包的制作方法和包体结构有关。

由大扇和堵头组成的正面缝制的拉链包，拉链缝缉起止点E、F的位置应与端点A、C的距离为10mm左右，以便于缝纫机压脚顺利通过，线段EF即为拉链的缝合部位，而拉链的长度$L_x=EF+\frac{1}{2}W_0+20$，根据工艺要求放出折边或针迹余量，如图10-52所示。

若采用反面缝制法，则只需考虑压脚的一半宽度，所以拉链缝缉起止点E、F的位置应与端点A、C的距离约为8mm，线段EF为拉链的缝合部位，根据工艺要求放出反面缝制的加工余量，如图10-53所示。

由前、后扇面和包底板组成的包体，拉链条完全嵌入包内，其长度与安装位置主要取决于扇面的上部长度。为了使用方便，通常拉链缝缉起止点E、F的位置与扇面上部和侧面的分界点A、C的距离为10mm左右，如图10-54所示。

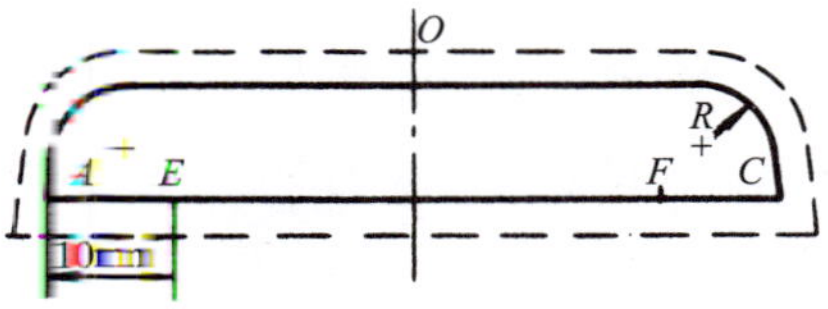

图10-52 采用正面缝制时拉链缝在拉链条上的位置图

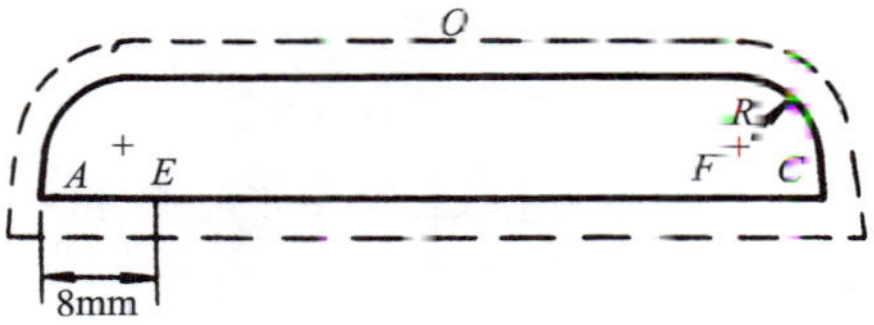

图10-53 采用反面缝制时拉链缝在拉链条上的位置图

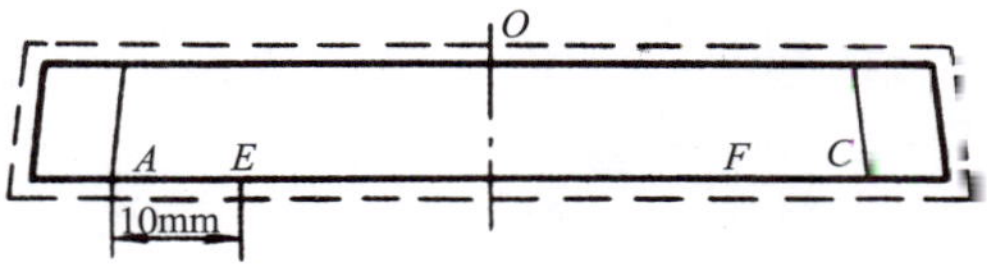

图10-54 拉链缝在拉链条上的位置图

（2）弯折呈90°的拉链条

这种拉链条适合容积稍大的包，包体侧面上宽决定了拉链条弯折部分的宽度，如图10-55所示，这种结构一般采用正面缝制法制作。

通常拉链条沿弯折线可分为垂直部分和水平部分，垂直部分的制作同前所述，而水平部分从拉链条的EF处开始制作，其宽度$W=\frac{1}{2}(W_0-a-2b)$，W为拉链条水平部分的宽度，W_0为堵头上宽，如图10-56所示。

在实际包的设计中，常把这种拉链条的垂直和水平部分分成单独的两个部件，如图10-57所示，而拉链安装在水平部分的线段$E'F'$上。

图10-55 弯折呈90°拉链条的包的效果图

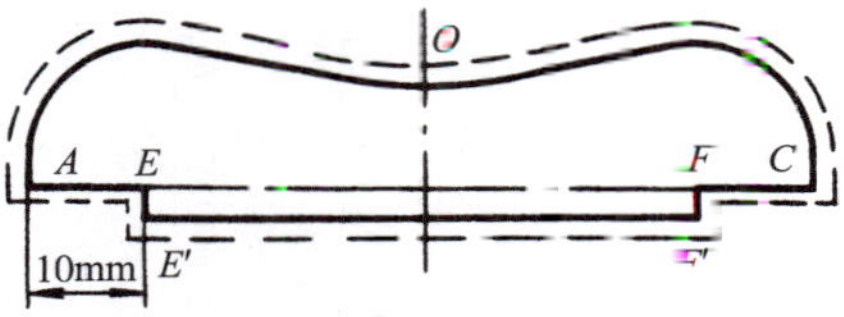

图10-56 弯折呈90°的拉链条图

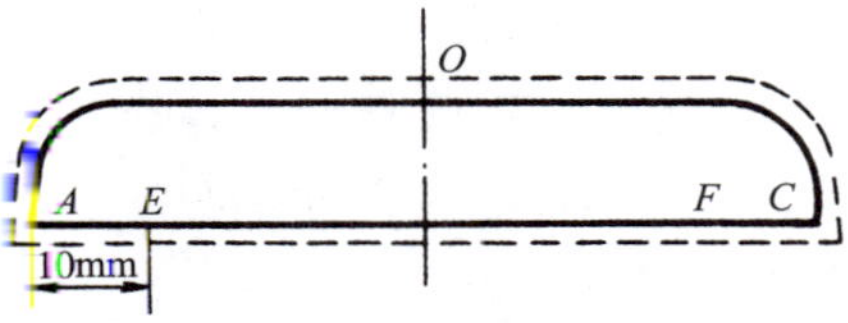

（a）拉链条的垂直部分

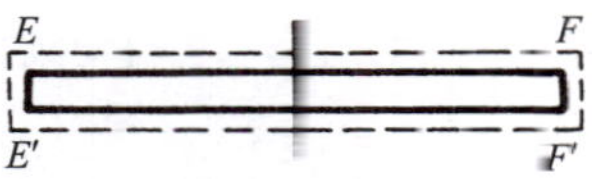

（b）拉链条的水平部分

图10-57 拉链条图

（3）与大扇连为一体的拉链条

这种结构的包采用反面缝制法，其特点是拉链条与扇面连为整体并沿扇面上口线向包内折入，整个包体无明显的线迹，表现一种细腻、清秀的艺术风格，是现代工业产品简洁性和单纯化设计的真实体现。

与大扇连为一体的拉链条部件图的制作方法如下：

①首先按照第九章内容完成包体的部件图。

②在大扇或扇面图的上口线OO'的上方，沿垂直对称轴线截取等于拉链条高度的线段交于M点。

③过M点作一条与扇面上口线平行的直线，以OO'为对称轴线，与扇面上部形状对称，确定A、C点，$AOO'C$即为与扇面连为一体的拉链条部分。在扇面两边找出相对应的点A'、C'。在制作中，拉链条部分以OO'为弯折线向包内折入，而A、C点与A'、C'点重合。

④在线段AC上作$AE=CF=8$mm，得E、F点，EF即为缝合拉链的部位和长度。

⑤根据反面缝制的工艺要求放出加工余量，如图10-58所示。

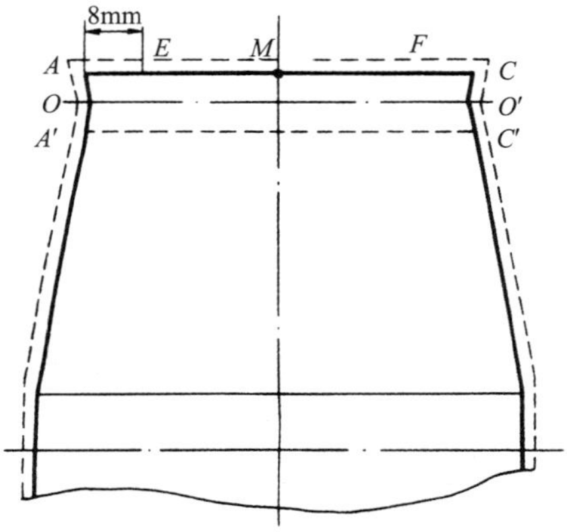

图10-58　与大扇连为一体的拉链条图

4. 缝在扇面与堵头上的拉链包

这种结构多使用在女式软质拎包和旅行包中，工艺采用反面缝制法。其特点是堵头上部呈不同曲率的凸状弧线，侧视图形状为圆弧形或锥形，堵头高度与扇面相等，如图10-59所示。

图10-59　缝在扇面与堵头上的拉链包的效果图

由于包体开口宽度的有限性和对容积的需求，堵头上部的弧线曲率可大可小。若包体容积较大，通常堵头的形状近似圆形，如旅行包，而面料多为纺织材料；若容积较小，则堵头的形状近似锥形。为了便于取放物品，堵头的高度不能太大，其样板根据侧视图作出。

随着旅行包材料的日益皮革化，锥形堵头及包体的各部件尺寸逐渐增大，不同结构及部件的形状对包体容积的影响已减弱，所以时尚旅行包常采用这种结构。

根据第九章内容，完成大扇部件图，并根据反面缝制的工艺要求放出加工余量。但需注意大扇周边长等于堵头周边长减去拉链所需要的最小距离$a+2b$。在这种结构中，一般大扇与堵头之间加有与面料颜色相近或相同的梗条，以起到支撑、定型和美化包体的作用。

为了增加包体容积，还可以增大圆弧形堵头的上部宽度。在这种情况下，包的开口部分可设计为由褶饰带连在一起的两条拉链组成，褶饰带的宽度为30mm左右。而这两条拉链既可以各自作为一个独立的部分，也可以由两个拉头组合成环形封口。

第四节 敞口与半敞口包

在不同开关方式的设计中，封口采用敞口式的包体较少。因为敞口容易遗失物品而且影响美观，不能满足人们各种用途的需要。为了增加包的使用安全性，突出开关方式的多样性，通常在敞口包的基础上，采用各种小盖、钎袢、挂钩、磁扣、拉环等装饰配件和拉链等封口，以满足包的造型和各种场合的使用需要，如图10-60所示。

敞口与半敞口包，其开口内侧常加有垫皮，以防材料反面露出而影响美观。通常垫皮的形状与扇面上部形状相同，其高度取决于包体高度和容积大小。而垫皮材料与面料颜色相同或相近，以满足包袋整体效果的协调性和一致性。

图10-60 半敞口包

第十一章

包体其他部件的设计与制图

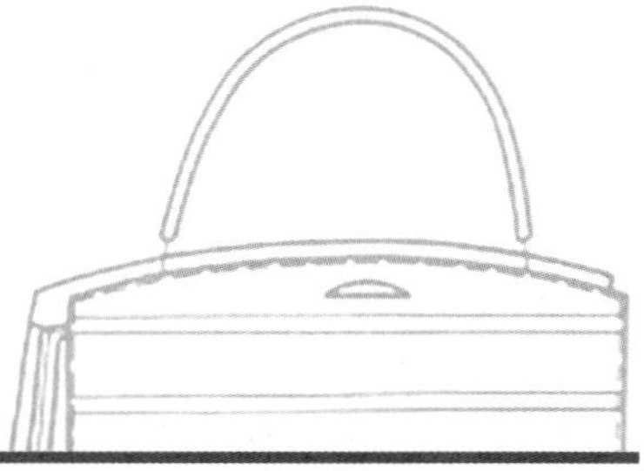

包体部件主要包括外部部件、内部部件、中间部件和其他辅助部件等。每个部件都有其自身的功能和用途，其中外部主要部件是包袋设计的关键与核心，它构成包体的整体结构。内部部件和中间部件是形成不同风格包袋的必要条件和重要保证，主要作用是装饰包体内部和支撑包体的框架结构，其形状和尺寸取决于外部主要部件的形状和尺寸；而外部次要部件是包体的辅助部件，其形状和尺寸与包体的使用方便性和装饰风格相协调，造型变化丰富多样。

第一节　包体内部部件

包体内部部件是指位于包的内部、用来装饰包体内侧的部件。其目的一方面是保护材料不受劳损，便于人们使用；另一方面可以装饰包体内部，增加包的美观。随着箱包行业的高速发展，评价一个包类产品的好坏，已不局限在对外部部件的各种要求，内部部件所选用的材料、花色、结构和制作工艺已逐步成为衡量包品质的一个重要标准。

现代许多皮具企业增设了各种辅助车间，专门设计带有本企业标志图案的里子部件和常用的一些装饰配件，在满足其使用功能的同时，扩大企业知名度，树立企业形象，通过品牌效应增加产品的附加值，所以内部部件的设计是至关重要的。

包体内部部件主要包括里子、里袋和隔扇等，下面分别介绍它们的设计与制作方法。

一、里子

里子是包体的主要内部部件，包体结构不同，里子部件的制作方法不同。通常里子可分为两类：

①单独制作的里子部件：即把里子部件单独做成一个整体，缝合后将其套在包体内，沿包的上口将里子固定。反面缝制的包多采用这种结构。

②与外部部件相似的里子部件：即把里子部件分成几个部件，其形状和尺寸与包体相对应的外部部件的形状与尺寸相似。在制作过程中，里子直接粘贴在相应的面料上，若有海绵、

纸板等中间部件，需提前固定，然后将包装配成一个整体。

这种里子一般使用在内部装饰要求平整或包体尺寸较大的包中，如旅行包、运动员用包等。在制作个别部件（如包盖、连接板、插袢、钎舌等）时，也常采用此法。这种结构多用于正面缝制的包体中。

不论采用哪种方法，里子部件图一般按面料部件的基础图制作，根据不同的工艺要求放出加工余量。若采用单独制作的里子结构，并在其中设有中间部件，则为了使包体内部贴紧，应将里子部件的轮廓线标在距离面料部件基础图内2~3mm处，然后根据包体不同的缝制方法和工艺要求，放出里子边缘的加工余量。

在绘制架子口包的里子部件图时，扇面里子的上部轮廓线应和扇面基础图轮廓线相一致，而堵头里子上部轮廓线应比堵头基础图的轮廓线高11~15mm，以保证堵头能较好地塞入口槽。

下面分别以6种包体结构为例，介绍里子的制图方法。

1. 由大扇和两个堵头组成的包体

由大扇和两个堵头组成的包，其里子的制图方法主要取决于包体的制作方法和面料边缘的加工方式。

若采用正面缝制法，包体的里子部件与相应的外部部件相似。如果大扇与堵头边缘两侧同时折边，则里子基础图和相应的面料基础图相同。如果大扇边缘单侧折边或为毛边，则大扇和堵头里子基础图的整个轮廓线比面料基础图减小1.0~1.5mm。若采用反面缝制法，包体的里子部件常设计为一个整体结构。为了使包体内部贴紧，应将里子部件的轮廓线标在距离面料部件轮廓线2~3mm处，制图过程如下：

①以大扇的基础图为依据，在延长线AA'上截取线段$AA_n=\frac{1}{2}W_p-2$mm，其中W_p为堵头样板上部宽度。

②在包底部分T点的右方截取长度为2mm的线段得T_n点。

③从T_n点向上垂直截取线段$T_nB_n=\frac{1}{2}$包底宽-2mm，得B_n点。

④在点B_n的左方与AA'线相平行截取线段$B_nB_m=T_nB_n$，连接A_n、B_m点，以OM为对称轴线作出扇面的另一半图形，再以TT'为水平对称轴线作出大扇的里子基础图，根据工艺要求放出加工余量，即得大扇的里子施工图，如图11-1所示。

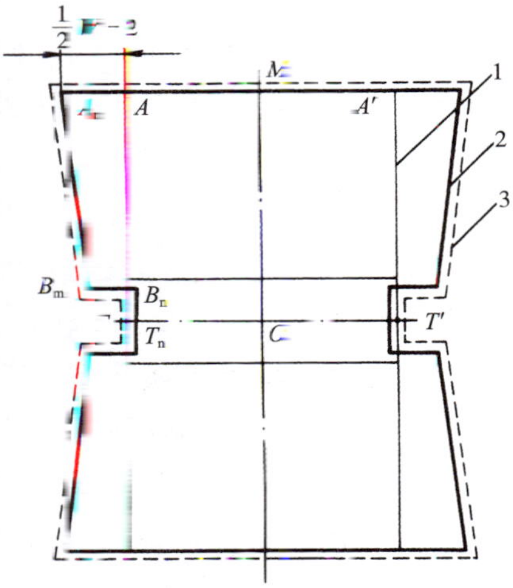

1—大扇基础图 2—里子基础图；
3—里子施工图

图11-1 由大扇和堵头组成的包袋的整体里子图

用AutoCAD绘制里子部件图。设包袋长度为30cm，高为20cm，包底宽8cm，上部宽W_p=10cm，加工余量为5mm，如图11-2（a）所示为大扇基础图，如图11-2（b）所示为其采用反面缝制法缝制的里子图，里子部件图的绘制步骤如下：

①打开【正交】，以大扇的基础图为依据，以点A为右端点，绘制长度为（W_p/2）−2mm的水平线段AA_n。

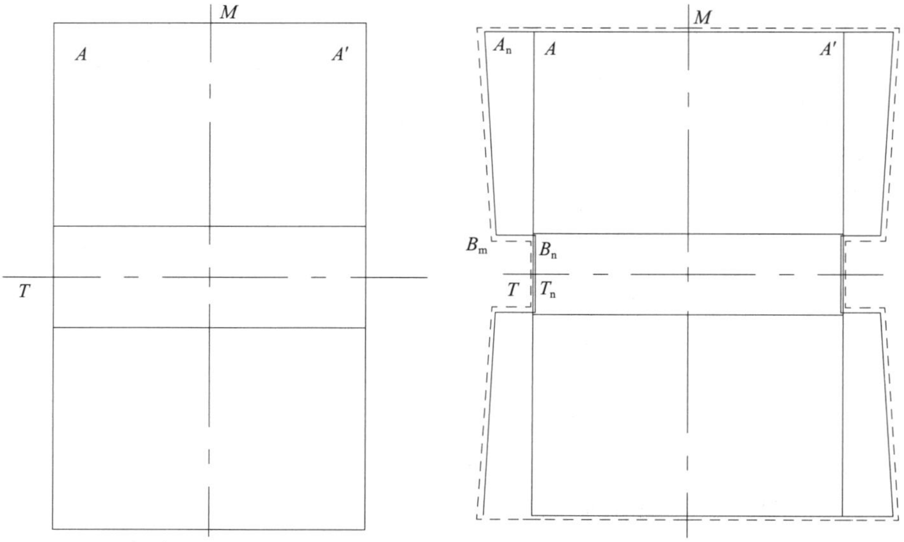

（a）大扇基础图　　　　（b）里子基础图

图11-2　大扇和堵头组成的包袋的里子制图

②在包底部分T点的右方水平截长度为2mm的线段TT_n；以T_n点为下端点，绘制长度为1/2包底宽-2mm的竖直线段T_nB_n，在以B_n为右端点绘制长度相等的水平线段B_nB_m，连接A_n、B_m两点。

③将线段B_nT_n和线段A_nB_m水平向左复制至距离5mm处，将线段B_mB_n竖直向下复制至距离5mm处，将线段A_nA向上方复制至5mm处，将它们拉伸使其两两相交，以点A复制后对应的点为左端点绘制垂直于对称轴的垂线段，并将该步骤的线型设置为虚线。

④选中以上步骤所绘制的线段以竖直对称轴作镜像，再将所有线段选中，以水平对称轴作镜像，完成里子制图。

详细绘制步骤可扫描二维码观看。

2. 由前后扇面和墙子组成的包体

由前后扇面和墙子组成的包体多采用反面缝制，它的里子一般有两种制作方法。

（1）里子设计为两部分，沿侧面和底部的中线缝合

①以扇面的基础图为依据，从点A向左方在延长线AA'上截取线段$AA_n=\frac{1}{2}W_p-2\text{mm}$，其中$W_p$为墙子样板上部宽度。

②过B_1点在水平方向截取线段$B_1B_{1n}=\frac{1}{2}W_p-2\text{mm}$。

③在B_2点、O点的下方截取墙子底部宽度的一半减去2mm的线段，得B_{2n}点、O_n点。

④连接点$A_nB_{1n}B_{2n}O_n$，并根据对称轴线作出另一部分图形，放出加工余量即得扇面里子的基础图与施工图，如图11-3所示。

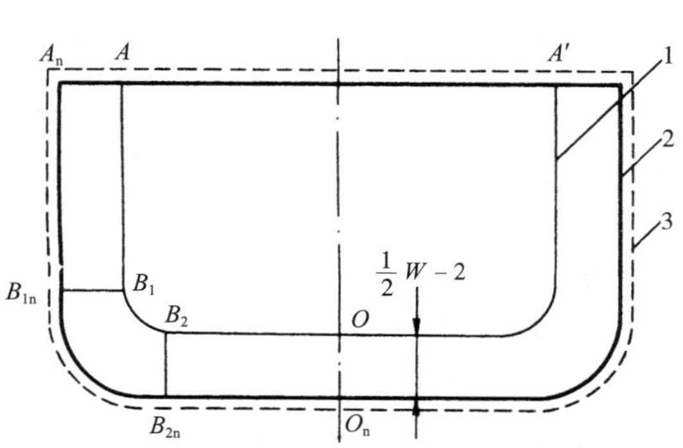

1—扇面基础图；2—里子基础图；3—里子施工图。

图11-3　由前后扇面和墙子组成的包袋的里子图

（2）里子部件与包体的外部部件相同，分为扇面里子和墙子里子

当扇面与墙子反面合缝后，毛边部分加沿条进行内包边，使包体内部平贴、整洁。而有些包的扇面与墙子正面粘合后，毛边部分加沿条进行外包边，使边缘线迹清晰、轮廓分明，体现一种精致美或粗犷美。

用AutoCAD绘制里子部件图。设包袋的墙子上下宽相等为W=12cm，加工余量为5mm，如图11-4（a）所示为扇面的基础图，如图11-4（b）所示为其对应的里子图，里子部件图的绘制步骤如下。

①打开【正交】，以扇面的基础图为依据，以点A为右端点，绘制长度为（W/2）-2cm的水平线段AA_n，以点B_1为右端点，作同样的线段B_1B_{1n}，连接点B_{1n}与点A_n。

②以点B_2为上端点，作长度与线段B_1B_{1n}长度相等的竖直线段B_2B_{2n}，将点B_{1n}与B_{2n}以圆弧连接，并过B_{2n}作与对称轴相交的水平线段。

③将线段A_nA向上复制至5mm处，线段A_nB_{1n}复制至左边5mm处，下方的水平线段复制至其下方5mm处，将点B_{1n}与B_{2n}以圆弧相连，将复制所得线段拉伸，使它们两两相交，由A点复制后对应的点作与对称轴相交的水平线段，将该步骤的所有线段的线型设置为虚线。

④将所有线段以对称轴作镜像，里子图就绘制完成了。

详细绘制步骤可扫描二维码观看。

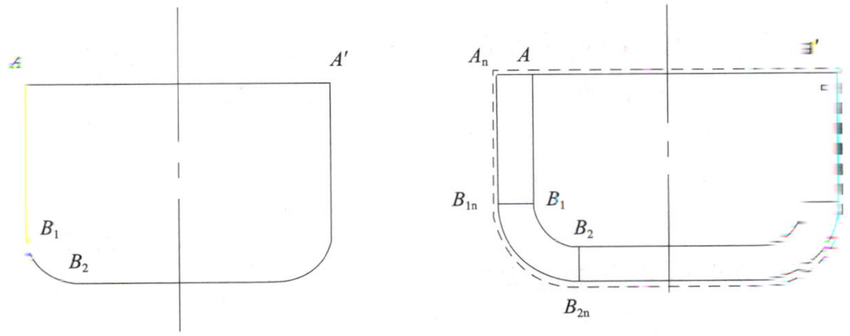

（a）扇面基础图　　（b）里子基础图

图11-4　前后扇面和墙子组成的包袋的里子制图

3. 由前后扇面和包底板组成的包体

这种结构的包体常采用反面缝制法，一般里子设计成两个部件，制作过程如下，如图11-5所示：

①以扇面的基础图为依据，从A点向里在AA'上截取线段AA_n=2mm，得A_n点。

②从点B沿对角线方向收进2mm，得B_m点。

③在扇面的下底线上截取$O_nB_n=\frac{1}{2}$包底板长-2mm，得B_n点。

④过B_n点向下截取$B_nT_n=\frac{1}{2}$包底宽-2mm，得T_n点，并连接$A_nB_mB_nT_n$。

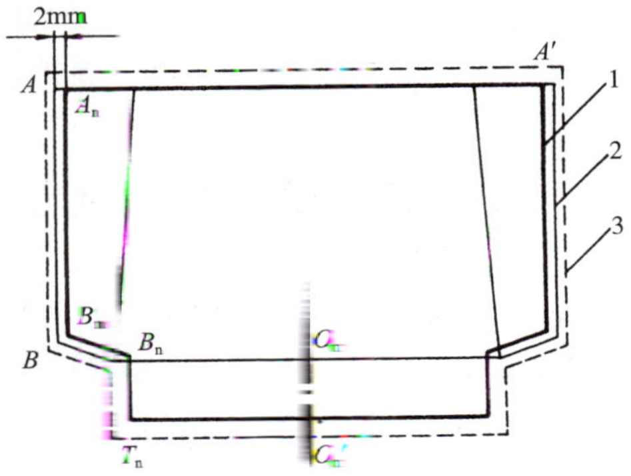

1—扇面基础图；2—里子基础图；3—里子施工图。

图11-5　由前后扇面和包底板组成的包袋里子图

⑤过T_n点作一条水平线与垂直对称轴线交于O_n'点，用相似的方法作出对称部分即得扇面的里子基础图，根据工艺要求放出加工余量。

用AutoCAD绘制里子部件图。设包袋的下底长为30cm，上底为26cm，下底宽度为8cm，开口宽度为12cm，如图11-6所示为其对应的里子图，制图过程如下：

①打开【正交】，以扇面的基础图为依据，从A点向右作长度为2mm的线段AA_n；以点B为左端点，沿对角线方向作长度为2mm的线段BB_m。

②以扇面的下底中点O_n为右端点，作长度为1/2包底长-2mm的线段O_nB_n，以点B_n为上端点作长度为1/2包底宽-2mm的线段B_nT_n。连接点A_n与点B_m，点B_m与点B_n，过点T_n作垂直于对称轴的垂线段T_nO_n'，交对称轴于点O_n'。

③将线段B_nT_n、B_mB_n、AB向左复制至5mm处，并将线段B_mB_n、B_nT_n复制所得线段向下移动5mm；将线段T_nO_n'向下复制至5mm处，线段AA_n向上复制至5mm处，并以A_n点复制后的线向对称轴作垂线段，将该步骤所得线段拉伸，使它们两两相交，并将线型设置为虚线。

④将所有线段以对称轴作镜像，从而完成里子图。

详细绘制步骤可扫描二维码观看。

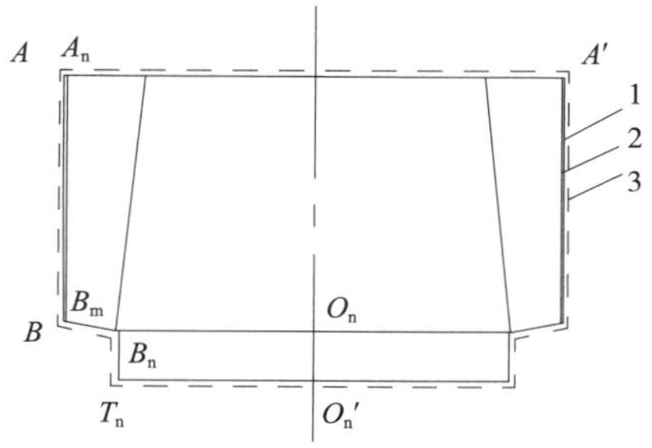

1—扇面基础图；2—里子基础图；3—里子施工图。

图11-6　前后扇面和包底板组成的包袋的里子制图

4. 由整块大扇面或前、后扇面组成的包体

这种结构的里子与外部部件相同，设计为整体大扇。里子基础图轮廓线的两侧应距包的面料基础图2~3mm，且$B_nT_n=\frac{1}{2}$包底宽-2mm，放出加工余量即得大扇里子的基础图与施工图，如图11-7所示。

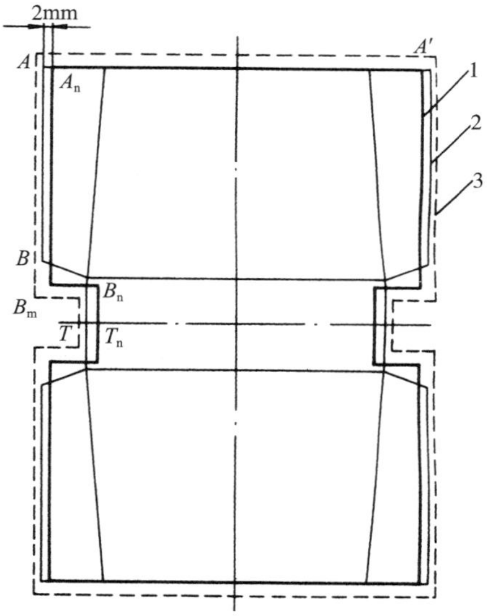

1—大扇基础图；2—里子基础图；3—里子施工图。

图11-7　由整体大扇组成的包的里子图

5. 由前、后扇面和堵头组成的包体

由前、后扇面和堵头组成的包体多采用反面缝制法，其里子可以设计为一个整体部件，也可以与外部部件相似，但扇面的里子基础图需在其面料基础图的周边向内收2~3mm。若包体底部宽度较大，则在扇面的里子基础图中加上包底宽度的一半减去2~3mm即可。

6. 由前后扇面、两个堵头和包底板组成的包体

这种结构的包体常采用正面缝制法，而且部件边缘两侧同时折边缉缝。扇面、堵头和包底板的里子基础图与面料相同，根据工艺要求放出折边余量即得里子的施工图。若包体的上口边缘有垫皮，则扇面的里子基础图应除去垫皮部分。在制作中，里子部件与垫皮反面合缝，再与外部部件缉缝固定。

二、里袋（内袋）

袋子是箱包设计中较重要的部件，根据袋口的不同位置即在包的里面或外面，可分为外袋和里袋。外袋属于次要外部部件，而里袋属于内部部件，但它们的结构特点和制作方法是相同的。

根据袋子的结构特点，可分为以下4类：

①贴袋　只有一面袋扇，贴在包体表面或里子表面的袋，如图11-8（a）所示。

②挖袋　在包体或里子上挖口制作的袋，如图11-8（b）所示。

③悬袋　有两面袋扇，且上口固定在包体表面或里子表面的袋，如图11-8（c）所示。

④墙子袋：有袋扇面和墙子，周边固定在包体表面或里子表面的袋，如图11-8（d）所示。

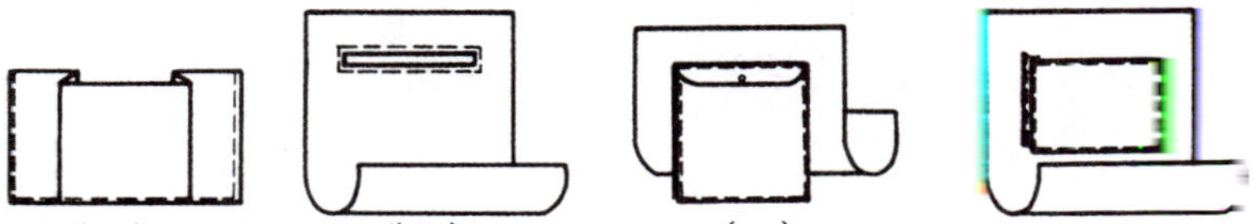

图11-8　各种袋子

不同结构的包体，可以采用各种袋子。但在里袋的设计中，主要强调它的使用方便性，对于里子与外部部件用胶水贴紧在一起的硬结构包，有些袋子（如挖袋）就不适宜使用，因为包的后扇面较硬，取放物品不方便，而且过硬的物品使包面凸出影响美观，还容易造成皮面损伤。里袋的面料有许多选择，但是一般多使用纺织材料。

在外袋设计中，主要突出包的风格、强调其装饰性，所以在软质休闲包中，多采用立体式外袋如墙子袋、悬袋和有褶子或堵头的贴袋，使用的材料与面料相同。而在硬质女式背包、男式公事包或夹包中，多使用各种形式，如单嵌线或双嵌线的挖袋。在制作中，袋子可以设计成一个整体部件，也可以由两个或多个部件组成。质优价高的包，其袋口边缘一般用包的面料滚边。而普通包一般在袋子上口折边，使用拉链或盖子封口，有些直接采用毛边的形式。通常硬质袋需使用厚纸或纸板等中间部件，以起到定型和支撑袋体的作用。

1. 袋子的规格

袋子的规格主要指其长度和高度的尺寸，在设计中袋子的长度和高度应与包面尺寸成一定比例，并与袋子所装物品的尺寸相一致。通常情况下，中型和小型女包的各种贴袋的尺寸为：120mm×70mm，140mm×80mm，160mm×90mm；大型女包和旅行包的各种贴袋的尺寸为：180mm×100mm，200mm×110mm，230mm×150mm。

2. 不同结构的袋子制图

（1）贴袋

贴袋在袋类中所占比例较大，其特点是由一面袋扇构成，根据袋扇的不同结构分为长方形扁平贴袋、有褶堵头的贴袋、帷幔式活褶的贴袋以及堵头和袋底连为一体的贴袋。

①长方形的扁平贴袋：长方形的扁平贴袋结构较简单，其规格由包的尺寸、所盛物品的大小和袋子所处的位置决定。通常袋子可作成一个整体结构，制图过程如下，如图11-9所示：

a. 作一条垂直对称轴线，截取线段$AB=2H$，H为成品袋的高度。

b. 过A、B点作两条垂直对称轴线的平行线，作$AC=AD=\frac{1}{2}L$，$BE=BF=\frac{1}{2}L$，L为成品袋的长度。

c. 用直线连接CE、FD即得长方形扁平袋的基础图，根据工艺要求放出加工余量。

②带褶堵头的贴袋：这类袋子一般用在包的里面，既可以设计成一个单袋，也可以几个袋子连在一起，袋子的各段之间相互紧密连接，且每段袋子的距离可以不同。其制图关键是袋子长度、宽度和袋褶深度的确定。制作过程如下，如图11−10所示：

a. 作一条垂直对称轴线，截取线段$AB=2H$，H为成品袋的高度。

b. 过A、B点作两条垂直对称轴线的平行线，作$AC=AD=\frac{1}{2}L+d$，$BE=BF=\frac{1}{2}L+d$，L为成品袋的长度，d为袋褶宽度。

c. 用直线连接CE、FD即得贴袋的基础图，袋褶位于袋子的两侧边，$CC'=EE'$=8~10mm，其中CC'为袋边至褶子的距离，根据工艺要求放出加工余量。

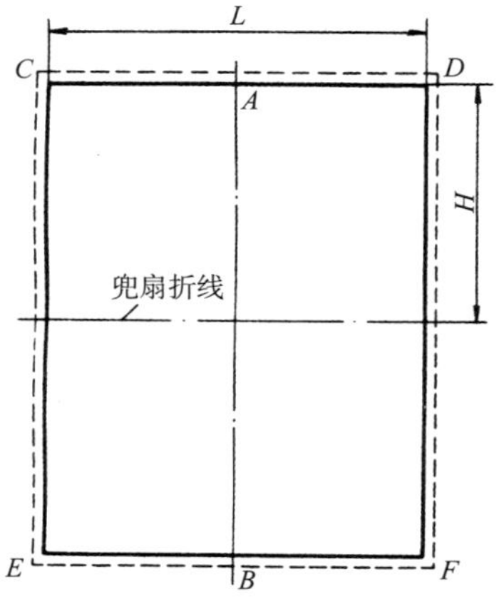

图11−9 长方形的扁平贴袋图

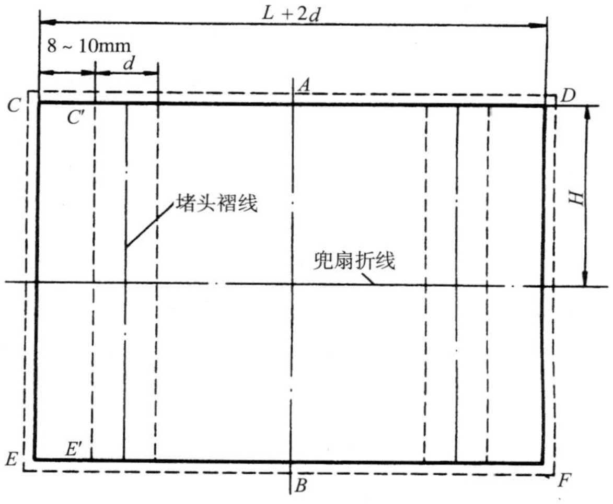

图11−10 带褶堵头的贴袋图

③帷幔式活褶的贴袋：这是一种软袋，常设在包的内部，袋子上部用缝纫机在褶缝处缝一根松紧带。固定这种袋子的扇面应为较硬的材料，否则松紧带就不能很好固定。一般用一根松紧带即可，有时也并列缝两根松紧带以增加褶子的丰富性。制图过程如下，如图11−11所示：

a. 作一条垂直对称轴线，截取线段$AB=H$，H为成品袋的高度。

b. 过A、B点作两条垂直对称轴线的平行线，作$AC=AD=\frac{1}{2}(L+T)$，$BE=BF=\frac{1}{2}(L+T)$，T为打帷幔活褶的余量。余量的大小取决于褶子的多少，一般约为整个成品袋子长度的$\frac{3}{4}$。

c. 用直线连接CE、DF即得贴袋的基础图。在绘制施工图时，应加上穿松紧带的褶缝和打活褶所需的余量，一般为20~25mm，根据工艺要求放出相应的加工余量，如图11−11所示。

④堵头和袋底连为整体的贴袋：这类袋子一般设在包体外面，采用与面料相同的材料制成。但在有些加有软质中间部件的功能包，如相机包的内部也较常见。其制图关键是袋子的长度、高度、袋底和堵头宽度的确定。制图过程如下，如图11−12所示：

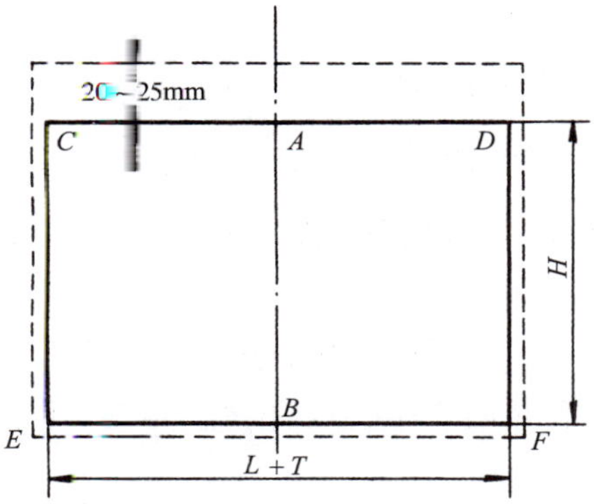

图11-11　帷幔式活褶的贴袋图

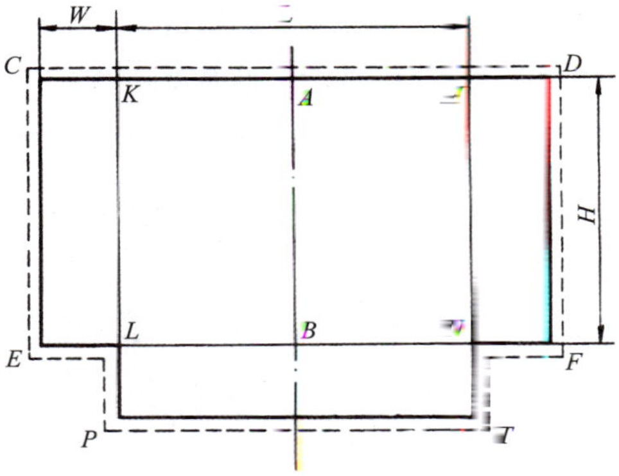

图11-12　堵头和袋底连为整体的贴袋图

a. 作一条垂直对称轴线，截取线段$AB=H$，H为成品袋的高度。

b. 过A、B点作两条垂直对称轴线的平行线，作$AK=BL=\frac{1}{2}L$，得K、L点。

c. 过K、L点作$KC=LE=W$，得C、E点并连接，其中W为堵头宽度。

d. 过L点向下截取$LP=W$，得P点。

e. 以垂直轴线为对称轴，作出相应的图形并加放余量即得贴袋的基础图与加工图。

（2）挖袋

常见的挖袋有单嵌线、双嵌线和普通挖袋，这类袋子既可做内袋也可作外袋，无论是内挖袋或外挖袋，其位置都在包的扇面与里子之间。

若包体采用挖袋，则包的里子不应贴死在扇面上，或将包设计为软质结构。袋口可用袋盖、拉锁来封闭，也可做成敞口袋。

挖袋可用整块材料制成，也可以用两个或数个部件制成。

挖袋制图的基本尺寸是袋子的长度与高度，其长度等于挖口长度加上袋子两侧的缉线余量，一般为15～20mm，而高度与袋深和挖口宽有关。挖袋嵌线长与袋子样板口长度相同，其宽度取决于挖口宽。制图方法如下，如图11-13所示：

作长方形$ABCD$，$AD=BC=L+2t$，L为挖口长度，t为缉线余量；$AB=DC=2H+W$，H为袋子深度，W为切口宽度，放出加工余量即为挖袋图。

（3）悬袋

悬袋由两面袋扇组成，常用在旅行包或休闲包的表面，表现一种自然、豁达的艺术风格。袋扇可做成整体，也可以由两部分组成。其制图方法与长方形贴袋相似，这里不再详述。

（4）墙子袋

墙子袋由一个袋扇和墙子构成，多使用在休闲包和旅行包的表面，有些包的墙子袋在扇面和侧面并列和重复使用，突出一种粗犷的艺术风格。制图方法如下：

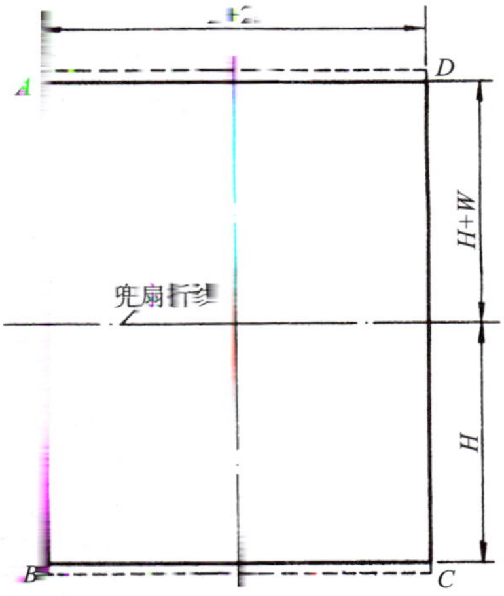

图11-13　挖袋图

①袋扇图：

a. 作一条垂直对称轴线，截取线段$AB=H$，H为成品袋的高度。

b. 过A、B点作两条垂直对称轴线的平行线，作$AC=BE=\frac{1}{2}L$，得C、E点。

c. 以垂直轴线为对称轴，作出相应的另一半图形并加放余量，即为袋扇的施工图，如图11−14所示。

②墙子图：墙子是一个长方形，其长度根据袋扇的周边长度确定，宽度等于袋子成品宽，其样板如图11−15所示。若袋扇的两个拐角为直角，则在墙子的对应部位需作切口，便于墙子袋成型后棱角分明、清晰。

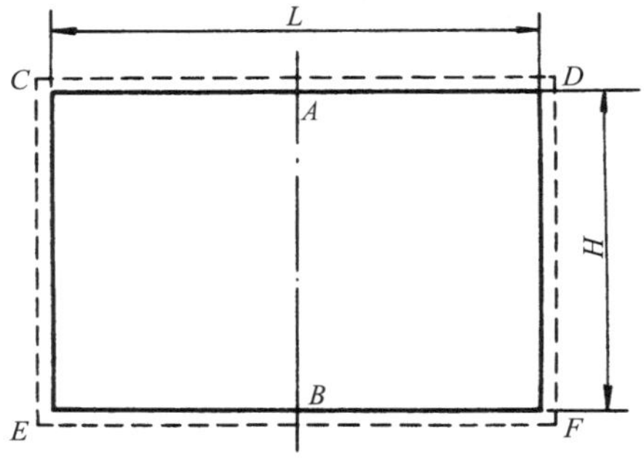

图11−14　袋扇图

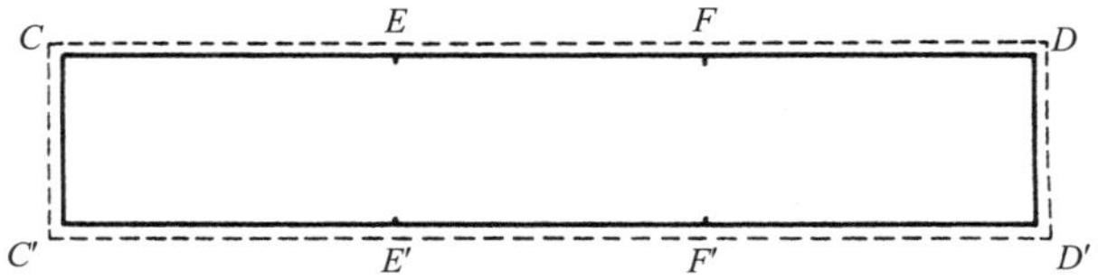

图11−15　墙子图

三、隔扇

隔扇主要用于多褶墙子或多褶堵头的包体中，其作用是将包的内腔分成独立的几个隔段，以便于盛装物品和文件等。隔扇的设计主要包括衬垫和里子的设计，衬垫材料一般采用纸板或厚纸，有的隔扇周边还加有隔扇沿条。

隔扇的衬垫图一般为长方形，它的轮廓线比扇面的基础图小约5mm。这种隔扇的里子常设计为整体结构，其长度等于隔扇的长度L，高度等于$2H$+2mm，H为隔扇高，2mm为纸板的厚度或包裹纸板时所需的弯折余量。

对于扇面形状呈圆弧形的包体，则隔扇衬垫图的形状与扇面相似，周边尺寸应向包内收5mm左右。这种隔扇的里子一般由两部分组成，其形状与隔扇衬垫图相同，放出加工余量即得隔扇的里子图。

包袋的里子、内袋、隔扇构成包袋的内部结构。典型的女包内部结构如图11−16所示，男包的内部结构如图11−17所示。

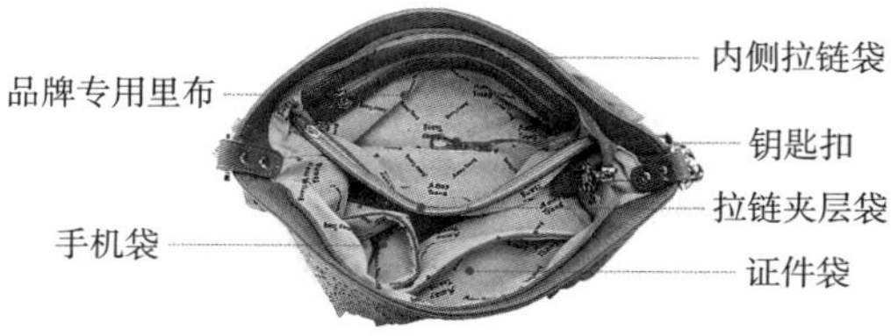

图11−16　女包的内部结构

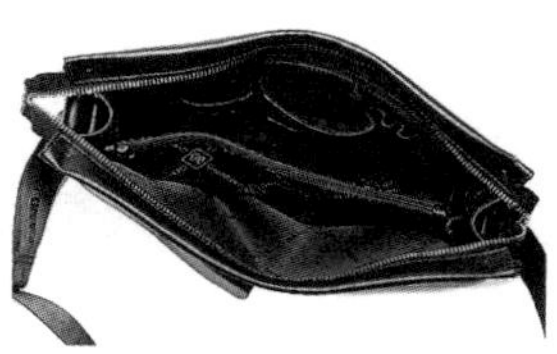

图11−17　男包的内部结构

第二节　包体中间部件

包体的中间部件是指位于外部部件和内部部件之间的部件。根据材料和用途的不同，中间部件可分为两类。

一、硬质中间部件

硬质中间部件是指用硬纸板、塑料和厚纸等制成的部件，其作用是增加主体的挺度和牢固性，突出包体的流线型和单纯化设计，体现一种现代感和时尚感。

无论男包、女包还是日常用包和节日用包等，都可以加硬质中间部件。根据硬质中间部件使用部位的不同，可分为硬结构包和半硬结构包。硬结构包是指包体的主要部件全部用硬质中间部件加固，有些次要部件如提把、插袢等也使用硬衬垫。半硬结构包是指部分的主要部件用硬质中间部件加固，如有些包的扇面和包底加有硬质中间部件，而堵头部分不加。

在硬质中间部件的设计中，样板轮廓线一般与包的面料基础图相一致。但需考虑扇面、堵头或墙子中加有硬质中间部件部分的形状与面积。如有些包只在堵头的两侧加有纸板而中间部分为软褶，这时堵头的纸板衬垫图只需与硬质部分的形状相同即可。

用整体大扇或大扇和两个堵头制作的包，包盖和大扇的纸板衬垫可以设计成整体下料，但弯折处需稍薄或开口子，如图11−18所示。由于大扇衬垫从整个包体的内部穿过，长度方向应比外部部件略小l值。设k为外部部件与衬垫弯曲半径之差，一般为2~4mm，则$l=2\times\frac{\pi(R_2-R_1)}{2}=\pi k=6\sim14\text{mm}$，所以衬垫部件应比包体外部部件纵向线小6~14mm。这种结构的包，成型后底部拐角呈圆弧形。

若包的底部拐角处棱角分明，则大扇的硬质中间部件常分成扇面衬和包底衬。扇面衬以大扇的基础图为依据制作，包底衬的长度与扇面下底长相同，而宽度小于包底宽3mm左右，如图11−19所示。

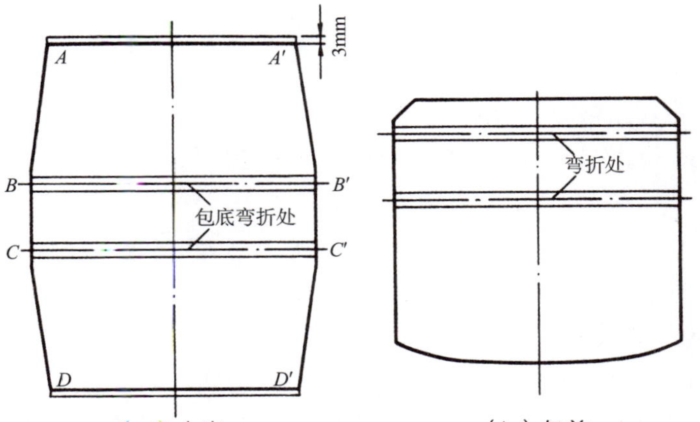

（a）大扇　　（b）包盖

图11−18　大扇和包盖的纸板衬垫图

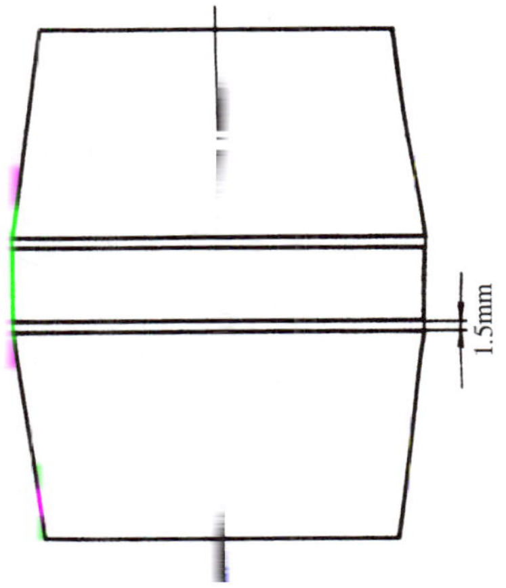

图11−19　扇面和包底的纸板衬垫图

若包体边缘加有堵头条，为了减少边缘厚度，满足工艺制作的需要，大扇衬的轮廓线一般小于面料基础图2mm左右，而堵头衬小于面料的基础图约5mm，且对于较厚的纸板需片压茬，压茬量为6~8mm。

对于高频焊接包的硬质中间部件，其衬垫图的轮廓线应小于包的面料轮廓线约1.5~2.0mm。

二、软质中间部件

软质中间部件是指用海绵、棉花、无纺布、厚绒布等制成的部件，其作用是充填包的结构，使包体主要部件或次要部件的表面隆起，体现一种丰满、柔和的视觉效果。软质中间部件既可用于硬结构包，也可用于软结构包。

在软质中间部件的设计中，其样板的轮廓线应小于面料的基础图约2mm。若包体部件既使用硬衬垫，也使用软质中间部件，则它们的轮廓线应小于硬衬垫1.0~1.5mm。

第三节　包体外部次要部件

外部次要部件是指那些不构成包体，而起次要作用的部件。主要包括提把、把托、钎舌、钎袢、小盖和各种装饰部件等。每个次要部件均有其自身的功能和用途，而且这类部件种类繁多，形式自由。

外部次要部件在种类、形状和尺寸上的不断推陈出新，构成了皮件产品装饰风格的变化，在很大程度上丰富了包类产品。而且随着新工艺和新材料的高速发展，产品的时效性和经济性日益要求零部件实行通用化，各种金属把、塑料把和各类把托，钎舌、钎袢等成形的零部件纷纷涌现。通用化次要部件的使用，既可以增加和丰富包袋品种，也可以提高劳动生产率，产生可观的经济效益。但用皮革等面料制成的手把、把托等次要部件，在实际包体设计中也占据着较大的比例。下面分别介绍用包的面料制成的各式手把、钎舌的设计与制作方法。

一、手把

手把包括用包的面料做成的手把、金属把、木把、塑料把和链条把等。其中金属把、木把、塑料把和链条把常为成型把，属于配件类，这里主要介绍用面料制作的手把。

（一）手把的规格

手把的规格主要是指其长度和宽度的尺寸。在设计与制作中，首先需确定手把的基本尺寸即把长L和把宽W。手把的长度一般与把托之间的距离和手的宽度有关，通常短手把长为110、130、150mm；普通手把长为350、400、450、500mm；背带手把长为600、700、800、900mm。而手把宽度与手握时的弯曲程度有关，通常窄手把宽为16、18mm；普通手把宽为20、25mm；而其他几何图形花手把的长度为80~200mm，把高为60、95、110、130mm。

各式手把的尺寸标注因其形状的不同而不同。如长方形手把需标明其长度、宽度和高度；

梯形手把需标出上底和下底的长度、宽度和高度；而椭圆形手把应标明长度、高度、圆弧半径和宽度等。

（二）手把的分类

手把的分类方法很多，通常根据手把的形状不同可分为4类：

①普通手把：由一部分或两部分把面构成的手把，如图11-20（a）所示。

②背带式手把：包括由两部分组成的活动背带把和可以装卸的两用背带把，如图11-20（b）所示。

③花式手把：有椭圆形、梯形等几何形手把，其中包括与扇面一起下料的整体式手把，如图11-20（c）所示。

④绳式手把：是指穿在提包上口的孔眼或圆环中的抽口手把，如图11-20（d）所示。

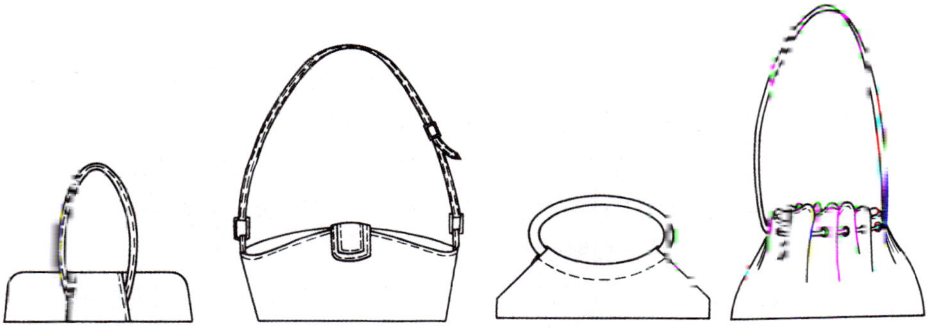

图11-20　各式手把

除此之外，根据中间部件的有无，手把还可分为扁平手把和立体手把；根据中间部件的材质不同，可分为软式手把、半硬式手把和硬式手把。花式手把多为硬式手把，而绳式手把为软式手把。

（三）各式手把的制图

1. 普通手把和背带手把

先确定各式手把的成品尺寸，然后进行样板制作。

普通手把和背带手把的展开图形呈长方形，其宽度取决于手把的制作方法，而其长度等于成品手把的长度加上工艺加工余量，且加工余量的大小与其连接方式和固定方法有关。

若由一个部件构成的手把，其样板宽度等于手把宽度的两倍，加上折边余量约8mm或线迹余量约3mm。

若由两个部件即手把的面料和里料构成，其样板的宽度等于成品手把的宽度或手把宽度加上两倍的折边余量。当手把单面朝里弯折时，手把里子的样板宽度应比成品手把的面料宽度每边各小1mm左右。

若手把与圆环连接，将手把穿进圆环后弯折采用线缝或铆接工艺固定。用这种方法制作的手把样板，其长度等于成品把长加上两端加工余量约25mm，端头为长方形或略呈倾斜状，其

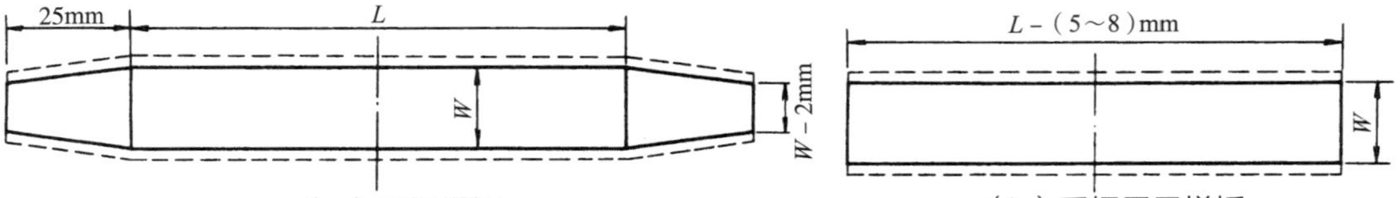

（a）手把样板　　（b）手把里子样板

图11-21　借助圆环固定的手把图

宽度以圆环直径为依据。而里子各边应比手把短5～8mm，如图11-21所示。

若在两端装有插头，则连接时手把可以直接插入插套中，其样板长度等于成品把长，不需再加放余量。

伸缩式活动背带手把是由两个背带通过带扣或方圈暂时固定而成，其优点是可以满足不同消费者的需要。这种背带手把的样板长度等于成品手把长加上两背带重合部分的长度及所需的加工余量，而其宽度是由带扣或方圈的宽度决定。

2. 立体式手把

立体式手把的主要作用是手感好，其造型与人体手握时的弯曲形状相吻合。通常在立体手把的中间加有海绵等衬垫，以增加其舒适性；同时加有纸板等硬质部件，以增加其刚性和牢固性。

制作立体手把时，手把面料样板的宽度应根据手把衬垫的厚度和形状适当加宽。如图11-22所示的立体手把，其面料样板宽度应等于$W+2t+2T$，其中W为手把宽度，t为手把衬垫厚度，T为折边余量，而里子样板宽度为$W+2T$。

如图11-23所示的立体手把，其面料包覆在半圆形的立体衬垫上，此时衬垫的弯曲余量为

$$\frac{\pi}{2}d-d=0.6d \qquad (11-1)$$

式中　d——衬垫直径。

所以对于衬有塑料绳或棉绳的立体式手把，其面料样板宽度为$W+0.6d$。而长度与把托的连接方式有关，通常等于成品手把长加上边缘的加工余量约25mm。

3. 花式手把

花式手把在包袋产品中使用较多，它不仅造型新颖、美观，而且使用舒适、方便。其样板根据设计好的效果图进行绘制，为了便于制图，这种手把常绘在规定尺寸的长方形内，根据把长、把高、把宽和圆弧半径等尺寸制图，并放出相应的加工余量即可，如图11-24所示。

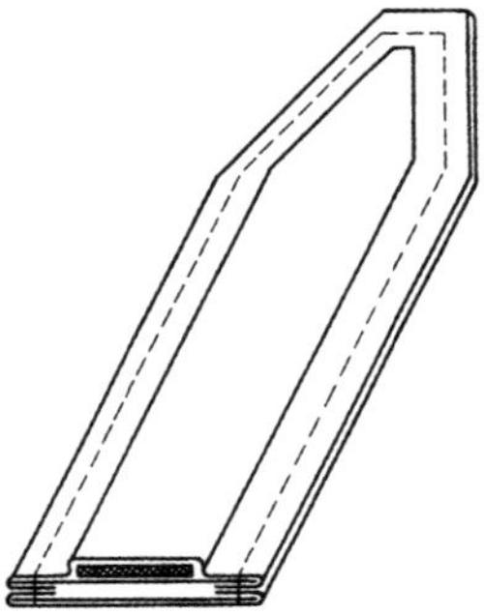

图11-22　中间加有长方形把芯的立体式手把

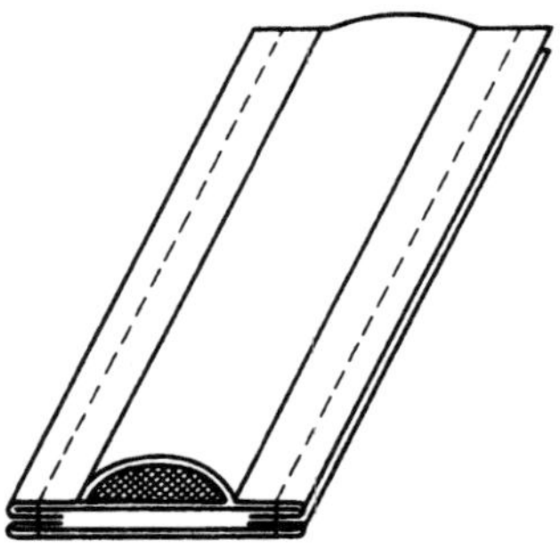

图11-23　中间加有绳状把芯的立体式手把

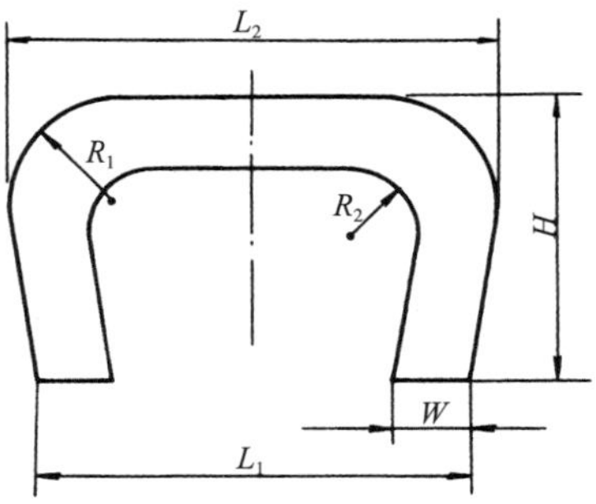

图11-24　花式手把图

花式手把的衬垫用硬纸板、塑料或海绵等材料做成，其衬垫图按一般中间部件的设计原理绘制。

二、钎舌

钎舌是插入带扣内、用来封口或关闭袋子的外部次要部件。在盖包和拉锁包中较常使用，有时半敞口包也利用钎舌封口，既防止物品遗失，也可以起到装饰作用。

钎舌一般固定在包的后扇面上，而用包盖关闭的提包，钎舌则缝合在包盖上。钎舌的形状由设计师根据包的造型、风格、用途、结构和开关方式进行设计。钎舌制图如图11-25所示。

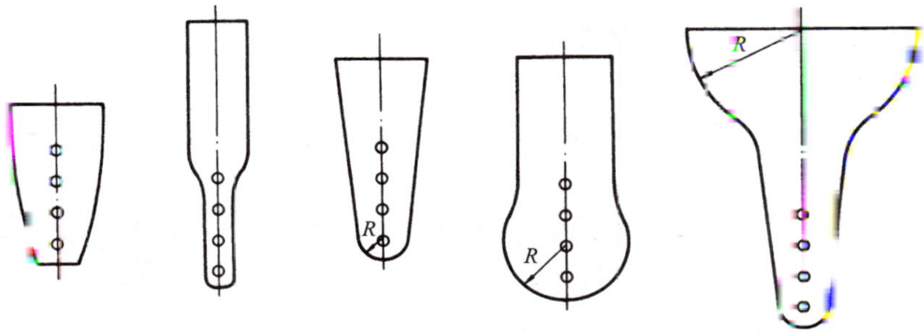

图11-25 钎舌图

第四节 包袋部件制图程序

在前面几章内容中，对于不同结构的包体部件制图，已经做了非常详细的分步论述，那么，对于某一具体结构的包体来讲，它所包含的部件数量很多，如外部部件、中间部件、内部部件，这些部件之间该如何进行配合呢？也就是说，对于一个具体结构的包体，从设计图定稿以后，确定好它的各部尺寸，然后开始进行所有部件的平面制图，这其中的工作有哪些？各个部件的基础图、施工图和下料样板该如何进行绘制和制作，它们之间如何进行配合才能保证包整体结构的平衡合理？这是以下要讨论的问题。

一、由大扇和带堵头条的堵头构成的包袋制图

按照箱包设计程序，首先制作该结构包体的技术说明书，然后再进行结构制图。

施工投影图如图11-26所示。

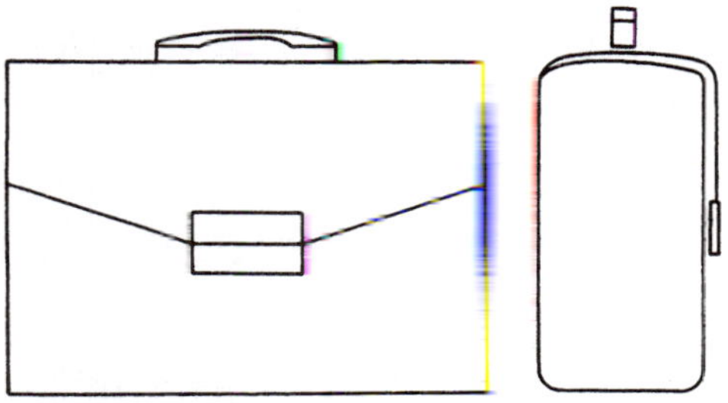

图11-26 施工投影图

1. 技术说明书

开关方式：带盖式。

部件：

①外部主要部件：大扇1个、包盖1个、堵头2个、堵头条2个。

②外部次要部件：把手1个、把托2个、背带1个、背带鼻2个。

③内部部件：盖里1个、堵头里子2个、大扇里子1个。

④中间部件：堵头衬2个、大扇衬1个。

材料：

①所有外部部件：牛皮革。

②里子：羽纱。

③衬垫：纸板。

制作方法：线缝法，正面缝制，毛边切边染色。

尺寸：长度260mm、高度230mm、宽度70mm。

配件：半圆环、背带扣、插锁、金属标牌。

美术装饰与颜色：白色明线、黑色。

2. 部件制图

在这种结构的包体中，堵头部件是决定包体外形的关键部件，因此，首先绘制堵头部件图。

（1）堵头部件图

绘制前，应先明确以下问题，即堵头的主体形状是长方形，为了便于堵头条与堵头的连接，将堵头的下部拐角设计成圆角，堵头的上部为了能够与包盖更好地贴合，加设一凸起的半圆弧，以保证包体侧部的闭合性。绘制步骤如下：

先作一长方形$ABCD$，使AB边与CD边等于堵头的高度230mm，AD和BC边等于堵头的宽度70mm，然后将A点和D点所在的两拐角修正成半径为5mm的圆角，以直线BC为基础向上20mm作BC线的平行线，该线与中轴线的交点为E点，用弧线连接B、E、C三点，形成BEC弧线。从而完成堵头的基础图绘制，如图11-27所示。

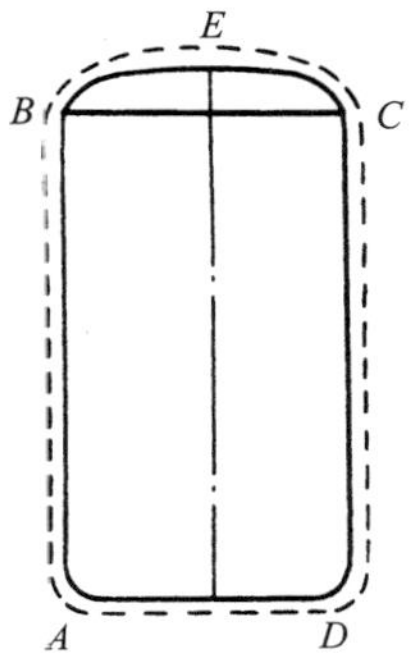

图11-27　堵头图

绘制堵头的施工图时，在基础图的侧面和下面部分加放加工余量4mm，在BEC弧线上加放10mm的加工余量即可。

（2）堵头条图

堵头条用于连接堵头和扇面，一边采用反面缝制法缝制，另一边可采用正面缝制法缝制。堵头条的长度等于堵头B点经过A点、D点到C点之间所有直线和曲线长度的总和，因此首先计算下部两个拐角处半径为5mm的圆弧长度，然后再加上剩余直线的长度即可。堵头条的宽度一般在12~20mm变化，本款选用16mm。按堵头条的长度和宽度值绘出一个长方形，就完成了基础图的制作，然后在长度方向上一边加放8mm加工余量，另一边加放4mm加工余量，即完成堵头条的施工图制作。沿宽度方向不加放加工余量，堵头条上部在制作时采用毛边染色的方式装饰，如图11-28所示。

（3）扇面制图

如果扇面投影图为长方形，那么大扇的总长度与堵头条的长度相等，宽度为包投影图上的长度值260mm，做长方形即可得到大扇的基础图，如果扇面为梯形造型，需要在图上标出前后扇面和包底所在的位置，从扇面到包底转折线的起始点即是与堵头下部拐角弧线中点相对应的位置，如图11-29所示。

图11-28　堵头条图

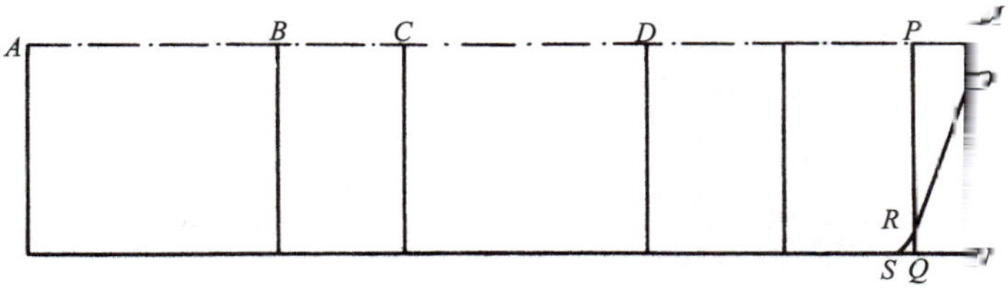

图11-29　大扇图

由于是正面缝制法制包，所以大扇与堵头条缝合的一边可以不加放加工余量，只是在包口部位加放10mm的折边余量即可，如果做单折边处理，可在四边加放折边余量10mm。

如果包盖直接从后扇延伸出来，绘图时只需在后扇部位直接绘出。包盖包括两部分，一部分是遮盖上口部分取50mm，另一部分是延伸到前扇面的部分，按投影图上的标注尺寸制作。先画出包盖的总长，作与横轴平行的直线*MN*，与纵轴线相交得交点*O*，在*MN*线上*O*点的两边各取20mm，得点*E*、*F*，*EF*为中间上包锁的位置，从*MN*线向下20mm作直线*PQ*，取*QR*、*QS*线段长都为7mm，连接*E*、*R*两点，并以*R*、*S*两点作半径为7mm的圆弧，与*ER*顺接。完成包盖的基础图制图。加放量随扇面而定，如图11-29所示。如果采用单独包盖，那么，利用单独包盖制图法独立制作即可完成。

（4）包盖里子制图

包盖里子制图如图11-30所示，在距后扇面上口直线25mm处向扇面方向作平行直线*DH*，为包盖里下部起始线，其余同包盖的绘图，也就是说让包盖里面料有25mm延伸进扇面里料，能够很好地起到装饰美化的作用。

（5）大扇里子制图

大扇里子依据大扇扣除包盖里部分后剩下的轮廓进行制图，与包盖里处留10mm的缝合余量，其余三边从大扇基础图轮廓线往里收缩2mm即为大扇里子的基础图，不需要加放加工余量，如图11-31所示。

（6）堵头里子制图

作堵头里子图时要考虑堵头条的宽度，在堵头*ABCD*上，从*B*点开始在*A*、*D*、*C*加放堵头

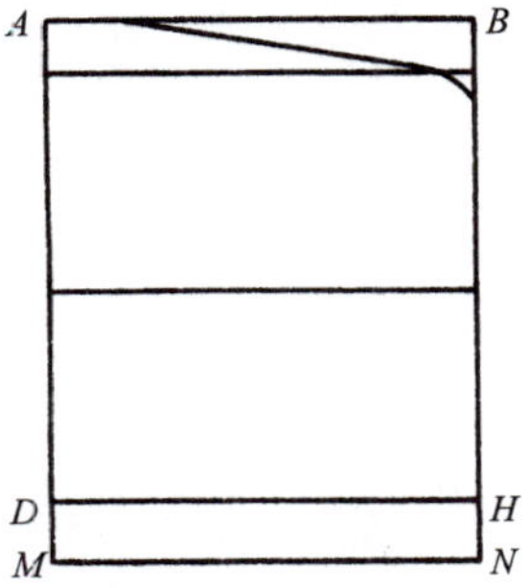

图11-30　包盖里子图

图11-31　大扇里子图

条宽度，由于考虑到堵头与堵头条之间的接缝问题，所以为了堵头里料与面料更好地贴合，里料的宽度在堵头条的基础上减去2mm，即为16−2=14（mm），如图11−32所示。

（7）堵头衬制图

堵头衬的制图是依据相应的堵头部件轮廓为基础的，具体做法是在堵头部件的基础图轮廓内5mm处，作其下部和侧部的平行线，与上部弧线一起构成堵头衬的轮廓线而完成制图，如图11−33所示。

（8）大扇衬的制图

在大扇基础图轮廓线内2~3mm处，作各轮廓线的平行线，即得大扇衬里的轮廓图，如图11−34所示。

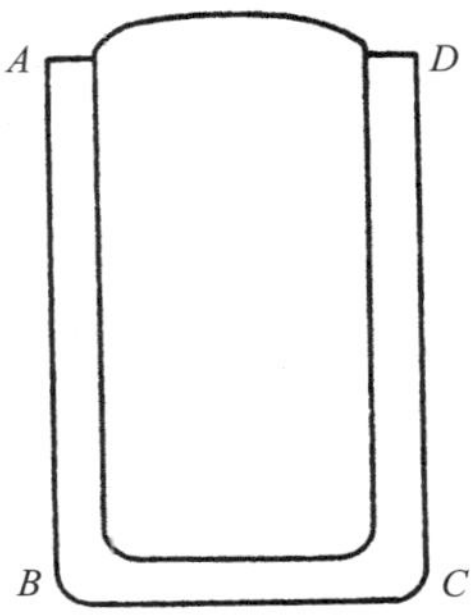

图11−32 堵头里子图

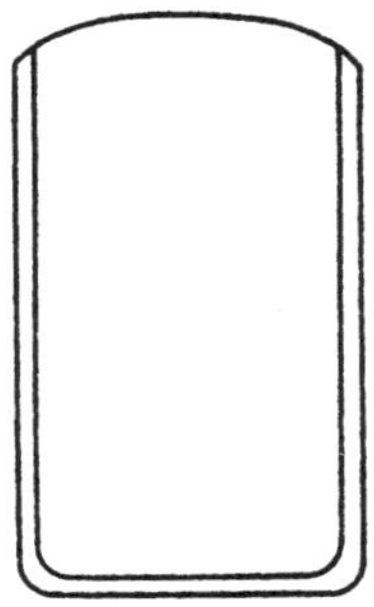

图11−33 堵头衬图

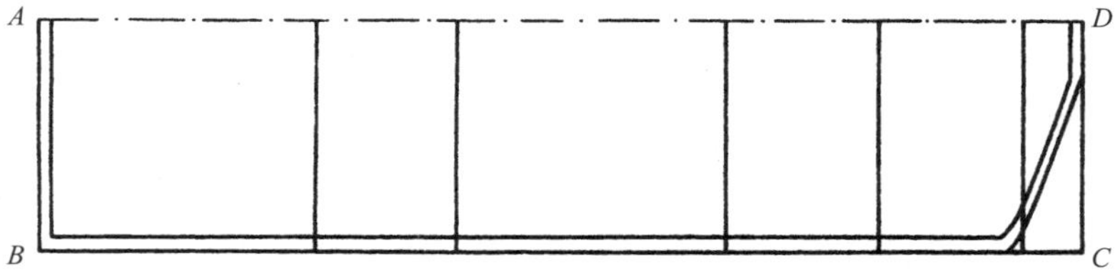

图11−34 大扇衬图

二、由扇面、堵头和包底板构成的公事包制图

1. 技术说明书

开关方式：带盖式。

部件：

①外部主要部件：前扇面1个、后扇面1个、堵头2个、包底1个、包盖1个。

②外部次要部件：把手1个。

③内部部件：扇面里子2个、堵头里子2个、包底里子1个、包盖里子1个。

④中间部件：扇面衬2个、把手衬1个、包盖衬1个。

材料：

①面料：涂饰牛皮革。

②里料：羽纱。

③衬：纸板。

制作方法：线缝法、正面缝制、单折边。

尺寸：长为380mm、高为280mm、宽为90mm。

颜色与装饰：黑色、装配金色盖锁。

2. 部件制图

（1）扇面制图（半片制图）

包体的施工投影图如图11−35所示。作长方形$ABCD$，使AB边等于扇面长度的1/2为

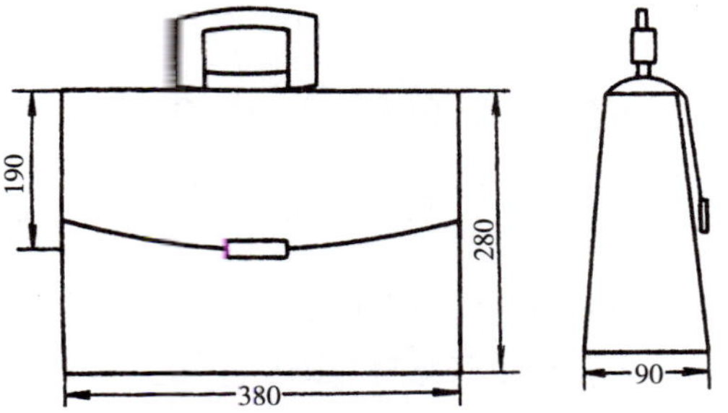

（a）正面　　（b）侧面

图11-35 施工投影图

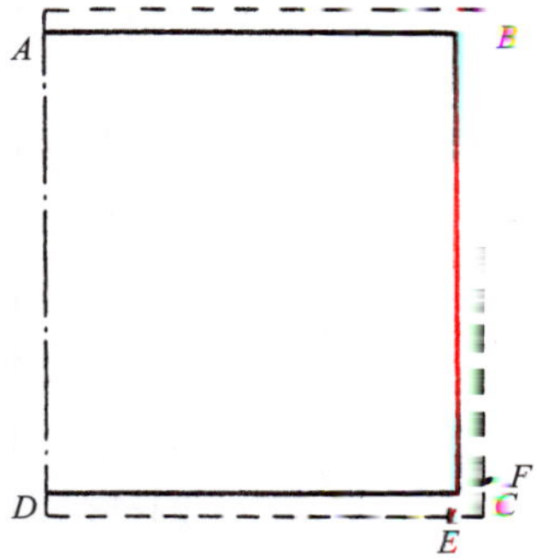

图11-36 扇面图

190mm，BC边为扇面的高度280mm，在直线CD上从点C开始向左方截取10mm线段CE，10mm为堵头缩进包内的尺寸。在BC线上从C点向上截取10mm线段CF得到点F，表示包底板抬起的高度。完成扇面基础图的制作，如图11-36所示。在基础图外加放8mm折边余量即为扇面的施工图。

（2）包底板的制图

以包宽110mm（90mm+20mm）和包底板1/2长180mm（扇面1/2长190mm减去10mm）作长方形EFMN，即为包底板基础轮廓线外形。施工图需要在包底两侧同堵头相接的部位加放加工余量8mm，其余与基础图一致，如图11-37所示。

（3）堵头图

以包高280mm和堵头宽110mm（90mm+20mm）为长方形的两个边长作长方形ABCD，在包底的BC边上从点B、C各向内截取10mm距离的点为点E、F，找到包底板宽所在的位置，再沿E、F两点向上垂直截取10mm截取点M、N，连接MN，ABEMNFCD所连成的轮廓即为堵头的基础轮廓，施工图在同包底板相接部位加放加工余量8mm，其余同基础图，如图11-38所示。

（4）包盖制图

作长方形ABCD，使包盖的宽度等于扇面的长度，绘图时AD边为190mm，AB边为包盖三部分的和，即沿入后扇面的部分长为20mm，开口遮盖部分长度为70mm，前扇面部分长度为200mm，总长度为290mm。在包盖中间部位由于要装包锁，因此，应留下一段平直部分，该长度为60mm，中线向右截取30mm点F，包盖为倾斜线设计，倾斜角度随设计而定，从C点向下130mm取点M，连接M和F点，BADMF形成的轮廓即为包盖的基础轮廓，基础图外加放10mm折边余量即得施工图，如图11-39所示。

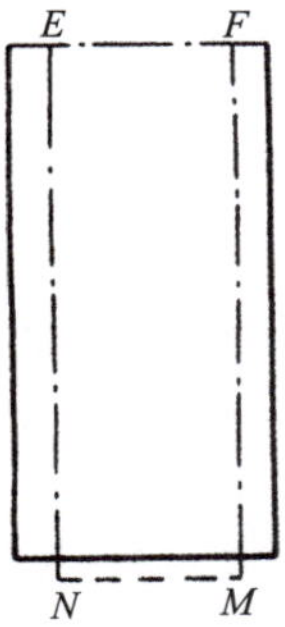

图11-37 包底板图

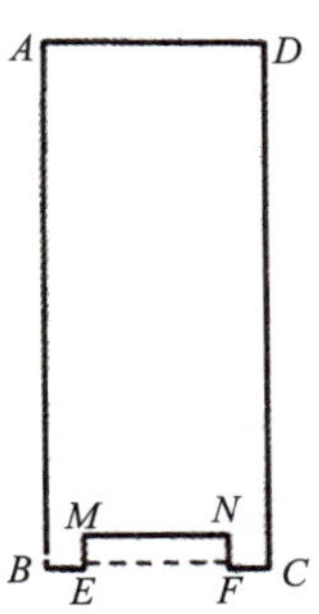

图11-38 堵头图

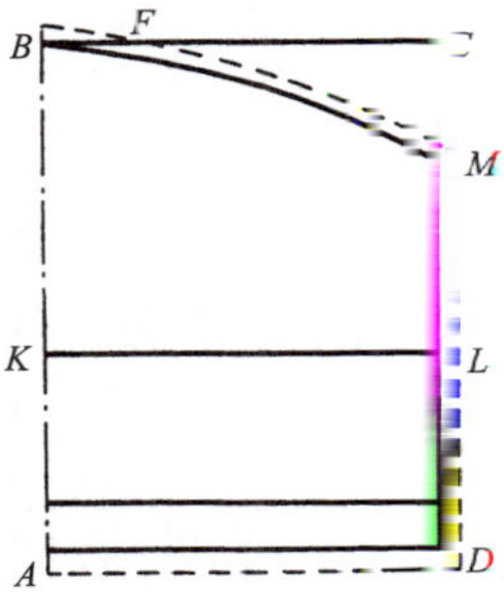

图11-39 包盖图

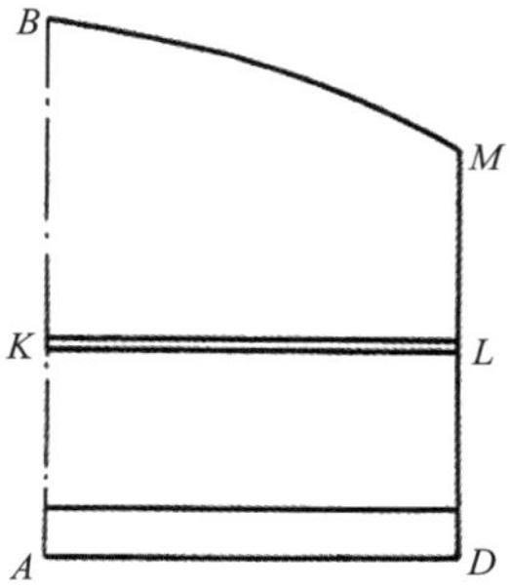

图11-40　包盖衬图

（5）里子制图

扇面里子、包底里子、堵头里子、包盖里子与相应面料的基础图一致。

（6）衬垫制图

扇面衬同扇面基础图，包盖衬主要装设在包盖的前扇部分，考虑到包上口弯折线的影响，应做相应的调整，即在包前扇面上口折线处向前3mm作原折线的平行线，从该平行线起到包盖前面所形成的轮廓即为包盖衬的轮廓，如图11-40所示。

三、由前后扇面和带隔扇的墙子构成的女包制图

这种包体结构在女包设计中占有非常重要的地位，不但实用性强，而且美观大方。制作的时候，也没有过多的操作难点。施工投影图如图11-41所示。

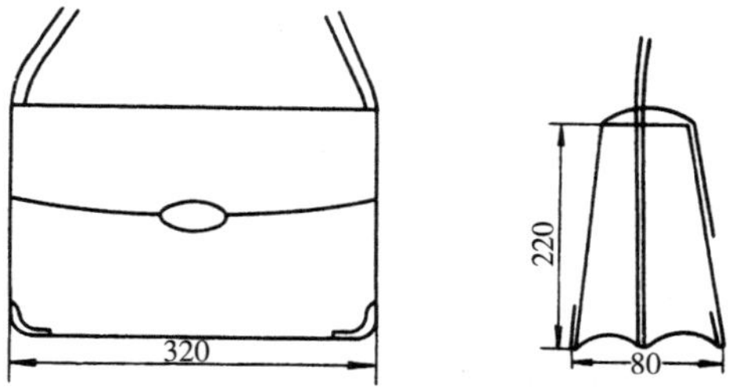

（a）正面　（b）侧面

图11-41　施工投影图

1. 技术说明书

开关方式：包盖式。

部件：

①外部主要部件：前扇面1个、后扇面连包盖1个、墙子1个。

②外部次要部件：背带1个、背带鼻1个。

③内部部件：隔扇1个、隔扇里子1个、前扇面里子1个、后扇面里子1个、墙子里子1个、包盖里子1个。

④中间部件：前扇面衬1个、后扇面连包盖衬1个、包盖装饰用衬1个。

材料：

①面料：黑色牛革。

②里料：美丽绸。

③衬料：纸板。

④装饰衬料：海绵。

制作方法：线缝法、正面缝制、双折边。

尺寸：长为320mm、高为220mm、宽为80mm。

配件与装饰：插锁1个、包角4个。

2. 部件制图

（1）前扇面制图

作长方形$ABCD$，使边长分别为扇面的高度和扇面长度的1/2，具体数据是220mm和160mm，AB线为前扇面的中轴线，从而得到前扇面的基础图，在其之外加放12mm的折边余量即得施工图。加放时注意四角处的余缺处理，如图11-42所示。

（2）后扇面制图

本款式后扇面与包盖为整体下料，部件一起制图。

首先作长方形$ABCD$，使长方形的宽为扇面长的1/2，数据为160mm，AE线为中轴线，AB边等于包盖三部分之和，数据为后扇面高度、包上口宽度、包盖延伸到前扇面的长度之和，即220mm+70mm+120mm，共计410mm，分别在各个弯折部位画上弯折线以示明晰，在包盖前部中间留下60mm的直线位置，然后在包盖边缘处作10mm的倾斜度，从包顶处顺连至拐角处并将拐角半径圆弧顺接，拐角半径为14mm，从而得到基础图轮廓，在此基础之上加放12mm的折边余量即得到施工图，如图11-43所示。

（3）墙子制图

作长方形$ABCD$，使其边长分别为墙子宽度80mm和墙子长度的1/2，1/2墙子的长度等于包的高度加上1/2包的长度值，即220mm+160mm=380mm。另外，由于墙子拐角处缝制时的需要，应再加一个调整量，大约是10mm。这样，墙子部件的总长度应该是370mm，由此得出墙子的基础图。沿四边加放折边余量10mm，得到施工图，如图11-44所示。

在墙子基础图上标出中间对称轴线位置，命名为MN线，MN线就是隔扇缝线，那么隔扇的位置如何来确定呢？一般来讲，隔扇应用缝线固定在墙子上，由于包底和侧部呈直角状态，中间需要有一段自由部分便于形成转折结构，这部分大约长40mm，也就是说，隔扇侧面缝线止点距包底距离为20mm，在包底部的缝线距离包长度两端的距离也是20mm，因此在图中NF线长是220−20=200（mm），EF点之间的距离是40mm，点E、F就是隔扇缝线的边缘点位置，如图11-44所示。

（4）扇面里子制图

扇面里子制图依据扇面的基础图，对于前扇面里子来讲，由于是正面缝制法，所以要在原基础图内侧距离轮廓线2mm处作原长方形的各边平行线，从而得到前扇面里子的基础图，施工图与基础图一致，如图11-45所示。

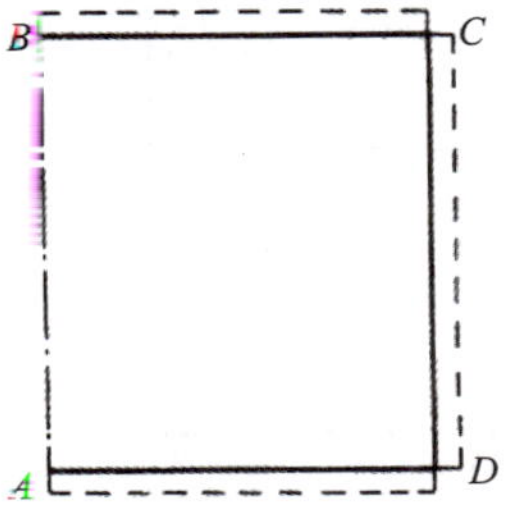

图11-42　前扇面图

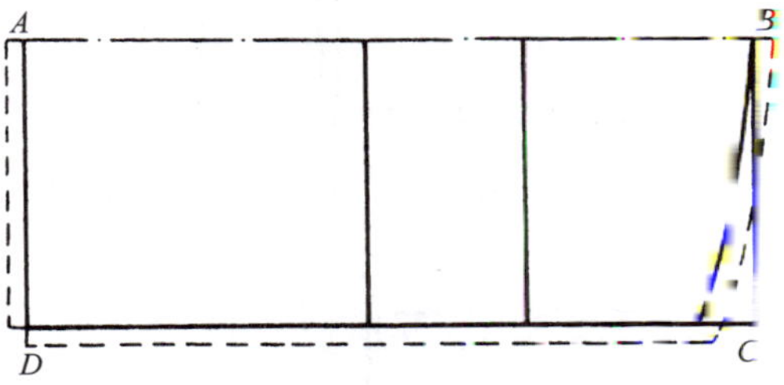

图11-43　后扇面连包盖图

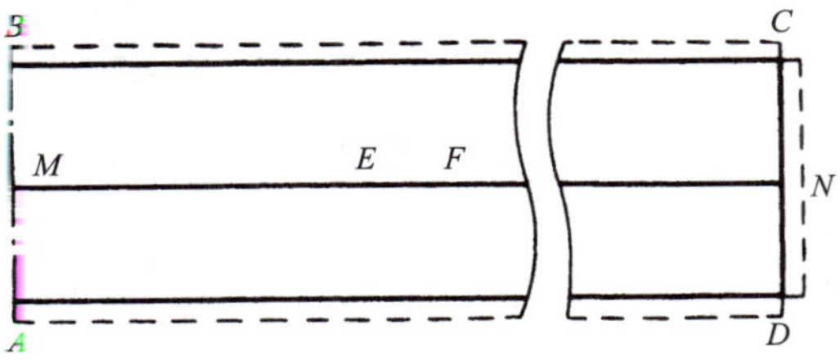

图11-44　墙子图

图11-45　前扇面里子图

制作后扇面里子时，依据后扇面的基础图，但需要分成两部分，一部分是包盖里子，另一部分是后扇里子。包盖里子一般用面料制作，需要在原来后扇面上口线位置向下延伸大约25mm的长度，以遮盖住包的里料，美化外观，这样后扇面里子的长度需要减去25mm，从而确定出两部件中间拼接的位置。至于外轮廓线，应在扇面轮廓线的基础上减去2mm的量，以满足制包时的需要，即得到包盖里子和后扇面里子的基础图，缝制余量只在包盖里子和后扇里子的拼接处加，为10mm，其余均同基础图，如图11-46和图11-47所示。

（5）隔扇制图

隔扇制图的依据是前扇面的基础图$ABCD$，在轮廓线内5mm处作AB、CD线的平行线，至此得到隔扇部件的基础图。该部件没有加工余量，如图11-48所示。

（6）隔扇里子制图

制图时以隔扇的基础图$ABCD$为依据，使其一个边等于隔扇长度的1/2，另一个边长等于隔扇高度的两倍，再加上纸板弯折余量2mm，即为隔扇里子的基础图。如隔扇上有隔扇袋，则要在包上口处加放10mm的缝制余量，侧部及底部无加工余量，如图11-49所示。

（7）衬垫制图

在本款式中，扇面和包盖内衬硬体部件，内衬的尺寸与相应的外部部件基础图一致。至于，包盖中加衬的装饰软衬材料以包盖基础图为依据，只是在其轮廓线内2mm处作平行线即可。

图11-46 后扇面里子图

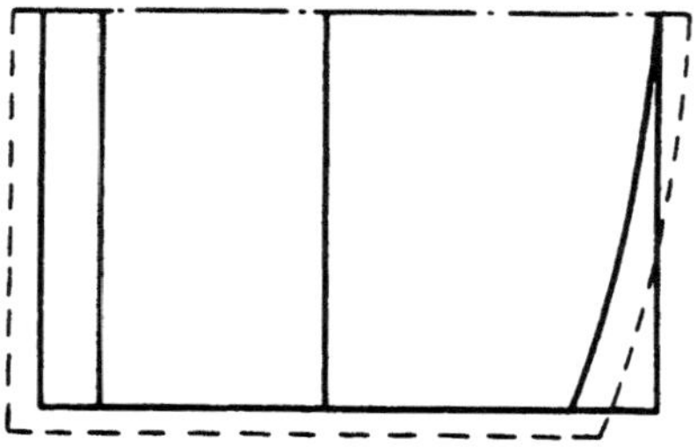

图11-47 包盖里子图

图11-48 隔扇图

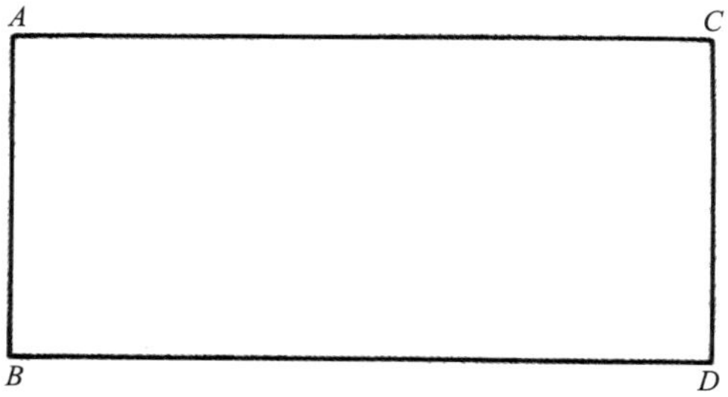

图11-49 隔扇里子图

03 第三篇 包袋制作工艺

第十二章
基础工艺

第一节　技术名词术语

本节所介绍的箱包工艺技术名词术语，有许多是历史延续下来的行业公认名词。主要分为三部分，即原材料检验术语、裁剪工艺术语和缝制工艺术语。

一、原材料检验术语

（1）查疵点

仔细检查原、辅料表面存在的各种缺陷和疵点情况，严重影响裁剪和产品质量效果的缺陷和疵点在生产前要进行剔除。

（2）查污渍

检查原、辅料的沾污情况，并按照污渍处理方法进行相应的处理。

（3）验色差

检查原、辅面料在色泽上存在的级差状况，并按色泽状况进行相应的归类。

（4）分幅宽

将原、辅面料按门幅的宽窄进行归类，以利于后续工序的生产加工。

（5）查衬料色泽、手感

检查衬里材料的色泽、手感情况，按检查结果进行分类归档。

（6）查纬斜

检查纺织面料的纬纱斜度情况，及时控制裁剪操作。

（7）复米

复查原、辅材料每匹的长度与工艺要求是否相符合，结果要及时报告。

（8）理化指标的分析检验

按照产品生产要求对原辅料的相关理化指标进行详细的分析检验，包括伸缩率、抗张强度、耐撕裂强度、耐热度、色牢度、耐干湿擦牢度等试验，检验结果要及时出具检验报告单。

二、裁剪工艺术语

（1）烫原料

由于运输和储藏过程中可能会造成原辅面料的褶皱，严重影响裁片的裁剪质量，所以在裁剪之前要仔细熨烫原料，使面料平坦无褶皱。

（2）铺料

按画样要求和标准在台板上进行铺料。

（3）排料

按照部件样板的外形特点和质量要求在原、辅面料上合理进行安排，尽量减少材料的损耗率，并制定出相应用料定额值。

（4）画样

用样板按不同规格在铺料的表层面料上合理套排，画出部件料片的外轮廓线条，以作开剪的标志。

（5）复查画样

复查表层画片的数量和质量是否符合技术规定要求。

（6）开剪

按画样线条专用裁剪工具进行裁剪。

（7）钻眼

用裁剪工具在裁片上做出缝制标记，以保证缝制部分和尺寸的准确，一般标记要做在可缝去的部位上，以免影响产品美观。

（8）打粉印

用画粉在裁片上做出缝制标记，一般作为暂时标记。

（9）编号

将裁好的各种裁片按顺序编上号码，同一件箱包上的部件号码应一致。

（10）检查裁片刀口

检查裁片刀口的尺寸大小和位置情况是否符合质量要求。

（11）配零料

配齐一件箱包产品所需要的所有部件材料。

（12）验片

检查裁片质量和数量。

（13）补残

修补裁片中可修复的织疵或皮革轻伤。

（14）换片

调换不符合质量的裁片。

（15）坯片

未做任何加工的部件裁片。

（16）段耗

指坯布经过铺料后断料所产生的损耗。

（17）裁耗

铺料后坯布在画样裁剪中所产生的损耗。

三、缝制工艺术语

（1）撇片

按标准样板修剪毛坯裁片。

（2）削边

根据技术要求在皮革面料或纸板的四周进行削薄处理，片削的深度和宽度随技术要求而变。

（3）封四周

将面料或里料与衬料按要求贴合一致，并沿四周用较大针码缝合在一起，成为一个整体，以利于后续工序的处理。

（4）打剪口

将皮革等较厚面料置于弯折或曲线部位，因缝制后的厚度重叠而影响缝制外观的多余面料剪去，使接缝平顺圆滑。

（5）刷胶

在缝制前对缝合部位进行临时的黏合，有利于缝制工序的进行。

（6）做笔插

笔插属箱包内部部件，应在缝合内部部件之前做好。

（7）滚袋口

用滚条包光毛边袋口。

（8）缉袋嵌线

将嵌料缉在开袋口线的两端。

（9）开袋口

将已缉好嵌线的袋口中间部分沿粉线剪开。

（10）封袋口

袋口两头机缉倒回针封口。

（11）修剔止口

将缉好的止口毛边剪窄。一般有修双边与单修一边两种方法。

（12）通片

把零部件整片进行片削的过程。

（13）直接片削

指由手工直接片削，一直到符合工艺要求为止的方法。

（14）间接片削

是把在片皮机上片削过的部件边沿进行“改刀”修整。如果经机器削过的零部件因片削坡度不平直，在部件与部件镶接时会造成镶接表面的不平整，从而形成产品缺陷。因此，再经过手工的二次片削对片削质量进行修正。

（15）折边

是指将片削过边缘的零部件，按技术要求将边沿多余部分皮料折倒，用胶黏剂黏合的过程。

（16）折虚直边

折虚直边比较简单，折边前要求部件边沿片削平直，厚薄均匀。根据不同的产品要求，先按折边规定量画出线条，目的是保证折边后边缘平直。然后在边沿上涂上胶黏剂把皮折折后黏牢，用锤子敲平服。

（17）折实直边

折实直边时，先把片过边的面料胶黏在衬料上，在衬料外保留折边皮，涂上胶黏剂，然后把折边皮黏合在衬料的边缘上，使衬料边缘不外露。

（18）折凹边

折凹边比直边折边复杂。因为凹边的内轮廓线小于折边的轮廓线，折边前先要使内轮廓等于或略大于折边的轮廓线，才能把边折好折牢，因此需要使内轮廓线伸长。解决的办法是用剪刀或划刀在内轮廓线边沿上打叉口提供所需要的伸长量，达到内轮廓线等于或大于折边的轮廓线尺寸。

（19）折凸边

折凸边则与折凹边相反，由于折边皮外轮廓线大于折边实际轮廓线。折边时需要把折边皮的外轮廓线缩短到小于折边的轮廓线。因此，就需要把折边皮打褶缩短外轮廓线的长度，达到小于折边轮廓线的目的。

（20）折凹凸（花边）边

由于凹凸边边形比较复杂，凹凸相间，折边时折边的凹处可照折凹边的操作工艺。折边的凸处可照折凸边的操作工艺，但一定要注意凹凸转折时边形的圆顺。

（21）挨筋折边

挨筋折边指的是在部件衬料的边沿用胶黏剂黏合纸板筋，从而形成凸起以装饰部件边缘，在此操作之后再黏合面料，最后在边缘处根据要求折边。

（22）染色边

染色边是边缘修饰的一种常用方法。

（23）滚边

滚边有本色边和异色边两种。滚边前，裁切好滚边条，并把部件边缘一直片好，滚边条一般要求通片，厚度为0.3~0.5mm，将部件与滚边条黏合，然后在缝纫机上缝合。

（24）镶边（毛边）

镶边是边缘修饰的另一种工艺方法，由于皮革本身的厚度有时并不能满足产品的需要，为了确保边缘厚度需要，用镶边的方法来达到零部件边缘所规定的厚度。

（25）撩边

撩边时，首先要将部件边缘砂磨圆滑，在部件边缘打孔，然后用皮条、粗线等材料进行穿插撩缝，要求缝迹均匀。

（26）平镶

平镶工艺一般用于平面的镶接，用于箱体时镶接处不再缝制，因此要求镶接处胶黏要牢固，一般采用黏性好的氯丁胶为胶黏剂。

（27）压茬镶接

压茬镶接是指将一个部件的边缘重叠压在另一个部件边缘上的镶接方法。压茬镶接工艺一般用于皮箱、皮包零部件的连接。

（28）对接

对接是把两部件两边并拢在一个平面上，中间无任何重叠。要求对接的部件边缘要裁切平直，对接平顺。

（29）压缝镶接

压缝镶接工艺包含两个步骤，第一是把两部件的边缘对接在一个平面上，然后在接缝上覆盖设计好的零部件或装饰件，并用线迹缝合，从而使部件接缝隐蔽。

（30）零件挨芯

是在两零部件的中间加填凸起的芯料，使零件表面形成凹凸立体效果，成型后造型更加美观。

（31）捏褶包角

主要用于较高档的皮革箱包产品。操作时先将包角材料的多余部分裁切去掉，在边缘处涂上胶黏剂，然后将包角两边的直边折捏平直，操作时要注意将褶捏均匀，四角的褶数要相等，一般每个包角折捏6~8个褶为好，从而保证包角弧线的圆顺，包角折捏完成以后，用锤子敲平。

（32）烙印

真皮Logo在热压机上利用高温高压把刻在铜模（有时也用铝模，效果不如铜模好）上的字迹压烫在真皮表面上。操作时要求注意选择合适的温度、压力，作用于合适的材料，从而满足客户的产品要求。

（33）贴胶带

操作时，在一些不适合刷胶水的位置或部件上，可以采用贴胶带来进行固定，很多工厂选用宽度不同的双面胶带，目的是产生临时性黏合，便于后续操作。

（34）压茬缝法

压茬缝法在产品生产过程中经常采用。这种缝法是先把上压件的边缘折光（也有毛边的），在下压件边缘上画好缝针线迹并涂上胶黏剂，下压件边沿片削粒面层，然后把上压件边沿压在下压件的边沿上，两部件相互重叠，重叠量的宽窄度根据需要缝线的道数而定，一般为8~15mm。

（35）反缝法

反缝法是将两部件面与面重合在缝纫机上进行缝制，缝制线迹在部件的反面。缝合前，先把两部件边沿厚薄片削均匀，用划刀把边缘修整齐。

（36）翻缝

翻缝是在反缝的基础上进行的，可用于箱包产品的镶边、沿口、包底框等处。缝合前，把部件边沿的厚薄片削均匀，缝合时把片削过的两部件面与面重合两边并齐。先在离边2~3mm处缝一道线，然后将两部件展开摊平，使反面与反面重合，把缝合处括平后，再在离边3mm或10~15mm处各缝一道线。这种缝法第一道缝线不外露，第二、三道缝线使部件缝合牢固，边缘平整、光滑。

（37）滚缝

滚缝是在反缝的基础上进行的，一般用于部件边缘的滚边。缝合前，把部件边沿的厚薄片削均匀，裁切好滚条皮，缝合时，把片削过的两部件面与面重合两边并齐。先在离边2~3mm缝一道线。然后将两部件展开，把滚条皮折向反面。在滚条皮反面涂上胶黏剂，在部件边沿反面上口涂上胶黏剂，使滚条皮黏牢在边沿上，在正面滚边的边缘缝一道线。

（38）包缝

包缝是将一个部件包在另一个部件的边缘上，缝合前，把部件边缘裁切平直，画好包边线的位置，裁切好包边皮，同时把包边皮厚薄片削均匀，厚度一般为0.3~0.6mm。缝合时，在包边皮的反面涂上胶黏剂，把包边皮黏合在另一部件的边缘上。包边皮的两边边缘均与画线条对齐，以保证包边的平直。待胶黏剂干燥后缝一道线，缝线离包边皮边约2~4mm。

（39）嵌线缝

嵌线缝是在两部件连接缝合中间镶嵌线，嵌线有实芯嵌线和虚芯嵌线两种。嵌线缝工艺一般用于软箱、软结构包的扇面与墙子等部件的连接。

（40）平缝

平缝是在平面上缝线的方法。这种缝法往往只是用于装饰，即在单一不需要缝合的部件上进行的。缝制时先在表面上画好图案纹路，然后按画好的线迹进行缝制。

（41）曲折缝法

曲折缝法是两部件对接以后的一种拼接方式，两部件都不需要缝制余量，缝纫机的压脚在两部件之间来回交叉移动，线迹为曲折形。一般用于边角料的拼接和部件的连接上。

（42）针迹

缝针穿刺缝料时，在缝料上形成的针眼轨迹。

（43）线迹

缝制物上两个相邻针眼之间所配置的缝线形式。

（44）缝迹

在料片上形成的相互连接的线迹。

（45）缝型

一定数量的料片和线迹在缝制过程中的配置形态。

（46）缝迹密度

在规定长度内缝迹的线迹数，亦称针脚密度。

第二节　裁剪工艺

裁剪即是按箱包产品工艺加工标准，把整块原材料裁切成各种不同形状的部件和零件，为产品组装加工做好准备的过程。箱包产品是由许多块不同形状的零部件组合而成的，因此裁剪工艺是制作的第一步。裁剪工艺技术是非常重要的，它关系到原辅材料的消耗，生产成本的核算等一系列问题，裁料的基本要求是最大限度地节约原材料，降低成本。

一、箱包部件与皮革部位的关系

箱包产品的种类很多，所用的面料特性也各有不同，例如，天然皮革面料必须要单张排料裁剪，而一般的纺织面料可以通过铺料画样批量裁剪。由于各零部件的形状及它们在产品上所处的位置各不相同。因此，不同的零部件也有不同的要求和不同的标准。

在裁料时，尤其是天然皮革面料的特性比较特殊，因此，首先要了解天然皮革各部位在质量性能上的差别以及零部件对材料的选择要求，从而确定产品零部件与皮革部位之间的关系。

1. 部件与皮革面料部位的关系

不同的部件对皮革材料的要求不同，由于主要部件基本代表产品的外观质量，因此主要部件在材料上最先选择，处在次要部位或不显眼位置的次要部件，对皮革面料的质量要求略低一些，但在显眼部位的次要部件需要选用优质面料。因此，可以根据部件和材料部位的不同综合考虑，既能保证箱包产品的使用质量、外观质量，同时也能最大限度地节约皮革面料。

旅行衣箱的主要零部件有箱盖、箱底中筋、箱盖胖面、箱底胖面、墙子等。由于箱盖、箱底胖面、墙子等都处在产品的主要部位，因此对于天然皮革作为面料的旅行箱而言，这些部件应选用质量上乘的皮革部位，比如臀部、颈肩部位等，不能使用腹肷部位。以保证产品主要部位表面光滑，胖形饱满。

对于包袋而言，前后扇面是包袋中视觉上最重要的部分，其装饰与实用功能都是最重要的，几乎所有的包袋生产中都使用该批次最好的材料。在裁料工艺中，选用好的材料，优先裁断。其中，前扇部件的要求高于后扇面部件。开关方式的装饰意义与前扇面基本相当，具有非常好的实用功能，因此要选用最好的材料，同前扇面的要求基本一致。侧部装饰功能次于前面扇与盖，功能意义更为重要，在材料的选用上，着重坚实耐用的品质。底部作为包袋的承重部位，装饰意义要求不高，在材料选用方面要求一般。包袋内部的里料、内袋、隔扇等部件，其使用功能相对而言更为重要，装饰功能次之。一般来讲，里料材料的选择主要与面料材料和设计意图有关，可以允许存在较轻的瑕疵现象。

因此，箱包产品各零部件选料的原则是：主要部件选用最佳的脊背部位皮革，以保证产品外观要求，其余零部件选料标准可略微放宽些，可利用腹肷、颈、肢部位，以合理应用皮革并降低产品成本。

2. 部件与皮张纤维束（丝缕）方向的关系

在排料时，除了要注意皮革的部位问题以外，还要注意皮革的横纵方向问题，尤其是对于前后扇面、墙子、背带等承重部位，一定要注意横纵向的延伸问题。

由于天然皮革材料的组织构造比较复杂，主要是胶原纤维束纵横交错编织而成，由纵横纤维编织形成致密的网状结构，其主纤维束方向与脊锥线平行，其余部位向外伸展，与脊锥线成一定的角度。皮革纤维的主纤维束方向与延伸方向相同时，延伸率小，抗张强度大。倾斜成一定角度时，延伸率逐渐增加，与其呈90°角的横向方向延伸率是最大的。

箱包产品的主承力部件一般要求强度好，延伸率小，以保证产品在加工过程中保持外观造型不变或少变以及实际使用的需要。因此，在裁剪的时候，采用主纤维束方向为主，为了节约皮张，提高利用率，皮件产品辅助部件可利用横向、斜向纤维。应尽量避免在承重部件上应用横向方向。当然，对于不同的皮革面料也要分别对待，例如牛革横纵向延伸率差别比较小，在应用上可以放松角度要求，而对那些横纵向延伸率差别大的皮革，则要充分考虑角度的问题。

3. 皮革伤残的合理利用

在天然皮革面料上存在着各种各样的伤残，其中有动物体存活时留下的生理伤残，也有在制革加工过程中造成的加工伤残。这些伤残的存在，降低了皮革的使用价值，同时也给制品的裁制带来一定的困难。为了更好地利用皮革材料，降低原材料的损耗率，提高裁剪质量，必须要仔细了解皮革面料的伤残情况，从而对其进行合理躲让，充分利用皮革的伤残缺陷，在保证皮革制品外观质量要求的前提下，极大地提高产品经济效益。

根据皮革表面伤残程度和可利用程度，将伤残分为3类：

①表伤：只伤及表面而未伤及实质的伤残称为表伤，表伤只影响产品的外观，不影响实际使用质量，如色花、鞭花、疤痕等。这种伤残一般可以应用在不显眼位置，而且要求它的伤残面积比较小。

②轻伤：伤残面积较小或是深度不超过皮张厚度1/4的伤残称为轻伤，如擦伤、裂面、龟纹等。轻伤包括刀伤和小洞眼，对产品的外观和使用都有一定的影响，一般来讲，在产品的表面上不应出现这类伤残，应尽量把这类伤残放入可遮盖部位，或是放在部件的缝制余量中。

③重伤：伤残面积较大或是深度超过皮张厚度1/4的伤残称为重伤，如洞眼、折裂、重伤痕、刀痕等。重伤一般不再应用在产品的成品部件上，应在裁制时裁掉。

同样，在选用皮料时，也要综合考虑不同零部件的质量要求，尽量提高皮革的利用率。例如旅行箱箱盖，箱底胖面的中间镶有中筋，在镶中筋下面的胖面皮面上，允许有伤残，在中筋的两边折边部位也可允许有伤残，后条因在产品的后面，可利用皮张表面伤残。

因此，利用躲让伤残的原则是：产品的前部件和盖子选用最佳皮料，而侧部和后部可利用部分伤残，表面有装饰条遮盖的部位允许利用伤残。另外，在接头和缝合部位也同样允许有伤残存在，将伤残藏于产品内部，不影响外部的美观。

二、铺料

铺料是按照裁剪方案所确定的层数和排料画样所确定的长度，将箱包用纺织面料重叠平铺在裁床上，以备裁剪。从表面上看，铺料是一项简单的工作，实际上它也包含着许多工艺技术知识。如果这些工艺技术处理不当，同样会影响生产的顺利进行和箱包产品的质量。

1. 铺料的工艺技术要求

（1）面料表面要平整

铺料时，必须使每层面料都十分平整，面料表面不能有褶皱、波纹、歪扭等情况。如果面料铺不平整，裁剪出的部件与样板就会有较大误差，这势必会给缝制造成困难，而且还会影响产品的设计效果。

面料本身的特性是影响面料铺平整的主要因素。例如表面具有绒毛的面料，由于面料之间摩擦力过大，接触后面料之间不易产生滑动，因此使展平面料比较困难。相反，有些轻薄面料表面十分光滑，面料之间摩擦力太小，缺乏稳定性，容易滑脱，也难于铺平整。再如有些组织密度很大，或表面具有涂料的面料，其透气性能比较差，铺料时面料之间积留的空气会使面料鼓胀，造成表面不平整。因此，了解各种面料的特性，在铺料时采取相应的操作措施，精心操作是十分重要的。对于本身有褶皱的一些面料，铺料前还需经过必要的整理手段，消除面料本身的褶皱，才能保证铺料质量。

（2）面料边缘应对齐

铺料时，要使每层面料的边缘都上下垂直对齐，不能有参差错落的情况。如果面料边缘对得不齐整的话，裁剪时有可能会造成靠边裁片不完整的缺陷，从而造成裁剪次品或废品。

由于面料的幅宽总有一定程度的误差，在铺料时，要使面料两边边缘都能很好地对齐是比较困难的。因此铺料时一般要以面料的某一侧为基准，通常称为“里口”。铺料时一定要保证里口织物边缘上下对齐，最大误差不能超过±1mm。

（3）尽量减小张力

要把成匹面料铺开，同时还要使表面平整，并保证织物边缘对齐，必然要对面料施加一定的作用力而使面料产生一定张力。由于张力的作用，面料会产生伸长变形，特别是伸缩率大的面料更为显著。这种变形将会影响裁剪的精确度，因为面料在拉伸变形状态下剪出的料片，经过一段时间以后，变形还会自然除去而恢复原状，使料片尺寸缩小，不能保持样板的尺寸。因此铺料时要尽量减小对面料施加的拉力，防止面料产生拉伸变形。

卷装面料本身具有一定的张力，如直接进行铺料也会产生伸长变形。因此卷装面料铺料前，应先将面料散装，使其在松弛状态下放置24h，然后再进行铺料操作。

（4）保持方向一致

对于具有方向性的面料，铺料时应使各层面料保持同一方向。

（5）对正条格

对于具有条格的面料，为了达到产品缝制时对条对格的要求，铺料时应使每层面料的条格上下对正。要把每层面料的条格全部对准是不容易的，因此铺料时要与排料工序配合，对需要对格的关键部位使用定位挂针，把这些关键部位条格对准。

（6）铺料长度要准确

铺料的长度要以画样为依据，原则上应与排料图的长度一致。如果铺料长度不够，将造成裁剪部件的不完整，给生产造成严重后果。如果铺料长度过长，会使面料造成浪费，抵消了排料工序努力节省的成果。为了保证铺料长度，又不造成浪费，铺料时应使面料长于排料图0.5～1.0cm。此外，还应注意铺料与裁剪两工序不要相隔时间太长，如果相隔时间过长，由于面料的回缩，也会造成铺料长度不准确。

2. 铺料的程序与方法

（1）识别织物的正反面和方向性

铺料前，首先应识别织物的正反面和方向性，只有正确地掌握面料的正反面和方向性，才能按工艺要求正确地进行铺料。面料的方向性，通过观察、手摸和对比，一般比较容易确定。有些面料正反面差别明显，也比较容易识别，但有些面料正反面差别不很显著，如不仔细辨别就会搞错。因此铺料之前要认真辨别面料的正反面。

（2）铺料方式

在实际生产中铺料的方式主要有两种：一种为单向铺料，另一种为双向铺料。

①单向铺料：这种铺料方式是将各层面料的正面全部朝向一个方向（通常多为朝上）。用这种方式铺料时，面料只能沿一个方向展开，每层之间面料要剪开，因此工作效率较低。这种方式的特点是各层面料的方向一致，容易控制。

②双向铺料：这种铺料方式是将面料一正一反交替展开，形成各层之间面与面相对，里与里相对状态。用这种方式铺料时，面料可以沿两个方向连续展开，每层之间也不必剪开，因此工作效率比单向铺料高。但这种方式的特点是各层面料的方向是相反的，容易造成裁料操作的误差。

在生产中，应根据面料的特点和箱包产品制作的要求来决定采用哪一种铺料方式。例如素色平纹织物，由于其布面本身不具方向性，正反面也无显著区别，此类面料可以采用双向铺料方式，使操作简化，提高工作效率。有些面料虽然分正反面，但无方向性，也可以采用双向铺料方式，使排料更为灵活，有利于提高面料的利用率。如果面料本身具有方向性，为使每件产品的用料方向一致，铺料时就应采取单向铺料方式，以保证面料方向一致。缝制时要对格的产品，铺料时也要对格，并要采取单向铺料，否则就不能做到对格效果。

（3）布匹的衔接

铺料过程中，每匹布铺到末端时不可能都正好铺完一层。为了充分利用原料，铺料时布匹之间需要在一层之中进行衔接。在什么部位衔接，衔接长度应为多少，这需要在铺料之前加以确定。

确定的方法是：先将画好的排料图平铺在裁床上，然后观察各裁片在图上分布的情况，找出裁片之间在经向上交错较少的部位，这些部位就作为布匹之间进行衔接的部位。各裁片之间在这些部位的交错长度就是铺料时布匹的衔接长度。衔接部位和衔接长度确定后，在裁床的边缘处画上标记，然后取掉裁剪图就可以开始铺料。铺料中每铺到一匹布的末端，都必须在画好标记处与另一匹布衔接，如果超过标记，应将超过的布剪掉。另匹布按标记规定的衔接长度与前一匹布重叠后继续铺料。铺料的长度越长，衔接部位应选得越多，一般情况下平均每1m左右应确定一个衔接部位。

人工铺料适应性强，无论何种面料，无论铺料长短，也无论用何种方式进行铺料，人工铺料都可以很好地完成。但是劳动强度大，不适应现代化生产的要求。为了减轻劳动强度，在人工铺料的基础上采用一些辅助设备，例如在裁床上安装带有轨道的载布滑车，把面料放在上面用人力推动就可以将面料展开，然后靠手工把面料整平齐。有的用电动机代替人工拉布。这些辅助设备都可有效地减轻劳动强度，提高生产效率。

现在，箱包生产中已经开始使用自动铺料机进行铺料作业。这种设备可以自动把面料展开，自动把布边对齐，自动控制面料的张力大小，自动剪断面料，基本代替了手工操作，使铺料实现了机械化、自动化。但是自动铺料机的适应性不如人工铺料，面料品种、性能经常变化时，影响使用效果。此外，如果铺料时要求对格，也不能使用铺料机，还需人工铺料。

三、排料与画样

排料的结果是要通过画样绘制出裁剪部件图，以此作为裁剪工序的依据。画样的方式，在实际生产中有以下几种。

1. 画样方式

（1）纸皮画样

首先在一张与面料幅宽相同的薄纸上进行排料，排好后用铅笔将每个样板的形状画在各自排定的位置便得到一张排料图。裁剪时，将这张排料图铺在面料上，沿着图上的轮廓线与面料一起裁剪。采用这种画样方式比较方便，但通常此排料图只可使用一次。

（2）面料画样

这种方法是将样板直接附在面料上进行排料，排好后用画笔将样板形状画在面料上，铺料时将这块面料铺在最上层，按面料上画出的样板轮廓线进行裁剪。这种画样方式节省了用纸，但遇颜色较深的面料时，画线不如纸皮画样清晰，并且不易改动，需要对条格的面料则必须采用这种画样方式。

（3）漏板画样

首先在一张与面料幅宽相同的厚纸上进行排料。排好后用铅笔画出排料图，然后用针沿画出的轮廓线扎出密布的小孔，便得到一张由小孔组成的排料图，此排料图称为漏板。将此漏板铺在面料上，用小刷子沾上粉末沿小孔涂刷，使粉末漏过小孔在面料上显出样板的形状，便可按此进行裁剪。采用这种画样方式制成的漏板可以多次使用，适合生产大批量的箱包产品，可以大大减轻排料画样的工作量。

（4）电子计算机画样

将样板形状输入电子计算机，利用电子计算机进行排料，排好后可由计算机控制的绘图机把结果自动绘制成排料图。

排料图是裁剪工序的重要依据，因此要求画得准确清晰。画样时，样板要固定不动，紧贴面料或图纸，手持画笔紧靠样板轮廓连贯画线，使线迹顺直圆滑，无断断续续，无双轨线迹。遇有修改，要清除原迹或做出明确标记，以防误认。画笔的颜色要明显，但要防止污染面料。

2. 排料与画样操作中应注意的问题

排料是裁剪工艺的第一道工序，根据箱包产品的质量要求和箱包所用面料的特点等因素来进行合理的安排，从而使各个裁片符合产品的技术要求，并在此基础上尽量降低产品的生产面料成本。如果不能进行合理的排料，将会对成品的质量产生一定的影响，进而降低企业的经济利益。

（1）排料

在进行排料之前，要充分认识了解产品各部件的部位、形状、对材料的要求等重要因素，排料前要仔细对照所要生产的产品样品，核对下料样板的数量和形状。核对时，必须使样板与产品部件逐件一一对应，辨别清楚样板上标注的丝绺方向，认识了解各部件在产品中的部位及所处部位的要求及丝咎方向。了解生产产品数量及其规格、所使用材料的幅宽、一次性允许断料层数和裁料工作台板的长宽尺寸。

排料时尤其要注意以下几点：

①部件裁片的对称性：箱包产品上大部分部件具有对称性，因此排料时要注意既要保证面料正反一致，又要保证部件裁片的对称，避免出现“一顺”现象。例如墙子、堵头等部件。

②面料的方向性：

a. 面料是具有方向性的，表现在纺织面料有经向与纬向之分，皮革面料有横纵方向之分。经向挺拔垂直，不易伸长变形，可以承受重力负担；纬向延伸性好，容易受力变形；斜向是延伸性最大的方向，围成圆势时自然、丰满。因此不同部件裁片在用料上有直料、横料与斜料之分。

b. 面料的逆顺：当从两个相反方向观看面料表面状态时，具有不同的特征和规律，如绒毛、图案等面料。

③对条格面料的处理：条格面料要认真对正，条格要根据设计要求进行排列。

④节约用料：

a. 先大后小：排料时，先将较大的主要部件样板排好，然后再把较小的零部件样板在大片样板的间隙中及剩余部分进行排列。

b. 紧密套排：样板形状各不相同，其边线有直的、斜的、弯的、凹凸的等。

排料时，应根据它们的形状采取直对直、斜对斜、凸对凹、弯与弯相顺，这样可以尽量减少样板之间的空隙，充分利用面料。

c. 缺口合并：样板具有凹状缺口，但有时缺口内又不能插入其他部件。此时可将两片样板的缺口拼在一起，使两片之间的空隙加大。空隙加大后便可以排放另外的小片样板。

d. 大小搭配：当排几件时，应将不同规格大小样板相互搭配，统一排放，使样板不同规格之间可以取长补短，实现合理用料。要做到充分节约面料，排料时就必须根据上述规律反复进行试排，不断改进，最终选出最合理的排料方案。

排料时材料的厚度及铺料的难易程度决定排料长度；厚重的料不易排料太长，一般不超过6m；计算一次下料层数为10~15层。在排料时应多排多试，制定的排料方案不少于3种，优选其中一种画出排料图。排料时，排在同一版面上的各部件尽量配全套，不配料的部件可单独出排料图。手工、电剪刀下料不留加工量，紧密相连；刀具裁料的边与边之间留3~4mm的加工量。排料图要清晰，各部件标注齐全，并注明允许下料层数和断料长度。

（2）画样

画样时按排料图确定断料长度，进行铺料和断料；铺料时，正面向上可随时检查材料表面，有不良缺陷时要及时发现并将其挑出。铺料要铺平整，铺料时边缘对齐，每层拉料松紧长度一致，当料边紧时应用剪刀打剪口，防止出现铺料不平的现象。画料在最上面一层进行，使用画粉或荧光笔按排料图的样板情况画料，为了不污染面料，如没有正反面要求，可把最上面一层反面向上画样，这样可以防止材料污染。

在对天然皮革进行排料时，为了合理躲避并利用伤残，应将皮张的正面向上平铺，逐个单张进行排料，画样时用画笔或粉袋铺印，这样可以随时更改不良的排料，多排多试，从而找出最佳排料而不留笔迹，防止污染皮面，保证排料的准确性，并最大程度地节约原材料，降低用料成本。

各类板材辅料如三合板、五合板、PE板、EVA板材等排料，要了解下裁的部件质量要求和丝缕方向的要求，在板材的规格范围内计算排料，优选出排料最优方案。里布多采用电剪刀裁料，排料铺布长度在10m左右，一次裁断100层左右。

四、裁剪

裁剪是箱包产品生产过程中的第一道工序，裁剪质量的好坏直接影响到产品的质量和产品的成本。因此，裁剪是技术性较强的工序之一。从工艺上分，裁剪可以分为手工裁剪和机器裁剪。目前，生产皮箱、皮包等产品时，其部件面料的裁剪主要利用机器为主、手工为辅的方式，衬里、零件主要是利用机器裁剪。

1. 裁剪加工的方式及设备

传统的手工裁剪是用剪刀进行操作的。而在箱包工业生产中，为了实现优质高产，应使用各种先进的加工设备。通常，箱包生产中根据产品种类、原料性能、加工要求以及生产条件的不同，采取的裁剪方式及使用的设备也不相同。目前箱包生产中常用的裁剪方式及设备有以下几种。

（1）电剪裁剪

电剪裁剪是目前箱包生产中应用最为普遍的一种裁剪方式。电剪裁剪，首先要经过铺料，把若干层面料整齐地铺在裁剪台（裁床）上。裁剪时，手推电动裁剪机使之在裁床上沿画样工序标的线迹运行，利用高速运动的裁刀将面料裁断。

这种裁剪方式，使用的设备主要是电动裁剪机，简称电剪。电动裁剪机分为直刃型与圆刃型。生产中使用较多的是直刃型电剪。这种电剪的裁刀是直尺型的，它由电动机带动，做垂直上下的高速运动来切割面料。电动机的速度有1800、2800和3600r/min三种。电剪的规格是以裁刀长度区分的，常用的裁刀长度为12~33cm。这种电剪的裁剪能力即最大的裁剪厚度，通常是裁刀长度减4cm，例如裁刀长度为33cm，那么它的最大裁剪厚度约为29cm。

直刃型电剪在箱包生产中适用范围非常广泛，对各种材料、各种形状（直线或曲线）都可以自如地进行裁剪，裁剪厚度可由几十层至几百层，因此有“万能裁剪机”之称，是箱包生产中的主要裁剪设备，如图12-1所示。

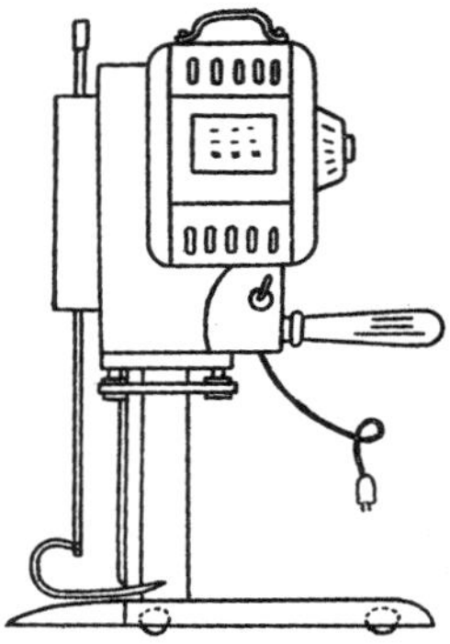

图12-1　直刃型电剪

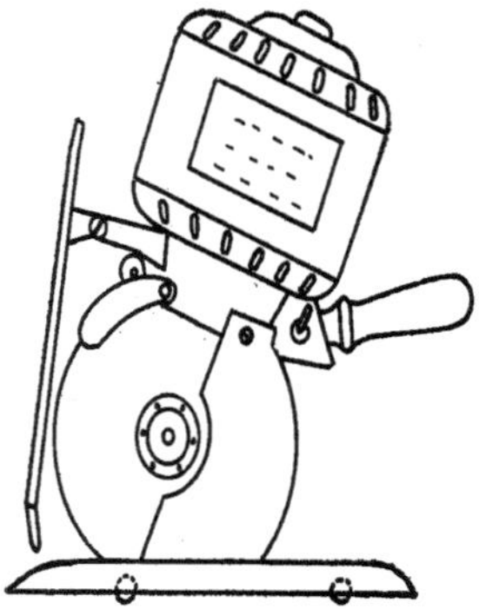

图12-2　圆刃型电剪

圆刃型电剪的裁刀是圆盘形的，由电动机带动，做高速旋转运动来切割面料。这种电剪的裁剪能力取决于裁刀直径的大小，一般裁刀的直径为6~25cm，因此它们的裁剪厚度一般最大不超过10cm（小于裁刀的半径）。这种电剪轻便灵活，尤其是裁剪直线形状，由于它是连续切割，比直刃电剪速度快、效果好。但是裁曲线尤其是曲率较大的曲线，效果不如直刃电剪。圆刃电剪的裁剪厚度也比直刃电剪小。因此，这种电剪适于裁剪小批量产品，在大批生产中可作为辅助设备，如图12-2所示。

（2）台式裁剪

这种裁剪方式使用的设备是台式裁剪机。台式裁剪机是将宽度为1cm左右的带状裁刀安装在一个裁剪台上，由电动机带动，做连续循环运动。裁剪时，将铺好的面料靠近运动的带状裁刀，推动面料按要求的形状通过裁刀，面料便被切割成所需要的料片。这种裁剪方式类似木材加工中用的电锯。使用这种裁剪方式，由于裁刀宽度较小，并且裁刀连续不断地对面料进行切割，因此裁剪精确度较高，特别适于裁剪小片、凹凸比较多、形状复杂的裁片。但是由于设备较大，不具有电动裁剪机轻便灵活的特点，因此适用范围较小。通常这种裁剪方式与第一种裁剪方式配合使用。

（3）冲压裁剪

根据裁断的工艺特点和裁断机理，可分为冲裁和剪裁。带有刃口的冲头（刀模）沿与织物或皮革表面的垂直方向，一次冲压切断纤维，使裁片一次成型。冲裁的特点是裁片规则、准确率高、作用时间短、效率高，但需要的切割力大，刀具结构较复杂，适应于大批量生产。冲裁时只需要刀模的切割运动，不需要送料运动。剪裁时刀具沿与皮革表面平行方向，分段连续剪断皮革纤维。剪裁的特点是能裁出形状复杂的零件，但裁断时间长、效率低、费工费时，适合小件或小批量生产。剪裁一般需要刀具的剪切和送料两种运动。通过裁断作用过程分析，剪裁比冲裁更适合于皮革类材料的裁断，但从生产率和工艺过程来分析，冲裁优于剪裁，如图12-3所示。

图12-3 冲压裁剪与裁下的皮块

图12-4 刀模

在机械加工中可利用冲床，将金属材料冲压加工成需要的各种形状。将这种加工方式运用到箱包裁剪中，便是冲压裁剪。采用这种裁剪方式，首先要按样板形状制成各种切割模具，将模具安装在冲压机上，利用冲压机产生的巨大压力，将面料按模具形状切割成所需要的裁片，如图12-4所示。这种裁剪方式所得裁片的厚度取决于冲压机的压力大小，目前使用较多的油压冲压机压力为10~20t。这种裁剪方式的主要特点是精确度非常高，可以非常准确地一次裁剪出若干裁片，因此精确度要求高的部件适合采用这种裁剪方式。由于需要制作模具，加工成本比较高，因此适用于款式固定、生产量大的产品。变化大、批量小的产品不适合使用这种裁剪方式。

2. 天然皮革的裁剪

目前，在不同的企业中，天然皮革的裁剪方法也不同，有条件的中大型企业采用模具裁剪，而有些中小型企业仍以手工裁剪为主。但是即使是用模具裁剪，也需要操作工人人工排料。因为皮革面料张与张之间存在很大的个体差异，其表面及内在质量也有很大的不同，因此人工排料更有利于合理利用面料。

（1）手工裁剪

裁剪是技术性比较高的工种，因此对操作工人的要求也较高，要求工人对产品的生产过程、工艺操作、技术要求等都能熟悉和了解。

①裁剪的准备：

工具：划刀、玻璃台面、直尺、量尺、剪刀、铅笔、磨石。

检查样板：检查样板是否齐全，是否有缺损，装配零部件部位是否标志明确，明确产品对零部件皮料的质量要求。

磨刀：使刀口锋利，在裁剪时不会在皮革的边缘留下参差不齐的痕迹。

②裁剪操作：

选样：把皮料摊放在台面上，查验皮张的质量，伤残所在的部位及可否利用情况，按质量进行分档。

排料：排料时，一般先排扇面、墙子、堵头、包盖等主要面料，然后再排小料和次要部件材料。

画样：皮张选好审定后，把单张皮平铺在台面上，将所需样板铺好，并检查皮面上的伤残能否利用和躲让。

裁样：裁料的方法一般有两种，一种是用剪刀裁剪，另一种是用划刀裁剪。

在划刀裁法中，首先将样板排放好后，用右手执刀，把刀口角切入皮面，使刀口沿着样板边从后面向前推动或从右向左推动，沿样板边把皮革裁开。刀口在皮面上推动时，刀口与皮面呈25°~30°夹角。这样，刀口向前推动时可充分利用刀角的锋利而减少阻力，刀面与皮面呈90°直角，这样，刀口不“吃”样板，裁下的皮料边势平直。在用剪刀裁剪时，要注意刀与刀之间的衔接，在皮革边缘不要出现接刀痕迹。

裁料时要先裁主料、后裁辅料，先裁盖料、后裁底料，先裁面积大的、后裁面积小的，要求充分利用边角料；先裁表面面料、后裁里部用料，做到充分利用，力求降低损耗。另外，裁料时，还应注意色泽搭配和花纹搭配，同一产品上零部件组合色泽要基本一致，花纹镶接搭配要协调自然。

（2）机器裁剪

机器裁剪要比手工裁剪简单很多，机器裁剪主要是利用成型刀口模，借助于裁料机的压力把皮张分开，机器裁剪适用于小面积的零部件和大批量生产。其优点是所裁的零部件规则整齐、生产效率高、劳动强度低。但裁剪成本高，应尽量用在大批量生产或通用部件的生产上。裁料时，要求工人技术熟练，对零部件质量的了解要求充分详细，熟悉箱包产品生产工艺。

①裁剪准备：了解产品各零部件的要求。检查刀模是否符合要求，案板是否厚薄均匀、无凹凸不平和破裂等现象，检查机器运转情况并调整。

②冲裁：操作前平摊皮料，把刀模放在皮料上的合适位置，定位，揿动连杆，压板下冲，完成一次冲裁。冲裁时要根据产品零部件的形状，严密排列，相互套裁，注意伤残的合理利用、色泽的搭配、花纹的搭配以及丝缕的选用。另外，冲裁时先裁主要零部件，后裁次要零部件，先裁面料，后裁里料。

3. 人造皮革的裁剪

人造皮革的裁剪与天然皮革相比要简单得多，因其表面很少有伤残，同卷人造皮革上基本无色差，形状规则，强度均匀一致。

裁剪前把人造皮革卷筒放在支架上，裁大面积部件料时，由于人造皮革两边有时会有一些褶皱不平，因此裁料前要先把人造皮革的两边裁掉，使表面平整，边沿无曲皱，然后排料画样，做到合理排料。在玻璃台面上裁料，纤维一面向上摊平，按样板裁料。裁制小零部件或线状料时，可将人造皮革折叠数层，在切纸机上裁断。裁剪时，先裁大部件，后裁小部件，要充分利用边角小料，提高材料利用率。

4. 纺织材料的裁剪

纺织材料裁剪前要进行织物分类和布层折叠工作。

（1）织物的分类

有色织物经过染整加工，在幅宽和色泽上有一定的差别，为了使成批产品色泽一致，在裁剪前应将织物进行分类。

（2）织物的折叠

一般来说，纺织材料采用多层裁剪，根据织物厚度和设备能力，将织物折叠成所需的层数，折叠的长度按产品的零部件套排后定。

（3）裁剪方法

裁剪方法有两种，一种是电剪刀裁剪，另一种是手工裁剪。裁剪时注意先裁大料，后裁小料。如果用电剪刀裁料，要注意推动时刃口不离画迹，电剪刀底板保持与铺料板完全接触。

5. 纸板裁剪

纸板的裁剪不同于皮革材料及其他材料的裁剪，因其纤维粗糙，质地粗松，强度较差，故不能进行折叠，只能垒裁。纸板的裁剪有手工裁剪和机器裁剪两种方法。

裁剪步骤如下：

（1）选料

纸板是草浆和木浆加工成的工业材料，它在生产、运输过程中可能会引起缺陷。故在裁剪前应先检查纸板质量是否合格，纸板是否平服、干燥，正反两面表面是否有起毛、起楞现象，四边是否平直，注意看清纵横丝缕。因为纸板的横纵方向柔韧性不同，要根据使用部位的不同而定。

（2）裁剪

①机器裁剪：机器裁剪适合于大批量生产，效率高，质量好，劳动强度低。

②手工裁剪：手工裁剪适合小批量生产和研制新产品。

五、用料定额核算

箱包产品用料定额核算，对安排生产来说十分重要，其定额核算方法主要有两种：一种是实验测定法，另一种是测量计算法。

1. 实验测定法

实验测定法是通过用产品零部件的样板实际套裁得出用量的方法，尤其适合皮革面料的成本核算。

从皮革中选出有代表性的皮革材料（一般以二级皮为标准），按产品对皮革的质量要求，用样板把皮张裁成产品的零部件料，去掉剩下的皮张，即产品的实际用量，实际用量加上规定的损耗，即产品的计划用量。规定的损耗率为：一级皮：10%～15%，二级皮：20%～25%，三级皮：25%～30%。

2. 测量计算法

测量计算法是通过测量产品零部件的实际面积，然后逐一相加，求得产品的实用量，而实用量加上损耗等于产品的计划用量。操作时，把产品的零部件样板在纸面上严密套排，然后用笔画在纸面上，算出其面积从而得出实用量数值。

第三节　片削工艺

片削是将产品的零部件按工艺要求使边缘片削成一定规格，从而适合下道工序加工的要求。目的是使零部件的连接处、折边处、压茬处平服、整齐、美观，避免因零部件接缝、折边、压茬部位过厚，影响产品的质量和外观。

对于箱包产品而言，由于材料及零部件要求的不同，其片削工艺过程也有所不同。

一、皮革面料的片削

1. 片料的类型

应用于皮革面料上的片料方法有两种，即通片和片边。

（1）通片

把零部件整片进行片削的过程称为通片，通片有平刀片削和圆刀片削两种。平刀片削一般适用于硬革和厚革，如照相机皮袋的胖面、墙子部件等。圆刀片削一般适宜于手把面料、包扣皮、包边皮、嵌线皮、滚边皮等部件。

（2）片边

将零部件的边缘按产品工艺质量要求片成坡茬状的过程称为片边。如皮箱、皮包、票夹等零部件的折边、压茬、缝合等部位。

片料操作主要应用在较厚面料上，如牛皮面料，而对于羊皮面料来讲，一般不用或采用轻片。

2. 片料的应用

（1）用于折边部位的片边

在箱包产品生产过程中，一般来讲，零部件明显暴露的边缘需要折边。如包的上口部位需要做光边处理。为了获得较好的外观效果，应对边缘进行片薄处理。

片边的宽窄度、厚薄度要根据折边的工艺要求来定。不同的皮革，有不同的要求。

牛皮：皮革厚而质地坚实，故片削宜宽、宜略深些。

羊皮：皮革薄而软，故片削宜浅、宜窄。

（2）用于压茬部位的片边

部件与部件的相互重叠称为压茬。压茬时，将部件分为上压部件和下压部件，无论是上压部件还是下压部件均需要片边，目的是使产品整体缝合或胶合后的边势平整、美观。因部件在产品上所处的位置不同，片边的要求也不同。一般来说，上压件的可片宽度等于重叠量，下压部件的可片宽度应略小于重叠量，如大于重叠量则会造成片茬外露，影响产品美观。

（3）用于缝合部位的片边

由于皮革面料缝合以后，缝合部位厚度增加，给胶合带来一定的难度，而且也会在外观效果上造成凹凸不平的缺陷，因此部件的缝合部位需要进行片边操作，目的是使缝合后的边势均匀平服。应用反面缝制方法时，两部件在缝合的边缘都片削网状层，并且缝合两边所留厚度基本相同，宽窄度也相等。如两部件重合时中间需嵌线，如牙子皮的镶嵌，那么在对边缘进行片削时，片削厚度应略深，片削宽度也略宽。

3. 片削的方法

片削的方法有两种：一种是手工片削，另一种是机器片削。

（1）手工片削

手工片削在皮具产品生产过程中很重要，它要求操作者具有一定的加工基础并熟悉工艺。手工片削包括两种类型：一种是对零部件边沿的直接片削，另一种是对零部件边沿的间接片削。

片削的应用有三种：第一种是片削折边边缘，第二种是片削镶接的边缘，第三种是片削缝合的边缘。片削折边的边缘时，需片削网状层，保留粒面层。片削时，网状层朝上，粒面层压在片砖面上，片削成的边形斜坡中略带平势，从而使折边平服。片削镶接的边缘时，上压料片削网状层，下压料需片削粒面层，片削缝合部位时，两部件都片削网状层。

①直接片削：直接片削是指由手工直接片削，一直到符合工艺要求为止的方法。

片削操作方法如下：

a. 磨刀：将刀磨锋利。

b. 片削：铺好皮料，片边部位放在操作者左侧，右手握刀刀尖向前，大拇指的指面紧捏在80°刀角的侧面，把刀口角在画的线条上向前推动，刀向前推动时用力要柔中有力度，刀、刀口与皮料之间呈15°~20°夹角，刀面与料面的夹角应随着片削斜坡的形成而不断变换。

②间接片削：间接片削是把在片皮机上片削过部件的边沿进行“改刀”修整，如果经机器片削过的零部件因片削坡度不平直，则在部件与部件镶接时会造成镶接表面的不平整，从而形成产品缺陷。因此，要再经过手工的二次片削对片削质量进行修正。

（2）机器片削

在箱包加工过程中，需根据技术资料的有关要求，将皮革全张片薄或将边缘部位片成坡面。机器片削生产效率高，工人劳动强度小，适合工业大生产。

操作前，先调节好压脚与圆刀之间的距离，使片出的皮革厚度符合要求，然后用右手的拇指捏住部件的一角或一端，将部件送入压脚与圆刀之间，随送料棍的转动顺势拉出片好的部件，同时左手将未片的部分逐渐送入片皮机直至完成。操作时，要保证皮革待片部分进料平整无褶皱，以免使之堵塞或将皮革表面损坏，片皮的速度要以送料棍的速度为准，两手只起到辅助作用，不得强行扯拉，以免出现片皮厚度不匀甚至片漏现象。

二、纸板片削

纸板是有规则的纤维材料，在箱包生产中用途很广，主要用于中间衬料。由于成品纸板的面积是有一定范围的，因此做大规格的皮箱、皮包产品时，纸板需进行拼接。纸板的拼接采用两边片削后互搓胶合工艺。

片削纸板有两种方法：一种是手工片削，另一种是机器片削。

1. 手工片削

①准备：选好所用材料，并在距纸板边40~45mm处画好片削线。

②片削：将纸板平铺在台面上，右手握刀，沿画的线削入纸板并向前推动，刀口与纸板呈15°~30°夹角，逐步把片削斜坡片平坦成刀口状。

2. 机器片削

机器片削适合大批量生产，产量高、劳动强度低，机器片削是利用两轧辊传动推进原理，采用锥形铣刀与纸板推进反方向转动达到片削目的。片削的位置和尺寸同手工片削。

第四节 部件边缘的修饰与镶接

部件边缘的修饰与镶接工艺，在箱包产品上用得非常广泛。边缘的修饰与镶接工艺是在片边的基础上进行的。同时，它又是缝合的基础。边缘的修饰通常有染色边、折边、镶边、滚边、撩边等。

染色边一般用在皮革面料上，是用正面缝制法制包时对毛边的一种处理方法，如背带的边缘等。折边工艺常用于皮包、票夹等精致、细巧的皮件产品上，使产品的镶接部位达到光滑、整齐的目的。镶边工艺主要用于皮箱、皮包等大型皮件产品上，经过镶接的部位厚实而牢固。多用于正面缝制法中的滚边工艺对产品进行同色或异色条形装饰，可以大大改善产品的外观。而撩边则主要用于具有艺术品位的设计上，增加产品的艺术附加值。

一、边缘的修饰

1. 折边（抿边）

折边是指将片削过边缘的零部件，按技术要求将边沿多余部分的皮料折倒用胶黏剂黏合的过程。折边使用的胶黏剂要视皮革的不同性质，采用不同的胶黏剂。通常有用氯丁胶、汽油胶和聚乙烯醇等。

折边需要的折边量通常在6~20mm。产品的零部件经过折边后得到一个光滑、整齐的外观边形，为产品组装创造了有利条件。

根据各种箱包产品的边形规律，折边大致可分为折直边、折凹边、折凸边、折凹凸边。在这四种形式中，又有折虚边、折实边之分。它们的主要区别是在虚边内无内衬，而实边内的内衬有硬纸板。

折边需要的工具有：锤子、剪刀、锥子等。

（1）折直边

折虚直边比较简单容易，折边前要求部件边沿片削平直，厚薄均匀。根据不同的产品要求，先按折边规定量画出线条，目的是保证折边后边缘平直。然后在边沿上涂上胶黏剂把皮折折后黏牢，用锤子敲平服。如皮质较硬，可用氯丁胶黏合。把氯丁胶涂在折边皮上后需要等胶水干燥后（手感无黏性）才能折边敲牢，如图12-5所示。

折实直边时，实边内有衬料。先把片过边的面料黏合在衬料上，在衬料外保留折边皮，涂上胶黏剂，然后把折边皮黏合在衬料的边缘上，使衬料边缘不外露，如图12-6所示。

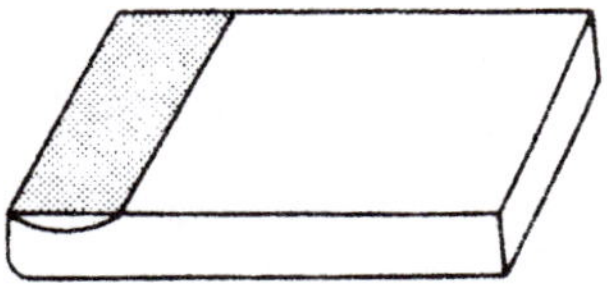

图12-5 折虚直边

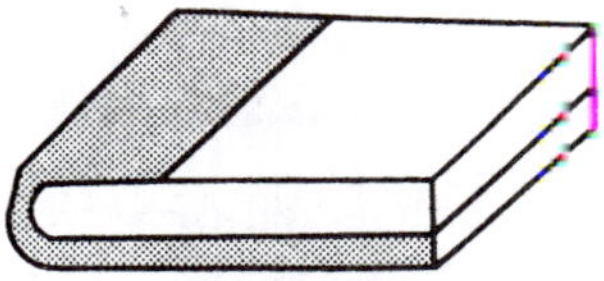

图12-6 折实直边

（2）折凹边

凹边折边比直边折边复杂。因为凹边的内轮廓线小于折边的轮廓线，折边前先要使内轮廓等于或略大于折边的轮廓线，才能把边折好折牢，这就需要使内轮廓线伸长。解决的办法是用剪刀或划刀在内轮廓线边沿上打叉口提供所需要的伸长量，达到内轮廓线等于或大于折边的轮廓线尺寸。

折边前（虚边）先在折边部位的边沿上划好折边线，涂上胶黏剂。用剪刀在折边皮上打叉口，叉口深度为折边量的2/3或3/4，叉口与叉口之间的宽度为2~4mm。然后按照画的折边线把折边皮折黏牢，如图12-7所示。折边轮廓线要折得整齐、自然，不能歪曲黏空，剪刀叉口不能露边。

折实边时，首先在胶粘好衬料的折边皮边缘涂上胶黏剂，用剪刀在折边皮上打叉口。叉口深度为折边量的1/2或2/3。叉口与叉口的宽度为3~5mm。然后沿折边的边缘把折边皮刮牢，以保证折好的边缘不空不曲。用手指把折边皮揿在衬料的边沿上，用锤子敲平压。

（3）折凸边

折凸边则与折凹边相反，由于折边皮外轮廓线大于折边实际轮廓线。折边时需要把折边皮的外轮廓线缩短到小于折边的轮廓线。因此，就需要把折边皮打褶缩短外轮廓线的长度，达到小于折边轮廓线的目的。

折边前先在折边部位的边沿上画好折边线，涂上胶黏剂，然后将折边皮折倒，同时用锥子在折边皮边缘打褶皱，如果折边皮较厚，打的褶裥较大时，可先用片刀把折边皮片薄，使打褶褶裥平服，如图12-8所示。折边时要求打的褶裥要均匀细小而平服，折边后的轮廓要圆正、自然、平整。折好后如果打褶部位的褶裥较厚影响组合镶接，可用片刀把褶裥片平。折实边时基本与虚边相同，但是一定要注意皮革与内衬之间应无空隙才能保证折边质量。

（4）折凹凸（花边）边

由于凹凸边边形比较复杂，凹凸相间，折边时折边的凹处可照折凹边的操作工艺，折边的凸处可照折凸边的操作工艺，但一定要注意凹凸转折时边形的圆顺，如图12-9所示。

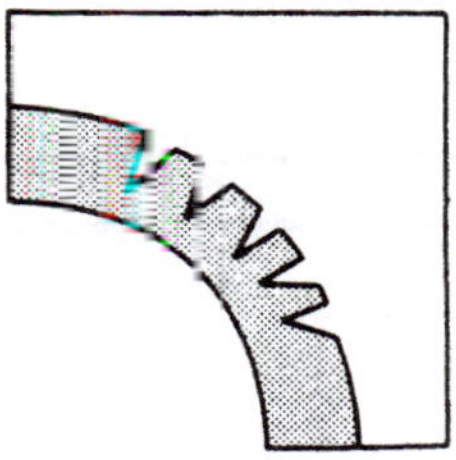

图12-7 折凹边

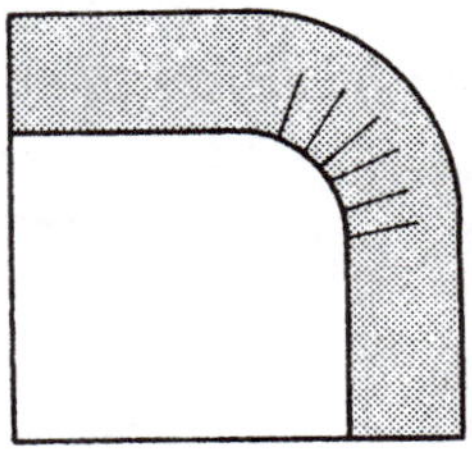

图12-8 折凸边

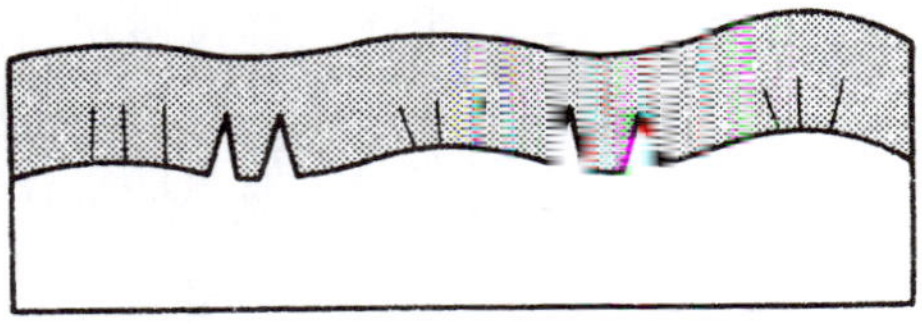

图12-9 折凹凸（花边）边

（5）挨筋折边

挨筋折边指的是在部件衬料的边沿涂上胶黏剂黏合纸板筋，从而形成凸起以装饰部件边缘，在此操作之后再黏合面料，最后在边缘处根据要求折边。操作如下：

①胶纸板筋：把纸板裁切成宽为5～8mm的纸板筋，在纸板筋上涂上胶黏剂，把纸板筋黏合在部件衬料的边沿上，纸板筋的位置距离边缘5mm，等胶黏剂干燥后用砂纸把纸板筋上的轮廓磨圆。

②胶黏面料：把面料片削好并画上折边线，在衬料上涂上胶黏剂，把面料复合到涂有胶黏剂的衬料上，将皮面推平服，挨出纸板筋，纸板筋的边缘处要挨紧挨牢，不能有松、空现象出现。

③折边：把胶合好面料的部件反面向上平摊于台面上，涂上胶黏剂，然后对部件的边沿进行折边。要求折边要折平直，不能有松、空现象。

2. 染色边

染色边是边缘修饰的一种常用方法，它的操作方法如下。

（1）裁切边缘

按工艺要求把边缘裁切平直，边缘无毛刺。

（2）起线

将裁切好的边缘用熨斗或烙铁在边缘上起线，要求线条清晰，同时不可烫伤皮革表面。

（3）砂边

用砂纸在边缘砂磨，将部件边缘绒毛磨去，使部件表面光洁。

（4）染色

根据工艺上要求的颜色进行染色，染色温度一般为30～40℃。

（5）揩光

在部件边缘揩上光亮剂，揩光亮剂的遍数以3～4次为宜，注意一定要等到前一次揩光液完全干燥才能进行第二次揩光操作，以保证揩出的边缘光亮均匀。

3. 滚边

滚边有本色边和异色边两种。滚边前，裁切好滚边条，并把部件边缘片削好，滚边条一般要求通片，厚度为0.3～0.5mm，将部件与滚边条黏合，然后在缝纫机上缝合。

4. 镶边（毛边）

镶边是边缘修饰的另一种工艺方法，由于皮革本身的厚度有时并不能满足产品的需要，为了确保边缘厚度需要，用镶边的方法来达到零部件边缘所规定的厚度。操作方法如下：

将产品部件需要镶边的边沿厚度片削均匀，保证镶边的边缘厚薄均匀。

用装具革或厚皮革裁切成宽度为15～20mm的皮条，长短根据需要裁好镶边皮条，经片皮机片削至一边成斜坡状。镶边时，在片削过部件的边沿上涂上胶黏剂，然后把镶边皮条黏合在边沿上，推平再用锤子敲牢，如图12-10所示。

图12-10　镶边

镶凹边或凸边时，需要把镶边皮条湿水后弯曲（皮革湿水后有可塑性）到边缘需要的凸凹度，然后把镶边皮黏牢。当皮料厚度大于2mm时则不需要镶边。

5. 撩边

撩边时，首先要将部件边缘砂磨圆滑，在部件边缘打孔，然后用皮条、目线等材料进行穿插撩缝，要求缝迹均匀。

二、边缘的镶接

将部件与部件的边缘按工艺要求进行黏合拼接的过程称为镶接。在制作中，既有直接镶接成型的，比如箱体的制作，也有在镶接后再经过缝合而成型的。镶接只是缝制工艺的前期处理，在镶接前一般都要对部件进行片削、扎眼、画线、挨平等准备工作。

镶接的方法有平镶、压茬镶接、压缝镶接、对接等。

1. 平镶

平镶工艺一般用于平面的镶接，用于箱体时镶接处不再缝制，因此要求镶接处黏合要牢固，一般采用黏性好的氯丁胶作为胶黏剂。镶接前先把部件镶接处边沿片削成斜坡状，上压件片网状层，下压件片粒面层，斜坡要片削平整，两边坡度宽窄相等，片削后涂上胶黏剂把两边压平接合。如各种皮制旅行箱墙子与条子的拼接，木制箱体的仪器箱、仪表箱、医药箱、化妆箱、首饰箱等的面料部件与部件的接合，如图12-11所示。

平镶的特点是：镶接处接头平服，表面光滑，平整。粗看表面近似一体。

2. 压茬镶接

压茬镶接是指一个部件的边缘重叠压在另一个部件的边缘上。压茬镶接工艺一般用于皮箱、皮包零、部件的连接，如皮箱、皮包面与底的连接，墙板与横头的连接等。

压茬镶接前先把上压部件的边缘修饰好，压茬镶接的边缘有两种，一种为“光边”、另一种为“毛边”。采用哪一种边要视产品需要来定。边缘修饰好后，在上压件的边缘涂上胶黏剂。然后把边缘压在另一边的边缘上，把两部件连接，如图12-12所示。

压茬镶接的特点是：工艺简便、操作方便、镶接牢固结实、边缘明显。

3. 对接

对接是把两部件两边并拢在一个平面上，中间无重叠。接合前，把两部件边沿厚薄片削均匀，边缘用刀裁直。接合时，把两边缘并在一起成一条直线，接缝下黏合一条衬料，衬料用皮革也可用纤维织物以增强接合强度。

对接的特点是工艺简便，接合平服。

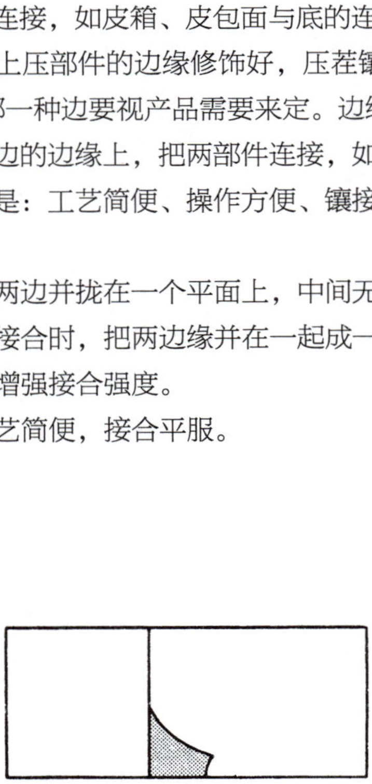

图12-11 平镶法

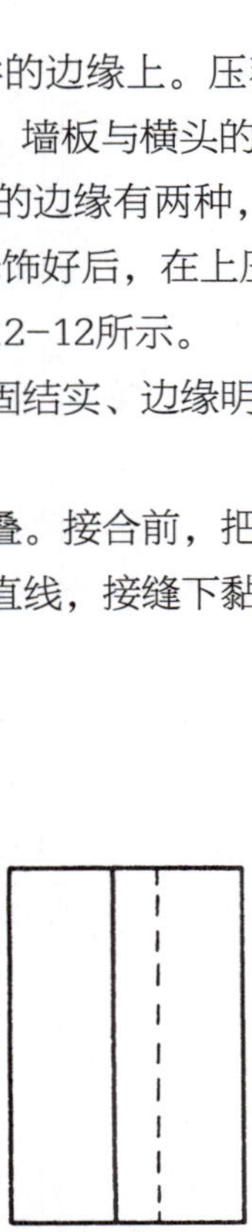

图12-12 压茬镶接

4. 压缝镶接

压缝镶接工艺包含两个步骤，第一是把两部件的边缘对接在一个平面上，然后在接缝上覆盖零部件或装饰件使接缝隐蔽，尤其对于皮革面料而言，这种方法既可使裁料方便又能提高皮革的利用率，是箱包产品设计中常采用的方法。

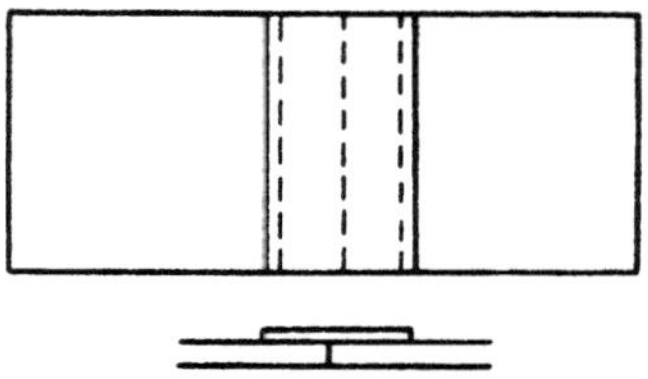

图12-13　压缝镶接

镶接前，在衬料上戳好中心眼画好线条，将对接的边沿片削均匀，压缝件两边片削均匀。压缝如采用毛边时，只需要把边沿片削均匀，采用折边则需要按折边工艺进行片削。

镶接时，首先在衬料上涂上胶黏剂，把面料复合到衬料上，中间两边对齐画好的线条，把面料黏合牢固，然后在压缝件的网状层涂上胶黏剂，把压缝件复合到接缝上，如图12-13所示。压缝镶接的特点是接缝隐蔽、接头牢固，裁剪取料方便、节约面料，成品后表面艺术感强。

第五节　胶黏工艺

胶黏工艺是指把面料与箱体或衬料通过胶黏剂黏合成一体的过程。黏合工艺可分为立体件的黏合和平面件的黏合。

一、刷胶

刷胶是最基本的一项手工工序，在低档包袋生产中，对刷胶工艺的要求并不是十分严格，而在高档包袋制作中就显得比较重要了。

应用于包袋生产制作中的胶水种类比较多，一般分为环保型胶水、非环保型胶水两大类。其中常用的汽油胶可以看作是介于环保与非环保之间的一种产品，主要用在需要临时固定的部位，其优点是不会使使用部位变硬而影响手感，而且汽油胶对人体的毒副作用也比较小，使用安全性比较高。在生产中，汽油胶应该在部件上薄薄刷一层，注意要刷均匀，不得流胶，也不能在部件上留有胶疙瘩，刷完胶后可即刻进行黏合，胶水干后则没有黏性。

箱包生产中使用最多的非环保胶水是309甲苯类溶剂胶水，由于该胶水的溶剂是甲苯或二甲苯，挥发速度非常快，而且黏着强度高，黏接性能优异，在各种皮具产品生产中广泛使用。但由于甲苯类溶剂对人体血液、呼吸系统产生较强的刺激，长时间在类似环境中工作，可能会引起皮肤过敏，血小板减少，甚至败血症，对人体危害比较大，应当尽量减少或禁止使用。但该胶水价格便宜，操作简便，在一定时间内仍然会有一定的市场占有空间。在使用时，最重要的是建立良好的通风环境，以期尽量减轻甲苯类溶剂对人体造成的危害。在生产中，在部件上均匀刷薄薄一层，胶水刷好后，要求晾3~5min，待胶水不黏手时再进行部件的黏合。

随着可持续性发展要求的绿色生产社会生产保障体系的实施，环保型胶水在箱包生产中应用越来越多，为了适应形势及国家要求，同时也为了适应欧美市场的准入标准要求，环保型胶水的应用前景非常广阔。环保胶水采用非甲苯溶剂，危害比甲苯要小得多，但在使用中仍然要注意通风的良好。由于现今市场上环保胶水价格比较贵，而且有少量厂家以一般产品冒充环保产品，使用时应当选择有一定规模的正规厂家，并请该厂家出具有效力效应的环保证明。

在高档包袋生产中，对胶水的要求非常严格，除确保环保指标之外，对工艺操作要求也比较高。由于胶水属于瞬间强力胶黏剂，可能会造成胶黏残留物硬化的缺陷，因此在胶黏操作时要尽量抑制各种可能产生的产品缺陷，充分发挥胶黏操作的优势，使刷胶宽窄适宜，尽可能减少胶水用量，并产生均匀的刷制效果。最好的黏合效果是双面刷胶，胶水要尽量少，不能起皱、起泡，黏合边角时外层稍紧可以使面料充分展开，另一方面避免以后变形。

二、贴胶带

在一些不适合刷胶水的位置或部件上，可以采用贴胶带来进行固定，很多工厂选用宽度不同的双面胶带，目的是产生临时性黏合，以利于部件的缝制。双面胶带的规格有0.5、1.0、1.5、2.0cm等尺寸，使用时选用合适规格贴在目标位置上，要求严格按照设计要求的宽度进行黏合，而且胶带尽量黏接平整，无皱褶产生，然后撕去胶带纸黏合即可。黏合的基本要求是平服、结实，大面积边角黏合要求稍紧。

在高档箱包产品的生产中，贴合与胶黏一样对产品质量起到非常重要的作用。由于高档箱包在各方面的要求都非常高，包括设计、制作、材料、包装及该品牌的文化内涵。只有充分把握每个细节，才有可能达到最佳的产品效果。

三、立体件的黏合

箱包产品按其工艺需要可分为黏合面层后定型和成型后黏合面层两种黏合方式。其中立体件的黏合即是成型后黏合方式，平面件的黏合属于先黏合面层再定型方式。

1. 胖形立体件的黏合

胖形立体件经模压成型后，轮廓呈立体圆弧形，黏合有一定难度。如旅行箱的盖、底、胖面等。须先按胖形形状定型，然后再完成黏合。

黏合方法如下：

①在胖面及与其黏合的皮料边沿上扎好中心眼，以便黏合时对准位置。

②在皮料网状层揩水，略润湿即可，等10~15min，使水分渗透均匀、变得柔软。

③在皮料肉面刷上黏合剂，将皮料复合到胖面上，位置对准中心眼。

④从皮料中间向四边推平，里面不能残留空气。把四角推好，表面圆滑平整，用钳子把皮料边拉紧使皮料边紧缩折裥，将金属箍套上，把皮料的边紧箍在胖面的口边上。用钳子拉平，从而保证边沿挺括平整。

⑤待皮面干燥后，除去金属箍，切除边沿多余皮料。

2. 方形立体件的黏合

方形立体件一般多用于公文箱，仪表箱等的制作，箱体用胶合板制成，表面包上皮料而成。

黏合方法如下：

①片削后组装零部件，使产品整体成型。

②在皮料肉面层揩水，等10~15min待皮柔软，在皮料肉面刷胶，并在箱体表面刷胶。

③待胶不黏手后，将平面体复合到箱体上，先把一头黏牢，然后向另一头推平，使皮料

平服地黏合在箱体上。

要求：表面平整、黏合牢固，接头要结实，不会脱胶。

3. 半圆角立体面的黏合

半圆角立体面指的是一面四角中两角为圆角，两角为直角的造型，是箱类产品中常见的类型，用胶合板制成箱体，外层包皮料而成。多应用在医疗箱、仪表箱上，黏合方法基本同前。

4. 立体弹性面的黏合

立体弹性面是指在面料层和箱包体中间夹一层海绵体，从而使成型后的表面丰满柔软，富有弹性，效果非常好。例如，公事包、女士包等包体和包盖的黏合。

黏合方法如下：

①按箱包体、盖子的规格裁好海绵体，一般用3~5mm塑料海绵。

②在木质箱体表面或衬料上涂上胶黏剂，尽量涂满、涂薄，不得有胶疙瘩，待胶黏剂干燥后黏上海绵，在四周留有大约10mm的空间，用划刀将海绵的四边划直顺，然后在四周的空间部位涂上氯丁胶待干。

③在皮料四边涂上氯丁胶，部位、面积同箱体海绵体外空间部分一致，待胶干燥后，把面料黏到箱体上。

④黏合包盖时，先将包盖的纸板衬按照包盖的形状定型，然后再将面料黏在衬料上成型，这样做出的包盖开关灵活而且部件平整。

四、平面件的黏合

平面件的黏合一般指面料先黏合后成型的黏合方法。按材料的不同分为以下几种黏合种类。

1. 天然皮革材料的黏合

操作如下：

①检查皮料的表面情况，注意伤残位置。

②肉面揩水并等待10~15min，使皮料柔软。

③按规格裁好纸板，并涂上胶黏剂。

④把面料与纸板复合到一起，从中间向两边推动使黏合牢固。

要求：面料表面平整、不起壳、无起楞、无浆渍。

2. 纤维织物的黏合

纤维织物在黏合时，要注意表面花型，有条、格花型的，要注意对格、对条，有倒顺花型或倒顺毛的，注意倒顺规律。在黏合时，不能用玻璃刨重推，以免胶黏剂从布眼中挤出，污染表面。

3. 人造皮革的黏合

人造革是用纤维织物作为底层，聚氯乙烯为面层制造而成，其弹性比皮革和纤维织物强，而强度、透气性、可塑性比皮革差，柔软性、透气性比纤维织物差。因此，造成人造革的黏合比皮革和纤维织物难度均大的特点。黏合时，黏合方法同皮革材料的黏合，黏合好、推平服后，用重物压15~30min待黏合剂干燥后才能使面料黏合牢固。

4. 弹性平面体的黏合

黏合前，把海绵按标准裁切好，黏合时，先把海绵黏合在纸板上，然后在弹性体边沿和面料四周边沿涂上氯丁胶，使黏合牢固即可。

5. 零件的挨芯

零件挨芯是在零件中间填芯料，使零件表面形成凸起，成型后造型更加美观。挨芯前，先用纸板或皮革裁切好填芯，在面料上揩适当的水分；挨芯时，在填芯表面涂上黏剂，黏合在零件的衬里上，然后在面料上涂胶黏剂，把面料复合到填芯上面并用力推平，再把边缘轮廓挨出即可。

6. 捏褶包角

捏褶包角工艺主要用于较高档的皮革箱包产品。操作时先将包角材料多余部分裁切去掉，在边缘处涂上胶黏剂，然后将包角两边的直边折捏平直，当折捏到临近包角部分时，将包角处转移到右指部位，同时用左手按住部件，用右手进行折捏，操作时要注意将褶捏均匀，四角的褶数要相等，一般每个包角折捏6~8个褶为好，从而保证包角弧线的圆顺。包角折捏完成以后，用锤子敲平，如内部有硬衬，锤子敲平时用力应向内倾斜，以保证包角紧贴内衬。

7. 对合拼缝

零部件拼接操作见前面所述的边缘的镶接部分，而成品对合则是指包袋的面料部分与里料部分在包袋上口部分的黏合，此工序是将包袋里、外部件缝合的基础固定手段，产品对合黏接采用全光边黏合、半光边黏合和全毛边黏合3种形式，视包袋设计而定，以全光边黏合为主。在操作时，一般先将面料和里料上口边缘按折实边处理，然后在折边部位刷胶，待胶干燥以后再将里、外部件上口黏合在一起。要求严格按照对接剪口黏合，不得有牵拉扭曲的现象出现。

8. 黏合拉链

箱包上大多带有各种拉链袋，黏合拉链是一道非常重要的工序。拉链属于较软，初黏时因容易形成扭曲，而且有拉链头阻碍，比较难黏。初学者可在台案上黏条双面胶，把拉链固定，然后把与拉链连接的皮革部件均匀黏好，这样操作可以降低难度。然后将拉链从双面胶上拿下，将拉链从上到下拉一下，调整均匀使拉合顺畅，因为在黏贴时，由于拉链的阻碍，有时会造成不均匀黏合的缺陷，造成拉链拉动不畅的现象。

第六节 基础缝制工艺

缝合是连接产品各零部件的主要手段。通过缝合才能使分散的零部件装配成一件完整的产品，缝合工艺是箱包产品操作过程中的主要部分。

针码是缝合的具体体现，针码除了起连接作用外，也起到装饰作用。用针码来美化箱包产品的形式是非常常见的。另外，针码还起到加固的作用，如缉线的口边，就比不缉线的口边强度大，双道线就比单缝线强度大等。

在箱包产品的制作中，主要以机器缝合为主，有时由于缝纫机功能的限制，使得某些缝合必须用手工缝合工艺。基础缝制工艺缝合的方法主要可总结归纳为8种类型。

一、压茬缝法

压茬缝法在产品生产过程中是常采用的一种方法。这种缝法是先把上压件的边缘折光（也有毛边的），在下压件边缘上画好缝针线迹并涂上胶黏剂，下压件边沿片削粒面层，然后把上压件边沿压在下压件的边沿上，两部件相互重叠，重叠量的宽窄度根据需要缝线的道数而定，一般为8~15mm，如图12-14所示。

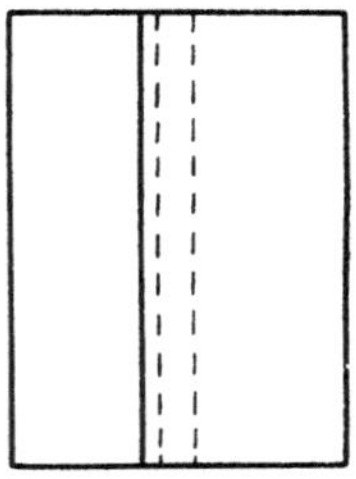

图12-14　压茬缝法

缝制时先缝第一道线，第一道线距离边2~3mm，第二道线距离第一道线5~12mm。当然也有只缝一道线迹的或缝三道线迹的，需要缝几道线迹要视产品工艺需要而定。具体缝制步骤可扫描二维码观看。

压茬缝法比较坚固，表面平整、美观，应用广泛。这种缝法在皮箱、皮包面料的缝合中常采用。

二、反缝法

反缝法是将两部件面与面重合，在缝纫机上进行缝制，缝制线迹在部件的反面。缝合前，先把两部件边沿厚薄片削均匀，用划刀把边缘修整齐。缝合时，把两部件面与面重合，两边缘并齐，然后按缝制余量规定值在边缘处缝一道线，缝合后将两部件展开垂直或摊平，视工艺要求而定。有时需要在缝线的两边各缝一道缝线，从而使部件之间的连接更为平整。

反缝法在箱包产品生产过程中的应用比较广泛，尤其是软体结构的包体。这种缝法的特点是：缝线不外露，可避免缝线被磨损而造成脱线；两部件连接处光滑；操作简便，效率高。具体缝制步骤可扫描二维码观看。

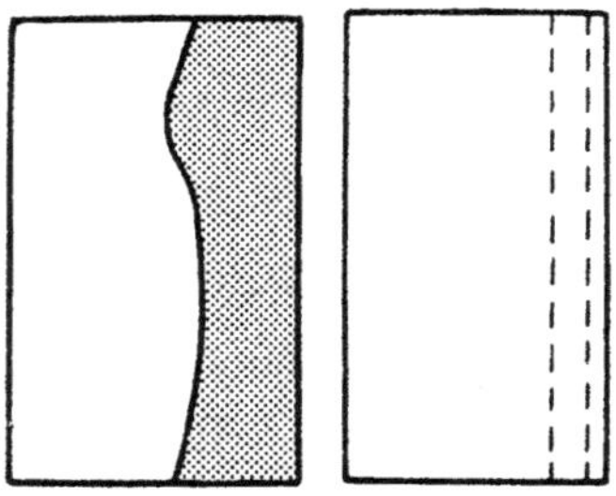

图12-15　翻缝法

三、翻缝法

翻缝是在反缝的基础上进行的。可用于箱包产品的镶边、沿口、包底板等处。缝合前，把部件边沿的厚薄片削均匀，缝合时把片削过的两部件面与面重合，两边并齐，先在离边2~3mm处缝一道线，然后将两部件展开摊平，使反面与反面重合，把缝合处刮平服，再在离边3mm或10~15mm处各缝一道线，如图12-15所示。这种缝法第一道缝线不外露，第二、第三道缝线使部件缝合牢固，边缘平整、光滑。具体缝制步骤可扫描二维码观看。

四、滚缝法

滚缝是在反缝的基础上进行的，一般用于部件边缘的滚边。

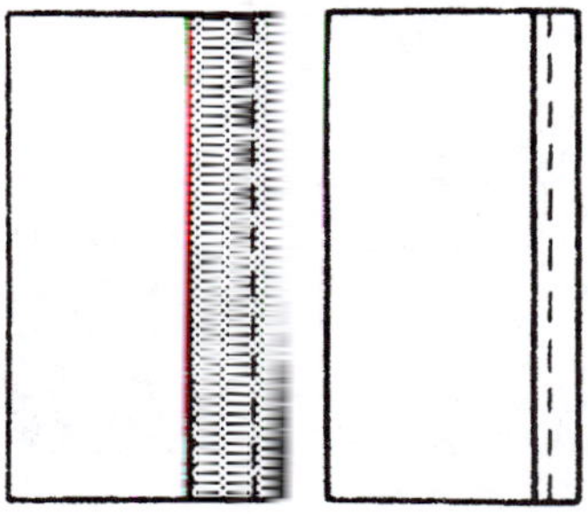

图12-16 滚缝法

缝合前，把部件边沿的厚薄片削均匀，裁切好滚条皮，滚条皮有本色滚条和异色滚条，滚条皮厚薄应片削均匀，厚度多为0.2~0.5mm。如滚边要求粗滚条时，滚条皮需厚一些，要求细滚条时，滚条皮需薄一些。

缝合时，把片削过的两部件正面与面重合两边并齐，先在离边2~3mm处缝一道线，然后将两部件展开，把滚条皮折向反面，在滚条皮反面涂上胶黏剂，部件边沿反面上口涂上胶黏剂，使滚条皮黏牢在边沿上，在正面滚边的边缘缝一道线，如图12-16所示。具体缝制步骤可扫描二维码观看。

这种缝法在箱包产品上是常采用的，尤其是在女式皮包的制作上，如袋口、滚边、部件与部件镶接上的滚边等。这种缝法的特点是边缘圆润、光滑、牢固。

五、包缝法

包缝法是一个部件包在另一个部件的边缘上。缝合前，把部件边缘裁切平直，画好包边线的位置，裁切好包边皮，同时把包边皮厚薄片削均匀，厚度一般为0.3~0.6mm。

缝合时，在包边皮的反面涂上胶黏剂，把包边皮黏合在另一部件的边缘上。包边皮的两边边缘均与画的线条对齐，以保证包边的平直。待胶黏剂干燥后缝一道线，缝线离包边皮边缘2~4mm，如图12-17所示。具体缝制步骤可扫描二维码观看。

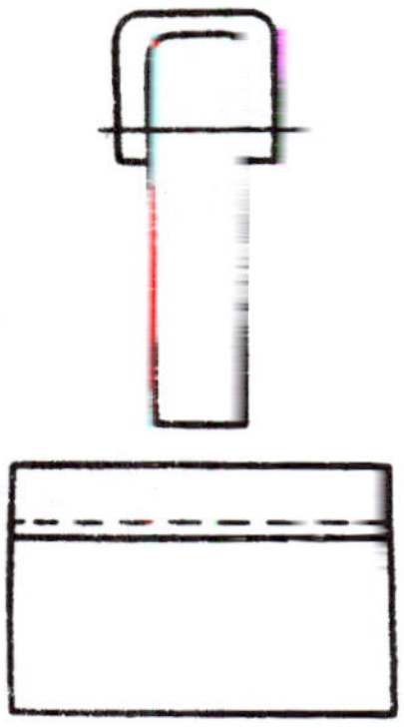

图12-17 包缝法

这种缝法的特点是操作简便、边缘光滑、整齐、美观。这种缝法一般用于皮箱的包口，各种皮包部件与部件连接处的包边、袋口包边以及包盖包边等。

六、嵌线缝法

嵌线缝是在两部件连接缝合中间镶嵌线，嵌线有实芯嵌线和虚芯嵌线两种。实芯嵌线在嵌线中间裹有绳芯纸、纱芯纸和塑料筋，嵌线中间裹芯产品成型后线条轮廓圆润丰满，虚芯嵌线在嵌线中间不裹芯。嵌线中间是否用芯，要根据产品设计需要而定。

嵌线缝工艺多一般用于软箱、软结构包的扇面与墙子等部件的连接。缝合前，先把两部件边缘裁切好、厚薄片削均匀，同时把嵌线皮裁切好，虚芯嵌线皮宽为15~18mm，实芯嵌线皮宽为18~25mm。嵌线皮的长度为部件边缘的周长，厚度为0.3~0.5mm为宜。

缝合时，首先把嵌线皮从中间对折，实芯嵌线中间需裹线，虚芯嵌线中间不裹线。将嵌线边缘与部件边缘并齐。缝一道线时，把嵌线皮缝合在部件的边沿上，缝线离边2~3mm，针距不宜过密，每25mm缝合4~6针为宜。嵌线缝合后把另一部件面复合到嵌线上，边与边并齐，离边3~4mm缝一道线，针距可比第一道略密，每25mm缝合5~7针，如图12-18所示。具体缝制步骤可扫描二维码观看。

这种缝法的特点是缝线不外露，表面清洁，两部件展开连接处嵌线突出，轮廓线条圆润美观，但操作较复杂。

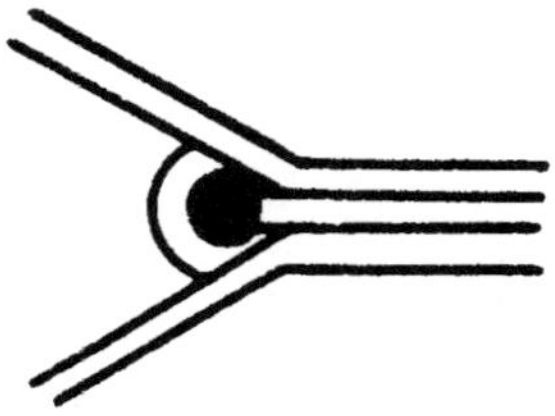

图12-18　嵌线缝法

七、平缝法

平缝是在平面上缝线的方法。这种缝法往往只适用于装饰，即在单一的部件上进行。缝制时先在表面上画好图案纹路，然后按画好的线迹进行缝制，如皮箱夹里的装饰、包体、包盖的装饰等。具体缝制步骤可扫描二维码观看。

八、曲折缝法

曲折缝法是两部件对接的一种拼接方式，两部件都不需要缝制余量，缝纫机的压脚在两部件之间来回交叉移动，线迹为曲折形。一般用于边角料的拼接和部件的装饰上。具体缝制步骤可扫描二维码观看。

第十三章

零部件制作工艺

第一节　手把的制作工艺

随着新工艺和新材料的高速发展，产品的时效性和经济性日益要求零部件实行通用化，各种金属手把、塑料手把及各类把托、钎舌、钎袢等成型的零部件纷纷涌现。通用化次要部件的使用，既可以增加和丰富包袋品种，也可以提高劳动生产率，产生可观的经济效益。但用皮革等面料制成的手把、把托等次要部件，在实际包体设计中也占据着较大的比例。下面分别介绍用包的面料制成的各式手把、钎舌的制作方法。

箱包产品上使用的手把式样很多，各式各样的手把不但增加箱包产品的使用价值，而且成为款式设计的延续，根据不同的产品需要配上不同式样的手把，使产品更加美观而实用。

一、平面手把的制作工艺

箱包上常用的手把有立体式和平面式两大类型。平面式手把的类型款式如图13-1所示。手把的种类很多，包括用包的面料做成的手把、金属手把、木手把、塑料手把和链条手把等。其中金属手把、木手把、塑料手把和链条手把常为成型把，属于配件类，这里主要介绍用包袋面料制作的手把。

1. 不同结构手把的制作方法

不同造型的包体，应选择不同形状和结构的手把。通常根据其结构和组成零部件不同，手把的制作方法可分为3类。

（a）普通手把

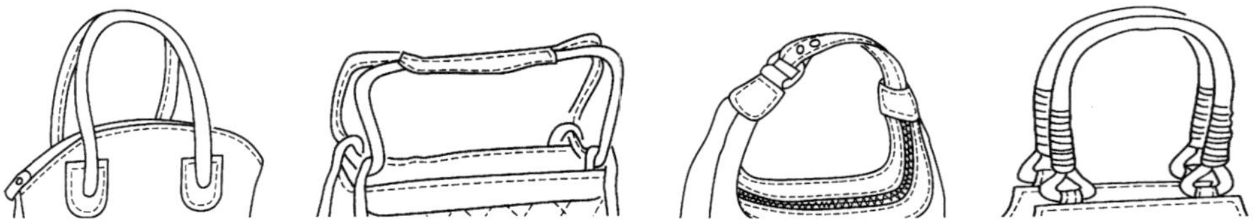

（b）背带式手把

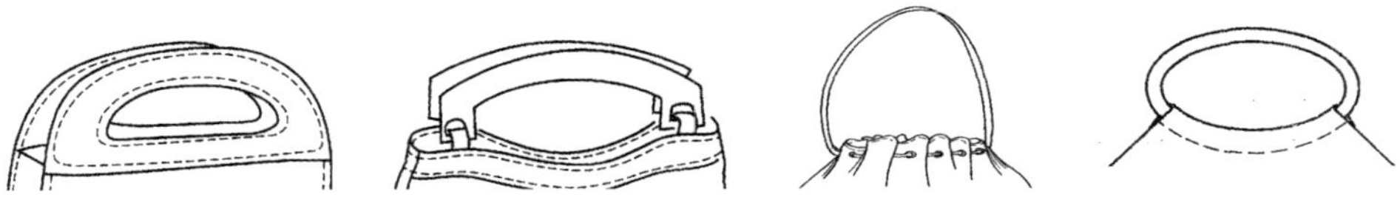

（c）花式、绳式手把

图13-1 各式手把图

（1）由一个部件制成的手把

由一个部件制成的手把是指由一个把面构成，采用不同的制作方法而形成的手把。由材料边缘对头折叠，在手把上缉两行平行线加固而形成的手把，如图13-2（a）所示；由材料边缘搭接折叠，在手把中央缉一行线加固而成的手把，如图13-2（b）所示；由材料边缘搭接折叠（上部边缘折边），在手把中央缉一行线加固形成的手把，如图13-2（c）所示；由材料的两边缘折边并对折，再在手把中央缉两行平行线加固形成的手把，如图13-2（d）所示；由材料两边缘折边后对折或以毛边对折，再在边上缉一道线加固形成的手把，如图13-2（e）所示；由材料两边缘为毛边，加镶牙子皮，再在边上缉一道线加固形成的手把，如图13-2（f）所示。

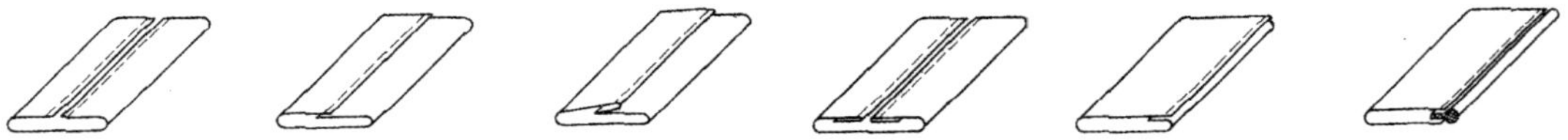

（a）（b）（c）（d）（e）（f）

图13-2 由一个部件制成的手把结构示意图

（2）由两个部件制成的手把

由两个部件制成的手把是指由一个把面、一个把里构成，采用不同的制作方法而形成的手把。

其中，由两个部件的两边均向里折边，在手把两边各缉一道线加固形成的手把，如图13-3（a）所示；由上部部件的两边缘向外包边，在手把两边各缉一道线加固形成的手把，如图13-3（b）所示；由上部部件的两边缘向里折边，在手把两边各缉一道线加固形成的手把，如图13-3（c）所示；由两部件以毛边缝合加镶牙子皮，在手把两边各缉一道线加固形成的手

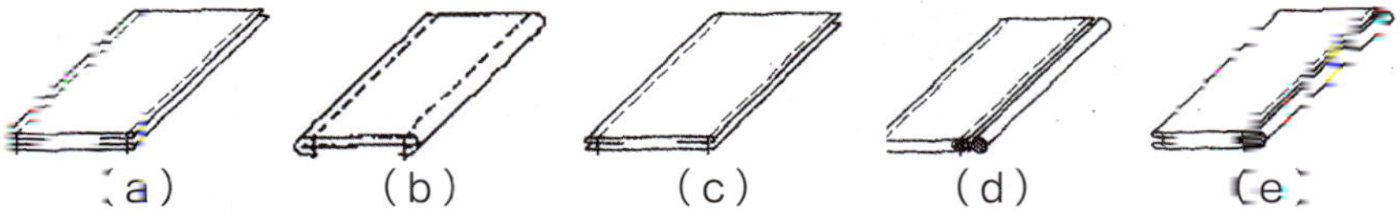

图13-3　由两个部件制成的手把结构示意图

把，如图13-3（d）所示；由一边合缝后将两部件翻转，另一边为毛边加镶牙子皮，再缝一道线加固形成的手把。这种方法一般用来制作各种款式的花式手把，如图13-3（e）所示。具体制作步骤可扫描二维码观看。

（3）由多个部件制成的手把

由多个部件制成的手把是指由把面、把芯、把底板垫皮和半圆圈等构成的手把。这种手把造型别致、美观，使用方便、舒适，而且抗拉力强，是立体手把常采用的形式。但其结构与工艺制作比前两种复杂，技术要求相对较高，是评定提包类包件产品质量优劣的一个重要标准。

把面是手把的外层表面，主要采用动物皮革或人造革制造，它要求皮面平整光滑，厚度在0.5~1.0mm。把芯是手把的核心部分，它决定着手把的立体造型。通常把芯用多层黏合的黄纸板和厚度约5mm的海绵制成。把底板垫皮是手把承重的核心部分，手把就是通过把底板垫皮与半圆圈连接组合，再与把托固定。半圆圈是手把与把托的连接部件，它属于皮件产品中的五金饰件。根据设计的造型采用冲压工艺和各种表面处理工艺制成。

2. 手把的固定位置和固定方式

根据手把结构和制作方法的不同，其固定位置一般在包盖开口、堵头或墙子上部、包的扇面和架子口的上部等。为了使制品整体布局合理，关键是确定手把长度和手把两头固定点即把托之间的距离。若带盖包的手把固定在包盖的开口部位，从固定牢度的角度分析，把托合理位置的确定显得尤为重要。

通过对花式手把、普通手把和背带把的带盖包进行实测分析，发现手把、包盖开口或扇面的长度和手把两头固定点之间的距离是紧密相关的。若手把位置安装不正确，会使包变形，破坏整个包件的平衡并造成附加应力。固定在口框上手把的受力分布规律和固定在包盖开口上的手把相同，只是由于金属口框比包盖开口部分的材质硬度大得多，所以其弯曲度和变形性较小。

通常手把用金属把托固定如框形把托、圆环形把托、半环形把托等，还有各种弹簧钩、金属插套、球形锁钉和皮带扣等，以及用面料制作的各种把托利用线缝、交黏或铆接等工艺固定，如图13-4所示。

普通手把和背带把的展开图形呈长方形，其宽度取决于手把的制作方法，而其长度等于成品手把的长度加上工艺加工余量，且加工余量的大小与其连接方式和固定方法有关。若由一个部件构成的手把，其样板宽度等于手把宽度的2倍，加上折边余量约8mm或缝迹余量约3mm。

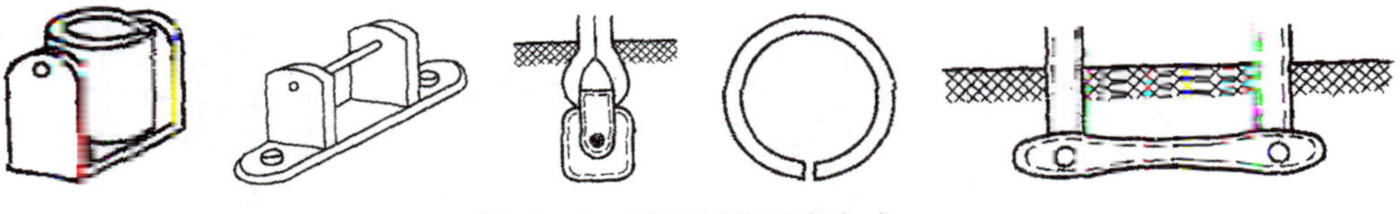

图13-4　手把部分固定方式

若由两个部件即手把的面料和里料构成，其样板的宽度等于成品手把的宽度或手把宽度加上2倍的折边余量。当手把单面朝里弯折时，手把里子的样板宽度应比成品手把的面料宽度每边各小1mm左右。

若手把与圆环连接，将手把穿进圆环后，弯折采用线缝或铆接工艺固定。用这种方法制作的手把样板，其长度等于成品把长加上两端加工余量约25mm，端头为长方形或略呈倾斜状，其宽度以圆环直径为依据。而里子各边应比手把短5~8mm。若在两端装有插头，则连接时手把可以直接插入插套中，其样板长度等于成品把长，不需再加放余量。

伸缩式活动背带把是由两个背带通过带扣或方圈暂时固定而成，其优点是可以满足不同消费者的需要。这种背带把的样板长度等于成品把长加上两背带重合部分的长度及所需的加工余量，而其宽度是由带扣或方圈的宽度决定。

平面式手把结构虽然并不复杂，但也有几种不同的结构形式。在部件结构制图原理的相关部分中我们对手把的结构制图进行了非常详细的分析讲述。了解了手把的结构以后，对它的工艺制作分析就比较容易理解。

二、手把的制作工艺

箱包产品上使用的手把式样很多，各式各样的手把不但提升了箱包产品的使用价值，而且成为款式设计的延续，根据不同的产品需要配上不同式样的手把，使产品更加美观而实用。

箱包上常用的手把有立体式和平面式两大类型，有关平面式手把的设计制图已经介绍过了，它的工艺制作也比较简单，在这里主要介绍结构比较复杂而又非常实用的几种类型，如："香蕉式"手把、"蛇头式"手把和"和合式"手把。

1. "香蕉式"手把的制作

"香蕉式"手把系箱包上常用的传统设计，它的特点是造型好，抗拉力强，提拎时手抓舒适。其造型如图13-5所示。

（1）手把的部件结构

手把的部件结构包括三部分，也就是说这种手把由3种部件构成，它们是：外部部件、中间部件和内部部件。外部部件有把面、半圆圈；中间部件有把芯、垫把芯；内部部件有把底板。

①把面：把面是手把的外层表面，是手把上最显眼的部件，所用面料一般与主料相同而且需要用较好部位的面料，它要求表面平整光滑，面料厚度在0.5~1.0mm。如用人造革为面料要求取用横丝方向。把面的外形图和尺寸确定如图13-6所示。

图13-5 "香蕉式"手把

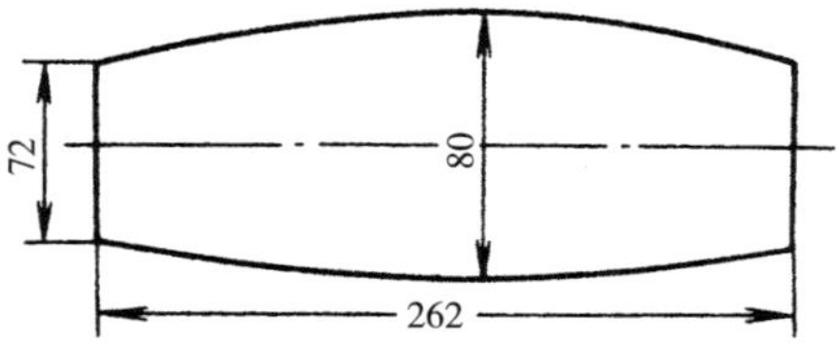

图13-6 把面

②把芯：把芯是手把的核心部分，它决定着手把的造型和舒适度。把芯外形似梭子，由数层黄纸板和数层皮革重叠黏合而成。纸板用3～4层黄纸板，并在黄纸板中间夹两层皮革材料。纸板中间夹皮革材料的目的主要是为了增强把芯的强度，防止弯曲成型时出现纸板芯断裂缺陷。把芯的总厚度一般为12～15mm。把芯的外形如图13-7所示。

③把底板：手把底板是手把承受重量的核心部分。手把通过把底板连接半圆圈，再由半圆圈连接把托而成，提拿时它承受着箱子的所有重量。

把底板是用2.5mm或3.0mm的装具革，也可用二层或三层薄革胶合而成。如用一层人造革则需要与黄纸板胶合，而且在成型时中间需夹衬15mm宽、0.3～0.5mm厚的铁皮，以增加底板承受重量的强度。一般来讲，底板承受重量的能力应在50kg以上。把底板选料的好坏决定着手把使用的寿命。把底板外形如图13-8所示。

④垫把芯：垫把芯是垫在把底板下面的部件，手把在成型后它能使把底板圆整丰满。垫把芯是用3～4层黄纸板重叠复合而成，位置在把底板的下面。把手弯曲成型时，把垫把芯两端拔斜拗弯复合在把底板上，然后用针缝固定。垫把芯的外形如图13-9所示。

⑤半圆圈：半圆圈是手把连接把托的金属圈，它有半圆形和长方形两种，如图13-10所示。

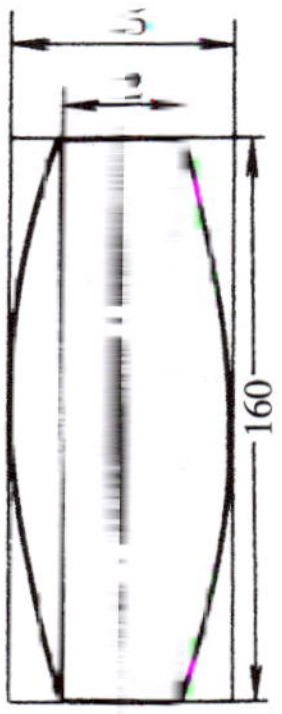

图13-7 把芯

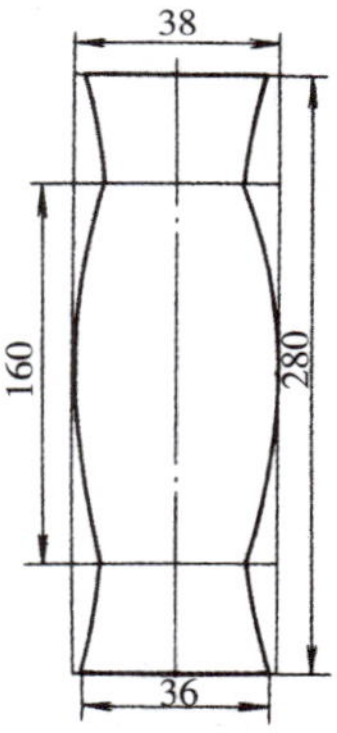

图13-8 把底板

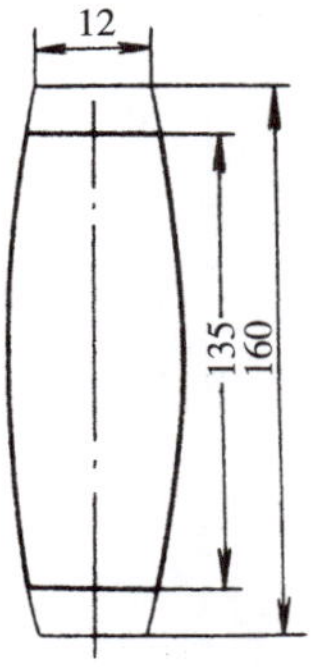

图13-9 垫把芯

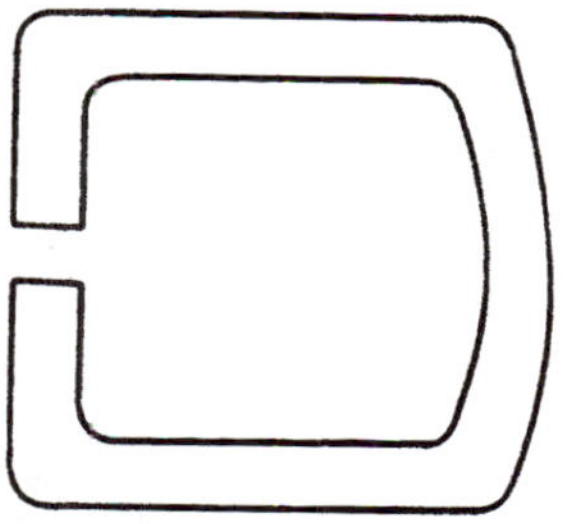

图13-10 半圆圈

（2）手把的制作工艺

手把的制作工艺复杂、细致，技术水平要求较高。操作工艺如下：

①胶把芯：把黄纸板裁切成长165mm、宽26mm料块四块，再把皮革裁切成长165mm、宽26mm料块两块。然后用胶黏剂把纸板逐块重叠黏合在一起，在第一层纸板和第二层下各夹一层皮革。如果用一层厚革则用纸板把皮块夹在中间。黏合好后在压力机上压10～15min取出，等胶黏剂干燥后待用。

②切把芯：把黏合好的把芯两头切平，长度尺寸是160mm，然后将把芯样板复合在两头切平的把芯上，用锥子或划纸板锥沿把芯样板边缘画线，线条深度为一层纸板厚度的1/2。用划刀沿画好的线迹把两边线外多余的纸板边裁切掉。裁切好的把芯呈梭子形，如图13-7所示。成批生产时可用刀模在裁料机上裁冲。

③搭把芯：先在把底板坯料网状层一面黏贴一层长160mm、宽38mm的黄纸板。然后把裁切好的把芯在正面（画线的一面）涂上胶黏剂，胶搭在贴好的纸板上，两头距边缘距离相等，如图13-11所示。

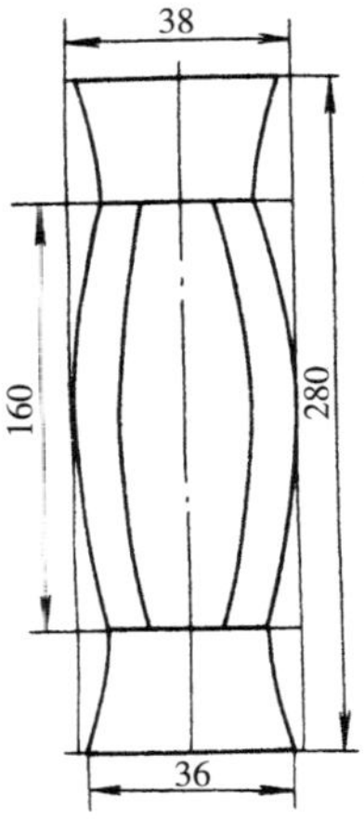

图13-11 搭把芯

④扦把芯：把胶搭在把底板上的把芯横放在平整的垫板上，先在把芯两端用披刀披斜，操作时从右披向左，起刀离把芯端部的长度为把芯的1/3左右。把芯端部保留的厚度为把芯厚度的3/4或2/3，如图13-12所示。

把芯两端片斜后将把芯竖放在平整的垫板上，用划刀将把芯扦成半圆形，扦把芯时用左手的大拇指和食指指面揿在把底板端部，开始进刀扦削量可大些，以后随着表面圆形的逐步形成，扦削的进刀量可逐渐减少，直到表面扦圆为止，如图13-13所示。注意表面要扦圆、无接刀痕，扦好后再用砂纸砂光，然后作两头倒角。操作时，把扦好的把芯横放在平整的垫板上，用左手的食指指面揿在把底板头上，右手执刀，刀口与把芯相交，刀面与把芯呈45°~55°夹角。把刀口切入把芯至把底板，但不能切伤把底板表面，使把芯头成为45°~55°斜头，注意两头尺寸要相等，如图13-14所示。

图13-12 扦把芯

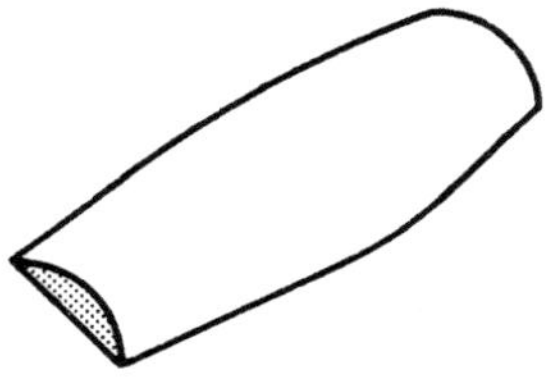
图13-13 扦圆扦把芯

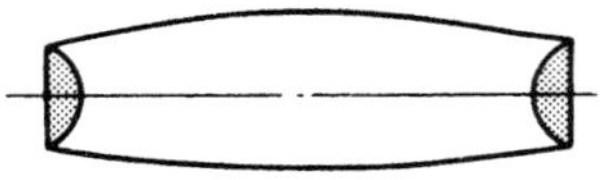
图13-14 做倒后的扦把芯

⑤修切底板边：把扦好把芯的底板皮竖放在平坦的垫板上，在把芯两边的把底板皮上各画上一条线，该线离把芯边为6mm。

线条画好后，将把底板皮放在案板上，用划刀把线外多余的边料切除掉，切边时用左手的大拇指和食指捏住把底板的一端，右手执刀，把刀角从画过的线条内切入，刀口与线条呈25°~30°夹角，使刀口沿画的线条移动，把底板皮两端稍放宽，把线外多余的边料切除掉。一边切好用同样的方法切另一边，如图13-15所示。

⑥胶合把面皮：在胶合把面皮前，首先在把面皮上揩水使皮变得柔软一些，如皮质较硬可用手把皮搓软。把切好把底板皮的把芯平放在平整的垫板上，将胶黏剂涂在把芯和把芯外的把底板皮上，胶要涂得均匀。然后把把面皮的中间部位在台角上拉几下使皮面中间呈弧形，再把皮复合到涂过胶的把芯上，用手把皮面揿牢使皮紧贴在把芯上，然后把皮面刮平服，使把芯表面圆顺无褶皱。把面皮胶合好后放在一旁晾干，如图13-16所示。

⑦钉半圆圈：在胶合好把面皮手把的两头，离把芯8mm、离把底板边缘2~3mm处，用划刀把把面皮垂直切开，注意两边刀缝一定要对直，如图13-17所示。

切口开好以后，在把面皮两端揩水使皮柔软。然后将把底板两端边缘上的把面皮重叠包在

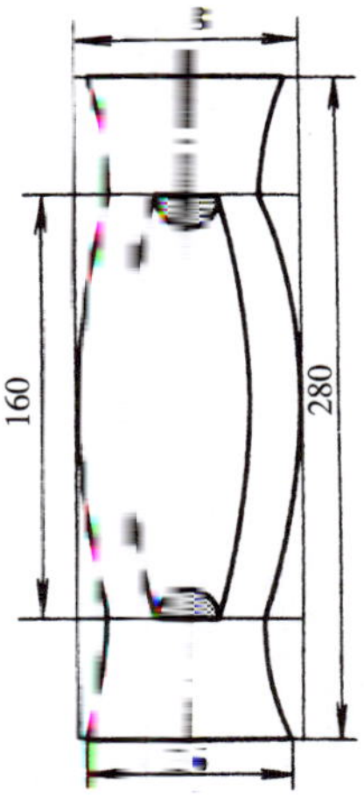

图13-15 修切底板边

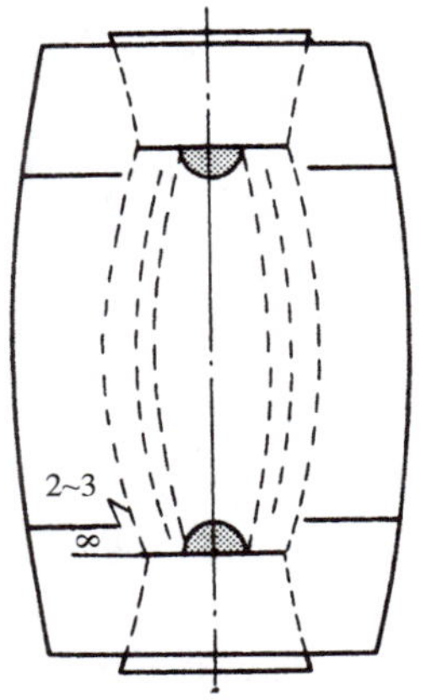

图13-16 胶黏、缝把面

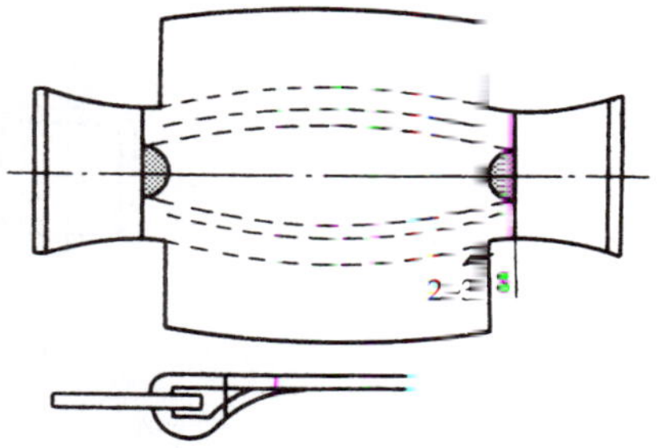

图13-17 钉半圆圈

把底板皮上。如重叠的把面皮大于把底板皮边时，可把多余的把面皮剪去。把头皮重叠好后把半圆圈套上，半圆圈套上后把把底板头向里弯曲与把底板重合，将半圆圈包住。将把面垫在平滑的垫板上，用左手的大拇指指面揿住把头皮，然后用两只5分钉把半圆圈固定，第一只钉离半圆圈5mm，第二只钉离半圆圈10mm。两头半圆圈钉好后，用披刀把钉处多余的把头皮披掉，操作时从右披向左，斜度为10°～15°。

⑧缝把面：两头半圆圈钉好后，在把芯的两边要进行缝制，从而将把面皮固定在把底板皮上。第一针从离把头10～14mm处起针，第一针双环针封线头，然后沿把芯边由前向后直至离把头10～14mm处落针，最后一针仍然用双环针止针。针距的稀密要一致，针码排列要整齐。两面起落针的位置要对齐，如图13-16所示。

⑨垫把芯板：缝好后在把面上揩水可防止手把在弯曲时皮面断裂，使手把略弯似香蕉形状，然后在把底板上垫上纸板芯。

先把纸板裁切成与把底板皮一样宽的外形，用3～4层纸板，长度视两半圆圈中间的距离而定，然后把裁切好的纸板条对好长度，把纸板两头的同一面片斜，片纸板时从左片向右，斜度与底板披斜角度复合镶接。四层纸板重叠在一起用6分钉把纸板固定在把底板上。钉钉时为了保持手把有一定的弯度应从中间钉向两头。纸板固定好后按照把底板的尺寸把多余垫把芯纸板裁切掉。

为了使把底面圆润光滑，需要把垫把芯纸板的两边扦圆。扦垫把芯纸板时，将把面皮上折到把面上，使垫把芯纸板边缘全部露出，左手将手把握住，要扦圆的边外露，右手执刀把纸板边扦圆。垫把芯纸板两头中间的厚度要均匀，两边圆弧要匀称光滑。

⑩绞缝：将把面皮包在垫把芯纸板上，使绞缝把皮的边缘在垫把芯中间对接。如果绞缝把皮边缘大于垫把芯中心时，剪去多余部分，用针把绞缝把皮两边缘绞合对接。绞合时左手握把，把手面向手心方向使垫把芯外露，右手拿针用针尖戳穿皮面并在线头上打结。第一针从皮的网状层向粒面层穿出使线结在里面，做双环针，然后交叉进行缝制（类似于穿鞋带的方法）线迹距离边缘2～3mm，每针相隔5mm。收线时用力不宜过重，以防止皮面拉脱，针次排列要整齐均匀，最后一针用双环针，如图13-18所示。

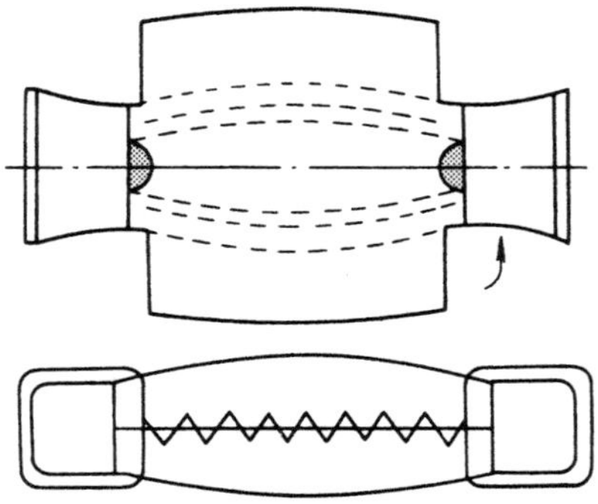

图13-18 绞缝

注意两头垫把芯纸板不能外露，绞缝把皮皮面要平服，不能有褶皱。手把绞好后两边边势厚度要均匀，垫把边势要圆整，两边宽窄要相等，缝针针码要整齐。

2. “和合式”手把的制作

“和合式”手把的特点是：造型优美大方，使用时两只合在一起方便灵活，造型如图13-19所示。

（1）手把的部件结构

手把的部件包括把面、把芯、把底板和方圈等。其形状与尺寸如图13-20和图13-21所示。

（2）手把的制作工艺

①胶合把芯：将把芯样板复合在纸板上，用锥子沿样板边在纸板上画出把芯的轮廓，然后用划刀照轮廓线条裁切，每个手把需四层结构，层与层之间用胶黏剂重叠胶合，在压力机上压10~15min取出，等胶黏剂干燥。

②搭扦把芯：首先将把底板皮片削到所需厚度，尺寸为1.5~2.0mm，然后在把芯表面涂上胶黏剂，将把芯搭在把底板皮上，距离边缘6mm处，如图13-22所示。

把芯搭好后，用划刀把把芯表面扦圆，要求无接刀痕迹，扦好后用砂纸把表面磨光滑。把芯表面扦好后两头要倒角，操作如前所述。

③胶合把面皮：先在把面皮上揩水使皮柔软，然后把扦好的把芯平放在平整的垫板上，将胶黏剂涂在把芯和把芯以外的底板皮上，注意胶要涂得均匀。然后把揩过水的把面皮覆盖在把芯上，使周边距离相等，用手按压使皮面贴紧把芯，最后把皮面、把芯边角内刮平服，使把芯表面圆润无褶皱，如图13-23所示。

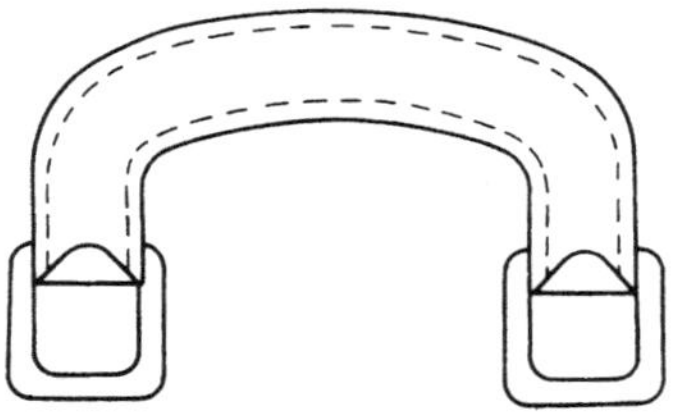

图13-19 “和合式”手把

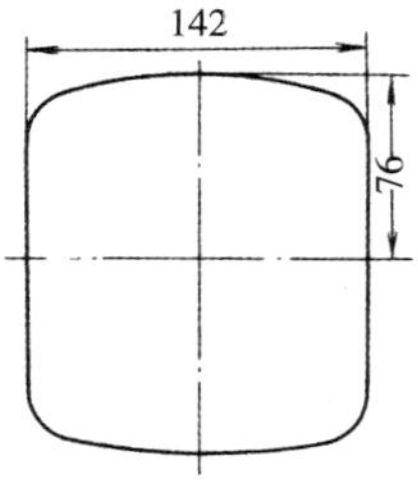

图13-20 把面、把底板

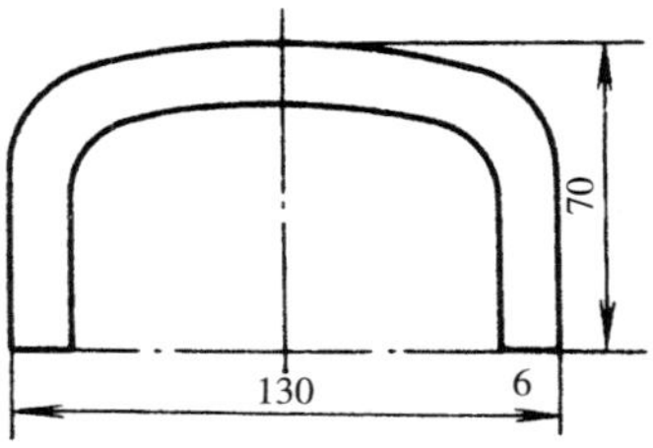

图13-21 把芯

把面皮交合好待干燥后，将把底板皮向里对折，对折弯曲部位用锤子敲平，然后涂上胶黏剂，胶黏剂不要涂到对折边，以免由于胶黏剂的作用使方圈不容易被装入，如图13-23所示。

④缝把：将把底板皮对折复合好后，在把芯边脚缝内缝针。第一针从距离把端10~12mm处起针，从一头缝至另一头，针距为每25cm缝5~6针。在距离把端10~12mm处止针，先缝外半圈，然后再缝内半圈，缝内半圈时起落针要保证与外半圈一致，如图13-24所示。

⑤切边：切边的操作工艺技术要求较高。比裁切其他零件的边缘要复杂得多，成批生产可用刀模冲裁。手把缝好后把手把平放，两边用圆规画线，线距离把芯边缘大3~5mm，如图13-25所示。

⑥手把边缘的修饰：由于手把的边缘是毛边，因此需要进行边缘的修饰。在手把上一般应用染色法和撩边法。采用撩边法时，切边后用撩边缝法直接缝制。

⑦装方圈：撬开把端底板皮连接处，然后把方圈嵌入把头内。嵌入后用锤子把方圈接头敲拢即可。

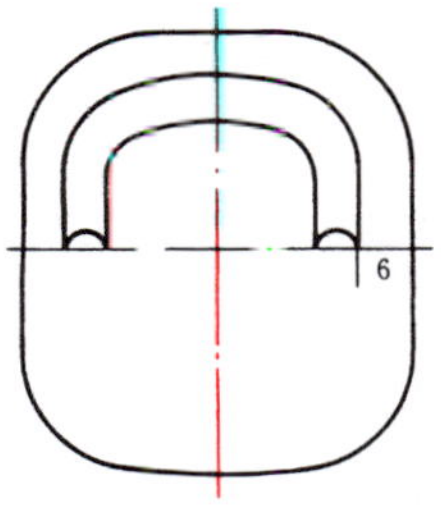

图13-22 搭扦把芯

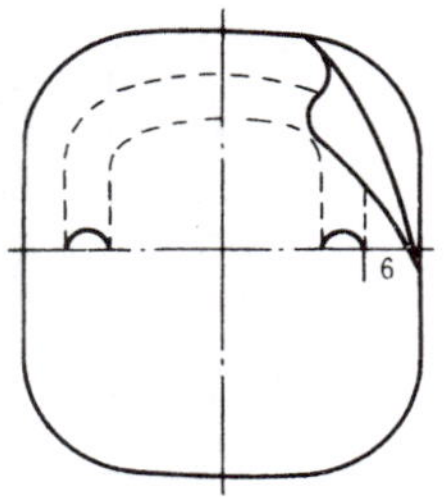

图13-23 胶合把面皮

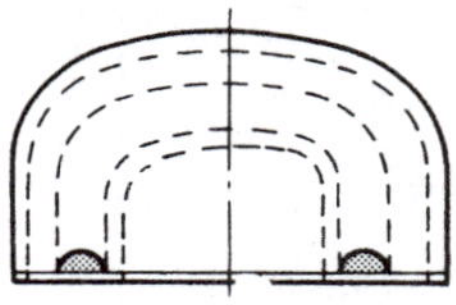

图13-24 缝把

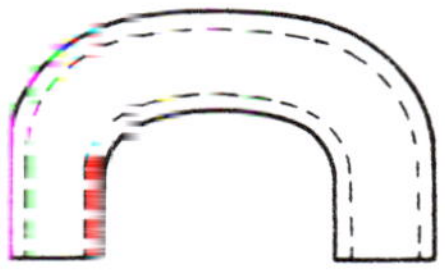

图13-25 切边

3. “蛇头式”手把

“蛇头式”手把的特点是造型美观大方，头呈三角形，似蛇头伸缩自如，使用起来十分方便，其造型如图13-26所示。

（1）手把的部件结构

“蛇头式”手把由把面、把芯、把底板和方圈等组成。其外形和尺寸如图13-27至图13-30所示。

（2）手把的制作工艺

“蛇头式”手把制作工艺比较复杂，是公事包上具有代表性的手把之一。

①裁切把芯：将纸板裁切成长92mm、宽30mm的长方形，把样板复合在纸板上，用锥子沿样板四边画线，把芯和填把芯各一块，然后用划刀裁切。作把芯的一块需在中间裁去3mm分成两块，如图13-28所示。

②裁切把底板皮：先将把底板皮坯料披削到标准厚度1.5~2.0mm，然后把样板复合到底板皮的粒面层上，用圆锥沿样板边在粒面层上画线，用划刀照画的线条裁切，直至线外多余的边料完全切除，如图13-29所示。

③搭扦把芯：在裁切好的把芯正面涂上胶黏剂搭在把底板皮的粒面层上，把芯的直边在中间凹边与底板皮的凹边并齐，两块搭好后中间空出3mm的窄槽，待胶黏剂干燥后在把芯中间作倒角，使把芯头成为25°~30°的斜头，操作如前所述，然后用砂纸砂磨光滑。把芯磨好后

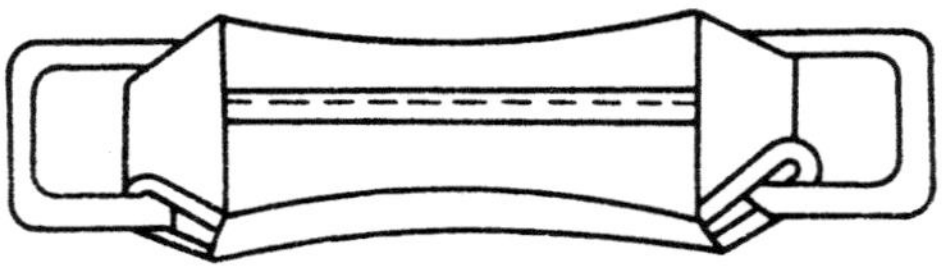

图13-26 “蛇头式”手把

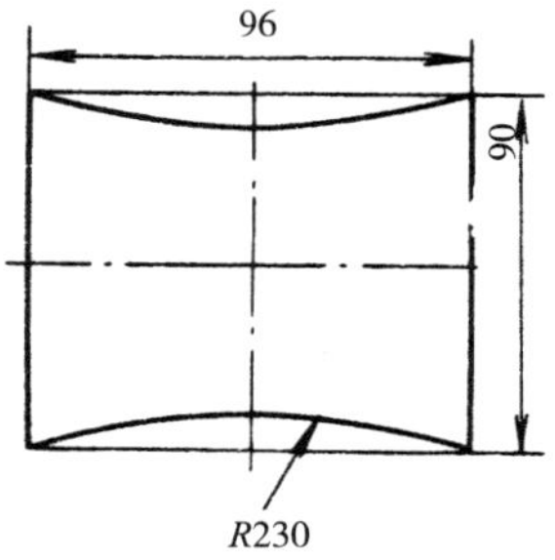

图13-27 把面

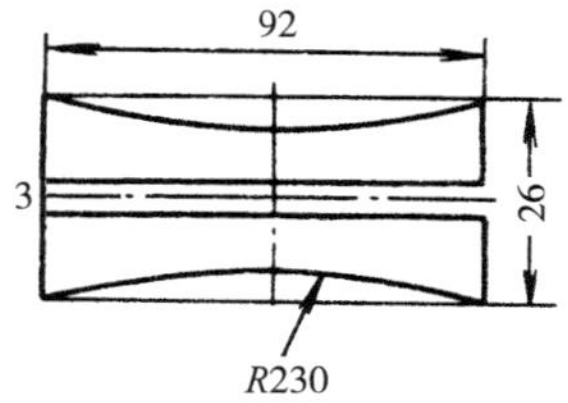

图13-28 把芯

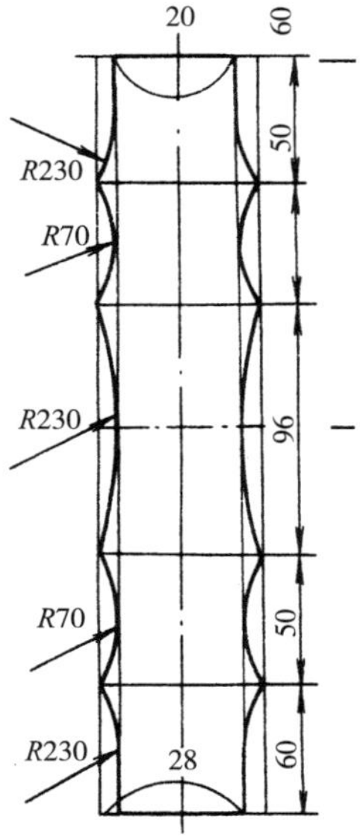

图13-29 把底板

在把底板皮两头弯曲连接处的边缘进行修饰，如图13-30所示。

④胶合把面皮：首先对把面皮两边的边缘进行修饰，边缘修饰好后在把面皮中间和把芯上涂胶黏剂，待胶黏剂不黏手以后，将把面皮复合到把芯上，将把面皮向把芯槽内挨牢，最后刮平服黏牢在把芯上，如图13-31所示。

⑤搭垫把芯：垫把芯是夹在把手中间的部件，它在把底板皮弯曲接合时能保证把端留下空隙，使方圈能伸缩活动。操作时，先在垫把芯两端揩颜色，然后在两面涂上胶黏剂，把垫把芯复合在把底板皮中间，垫把芯两端与把芯两端对齐，用锤子敲牢，如图13-32所示。

⑥片接把底板皮：将搭好把芯和垫把芯的把底板皮两端用片刀片斜，一面片粒面层，另一面片网状层。斜面的长度为20~25mm，然后在两端的斜面和垫把芯面上涂上胶黏剂，同时将把底板皮两端复合到垫把芯的部分也涂上胶黏剂，待手感无黏性时，将把底板皮两头弯曲对捍，然后将方圈套在把底板皮头上，再把两把底板皮头接合与垫把芯复合，如图13-32所示。

⑦缝把手：缝制时把针码缝在把芯的中间槽内，第一针与最后落针要把针码落在把面皮边上，针距为每25cm缝6~7针，注意起落针线头要留长些，便于两头反面打结。

⑧绞缝：先在把面皮上揩些水使皮柔软，将把面皮包在把底板上，在中间画线然后把多余的皮剪去；另一边同样操作使两边相接，然后用针线把两边绞缝。绞缝时第一针离边2mm，针从反面穿出双环针，以后交叉进行，每针间隔5mm，似穿鞋带。最后一针双环针结束，如图13-33所示。

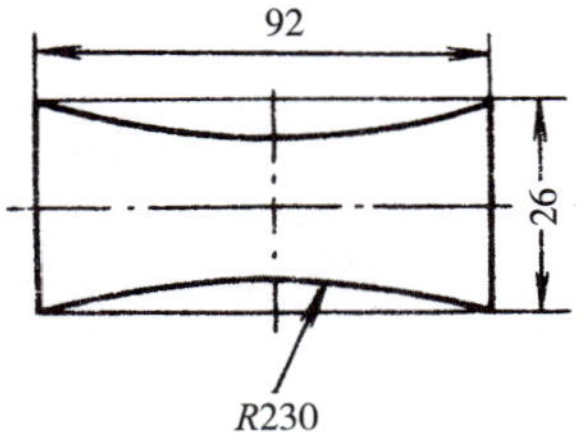

图13-30 填把芯

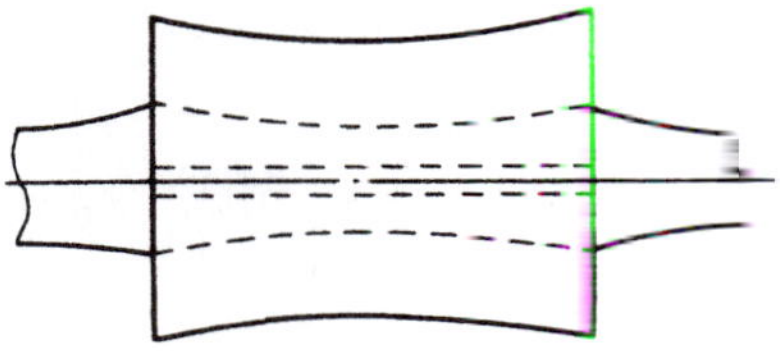

图13-31 胶合把面皮

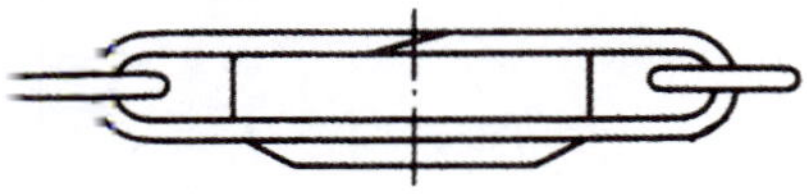

图13-32 片接把底板皮

图13-33 绞缝

第二节 口袋的制作工艺

对于箱包产品而言，口袋既是实用部件，又是装饰部件。在产品式样的变化方面，口袋起着重要的作用。箱包产品的口袋包含两大类，一类是装在产品外部的外袋，另一类是装在产品内部的内袋。由于使用的面料不同，因此制作方法也有很大的不同。

根据袋子的结构特点，可分为三大类，即贴袋、挖袋、悬袋。在内袋的设计上，主要强调它的使用方便性。在制作中，口袋可以设计成一个整体部件，也可以由两部件或多个部件组成，口袋边缘一般用包袋的面料滚边。通常硬质袋需使用厚纸或纸板等中间部件，以起到定型和支撑袋体的作用。

袋子的规格主要指其长度和高度的尺寸，在设计中袋子的长度和高度应与包的尺寸成一定比例，并与袋子所装物品的尺寸相一致。通常情况下，中型和小型女包的各种贴袋尺寸为120mm×70mm，140mm×8mm，160mm×90mm；大型女包和旅行包的各种贴袋尺寸为180mm×100mm，200mm×110mm，230mm×150mm。

一、贴袋

贴袋是在部件料片上贴缝一块或若干块袋片而成。制作在包体外部的贴袋，需要选用面料，做内袋使用的贴袋选用里料。贴袋的式样变化很多，除了最基本的长方形之外，还有椭圆形、圆形、三角形等形状。在贴袋上可附有袋盖和嵌线，也可以应用刺绣、折裥、针迹组线等装饰。

贴袋在袋类中所占比例较大，其特点是由一片扇面部件构成，根据袋扇的不同结构分为简单几何形状，如平贴袋、带褶贴袋、帷幔式活褶的贴袋以及堵头和袋底连为一体的贴袋、墙子袋等。在工艺上，不管是平贴袋、折叠式贴袋还是带墙子或堵头的贴袋，其制作方法基本相似。

1. 平贴袋

长方形平贴袋结构较简单，其规格由包的尺寸、所盛物品的大小和袋子所处的位置决定。通常袋子可做成一个整体结构，长方形平袋的工艺加工余量一般是10mm。平贴袋的制作比较简单，制作时首先将面料裁好以后沿上口对折，再将口袋的三边按照加工余量进行折叠形成光边，从上口的一边起针并固定，然后沿口袋边缘缉线固定在口袋装贴的面料上，止针时同样需要固定牢固，缝制的起始方向可以根据缝纫机机构设置以及个人缝制习惯而定。注意袋底部拐角线迹，不可有拐歪、跳针现象出现。外部平贴袋如图13-34所示。其他几何形状的平贴袋做法相同，具体制作步骤可扫描二维码观看。

图13-34　平贴袋

2. 带褶贴袋

这类袋子以内袋为多，既可以设计成一个单袋，也可以几个袋子连在一起，袋子的各段之间相互紧密连接，且每段袋子的宽度可以不同。其制图关键是确定袋长、宽度和袋褶深度。做好部件基础图后根据工艺要求放出加工余量。折叠式贴袋在裁好用料以后，首先沿口袋上口线对折，然后沿折叠线折叠好之后，再将口袋三边的加工余量折进形成光边，注意一定要先做好折叠线再将余量折进，这样在口袋的下部形成光滑的直线，最后沿口袋的边线缉线固定，袋口要缝来回针加固袋口牢度，如图13-35所示。具体制作步骤可扫描二维码观看。

3. 帷幔式活褶贴袋（松紧带袋）

这是一种软袋，袋子上部用缝纫机在褶缝处缝一根松紧带。一般用一根松紧带即可，有时也并列缝两根松紧带以增加褶子的丰富性。帷幔活褶的余量大小取决于褶子的多少，一般约为整个成品袋子长度的3/4。根据工艺要求放出相应的加工余量，松紧带袋多用在箱包的内袋上，也有用在扇面外部的。制作时，先将松紧带在袋口部位抽好，抽松紧带时，要注意线迹的平直和松紧的均匀，然后折进边缘的加工余量，沿边缘用明线缉合，如图13-36所示。具体制作步骤可扫描二维码观看。

4. 立体式整体贴袋

这类袋子的制图关键是袋子的长度、高度、袋底和堵头宽度的确定。制图过程同前后扇面组成的包体结构扇面制图，如图13-37和图13-38所示。

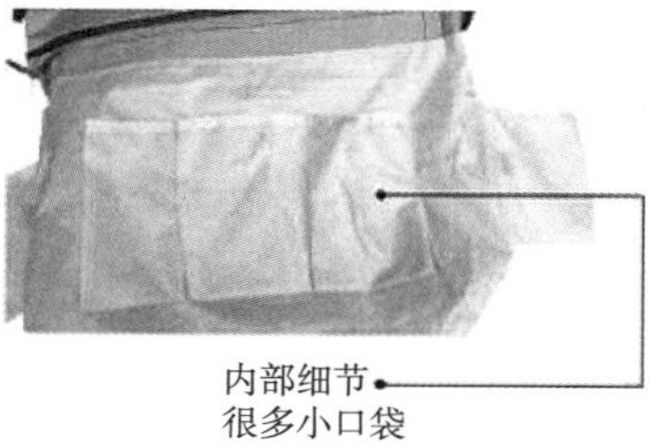

图13-35　带褶贴袋

图13-36　帷幔式活褶贴袋

图13-37 立体式整体贴袋包

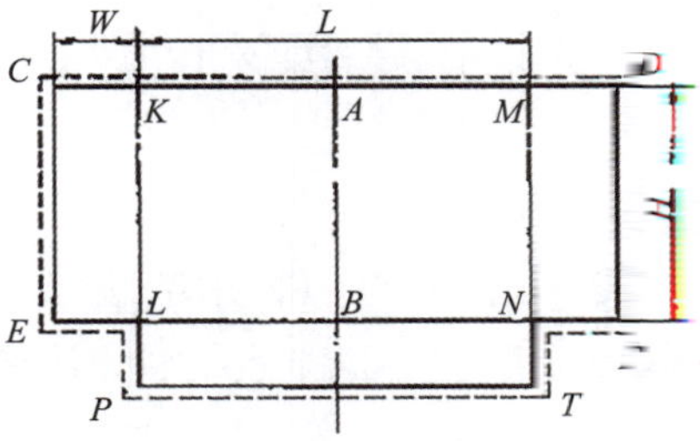

图13-38 立体式整体贴袋部件图

带墙子或堵头的立体贴袋可用一个部件形成，也可用两个部件形成，用一个部件形成时，先缝合袋底的切口，形成贴袋袋底，然后再用明线沿边缘缝合固定贴袋，完成制袋工艺。具体制作步骤可扫描二维码观看。

5. 墙子袋

墙子袋由一个袋扇和墙子构成，多使用在休闲包和旅行包的表面，有些包的墙子袋在扇面和侧面并列和重复使用，突出一种粗犷、立体的艺术风格，如图13-39所示。

图13-39 墙子袋外观

如图13-40所示是袋扇的部件图，墙子是一个长方形，其长度根据袋扇的周边长度确定，宽度等于袋子成品宽，如图13-41所示。若袋扇的两个拐角为直角，则在墙子的对应部位需作切口，便于墙子袋成型后棱角分明、清晰。

在缝制口袋时，首先要将墙子与袋扇缝合，注意对好对位点，需要缉明线时把明线缉好，明线距边为1~3mm，最后再按照平贴袋的缝合方式将口袋缝合完毕，袋口上要打来回针固定。

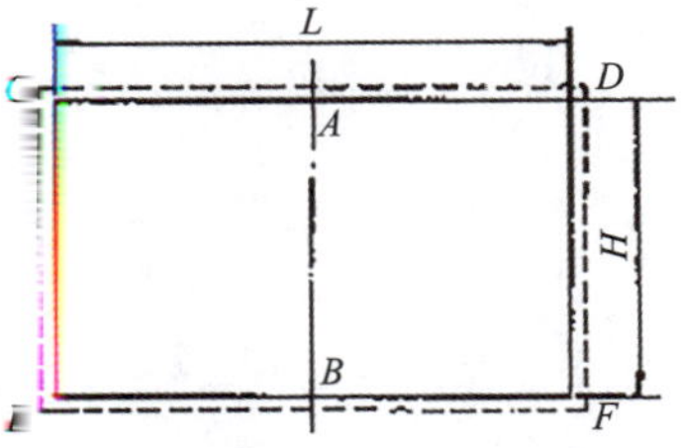

图13-40 袋扇部件图

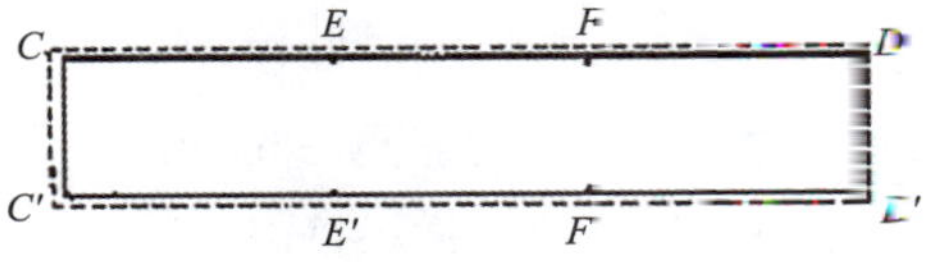

图13-41 墙子部件图

二、挖袋

挖袋又称开袋，是在一块完整的料片上，在口袋部位将料片剪开，内衬双层袋布缝制而成。常见的挖袋有单嵌线、双嵌线两种，可以附有各种式样的袋盖。这类袋子既可作内袋也可作外袋，袋口可用袋盖、拉锁来关闭，也可做成敞口袋。挖袋可用整块材料制成，也可以用两个或数个部件制成。

挖袋制图的基本尺寸是袋子的长度与高度，其长度等于挖口长度加上袋子两侧的缉线余量，一般为15~20mm，而高度与袋深和挖口宽有关。挖袋嵌线长与袋子样板的长度相同，其宽度取决于挖口宽。

1. 单嵌线袋

单嵌线袋是挖袋中较简单的一种。缝制时，一种方法是袋布采用同质同色衬里布，嵌条和袋垫采用与面料裁片同质同色面料，另一种方法是袋布、嵌条、袋垫都是相连的，采用本色料片材料。第二种方法应用的比较少，一般在薄型面料上用得比较多。具体缝制方法如下：

①缉袋口线，用缝纫机缝制，工艺要求是四角要方正，线迹宜密，头尾缝来回针数针。

②剪袋口，用手工剪，要求两端呈斜线形，四角要剪足，但不能剪断缝线。

③翻转，要求四角拉平，按袋口宽度折转、烫平。

④在袋口缉明线止口，要求针迹宜细密，线头抽到反面打结。

⑤缝合两层袋布，拷边，要求两层对叠整齐，平顺。

具体制作步骤可扫描二维码观看。

2. 双嵌线袋

双嵌线、带袋盖挖袋在缝制此口袋前应先做好袋盖，如果面料较厚，袋盖的里层可采用衬布料代替。制作方法如下：

①缝袋垫、袋盖上口与袋布，要求袋垫对位准确。

②缉缝双嵌线，要求位置准确，宽度符合要求，上下一致。

③缝好后剪袋口，烫嵌线，要求两端斜线形眼刀，角要剪足量，不能剪断缝线，折烫好嵌线。

④缝嵌线，要求宽度一致，袋口两端三角折准，与嵌线来回针缝牢，袋口正面要求四角方正、清晰。

⑤缝合下嵌线与外袋布后绱袋盖，先正面缉袋口明线，将袋盖从袋口掏出，对准两端袋盖口沿袋口嵌线缉缝一圈，均采用漏缝缉线，正面不露针迹。

⑥缉合里、外袋布，要求上、下平服整齐。

三、拉链袋

拉链袋属于挖袋的一种，需要在依附的材料上开口以装入。对于皮革面料来讲，一般有两种制作方法：一种是切口式拉链袋，另一种是剪口式拉链袋。而对于人造革、纺织纤维面料而言，就只有剪口式拉链袋一种制作方法，如图13-42所示。

（a）剪口式拉链袋　（b）切口式拉链袋

图13-42　拉链袋

切口式拉链袋工艺操作：先是直接在皮革面料上切开规定尺寸的长方形袋口，长方形内部的皮料直接剪去，然后再装入拉链和口袋布制袋。制作时，首先将口袋下方的拉链和口袋布缝合在一起，在袋口表面缉一道缝线固定，然后将口袋布向上折叠至拉链口袋的上边位置，留下10~15mm的缝制余量，在面料正面对好固定下部拉链的第一个针孔起针，将其他三边用明线固定，注意起针和止针的方法，表面以不露接痕为好，最后翻到口袋的内部将口袋封闭，即完成口袋的制作。

剪口式拉链袋工艺操作：先把拉链和下拉链口袋布缝在面料上，注意在袋口的四角处应用来回针固定，而且一定要形成规矩的长方形外形，否则做出的口袋会歪扭。然后沿线迹剪开袋口，如图13-43所示。将拉链和面料的中间部分一并折向反面，先用明线在正面固定下部拉链部分，然后将口袋翻过来在反面沿口袋边线固定两个小角，只将小角和口袋布缝合在一起，表面没有明线，再翻到正面用明线固定袋口的另三面，注意线迹的接合部分，最后翻到反面，封闭口袋布完成内袋。

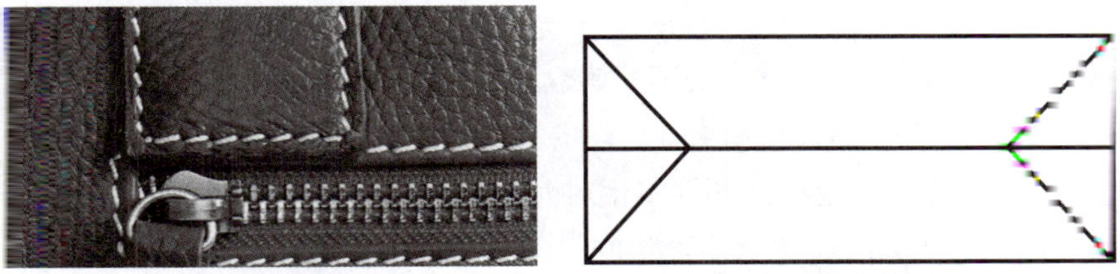

（a）实物图　　（b）开袋线图

图13-43　剪口式拉链袋的开袋线图

四、悬袋

悬袋由两面袋扇组成，常用在旅行包或休闲包的表面，表现一种自然、豁达的艺术风格。袋扇可做成整体，也可以由两部分组成。其制作方法与长方形贴袋相似，首先将口袋单独做好，然后再用线缉合在包体面料上即可，要求袋子要平服顺直，不得做拧，如图13-44所示。具体制作步骤可扫描二维码观看。

图13-44　悬袋

五、隔扇与隔扇袋

隔扇是在包内形成多个空腔的部件，它的制作也非常简单。一般在隔扇的内部都有硬纸板作衬，而隔扇部件用羽纱等里料材料，因此在表料上多用整块面料。在隔扇上口部位折叠，折叠时将硬纸板包在两层面料的里面，在隔扇的两头留有毛边，与包体的侧部用明线在正面缉合固定，或者是与里料的侧部和底部缉合固定。

如果在隔扇上装设有隔扇袋时，那么需要用两块面料来完成，在隔扇的上口部位将拉链放在隔扇和口袋布的中间，固定在上口的两端，缝上拉链形成拉链袋，再按隔扇的制作工艺固定而完成制作，如图13-45所示。

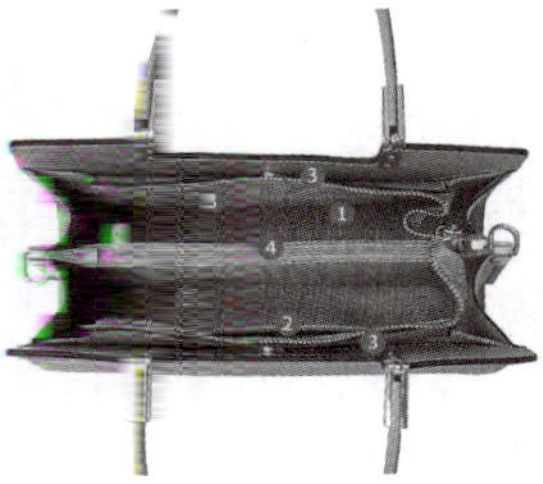

图13-45　隔扇与隔扇袋

第三节　其他零部件制作工艺

一、制作包盖

单独制作的包盖是非常重要的零部件，通常分为硬包盖和软包盖，尤其是硬包盖的制作步骤较为复杂。首先按照立体黏合部件将包盖面、包盖里、衬垫纸板以及海绵黏合在一起，然后将包盖前面和两侧边缘折边缝合，最后将包盖后部折边待用，然后缝合在包袋的后扇面上部。具体制作步骤可扫描二维码观看。与后扇面缝合在一起的包盖，缝合示意可扫描二维码观看。

二、上牙条

牙条一般用在两部件之间接缝中的辅助造型，在制作时，一般先将牙条固定在一个部件的边缘，然后再把它和另外一片部件缝合。

操作时，将牙条首先固定在两部件中相对而言边形比较复杂的那个部件上，线迹距边缘3mm左右，将针码调到最大，注意拐角部位不可拉伸或过于吃紧，否则容易出现皱褶或绷紧现象，然后把牙条夹在两部件的中间，用反面缝制法缝制完成。

三、缝制背带

缝制背带时，左手的中指、无名指、小拇指要弯曲，用拇指与食指捏住背带的右侧，向左折弯。折边后用左手食指和中指轻轻抵住其后方部位，再将右手食指伸直压住其前方部位，指尖要靠近压脚双手配合，利用机体送料装置的前后移动将工作物轻轻向前推进。背带一般为两条明线，两侧边沿部位折弯后在中间相对衔接，因此要按上述方法缝制一边后再缝制另一边。操作时，要注意两侧边折后相对衔接紧密，中间不得有空隙。具体制作步骤可扫描二维码观看。

四、上穿带

操作前，先用左手将大片或墙子平放在缝纫机上，使穿带的位置靠近压脚装置，再按技术资料中的有关规定用右手把穿带摆放在大片或墙子上，摆放时使其右上角偏高于左上角2mm左右，以抵消压脚与送料牙板工作时造成的公差。操作时，左手按住穿带，右手按住大片或墙子，两手配合自右向左缝制；缝至弯角处，要特别注意两手协调一致，并应适当降低缝制速度，以使缝制后的穿带不斜，无褶皱；线迹直正，弯角、圆弧处过渡自然。

五、制作中间部件

包体的中间部件是指位于外部部件和内部部件之间的部件。根据材料和用途的不同，中间部件可分为两类。

1. 硬质中间部件

硬质中间部件是指用硬纸板、塑料和厚纸等制成的部件，其作用是增加包的刚挺度和牢固性，突出包体的流线型和单纯化设计，体现一种现代感和时尚感。无论男包、女包还是日常用包和节日用包等，都可以加硬质中间部件。根据硬质中间部件的使用部位不同，可分为硬结构包和半硬结构包。硬结构包是指包体的主要部件全部用硬质中间部件加固，有些次要部件如提把、插袢等也使用硬衬垫。半硬结构包是指部分的主要部件用硬质中间部件加固，如有些包的扇面和包盖加有硬质中间部件而堵头部分不加。

在硬质中间部件的设计中，样板轮廓线一般与包的面料基础图相一致，但需考虑扇面、堵头或墙子上加有硬质中间部件部分的形状与面积。如有些包只在堵头的两侧加有纸板而中间部分为软褶，这时堵头的纸板衬垫图只需与硬质部分的形状相同即可。

用整体大扇或大扇和两个堵头制作的包，包盖和大扇的纸板衬垫可以设计成整体下料，但弯折处需削薄或开口子，如图13-46所示。若包的底部拐角处棱角分明，则大扇的硬质中间部件常分成扇面衬和包底衬，扇面衬以大扇的基础图为依据绘制，包底衬的长度与扇面下底长相同，而宽度小于包底宽3mm左右，如图13-47所示。

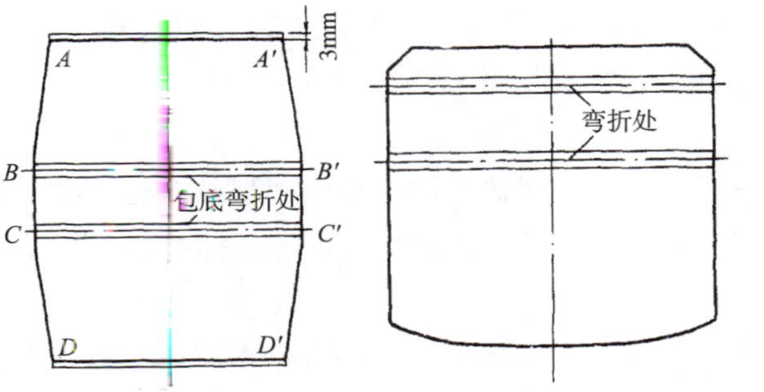

（a）大扇　　（b）包盖

图13-46　大扇和包盖的纸板衬垫图

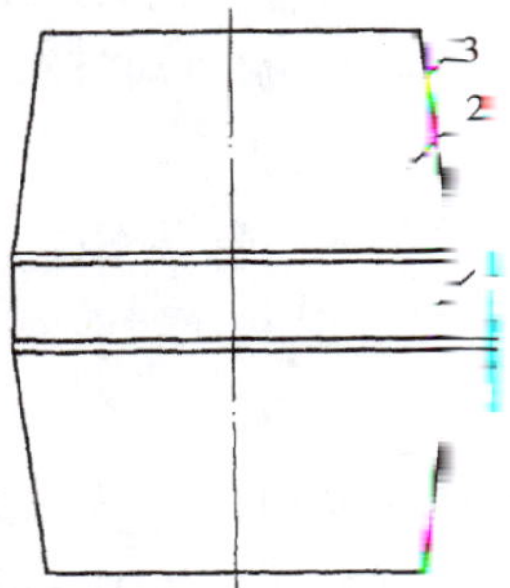

1—纸板衬；
2—扇面衬；
3—大扇基础图。

图13-47　扇面和包底板的纸板衬垫图

若包的边缘加有堵头条，为了减少边缘厚度，满足工艺制作的需要，大扇衬的轮廓线一般小于面料基础图2mm左右，而堵头衬小于面料的基础图约5mm，且对于较厚的纸板需片压茬，压茬量为6~8mm。对于高频焊接包的硬质中间部件，其衬垫图的轮廓线应小于包的面料轮廓线1.5~2.0mm。

衬垫部件裁好后，按照技术要求和位置设计情况，将各个衬垫部件用胶黏合方式固定在一起，黏合时要注意是平面件还是立体件的黏合。衬垫部件制作好以后，将边缘打磨光滑平直；然后均匀刷上胶水或用大针码线迹固定在需要的位置上。

2. 软质中间部件

软质中间部件是指用海绵、棉花、无纺布、厚绒布等制成的部件，其作用是充填包的结构，使包体主要部件或次要部件的表面隆起，体现一种丰满、柔和的视觉效果。软质中间部件既可用于硬结构包，也可用于软结构包。

在软质中间部件的设计中，其样板的轮廓线应小于面料的基础图约2mm。若包体部件既使用硬衬垫也使用软质中间部件，则它们的轮廓线应小于硬衬垫1.0～1.5mm。

软质中间部件也基本是通过胶黏固定在里料或面料上的。

六、缝制衬里

里子是包体的主要内部部件，包体结构不同，里子部件的制作方法不同。通常里子可分为两类：一类是单独制作的里子部件。即把里子部件单独做成一个整体，缝合后将其套在包体内，沿包的上口将里子固定。反面缝制的包多采用这种结构；另一类是与外部部件相似的里子部件，即把里子部件分成几个部件，其形状和尺寸与包体相对应的外部部件的形状与尺寸相似。

在制作过程中，里子直接黏贴在相应的面料上，若有海绵、纸板等中间部件需提前固定，然后将包袋装配成一个整体。这种里子一般使用在内部装饰要求平整或包体尺寸较大的包袋上，如旅行包、运动员用包等。在制作个别部件（如包盖、连接板、插袢、钎舌等）时，也常采用此法。这种结构多用于正面缝制的包体中。

不论采用哪种方法，里子部件图一般按面料部件的基础图制作，根据不同的工艺要求放出加工余量。若采用单独制作的里子结构，并在其中设有中间部件，则为了使包体内部贴紧，应将里子部件的轮廓线标在距离面料部件基础图2～3mm处，然后根据包体不同的缝制方法和工艺要求，放出里子边缘的加工余量。

在绘制架子口包的里子部件图时，扇面里子的上部轮廓线应和扇面基础图轮廓线相一致，而堵头里子上部轮廓线应比堵头基础图的轮廓线高12～15mm，以保证堵头能较好地塞入口槽。

由大扇和两个堵头组成的包，其里子的制作方法主要取决于包体的制作方法和面料边缘的加工方式。若采用正面缝制法，包体的里子部件与相应的外部部件相似。如果大扇与堵头边缘两侧同时折边，则里子基础图和相应的面料基础图相同。如果大扇边缘单侧折边或为毛边，则大扇和堵头里子基础图的整个轮廓线比面料基础图减小1.0～1.5mm。若采用反面缝制法，包体的里子部件常设计为一个整体结构。为了使包体内部贴紧，应将里子部件的轮廓线标在距离面料部件轮廓线2～3mm处。这种里子缝制时，先将两侧部缝合在一起再与扇面上口缝合。如果里子上部要缝接面料作为贴边的话，则需将里料的相应部位剪去后与贴边面料缝合，然后再在侧部缝合。

由前后扇面和墙子组成的包体多采用反面缝制，它的里子一般有两种制作方法。一种是里子设计为两部分，沿侧面和底部的中线缝合，缝制时，将侧部缝合在一起成型后再与扇面面料上口缝合。另一种是里子部件与包体的外部部件相同，分为扇面里子和墙子里子。缝制时，将里子与面料组合在一起作为一个部件缝合，首先将两个扇面与墙子在反面合缝后，用沿条把内部的毛边部分包边，使包体内部平贴、整洁。而有些包的扇面与墙子正面黏合后，毛边部分加沿条进行外包边，使边缘线迹清晰、轮廓分明，体现一种粗犷美。

由前后扇面和包底板组成的包体，这种结构的包体常采用反面缝制法，一般里子设计成两个部件，将包底板部分的量与扇面加合在一起，缝制方法基本与上面所述一致。

由整体大扇组成的包体结构的里子与外部部件相同，设计为整体大扇。里子基础图轮廓线的两侧应距包的面料基础图2~3mm，且B_nT_n=1/2包底宽-2mm，放出加工余量即得大扇里子的基础图与施工图。由前、后扇面组成的包体多采用反面缝制法，其里子可以设计为一个整体部件，也可以与外部部件相似，但扇面的里子基础图需在其面料基础图的周边向内收2~3mm。若包体底部宽度较大，则在扇面的里子基础图中加上包底宽度的一半减去2~3mm即可。

由前后扇面、两个堵头和包底板组成的包体常采用正面缝制法，而且部件边缘两侧同时折边缉缝。扇面、堵头和包底板的里子基础图与面料相同，根据工艺要求放出折边余量即得里子的施工图。若包体的上口边缘有垫皮，则扇面的里子基础图应除去垫皮部分。在制作中里子部件与垫皮反面合缝，再与外部部件缉缝固定。

第十四章 不同结构包袋的制作工艺

第一节　由大扇和两个堵头构成的包袋

由大扇和堵头构成的包体，结构变化丰富，种类繁多，在所有包体中所占比例较大。其结构特点是整体大扇构成了前、后扇面与包底板，堵头在大扇两边组合形成封闭的包体，堵头形态的变化决定了整个包体的造型。在工艺制作中正面缝制法、反面缝制法均可采用。缝制工艺不但与堵头类别和缝制方法有关，而且与包袋上口的封闭状态有关，甚至可以说包袋上口的状态对确定如何进行缝制工艺的影响更大一些。通常包袋上口的状态分为开放式和封闭式两大类，下面分别加以叙述。

一、上口开放式

根据堵头的形状和数量，一般设计为平堵头（长方形、梯形堵头、圆形堵头等）、上部带软褶堵头、通体褶（单褶和多褶）堵头、带堵头条堵头、小行李箱式堵头等。堵头形状不同，包体造型各有特点，缝制工艺也有所不同。

1. 梯形（带圆角）堵头

梯形堵头有两种：一种是正梯形造型，堵头上底尺寸较小，下底尺寸较大，堵头下部多数有圆角，如图14-1（a）所示；另一种是堵头上底较宽呈倒梯形，堵头上底尺寸较大，下底尺寸较小，关闭状态下堵头折入包内或折向包体外侧，如图14-1（b）所示。这种结构的包袋可以采用正面和反面两种方法进行缝制。

（a）正梯形平堵头　　（b）倒梯形堵头包

图14-1　梯形堵头包

（1）反面缝制法制作

以倒梯形堵头包袋为例介绍其制作方法。缝制时，通常面料与里料分开制作。制作步骤如下：

①将面料上的标牌、装饰品、装饰线，甚至包袋锁扣，都先制作或安装在面料表面上。

②将扇面、堵头部件的面料缝合在一起。

③制作包盖，并缝制在包袋的后扇面上。

④制作里料时，先制作内袋、隔扇，缝合上口拉链和拉链条，然后将里料部件缝合在一起。

⑤将面料、里料拉链条分别按规定尺寸折边，在包上口用线缝制固定一圈。

⑥安装金属配件并固定提把，完成包袋制作。

（2）正面缝制法制作

包袋也可采用正面缝制方法制作，如图14-2所示，其制作步骤如下：

图14-2　正面缝制法包袋

①将内袋分别缝制在各自的里料上；如果上口有拉链条拉链的话，需要先将拉链与拉链条缝合在一起，然后与里料缝合在一起，形成完整的部件，比如前扇面，后扇面等。

②将扇面、海绵、纸板、大扇里料，按技术要求黏合在一起形成组合部件。将堵头与堵头里料组合在一起，这时可以将扇面和堵头各自看成一个统一的单一部件。

③将扇面、堵头边缘折边（或毛边）两两黏合，拉链条折边（或毛边）与包袋上口对合；毛边时进行边缘处理，对边缘进行打磨、抛光，涂边油后再黏合。

④将扇面、堵头、拉链条部件通过正面缝制缝合在一起。

⑤用五金固定手把，后整理并检查，从而完成包袋的制作。

缝制时，一定要注意拐角部位的转折要流畅圆顺。

2. 长方形（带圆角）堵头

（1）软结构包

软结构包体制作时多采用反缝法，堵头下部切口应比加工余量小1~3mm。切口太大，包体翻折后堵头拐角处线迹外露，影响美观；切口太小，包体翻折余量不足容易产生皱褶外观不平整，缝制完成后不能变成有弧度转角，应该保持标准的直角。如果长方形堵头底部带圆角，切口太小会使拐角处不易翻折，造成包体曲线不够流畅，影响包的外观效果。其制作步骤参阅

图14-3　长方形堵头（正面缝制）

梯形堵头反面缝制法。

（2）半硬结构包

对于半硬结构包体来讲，可以采用正面缝法缝制，需要在堵头下部制作小切口，堵头底部拐角处切口长10~20mm，从而使缝纫机的压脚能够顺利通过，切口越大，堵头弯入包内越深，也会影响包袋的容量，如图14-3所示。其制作步骤如下：

①将内袋分别缝制在各自的里料上。

②将大扇、海绵、纸板、大扇里料，按技术要求黏合在一起形成组合部件。

③将面料和里料的堵头下部切口缝合后，将堵头面料与里料黏合在一起。

④制作好包盖、提把和背带，然后将包锁安装在包盖上和前扇面上，提把固定在包盖上，将包盖固定在后扇面上，并固定提把。

⑤将扇面、堵头边缘折边（或毛边）两两黏合，之后缝合堵头与大扇，之后对边缘进行封边处理。

⑥将包上口对合，毛边时需先进行边缘处理，对边缘进行打磨、抛光，涂边油后再黏合；之后缝合包上口。

⑦检验与后整理，完成包袋缝制。

3. 通体褶（双褶或多褶）堵头

如图14-4所示，通体多褶堵头包在制作时，以按正面缝制方法缝制为多，将面料、里料的各个部件分别制作。其制作步骤如下：

图14-4　通体多褶堵头包

①隔扇部件的制作：要先将拉链缝制在隔扇上部，完成隔扇袋的制作，之后将隔扇两侧和底部缝合。

②制作内袋：将里料上的拉链袋、笔插、杂物袋等小部件按设计制作完成。

③装配隔扇：将隔扇做好后，按照设计要求的位置，把隔扇装配到堵头的相应位置上。

④缝制包盖：将包盖制作完成并缝制在后扇相应部位。

⑤缝合堵头与大扇：将堵头与大扇缝合在一起，考虑到工艺需要，包体在放出加工余量后在堵头底部拐角处需作切口以便于压脚通过，切口的确定与长方形堵头相同。缝合时要注意堵头底部的切口，以及包体曲线的圆顺流畅。

⑥缝合包袋上口，用正面缝制法完成。

⑦装配各种金属配件，后整理并完成整个包的制作。

4. 小行李箱式堵头

这种包在制作时，由于堵头部件比较复杂，首先要把堵头部件上加设的堵头挡层或拉链做好，然后再与扇面缝合起来。

二、上口封闭式

由于这种结构包袋上口呈拉链封闭状态，所以制作步骤与前面叙述包袋差别较大，制作顺序是先缝合上部拉链与扇面，然后缝合堵头与扇面。如图14-5所示，包袋制作步骤如下：

图14-5 圆形堵头包

①制作里料上内袋，安装扇面面料上的标牌，制作把鼻，如有提手需要提前缝制。

②将拉链与扇面面料和里料缝合在一起。

③在堵头上固定把鼻，沿堵头边缘固定好牙条。

④运用反缝法缝合扇面和堵头，要求弧线要圆顺。

⑤最后处理包袋内部，用寸带或包边条包边，完成包袋的制作。

总的来说，对于大扇与堵头构成的包袋而言，大扇是包体的主要外部部件，大扇的制作方法大同小异，只要掌握和处理好每种变化的关键点，在样板中稍作变化与修改即可。在制作时，主要根据缝制方法的大类来确定。如果是正面缝制方法，则先将大扇的面料、里料与面料组合在一起，然后再与堵头部件缝合；如果是反面缝制，则将扇面面料与堵头面料缝合，将扇面里料与堵头里料缝合，最后里面相合完成包体的制作。

在制作时，要注意大扇的周边长度一定要与堵头的周长相符合，否则会造成包体歪斜或不平的外观效果。

第二节　由前后扇面和墙子构成的包袋

在这种结构的包体中，扇面是主要的基础部件，扇面的形状和规格尺寸决定了包体的造型及墙子的规格尺寸。工艺制作时反面缝法和正面缝法都会使用，具体方法与所用部件的性质和包袋款式设计有关。

这种结构的包袋中，墙子部件有3个种类，分别为下部墙子、上部墙子和环形墙子，根据墙子种类的不同，制作工艺也不同，下面分别加以叙述。

一、下部墙子

下部墙子是指围绕扇面构成包底板及侧面的各类墙子，如上宽下窄形、上窄下宽形、长方形、多褶式、两片式墙子等。

1. 上宽下窄型墙子

图14-6 上宽下窄型墙子包

包体在关闭状态下，上宽下窄型墙子朝包内折入呈梯形结构，而打开包体时墙子呈倒梯形，其目的在于增加包内容量，多采用软质或半硬结构，体现自然、随意的效果，如图14-6所示。

这种结构的关键是墙子上部和扇面圆角部位的制作。在部件制图时，根据缝制工艺要求，在部件上放出加工余量并标明相应的对位标志点。由于扇面中圆角部位的圆弧加放余量后长度有所增加，而与它相吻合的墙子中的直线长度并没有发生任何变化，若要使它们的标志点在缝制时严格对位，需要在墙子样板中的相应部位线段上打剪口，以便由于剪口的张开而带来长度尺寸上的增加，用以补充两部件尺寸上的差量，这点在实际制作上非常重要。制作剪口时，剪口要打得均匀，长度不能超过缝制余量的2/3，以避免由于剪口外露而造成成品包外观上的缺陷。

同时，在制作墙子上口部位时，由于上口部位中间一般由于需补夹角的需要而有一定的弧状凸起，制作时，要注意圆弧的对称和圆顺，在做上口圆弧的折边时，多余的余量做细褶收紧，所做细褶要尽量细小而且均匀分布。

如果扇面是长方形，在制作时，为了保证扇面与墙子的顺利吻合，并得到一个合乎外形要求的长方形断面形状，则需在墙子侧面与包底板的分界处作约5mm的切口。一般切口数量为一个，从而保证转折部位的余量要求，使包体的转折角方方正正，规规矩矩，从而保证包体外观成型要求。

如果包袋上口有拉链条，则缝合上口后的内部位置如图14-7所示。如果墙子上口是自由端，其内部工艺位置如图14-8所示。其制作工艺如下：

图14-7　上口封闭式拉链条

图14-8　上口自由式拉链

①首先，缝制内袋、隔扇和隔扇袋等部件，之后将拉链、拉链条和里料缝合在一起（如果是敞口包，忽略此步骤），最后将里料部件缝合在一起形成包体形状。

②缝合扇面，沿扇面边缘固定牙条备用。

③制作手把，并将手把缝合在扇面上。

④将墙子部件拼合（如果为整体墙子部件，则忽略此步），然后缝合扇面与墙子，注意扇面圆角部位曲线的流畅圆顺。

⑤将包袋面料和里料在上口折边后缝合在一起，并在表面上缉一道明线，完成制作。也可以用另一种做法，即：首先，在里料部件扇面底部留口约15cm长，将上口部位的里料和面料在反面缝合；然后，通过留口位置翻到正面，在上口部位缝一道明线或上胶黏合敲平；最后，将留口部位缝合，完成包袋制作。

2. 上窄下宽型墙子

由上窄下宽型墙子构成的包体，结构简单，包体棱角分明、弧形饱满、线条流畅自然，运用比例较大。包体可采用软质、硬质或半硬结构。虽然款式变化很多，但制作工艺相对比较简单，在包体下部圆角处的处理同上宽下窄型墙子包体，只是由于这种墙子上部没有夹角需要补充，外形为一水平直线，墙子上口沿净折边线折净即可，要求折边平直对称。

如果上口敞口或有拉链条封口时，制作工艺同上宽下窄型墙子；如果上口有拉链，则可将扇面上口、墙子上端与拉链缝合在一起，完成包袋的制作，如图14-9所示。其制作工艺如下：

图14-9　上窄下宽型墙子包

①首先拼合扇面上各个料块，按要求做好褶皱。

②缝合里料上内袋、隔扇和隔扇袋等零部件。

③将拉链封好端口，并与扇面上口缝合，将里料与面料一起缝合。

④将牙条沿墙子边缘用大码针脚固定好，备用。

⑤制作背带，将背带鼻固定到墙子上部，同时将墙子里料固定好。

⑥缝合前后扇面与墙子的面料和里料，最后用包边条包边。

⑦安装金属圆环，安装背带。

3. 长方形墙子

对位标志点的确定和制作方法与前面方法相同，这里不再详述。

4. 多褶墙子

多褶墙子的制作方法同多褶堵头相似。但由多褶堵头构成的包体，隔扇只是与堵头缝合，与包底板没有固定。而多褶墙子与隔扇、包底板都可进行缝合，从而将包体完全分为中间不通的若干空间，所以在多褶墙子包的制作上，需要重点考虑墙子与隔扇的缝合操作。当然，由于隔扇的缝合，在墙子部件的结构制板时，需要把隔扇的宽度数值加进去，也就是需考虑缝合隔扇所需的加工余量，只有这样才能保证缝合以后包体各部分尺寸的合乎标准。一般来讲，隔扇在包体底部只是缝合中间的直线部分，在包体底部与侧部的拐角部位要留出一定的没有缝合的位置，一方面有利于缝制，另一方面是方便包袋的使用，如图14-10所示。其主要制作工艺如下：

①缝制里料上内袋，包袋中间的隔扇和隔扇袋。

②将隔扇按设计位置与墙子缝合在一起，应用正面缝制法缝合。

③制作包盖，并缝制在后扇面设计位置。

④缝合前后扇面和墙子，应用正面缝制法缝制。

图14-10　多褶墙子包

二、上部墙子

由上部墙子构成的包体多以拉链作为开关方式，墙子被分割为两部分，二者在中间作拉锁切口。由于上部墙子围绕着扇面缝合，所以扇面上口多设计为圆角，以便于制作。这种包体的扇面形状多为上底为圆角的长方形、梯形、半圆形、扇形。包体采用反面缝合时边缘多加有梗条（边骨），起支撑定型的作用。

设计中墙子的宽窄以设计者的意图及包的用途为依据，墙子的长由大底的周长决定。由扇面与上部墙子构成包体的制作方法与下部墙子相似，但由于上部墙子也具有自身的特点，所以也常可派生出新的结构与造型。下面介绍常见的两种款式。

1. 普通上部墙子

如图14-11所示，其主要制作工艺如下：

①制作里料上的内袋、杂物袋等零部件。

②将拉链和上墙子包口部分的面料与里料缝合在一起，并在拉链两边缝制明线；之后和上墙子下部缝合在一起，沿墙子边缘固定牙条。

③制作前扇面上装饰物、后扇面上拉链袋等零部件，缝制包袋鼻，之后将扇面里子和扇面面料固定在一起。

④将扇面和上墙子缝合在一起，面料和里料同时缝合，之后用包边条包边。

⑤制作背带，安装金属环，再将背带安装好。

2. 嵌入包内的上部墙子

上部墙子嵌入包内的包体施工投影图如图14-12所示。嵌条的作用是使上部墙子嵌入扇面中。它的形状和尺寸与大扇的外边缘重合，它可以直接从大扇中取样。由于大扇整个边缘较长，常在嵌条拐角处进行分割并加放相应的加工余量。在缝制时首先将上部墙子与嵌条在反面缉缝，然后再与大扇正面缝合而成。其他工艺同前所述。

图14-11 上部墙子包

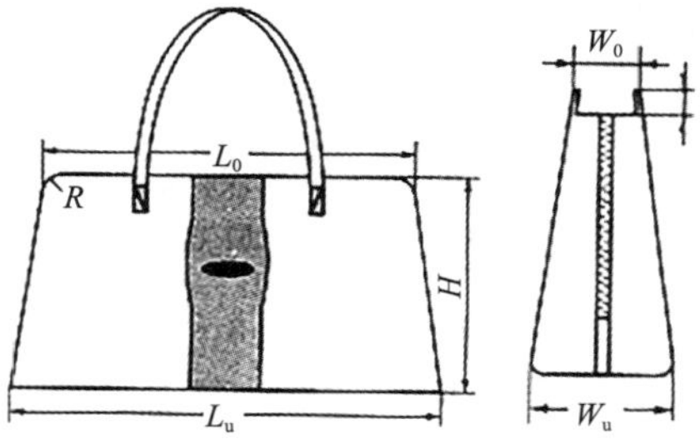

图14-12 包体视图

三、环形墙子

环形墙子是指环绕扇面一周的墙子，包括包口部位的开合部件，一般来讲，环形墙子包体的开关方式多半是拉链。

以图14-13所示包袋为例，主要制作工艺如下：

①将里料上的内袋、商标制作完成。

②将拉链与墙子按要求缝合在一起；如果有牙条装饰的话，需要将牙条与扇面预先缝合，注意拐角部位扇面长度与牙条长度的配合，不得出现牙条过于紧短，造成扇面四角向内扣缩，四角不挺括而造成包体外观的不舒展。

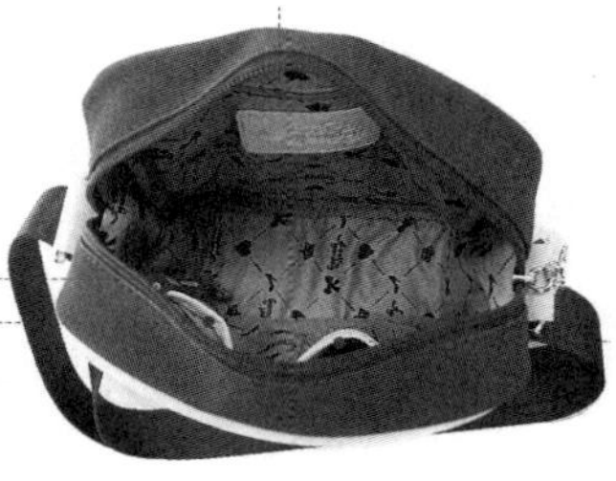

图14-13 环形墙子包袋内部图

③将扇面与墙子缝合在一起，缝合时，注意对位标志，严格按照对位记号操作，以免造成扇面两边墙子对位位置不正，造成包体歪拧不正，影响产品外观。

④将扇面与墙子的缝合部位进行包边，美化包体内部，同时增加包体的使用性。

总的来说，首先根据效果图确定缝制方法是正面缝制还是反面缝制，然后确定基本的制作程序。在扇面制作时，首先根据效果图将扇面部件上设计的附属小装置制作完成，如拉链、口袋、标牌、印烫花纹图案、锁扣等小部件。扇面部件如果衬有内衬纸板，要注意纸板与扇面的装配要求，然后再缝合包体。

第三节 由前后扇面和包底板构成的包袋

这种结构由前后扇面和包底板构成，其中包底板特征明显，包底板的形状和尺寸决定了整体造型及其他部件的形状与尺寸，是包体设计和制作的基础部件。

由于扇面是围绕包底板缝合，所以扇面下底长与包底板周长一定相等，而且扇面需与包底板准确对位，否则整个包体会出现歪斜现象。

一、长方形类包底板

如图14-14所示包袋，采用反面缝制法缝制，包袋面料与里料分别进行制作，其主要工艺过程如下：

①制作内袋、隔扇袋、拉链与拉链条等零部件，并缝合里料形成包体形式。

②在制作时，如果包底板部件镶有牙条，需要先将牙条缝合到包底板上，注意牙条在包底板拐角部位的制作，四角牙条余量要均匀一致，牙条不可过松或过紧，以免造成部件的不平展。直角包底板很少镶嵌牙条，如果必须要用，要在直角转角部位的压条上打剪口，以保证压条长度尺寸与包底板边缘的尺寸符合。

③将前后扇面在侧部缝合。

④将包底板和缝好的扇面缝合在一起，缝合时，严格注意各个标志点位置的正确对位，对称部位要绝对对称，否则会造成包体外形的歪斜。

⑤制作背带，将包袋上口折边，缝合面料和里料，缝合固定背带，完成制作。

（a）长方形包底板　（b）长方形带圆角包底板

图14-14 长方形类包底板

二、椭圆形与圆形包底板

由椭圆形包底板构成的包体，在实际缝制过程中，缝制顺序与由长方形包底板构成的包体一样，只是椭圆形包底板的转角曲线比较长，制作难度低于较小半径的转角，可以按照近似直线来处理。由圆形包底板构成的包体，多由长方形或梯形扇面构成桶形包。有些包体采用锥形扇面构成，其制作方法与桶形包类似。

由半圆形包底板构成的包，前后扇面一般为不对称式。在缝制时，缝制程序与由长方形包底板构成的包体基本一样，只是需要注意直线与弧线连接部位的对位问题。

三、向扇面延伸的包底板

在现代箱包设计中，包底板常有两种变化：一种是包底板两端向上在包体侧面延伸至扇面，端头形状的不同变化增加了包体的形式变化，如图14-15所示；另一种是包底板一边或两边同时向前后扇面延伸，使包体造型新颖、别致，如图14-16所示。

缝制时，尤其要注意弯入侧面部分的缝合，因为这部分多为异形，具有一定的制作难度，缝合时尤其要特别注意拐角和弧线部位与扇面的连接，尽量保证连接的顺滑圆润，曲线的流畅，千万不能由于缝制的问题造成装饰的失败。

制作时，按照反面缝制法制作，先将前后扇面缝合后再将包底板与扇面缝合，最后在包袋上口将面料和里料缝合在一起完成包体的制作。

图14-15 包底板两端向上延伸至扇面的包袋

图14-16 包底板延伸至扇面的包袋

第四节 由前后扇面构成的包袋

一、对称式扇面

由对称式扇面构成的包，其基本特征为前后扇面的结合线在包体侧部的中线位置，前后扇面可根据造型不同而进行不同形式的变化。如果结构完全对称，两片扇面部件完全一致，制作时正面缝制与反面缝制都可以。

1. 扁平式扇面

由前后扇面构成的包袋，扇面一般为长方形或梯形，工艺采用反缝法或加有梗条以支撑包体形状。由于包体较扁薄，所以常在前扇面上设计有立体式贴袋，既增大了包的容量，又从视觉上增加了厚实感。而袋形与扇面轮廓相似，统一而协调，如图14-17所示包袋具一定的典型性。

包袋采用反面缝制法制作时，面料与里料分别进行缝制。在面料制作时，首先制作扇面上的立体贴袋，然后将手把缝制固定并缉好明线，再在侧部把前后扇面缝合在一起。里料制作时，首先将内袋缝合好，然后将面料和里料的上口折边，最后在包袋的上口部位将里、面缝合在一起，完成包袋的制作。

扁平式扇面构成的包在造型变化中也可设计为两用包，一种是在包体侧面高度的2/3处加有背带，肩背时包体上部自然下垂，显得轻松自然；另一种是在包口处设计拎手，手提时显得休闲大方，如图14-18所示。这种包的缝制方法与加有立体贴袋的扁平式手提包类似。采用反面缝制时，先将背带装好，然后分别制作里料和面料，成型后将包袋上口折边，并将手把按设计要求固定在相应的位置上，最后将包袋上口里、面装配整齐。采用正面缝制时，首先将面料和里料上的口袋、装饰、标牌等制作完成，将包袋上口折边缝合，然后将前后扇面的面料和里料组合在一起，再将包袋的两侧缝合在一起完成制作。

（a）立体贴袋　　（b）平面贴袋

图14-17　加有贴袋的扁平式手提包

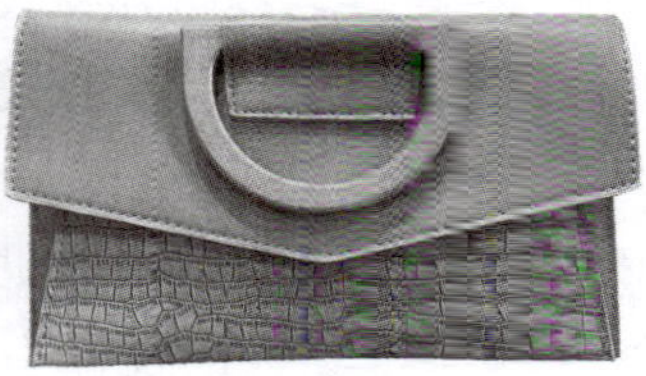

图14-18　扁平式手包

2. 底部做褶缝的扇面

由前后扇面构成的包袋还可以将底部做一些变化，形成新的外观形象。如在扇面的底部做直角或锐角的切角，再将切角缝合后形成褶缝，使包底板宽度增加、包体容积增大，扇面形成曲面造型，整个包体不再扁平也呈现出有一定厚度的外观，如图14-19所示。这种结构多以扇面中的切角、长度、位置变化为设计重点，包体造型随着切角大小、长度、位置的不同而不同。扇面底部切角越大，形成的隆起越明显，则包底板宽度越大；切角越长，所形成的褶缝越长，则包底板越扁平。切角根据需要一般多设计在扇面底部两角和包底板中部，其形成的隆起效果沿整个包体边沿较均匀；如果只在扇面两底角作切角，则包体两侧边隆起较明显，而包体中部呈自然弯曲状态。

这种包袋缝制时，可采用正面缝制法和反面缝制法两种方法。首先将切角褶缝缝合，注意在褶缝两端固定牢固，尤其是在扇面内部的端头一定要封好线头，然后再缝合前、后扇面；切角为直角时，可以先将前后扇面通过反缝而缝合，从而在包体底边形成两尖角，然后把尖角沿侧缝线向上折起，按设计的底部宽度缉缝并固定，形成加宽的包的底部。底部宽度可大可小，随缉线的位置变化而变。

3. 底部做活褶的扇面

扇面底部做活褶与做褶裥的目的相同，但呈现出的视觉效果不同，如图14-20所示。活褶可以增加包袋的内部容积，而且外观效果活泼生动，具有一定的时尚感。活褶的多寡获得的外观效果有较大的不同，活褶量越大，包袋的容积越大，女性的修饰感越强。这种包袋在缝制

（a）带褶缝的立体贴袋包

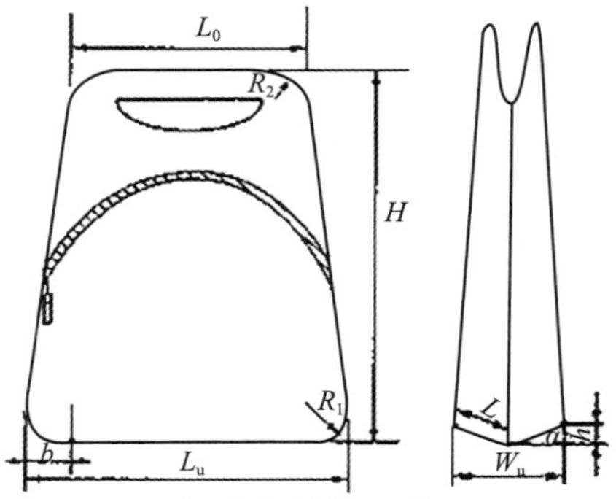

（b）包体投影图

图14-19　扇面底部做褶缝的包体

图14-20　扇面底部做缩褶的包的效果图

时，尤其要注意包袋底部活褶的均匀性，有必要时，可以先用大针码将缩褶拿捏好后，再进行前后扇面的缝合操作。其他制作工艺请参照反面缝制法或正面缝制法工艺。

4. 底部和侧部均向包内缩进的包体

这种结构的包底板和侧部均向包内缩进一定的深度，包体中间加有隔扇，隔扇上部设置有内贴皮，隔扇用里部件材料包覆制成。由于侧部和包底板均向包内缩进，所以容积较小，常设计为两格或三格结构。根据包体扇面、侧部与垂直方向是否有夹角，制作方法有所不同，如果包体的正面与侧面投影呈长方形即没有β角和γ角，包袋款式及效果图如图14-21和图14-22所示。若包体正面投影呈长方形，扇面与垂直方向呈β角，但由于扇面与垂直方向呈β角，使扇面倾斜，所以绘制扇面部件图时，必须在扇面底部作切角，如图14-23所示。

这种结构的包袋在缝制时，首先要做好扇面上的拼接并缉好明线，按照工艺要求做好内部的隔扇和隔扇袋，然后再将隔扇与前后扇面缝合在一起，从而形成包袋中间的内缩效果。对于正面投影呈长方形，扇面与垂直方向呈β角的包体，在制作方法上没有太大的不同，基本类似前文所述。注意大原则是先做好平面上的附属设计部分，或拼接或口袋或装饰件一律首先完成，然后再将内部部件做好，之后将前后扇面缝合，并对包袋上口进行折边，最后将里、面在上口部位对位缝合。

图14-21　包袋效果图

图14-22　包袋款式

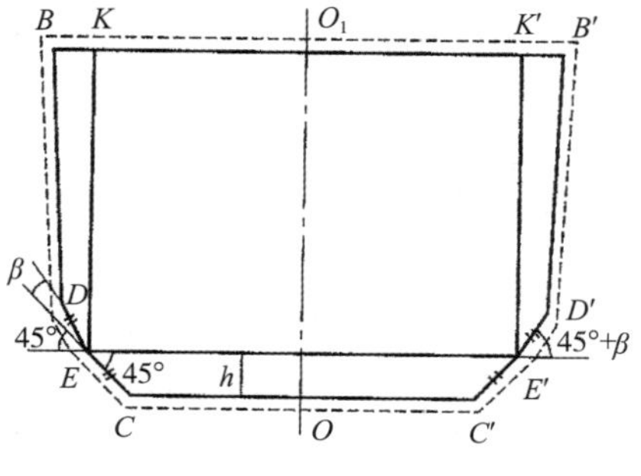

图14-23　包的扇面图

二、不对称式扇面

由不对称扇面构成的包是在对称式扇面结构的基础上经过结构线的位移，前后扇面的平面或曲面变化而派生出来的新款包袋。

这种结构在设计中着重前后扇面上的相互延伸变化，部件在制图时已经按照合缺原理将后（前）扇面向另一扇面延伸的部分，在前（后）扇面中减去以保证包体造型不变，效果图如图14-24所示。

在制作过程中，仍然把延伸部分看作与原扇面为一体，制作程序同一般几何形扇面，只是在缝制延伸部分时要充分注意延伸部分的外部形状，尤其是延伸部分最前端部分与另一扇面的连接，一定要保证缝接得平整顺畅。

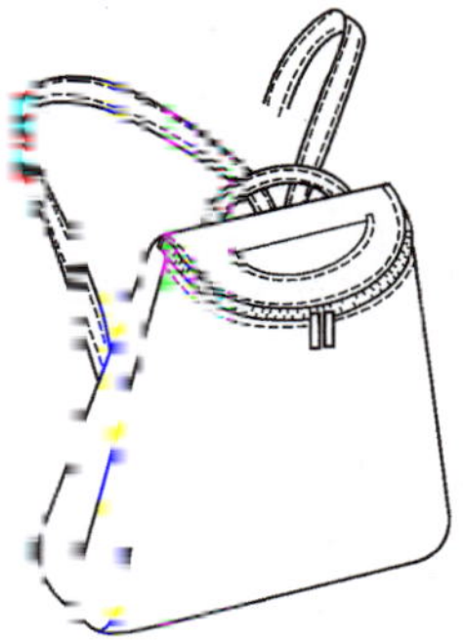

图14-24 包袋效果图

第五节 由前后扇面、包底板和堵头构成的包袋

由前后扇面、堵头、包底板、包盖构成的包由5个主要外部部件构成。堵头底部有切口，包底板和堵头均向包内凹进，包体造型简洁、棱角分明，工艺采用正面缝制法，是职业坤包、公事包经常采用的结构，如图14-25所示。

堵头的下底部边缘设有切口，其尺寸及位置如图14-26所示，其中a表示堵头凹进包内、距离扇面边缘的深度，深入程度根据造型需要确定，一般为20mm左右，a值越大堵头向包内凹入越深，堵头与扇面重合部分越多；b表示包底板凹进包内、距离包底边缘的高度，一般为10mm左右，目的是保证缝纫机压脚从包底板向扇面缉线时能顺利通过。这种结构设计多体现在堵头底边和扇面形状的变化，扇面多为方形或梯形，底角为直角或圆角，而堵头底边切口作直线或弧线变化。

这种结构的包多采用正面缝制法缝制。缝制时，主要工艺步骤如下：

①首先将扇面部件上的附加设计做好，包括标牌、标志、口袋、拉链、扣锁等。

②将里料上的小袋、各种笔插、卡插、眼镜袋、手机袋等附属部件缝好，如果有隔扇的话，需要将隔扇做好备用。

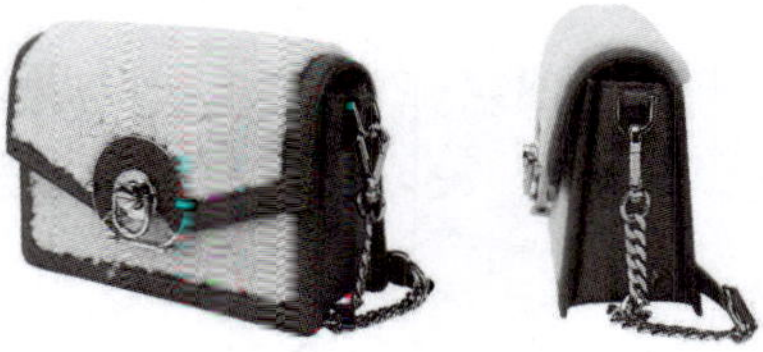

（a）斜侧面　（b）侧面

图14-25 包袋款式

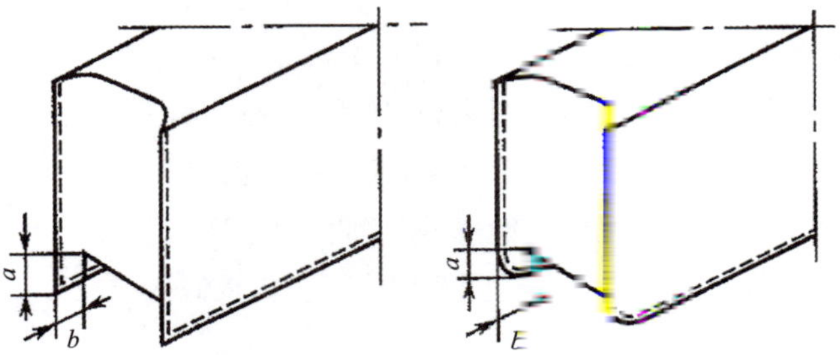

（a）长方形扇面　（b）长方形底部呈圆弧形扇面

图14-26 包的部件连接图

③做好扇面、包底板、堵头等部件的面料和里料后，按照平面黏合的方式黏合在一起，需要折边的折好边。

④将隔扇、堵头和包底板缝合，如果需要缉明线的话，要将明线缉好。

⑤用正面缝制法将扇面与堵头和包底板缉合在一起，注意底部拐角一定要缉顺。

⑥最后，将包体上部折边、缉合，完成包体的制作。

堵头底部呈圆弧的包袋造型精致，结构新颖，包体的效果图如图14-27所示。根据效果图分析，堵头切口呈弧线，而包底板随着堵头切口的弧线与堵头下底边缝合，所以包底板宽度的尺寸由堵头切口的弧线长度决定。这种结构的包在制作中需注意：整个圆弧切口线应包含两段直线部分，使包底板与扇面缝合时压脚能顺利通过。缝制方法与前述基本类似。

对于如图14-28所示的包袋，应用反面缝制法制作。缝制时，首先将扇面与包底板缝合，再将堵头缝合，缝制顺序基本与由扇面和堵头组成的包体一致。

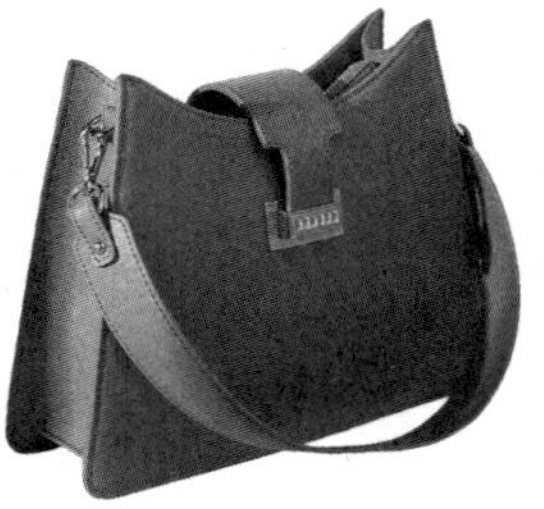

图14-27　堵头底部呈圆弧的包袋

图14-28　反面缝制法制作的包袋

第六节　整体下料的包袋

整体下料的包袋是指由一个大扇部件制成的包，如图14-29所示。这种结构的中间部件一般采用软质材料，体现休闲、简洁、大方的风格。

缝制这种结构的包袋时，先将包侧部缝合，然后再缝合包的底部和扇面的侧部下端，使包袋成型，这种结构的包袋里子与面料多半采用整体组合的方式应用反面缝制法缝合。然后，在反面缝份处包边加固并美饰包体内部。

由不对称式扇面构成的整体下料包，其主要是以对称式扇面的基本结构图为依据进行结构线变化而派生的包体，体现在扇面、堵头、包底板及包盖等轮廓线的分割与组合的变化，包体的缝制与由对称式扇面构成的整体下料包类似。

图14-29　整体下料的包袋

第七节　典型包袋的制作工艺

前面已对有关各种结构包袋制作工艺进行了分析探讨，下面以典型包袋为例详解其主要工艺技术。典型包袋品类有公事包、旅行包、硬结构包、软结构包，以布料手提包、天然皮革包袋为例。

一、公事包的制作工艺

说明：以由前后扇面、墙子和包盖构成的公事包为例。

1. 裁料工序

（1）裁纸板

严格按照样板尺寸下料，扇面纸板、包底纸板、把手纸板采用1.0~1.6mm的钢板纸，前袋纸和前袋盖纸采用0.6~1.0mm的白板纸，把鼻纸用0.8~1.0mm的白板纸。

（2）裁面料

选用人造革或天然皮革，裁料时严格按样板尺寸下料，注意排料的合理性，要合理应用与躲让伤残。

（3）裁零料、里料

裁零料时，要注意与扇面大料之间的配合，包括颜色、光泽、粒面的粗细等。里料裁前要预先进行排料、铺料，用电剪刀进行裁料，如用量少也可以用手工进行裁料。

（4）裁海绵

根据样板下料，选择海绵厚度为3~4mm。要求不得拉扯海绵，以免引起走样变形，尽量保持四边的平整、无起翘。

2. 黏合工序

（1）黏扇面

将面料与纸板黏合在一起，注意胶刷要匀，然后再在纸板上黏上海绵，黏海绵时只需要在中间部位薄薄地刷一层即可，然后在海绵的边缘进行切边，使海绵距边大约1mm，确保边缘平直，在边缘纸板上刷胶，待胶干燥以后，将面料覆盖在海绵上，将边缘处的面料与纸板黏合牢固，最后沿四边进行折边，用锤子敲平即可。

（2）黏包盖

将白板纸与里料黏合，再在需要的部位黏好钢板纸，注意留出弯折处的间隙，然后按包盖尺寸进行折叠成型，再将面料黏合，黏合的同时应完成包盖的造型，最后再沿边进行折边。

（3）黏零部件

包括手把、背带等，要求刷胶要匀而且保持清洁。

3. 缝制工序

（1）缝把鼻

在包盖上对正位置进行缝制，要求线迹平直圆顺，止针牢固。

（2）缝扇面

首先缝扇面上的拉链袋，缝拉链袋时，袋口拉链的第一道线距边2mm，如缉双明线则第二道线与第一道线间距3~4mm，针距为每10cm缝28±2针。将扇面做好备用。

（3）缝包盖

按规矩点在后扇将包盖缝合，要求包盖不得歪斜。

（4）缝里袋、里料

里袋要按样板尺寸制作，要求褶量均匀、弧度圆顺对称，里料按要求接合，无松皱现象。里料缝制要平顺无皱，与面料吻合一致。

（5）合包

对准中心点将扇面与墙子部件缝合，必要时先用胶黏合再缝制，要求合包要正，缝线要包紧。

4. 铆合工艺

①铆锁、铆底：按样板铆正。

②铆手把、把鼻：要求位置对称，铆合牢固。

5. 材料要求

（1）人造革

①面积不大于8mm^2的不露白底的斑点，在扇面、墙子部位不多于一处，底部不多于两处。

②面积不大于4mm^2的露白底斑点，在后扇面、墙子部位不多于一处，底部不多于两处。

③面积不大于2mm^2的不明显凸起疙瘩，在后扇面、墙子底部不多于一处。

④长度不大于8mm的划伤，后扇面部位不多于一处，墙子、底部不多于一处，严重划伤不允许使用。

（2）天然皮革

①色泽基本一致，花纹清晰。

②包的后扇面、墙子、包底板允许存在不影响包袋内在质量的、总面积不大于28mm^2的伤残存在。

③皮革厚度按实物标样为准，偏差±1mm。

④皮革材料涂层牢固，厚薄均匀一致。

6. 技术要求

①尺寸偏差不大于4mm。

②负重标准：规格在300mm以下的包负重不低于3kg。规格在300～450mm的包负重不低于7kg。450mm以上的包负重不低于12kg。

③线迹：上下线吻合，平直，针距均匀，明线不得有跳线现象，暗线部分不露针眼。

④包内的里子平服、牢固、无死褶，剪边整齐、洁净、无污迹。

⑤商标位置明显、缝制牢固。

⑥包体四角对称，不歪斜。

⑦五金配件安装牢固、平服，位置适当，偏差不大于3mm。

⑧拉链缝合牢固、平整，宽度均匀，使用流顺。

二、旅行包袋的制作工艺

1. 旅行包的工艺流程

（1）裁料工序

裁面料—裁里料—裁底纸板—裁零料。

（2）黏合工艺

黏把鼻—黏手把—黏拉链—黏牙子。

（3）缝制工艺

缝拉链—缝扇面—缝口袋—上牙子—缝扇面、墙子—缝把鼻、手把—缝里袋—缝里料—合包。

（4）铆合工艺

铆锁—铆背带—铆金属扣。

2. 旅行包的制作工艺

（1）裁料工序

①裁面料：按样板严格下料，注意面料的丝缕方向。

②裁里料：按样板严格下料，袋布要求用横丝。

③裁底纸板：严格按样板尺寸进行。

④裁零料：严格按样板尺寸进行，注意零料与整料之间在颜色、粒面及柔软度方面的协调性。

（2）黏合工序

旅行包的黏合工艺用得比较少，而且比较简单，只是在需要时才使用，如黏把鼻、黏拉链等部件，操作时一定要注意黏牢度及清洁。

（3）缝制工序

①缝合口袋拉链：直接用剪口式挖袋法缝制或用简易式缝法都可以。要求线迹平直，装配平服，宽窄一致。缝包口拉链时需用双明线缝合固定。

②零配件的装配：包上的装饰带、金属环、布带、把鼻、手把等，要牢装钉在预定位置。

③上牙子：先用大针码将牙子固定在扇面上，线迹尽量靠边，以免合包后露出痕迹，然后将扇面与墙子缝合，要求牙子应上紧上牢。

④合包：将里外相应部件合并为一体用反面缝制法进行合包，缝好后在大部毛边处用沿条包齐，包好。

⑤整形：合包后将包翻过来，并对边角进行整形，使包体外观丰满，符合设计要求。

（4）铆合工序

①将把鼻、把子铆合在包体上，要求对称铆牢。

②铆合背带，包锁。

3. 材料要求

（1）人造革

同公事包材料要求。

（2）帆布，各种化纤布

①色泽均匀一致，染色效果好。

②长度不大于23mm的跳纱，在墙子部位不多于一处，底不多于一处。

③格布要求格子方正，对称，偏差不大于8mm。

（3）五金配件

牢固，光亮无锈，无残缺，使用灵活。

（4）拉链

要求，开合顺畅，坚固耐用。

三、硬结构女包的制作工艺

本款以由前后扇面、包底板、带堵头条堵头、包盖组成的包为例。

1. 工艺流程

（1）裁料工序

裁面料—裁里料—裁纸板—裁海绵—裁零料。

（2）黏合工序

黏扇面—黏包盖—黏包底板、堵头—黏背带—把鼻—黏手把—黏拉链。

（3）缝制工艺

缝合堵头条与堵头—缝扇面、包底板—缝背带鼻—缝内袋—缝里子—做包盖—缝合包盖与包体。

（4）铆合工艺

①铆背带，要求铆牢，对称性好。

②铆锁扣，要求位置正确，铆牢，平服，包体左右平衡无歪斜现象。

2. 制作工艺

（1）裁料工序

①裁纸板：要严格按样板尺寸下料，扇面纸板、包盖纸板、包底纸板用0.6~1.0mm的钢板纸，背带纸、把鼻纸用白板纸。

②裁面料：应用天然皮革材料时，要注意表面伤残情况及丝缕方向，尽量提高出裁率。采用人造革材料时，采用纵向丝缕方向裁剪，仔细按样板排料。

③裁里布：按样板尺寸下料，注意内袋用横料。

④裁海绵：根据样板尺寸下料，厚度为3~4mm。

（2）黏合工序

①黏扇面：把扇面纸板一面刷一层薄胶，晾干后与里料黏合，要求对位准确，然后在扇面纸板另一面刷匀胶，晾至不黏手后黏好海绵，沿四边用刀将海绵削齐，距纸板边7~10mm为宜，在纸边四边和扇面皮料刷匀胶，晾至干燥不黏手，将皮料与海绵黏合，用竹片或锥把将四边刮紧刮牢，按纸板边缘折边。注意边角部位，褶要拿匀，外形圆顺流畅。

②黏堵头：将堵头纸板与堵头面料黏合牢固，然后与堵头条组合，将里料与纸板黏合。注意里料与面料的吻合。

③黏包底板：将纸板与包底板直接对位黏合，折好边待用。

④黏包盖：先将海绵与纸板黏牢，然后将沿纸边四周距边7~10mm处的海绵削掉，纸板边刷匀胶，皮料肉面刷匀胶，晾至不黏手，将皮料与海绵和纸板黏牢，从中间向两边推匀，四边黏牢，折边圆顺均匀。

⑤黏零部件：黏手把、把鼻、背带等零部件时，按纸板尺寸黏牢，折好边待用。

（3）缝制工序

①缝前袋、内袋：位置对正，按样板要求严格缝制，缝里子布内袋要按样板尺寸进行，有褶时褶量应均匀分布。

②缝耳鼻、背带鼻、扣鼻：要求位置对称准确，不歪斜，外形自然流畅。

③缝扇面、包底板、堵头合包：线迹平直，对位要正确，不得有跳线现象。必要时先用309胶黏合，然后用缝纫机缝合，缝线要包紧包靠，商标要缝在明显部位。

④缝包盖：按要求尺寸、位置缝合包盖，要求线迹平直，止针牢固，包盖不歪斜。

⑤缝手把、背带：要求线迹平直，宽窄符合样板尺寸规定。

（4）铆合工序

①铆锁头、铆锁底：要求按样板铆正，锁头要按锁底取正铆牢，切忌歪斜。

②铆背带、手把：要求按样板位置铆准、铆正、铆牢。

四、休闲软包的制作工艺

本节以由前后扇面、包底板结构包体为例，开关方式为带拉链条的拉链。

1. 工艺流程

（1）裁料工艺

裁扇面料—裁包底料—裁拉链条—裁背带—裁里料—裁口袋料—裁纸板—裁内衬料。

（2）黏合工艺

黏包底纸板—黏包上口边缘。

（3）缝制工序

缝前袋—缝合扇面、包底板—缝背带—缝拉链—缝内袋—缝里料—合包。

（4）铆金属配件

2. 制作工艺

（1）裁料工序

①裁面料：先裁大面积主料，然后再裁零部件、小部件，裁皮革面料时，注意表面情况，合理排料。

②裁里料：里料裁剪之前，如不平应先熨平，按样板下料，内袋用横丝方向。

③裁纸板：一般来说，包底板、袋口衬纸等用白板纸，要求按样板尺寸严格下料，纸板边应平直。

④裁包衬等内衬料：要求按样板尺寸下料。

（2）黏合工序

①黏包底板：将纸板、面料刷匀胶，晾至不黏手，黏合牢固。

②黏包上口：画好折边线，将拉链条、包上口刷胶折边，折边后再刷胶将拉链条与扇面上口黏合，要求不露口，包上口要平直无曲折。

（3）缝合工序

①缝前扇面口袋：袋口的袋布边缘低于面料边缘1mm左右以防止露口。

②缝背带：背带选用两部件结构，两边缘均缉单明线，双折边处理。

③缝扇面、包底板：将前后扇面与包底板缝合在一起，包底板两边做单明线处理。

④缝里料：

a. 封闭拉链：将拉链封口皮条缝合到拉链的一端或两端（视款式而定）。

b. 缝合拉链、拉链条、里料：缝合时，将拉链夹在拉链条与里料的中间，用反缝法缝合，然后，翻到正面在里料边缘缉单明线将里料做倒做顺。

c. 合里料：将拉链条、里料两端缝合成一封闭袋状。

d. 拉链条上口折边：按折边线将拉链条上口边缘折边，要求边缘平直，无凹凸现象。

⑤固定背带：将背带与面料上口用线缉合固定，如若是用金属配件装配则需要将此操作放在合包以后进行。

⑥合包：将包里面上口折边边缘处用明线缉合，要求线迹顺直，无露口现象。

当然，有关包袋的品种还有许多，但是基本工艺都大致相同，只不过加上一些特殊的工艺而已，在这里就不再赘述了。

前面介绍了典型包袋产品的制作工艺，下面通过视频演示介绍一款皮革水桶包袋的制作工艺。具体操作可扫描二维码观看。

附录

箱包产品质量缺陷及其修正方法

箱包产品的质量缺陷可从多个方面形成，如设计缺陷、工艺缺陷、材料缺陷等。设计缺陷会导致产品使用的不便和寿命的缩短；材料缺陷会对产品的外观和使用造成一定的影响；而工艺缺陷则是最常出现的质量问题，例如裁剪缺陷、缝制缺陷、配件装配缺陷等，但以缝制缺陷最为多见。

一、合包不正

合包不正即包的外部造型歪斜不正，严重影响产品的外观质量。

1. 原因分析

①部件上的剪口位置有偏差或位置对位不正。

②合包时操作手法不当，由于缝纫机压脚的力量使某部件产生过多的延伸，从而形成歪斜。

③扇面四个角的角度不对称。

2. 修正方法

①合包前校核剪口，发现问题，及时纠正。

②找出操作手法的问题，加以克服。

③仔细核对扇面四角的角度，缝制时注意四角拉带力度和部件长度的配合，使其尽量保持对称一致

二、墙子歪斜扭曲

1. 原因分析

①裁口不正。

②墙子两端折边尺寸不一致。

③缝墙子时操作手法不当，多半是由于缝纫机自身的功能所限引起的。

2. 修正方法

①缝合墙子前校核剪口，发现问题及时纠正。

②注意将墙子上部两端的折边尺寸保持一致。

③找出操作手法的问题，加以克服。

三、嵌线合包后牙子缝线外露

1. 原因分析

①上牙子时缝量过大。

②合包时缝量过小。

③上牙子时缝量不均匀或缝迹不顺直。

2. 修正方法

①上牙子时按操作要求留缝量。

②合包时注意按牙子净线画迹操作。

③操作时保持缝量均匀和上牙子的线迹顺直。

四、扇面拐角不圆

1. 原因分析

①拐角处边缘不圆顺，缝制参照线不合格。

②缝制时拐角太急，造成有棱拐角。

③缝制拐角处时，机针尚未下降到最低处即急于拐弯，使面线不能很好地甩出夹线器造成跳线，引起拐角不圆顺。

2. 修正方法

①剪顺部件边缘，使其圆滑顺畅。

②缝制拐角时，稍微放慢速度使缝线圆顺。

五、明袋歪斜，有皱褶

1. 原因分析

①漏粉线或规矩点不正。

②缝制时料片被压脚推拉变形。

2. 修正方法

①上口袋前校核漏粉或规矩点是否直正、准确，发现问题及时纠正。

②把握好左右角的缝制技巧。

六、包边漏空

1. 原因分析

①包边嘴器有问题。

②包边时操作手法不当。

2. 修正方法

①修理或更换包边嘴器。

②找出操作手法的问题，加以克服。

七、拉链缝制不平整

1. 原因分析

①操作时两手用力不协调，有吃料现象。

②缝纫机压脚的压力或送料牙板过高。

2. 修正方法

①熟练操作技巧，两手协调用力，特别是扶持拉链的手不要递送过快或按住不动。

②调整压脚的压力或送料牙板的高度。

八、针距逐渐增大

1. 原因分析

主要是由于缝纫机的高速运转造成牙叉等机件失调。

2. 修正方法

经常观察针距是否一致，发现问题及时调整有关机件。

九、铆钉歪斜

1. 原因分析

①铆钉过长。

②操作时工作物扶持或按压不正。

③垫块不平整。

2. 修正方法

①按工艺要求选用长度适宜的铆钉。

②操作时将工作物按压调正。

③调整或更换垫块。

十、穿带不正或不对称

1. 产生原因

①缝制时未掌握好左右角的缝制公差。

②合包时剪口未对正或扇面上的穿带对位剪口不正。

③穿带的中心线或规矩线与大扇的巴掌线剪口未对正。

2. 修正方法

操作前应仔细校核剪口位置，操作时将剪口对正再缝。

十一、明缝拐角跳线

1. 产生原因

缝制拐角处时，机针尚未下降到最低处即急于拐弯，使面线不能很好地甩出夹线器，造成跳线。

2. 修正方法

操作时，用右手转动缝纫机走轮，使机针下降到最低点后再行拐弯。

参考文献

［1］杜少勋，万蓬勃．皮革制品造型设计［M］．北京：中国轻工业出版社，2011.

［2］王立新．箱包制作技术与生产经营管理［M］．北京：化学工业出版社，2008.

［3］王立新．箱包结构制图与计算机辅助设计［M］．北京：化学工业出版社，2006.

［4］王立新．箱包艺术设计［M］．北京：化学工业出版社，2006.

［5］王立新．箱包设计与制作工艺［M］．北京：中国轻工业出版社，2001.